Robert Wiedersheim

Das Gliedmaßenskelett der Wirbeltiere

bremen
university
press

Robert Wiedersheim

Das Gliedmaßenskelett der Wirbeltiere

ISBN/EAN: 9783955623623

Auflage: 1

Erscheinungsjahr: 2013

Erscheinungsort: Bremen, Deutschland

bremen
university
press

DAS

GLIEDMASSENSKELET

DER

WIRBELTHIERE

MIT

BESONDERER BERÜCKSICHTIGUNG DES SCHULTER- UND
BECKENGÜRTELS

BEI

FISCHEN, AMPHIBIEN UND REPTILIEN.

VON

DR. ROBERT WIEDERSHEIM,

PROFESSOR AN DER UNIVERSITÄT FREIBURG I. B.

MIT 40 FIGUREN IM TEXTE UND EINEM ATLAS VON 17 TAFELN.

TEXT.

Inhaltsverzeichniss.

	Seite
Einleitung . .	1—4
Geschichtliches	5—23
Hintere Extremität mit besonderer Berücksichtigung des Becken-	
gürtels . .	24—143
Selachier .	25—34
Dipnoër . . .	35—60
Knorpelganoiden .	60—73
Knochenganoiden .	73—78
Teleostier .	78—84
Amphibien	84—117
Urodelen .	84—106
Anuren .	106—117
Reptilien .	117—137
Chelonier .	120—125
Lacertilier	125—131
Crocodile .	131—137
Vögel .	137—139
Säuger	139—140
Rückblick auf das Becken der Amphibien und Reptilien	140--143
Vordere Extremität mit besonderer Berücksichtigung des Schulter-	
gürtels	143—241
Selachier .	143—150
Dipnoër	150—154
Ganoiden und Teleostier .	155--183
Amphibien	183—222
Urodelen .	185—202
Anuren .	202—222
Reptilien .	222—241
Chelonier .	222—224
Saurier .	225—232
Crocodile . .	232—237
Humeruslöcher	237—241
Rückblick und Schlussfolgerungen	242—260
Literatur	261—266

Erklärung der Abbildungen.

EINLEITUNG.

Neben der Frage nach der Urgeschichte des Wirbelthierkopfes ist es diejenige nach der Herkunft und morphologischen Bedeutung der Extremitäten, welche im Laufe der letzten drei Decennien im Vordergrund der Vertebraten-Anatomie gestanden, und eine sehr bedeutende Literatur zu Tage gefördert hat. Ihre Beantwortung war eine sehr verschiedenartige, sowohl nach ihrer geschichtlichen Entwicklung, als auch nach dem Object der Forschung und den bei letzterer massgebenden Gesichtspunkten. Legte man von der einen Seite das Hauptgewicht auf embryologische Studien, so wurde in anderen Kreisen die Lösung von der vergleichenden Anatomie und der Paläontologie erwartet. In beiden Lagern wurde mit Anstrengung aller Kräfte gearbeitet, und nicht selten auch mit Erbitterung gestritten; bald bewegte man sich auf dem Boden der Thatsachen, bald verstieg man sich zu den kühnsten und abenteuerlichsten Hypothesen, und wandte Kunsthilfe an, wo die natürlichen Hilfsmittel zu versagen schienen. Kurz, es war ein schweres Ringen, und eine Vertiefung in die Art und Weise, wie gekämpft wurde, gehörte nicht immer zu den angenehmsten Dingen. Am unerquicklichsten aber gestaltete sich die Lage für diejenigen, welche es sich zur Aufgabe setzten — sei es in Vorlesungen, sei es in Lehrbüchern — einen klaren Ueberblick über den jeweiligen Stand der Frage zu geben, und sich dann sine ira et studio nach dieser oder jener Richtung zu entscheiden. Die Schwierigkeit wuchs noch, wenn man, wie dies bei mir selbst der Fall war, selbst im Kampfe gestanden hatte, und das eigene Ich also selbst mit in die Wagschale geworfen werden sollte. Glaubte man endlich auf festem Grund und Boden zu stehen, so war derselbe nach kurzer Zeit schon wieder schwankend geworden, so dass man nichts Eiligeres zu thun hatte, als das Vorgetragene wieder zu modificiren, oder gar gänzlich zu revociren. Wer sich die Mühe geben will, die in den Jahren 1882, 1884, 1886 und 1888 erschienenen Auflagen meines Lehrbuches, bezw. meines Grundrisses der vergleichenden Anatomie der Wirbelthiere (104, 105) einer Vergleichung zu unterwerfen, wird es mir nachfühlen können, wie unbefriedigt mich, trotz allen guten Willens, möglichst objectiv zu bleiben, jener Passus zur Einleitung in das Gliedmassenskelet lassen musste.

So regte sich in mir schon vor einer Reihe von Jahren der Wunsch, selbst Hand anzulegen, und das ganze grosse Gebiet von Grund aus sowohl entwicklungsgeschichtlich, als auch vergleichend-anatomisch zu bearbeiten, zugleich aber auch alles das, was mir in der umfangreichen Literatur von Bedeutung schien, zusammenzutragen und kritisch zu verarbeiten. Nur so konnte ich hoffen, zum er-wünschten Ziele gelangen, d. h. ein eigenes sicheres Urtheil gewinnen und die gewonnenen Resultate in einer Form zum Ausdrucke bringen zu können, von welcher ich annehmen möchte, dass sie sich vielleicht auch des Beifalls meiner Fachgenossen zu erfreuen haben wird. In wie weit mir dies gelungen ist, muss ich ihrem Urteil überlassen, füge aber, um etwaigen naheliegenden Einwürfen gegen den nicht überall gleichmässigen Fluss der Darstellung zu begegnen, hinzu, dass der Grund davon theils in der Natur der Sache, theils in dem Umstande liegt, dass mir gewisse Fragen von grösserem Interesse erschienen, als andere, und dass ich deshalb z. B. den Anamnia und den Repti-lien mehr Berücksichtigung angedeihen liess, als den höheren Wirbel-thieren. Es ist wohl kaum nöthig, dies näher zu motiviren, wenn ich im Folgenden einen Ueberblick über die Fragen gebe, welche ich vor allen anderen einer Lösung entgegenzuführen mich bestrebt habe.

1) Wie haben wir uns die Gliedmassen der Vorfahren der heutigen Wirbelthiere vorzustellen?
2) Liegen in den Organisationsverhältnissen der recenten Verte-braten, bezw. ihrer Embryonalstadien noch Zeugnissse vor, welche ausreichend erscheinen, um auf jene erste Frage eine befrie-digende Antwort erwarten zu dürfen?
3) Was gab den Anstoss zur Umänderung jener eventuell nachweis-baren Urgliedmassen in jenen Typus der Extremitäten, wie ihn niedere Anamnia heute besitzen?
4) Welche Gliedmassenform der recenten Wirbelthiere darf als die älteste betrachtet werden?
5) In welchen Beziehungen stehen die freien paarigen Extremitäten zum Schulter- und Beckengürtel?
6) Sind letztere phyletisch älter oder jünger als die ersteren?
7) Wenn die Extremitätengürtel phyletisch jünger sind, was gab den Anstoss zu ihrer ersten Entstehung, und welchem Mutter-boden sind sie entwachsen?
8) Lässt sich die freie Extremität der terrestrischen Thiere auf eine Fischflosse zurückführen, und, falls sich dieses als möglich er-weisen sollte, wo liegen die Anknüpfungspunkte?

9) Besteht bezüglich des Organisationsplanes der Flosse und der terrestrischen Extremität die Berechtigung, von einem Haupt-strahl und von Nebenstrahlen zu sprechen? Wie ist die „Archi-pterygium"-Theorie zu beurtheilen?

10) Wo finden sich unter den heutigen Wirbelthieren die ersten Spuren eines Schulter- und Beckengürtels? Wie verhalten sich dieselben hinsichtlich des zeitlichen Erscheinens ihrer einzelnen Abschnitte in entwicklungsgeschichtlicher und wie in anato-mischer Beziehung? Wie lauten die paläontologischen Zeug-nisse?

11) Besteht eine Homologie zwischen den Gliedmassengürteln der Fische einer-, sowie der Dipnoër und Amphibien andererseits, und wo liegen die Anknüpfungspunkte?

12) Wie verhält sich der Extremitätengürtel der heutigen Amphibien und Reptilien zu demjenigen der ausgestorbenen Formen?

13) Bestehen Anknüpfungspunkte zwischen dem Gliedmassengürtel der Amphibien und dem der Reptilien?

14) Wie ist die allem Anscheine nach bestehende Kluft zwischen dem Amphibien- und Reptilienbecken zu überbrücken? Besitzt ersteres eine Pars pubica oder nicht, und wo tritt sie zum erstenmal in die Erscheinung?

15) Wie lautet die Stammes- und Entwicklungsgeschichte der Carti-lago epipubis?

16) In wie weit fördern die bei den Anamnia und den Reptilien ge-wonnenen Erfahrungen unsere Kenntnisse des Extremitäten-skeletes der Vögel und Säuger?

Damit habe ich in kurzen Zügen mein Programm entwickelt, und mache dabei zunächst auf drei kleinere Mittheilungen aufmerksam, welche ich (106, 107, 108) in den Jahren 1888, 1889 und 1890 ver-öffentlicht habe. Dieselben behandeln bereits einen Theil der auf-geworfenen Fragen, und die darin gemachten Angaben bestehen auch heute noch grösstentheils zu Recht. In manchen Punkten aber bin ich auf Grund einstweilen gesammelter reicherer Erfahrungen anderer Ansicht geworden, und ich werde an den betreffenden Stellen hierüber Bericht erstatten.

Bevor ich nun in den speciellen Theil meiner Untersuchungen eintrete, will ich einen Rückblick werfen auf die geschichtliche Ent-wicklung des mich beschäftigenden Stoffes, d. h. auf die Literatur. Dabei wird es nicht zu vermeiden sein, dass ich zum Theil längst Bekanntes und oft Gehörtes wieder vorbringe; allein, wie der Maler darauf angewiesen ist, für sein Bild einen passenden Rahmen zu fin-den, falls er ihm zur richtigen Wirkung verhelfen will, so gilt dies auch für das von mir zu entrollende Gemälde. Nur unter Beihilfe jenes historischen Rahmens bin ich im Stande, diese und jene Frage in das richtige Licht zu rücken und zu zeigen, wie die eine aus der anderen sich häufig mit nothwendiger Consequenz herausentwickelte, wie alte, liebgewordene Anschauungen auf Grund neuerer Erfahrungen aufgegeben, und durch andere ersetzt werden mussten.

Indem ich nun diesen Weg betrete, ordne ich den historischen Stoff in zwei verschiedene Abschnitte, und zwar so, dass ich zunächst eine kurze Uebersicht gebe über die wichtigsten Lehren, soweit sie sich mit den Gliedmassen im Allgemeinen befassen. Auf speciellere, rein descriptive Verhältnisse gehe ich dabei vor der Hand nicht ein, sondern bringe dieselben erst im zweiten Abschnitt, d. h. im Anschluss an die einzelnen Capitel, welche die verschiedenen Gruppen der Wirbelthiere behandeln sollen, zur Sprache. Dort wird dann auch von meinen eigenen Befunden die Rede sein, und erst wenn so das grosse Material gesichtet und geordnet vorliegt, werde ich versuchen, Alles zu einem Gesammtbilde zusammenzufassen.

GESCHICHTLICHES.

———

Auf S. 181—197 seines grossen Werkes „Ueber Entwicklungsgeschichte der Thiere" giebt K. E. von Bär (3) eine Darstellung des
dem Extremitätenskelet der Wirbelthiere zu Grunde liegenden Bau-
planes, die geradezu eine mustergiltige genannt werden kann. In
mancher Hinsicht eilt von Bär vorahnend seiner Zeit weit voraus;
und wenn auch gewisse Punkte, wie z. B. die Annahme, dass Rippen,
Kiefern und Extremitäten Modificationen einer und derselben Grundform seien, später eine Berichtigung erfahren haben, so hat er doch
in verschiedenen anderen Beziehungen den Nagel auf den Kopf getroffen. So figurirt z. B. auf S. 185 folgender, auf S. 186 des
Näheren begründeter Satz:

„Der Schultertheil (d. h. der Schultergürtel) der vorderen Extremität und das Becken der hinteren Extremität sind unbezweifelt Modificationen derselben Grundform."

Wie einfach und anspruchslos klingen diese Worte, und wie viele
Wandlungen und Irrwege hat die anatomische Wissenschaft seit jener
Zeit erfahren müssen, bis sie, wie ich zeigen zu können hoffe, auf
jenen Satz von Bär's als den allein richtigen Ausgangspunkt wieder
zurückkehrte!

Doch hören wir von Bär weiter: „Die Rumpfglieder (d. h. die
beiden Gliedmassengürtel der Extremitäten) bilden eine Hülle um
beide Hauptröhren des Rumpfes, welche in der Mitte des Rumpfes
mehr oder weniger unterbrochen ist, am vorderen oder hinteren Ende
aber sich concentrirt. Jede Extremität ist um so enger mit der
Wirbelsäule verbunden, je mehr der feste Punkt der Bewegung in der
Gegend fixirt ist, wo die Extremität hingehört. Ist die Gegend, an
welche nach dem allgemeinen Typus eine Extremität sich lagern
sollte, sehr beweglich, so entwickelt sich die letztere gar nicht, oder
rückt von dieser Stelle weg, der Gegend des festen Punktes zu. Aus
der Stellung im Verhältniss zum Rumpfe geht es aber hervor, dass die
hintere Extremität die Aufgabe hat, den Rumpf zu schieben und zu

stützen, die vordere, ihn zu ziehen und zu heben [1]). Deshalb liegt in der ersteren die Neigung an Querfortsätze, in der letzteren, sich an die der Bewegung dienenden Dornfortsätze zu befestigen."

Bezüglich der Entwicklung der Extremitäten, welche von Bär, wie er ausdrücklich bemerkt, nur an Reptilien, Vögeln und Säugethieren studirt hat, macht er vor Allem auf die principielle Uebereinstimmung bei allen jenen aufmerksam, und sagt dann wörtlich: „Zuerst zeigen sich schmale, in die Länge gestellte Leisten, die auffallend lang sind und dadurch zu beurkunden scheinen, dass die Extremitäten ihrer ursprünglichen Idee nach dem ganzen Rumpfe angehören [2]); die Verdickung des Rückenmarkes in der ganzen Länge des Rumpfes, welche sich dann am vorderen und am hinteren Ende concentrirt, dürfte auch darauf hindeuten. Diese Leisten liegen zuerst nur auf den Bauchplatten, und dehnen sich dann nach oben und nach unten aus. Es scheint hiernach, dass die Gegend des Wurzelgelenkes (d. h. des Schulter-Hüftgelenkes) sich zuerst bildet und von hier aus die Bildung des Wurzelgliedes (d. h. des Schulter- und Beckengürtels) sich nach oben und unten ausdehnt, woraus man später erkennt, dass die Extremität nicht nur den Bauchplatten angehört, sondern beiden Hauptröhren gemeinschaftlich ist. Zugleich hebt sich aus der Gegend des Wurzelgelenkes eine Erhabenheit hervor, und wir sehen also nach aussen auch die übrigen Theile der Extremität sich entwickeln."

Im zweiten Theile seines Werkes wird dies weiter ausgeführt, und bemerkt, „dass, nachdem man eine ganz kurze Zeit hindurch auf jeder Seite einen Wulst in der ganzen Länge des Rumpfes beobachtet hat, jeder Wulst sich in zwei getrennte Leisten, eine vordere und eine hintere, sammelt, indem die Mitte unkenntlich wird, dass von der Basis dieser Leisten aus eine Entwicklung nach oben, nach unten und zugleich nach aussen fortschreitet. Die Entwicklung nach oben und nach unten erzeugt den Rumpftheil der Extremität (Schulter und Becken). Die Entwicklung nach aussen erhebt den Kamm jeder Leiste zuerst in ein Blatt. Das Blatt theilt sich dann in einen Stiel und in eine Platte (Mittelstück und Endglied). Im Stiele bildet sich innerlich ein Gelenk" etc.

Weiter kommt dann von Bär auf den Verknorpelungsprozess zu sprechen, und nachdem er der verknorpelnden Strahlen in der Hand- und Fussplatte Erwähnung gethan hat, fährt er fort: „Es bleibt

---

[1]) „Eben aus diesem Verhältniss scheint es hervorzugehen, dass die vordere Extremität mehr Anlage entwickelt, auf Flüssigkeiten zu wirken. Sie ist gewöhnlich die stärkere Flosse, und sie allein wird zu einem Flügel, da ein Thier nicht durch die Luft gestossen, aber wohl durch dieselbe gezogen und gehoben werden kann."

[2]) Diesem Gedanken giebt v. Bär an anderer Stelle anlässlich eines Vergleiches mit den Wirbellosen noch prägnanteren Ausdruck.

nur noch hinzuzufügen, dass die Knorpelkerne gegen die Ränder vor-
schreiten, so dass zuerst die Knorpel der Mittelhand- und Mittelfuss-
knochen, dann die erste Gliederreihe, darauf die zweite u. s. w. sich
bilden."

Ueber die Reptilien speciell liegen von von Bär, was die Extremitätenanlage betrifft, keine genaueren Angaben vor; er verweist
nur einmal auf ein ähnliches Verhalten mit den Vögeln. Die Anlage
der Extremitäten der Amphibien hat er, wie es scheint, nicht näher
studirt.

Von hohem Interesse hingegen sind die Ergebnisse an Fischembryonen. Sie sollen aber erst später zur Sprache kommen, und
ich beschränke mich für jetzt auf die Mittheilung, dass von Bär
eine „zusammenhängende, wuchernde Leiste" an Knochenfischen —
denn nur solche scheinen von ihm untersucht worden zu sein — nicht
wahrzunehmen vermochte.

An das Referat über K. E. von Bär reihe ich wohl am besten
die sehr allgemein gehaltenen Ausführungen Rathke's (82) über die
Entwicklung des Gliedmassenskelets der Wirbelthiere. Er sagt:
„Die Grundlage aller Skeletstücke einer Extremität bildet Anfangs
einen einzigen, ungetheilten Körper, und dieser lässt sich in Hinsicht
seiner Form einigermassen mit einem Baume vergleichen, indem der
mittlere Theil des Körpers gleichsam einen Stamm, das eine für eine
Seitenhälfte des Schultergerüstes oder des Beckens bestimmte Ende
die Wurzel, und das andere in eine grössere oder geringere Zahl von
Strahlen auslaufende Ende die Zweige darstellt. Erst wenn alle diese
Theile schon angelegt worden sind, und in der ganzen Masse derselben die Verknorpelung beginnen will, gliedert oder theilt sie sich
in mehrere Stücke, die sich nunmehr zu ebenso vielen einzelnen Knorpeln oder Knochen entwickeln. Doch verschmelzen bei manchen
Thieren späterhin wieder einige von diesen Stücken auf's Innigste,
wie namentlich die Metacarpen und Metatarsen der Wiederkäuer."

In seiner „Entwicklungsgeschichte des Menschen und der höheren
Thiere", sowie in seinem „Grundriss", welch' letzterer eine wörtliche
Wiedergabe des betreffenden Passus des erstgenannten Werkes ent-
hält, meldet Kölliker (63, 64) vom Hühnchen und Kaninchen, dass
die erste Andeutung der Extremitäten sich in einer leistenförmigen
Verdickung der Hautplatten zeige, und zwar an ihrem obersten Theile,
da, wo sie an den Rücken angrenzen. Nach und nach werde diese
Leiste dicker, rage schaufelartig auswachsend mehr hervor und nehme
später mit ihrer Basis oder mit ihrem Ausgangspunkt fast die ganze
Breite der Hautplatte ein.

Im Innern derselben liege ein mächtiger Kern gleichmässig rund-
licher Zellen, die durch eine zarte Membran gegen das bekleidende
Hornblatt sich abgrenzen. Letzteres besitzt beim Vogel- wie beim

Kaninchenembryo an der freien Spitze der Extremität eine Verdickung.

Weiterhin betont Kölliker, dass Arm und Bein ursprünglich genau dieselbe Stellung haben, dass aber die Momente, welche die später verschiedene Lagerung und Krümmung derselben bewirken, schon in der frühesten Fötalzeit an beiden Gliedmassen wirksam sind.

„Die Abstammung des Bildungsmateriales für die Gliedmassen anlangend, so ist es nach den bisher ermittelten Thatsachen in hohem Grade wahrscheinlich, dass dasselbe von den Seitenplatten, oder, genauer bezeichnet, von den an die Mittelplatten angrenzenden Theilen der Hautplatten, welche Remak Rippenhautplatten genannt hat, seinen Ursprung nimmt. Dieses Blastem erzeugt mit Wucherungen, die an bestimmten Stellen in der Rücken- und Bauchwand nach aussen von den Urwirbeln und ihren Producten auftreten, den Extremitätengürtel und seine Muskeln, und durch eine nach aussen tretende Proliferation die eigentliche Extremität. Die Gefässe dieser Theile entstehen, wie an allen Orten, durch Hereinwachsen der schon vorhandenen Canäle unter Mitbetheiligung gewisser Elemente der Extremitätenanlage selbst, und noch entschiedener lässt sich an den Nerven nachweisen, dass sie von den Stämmen der Spinalnerven aus in die Gliedmasse sich hineinbilden. Von einer Betheiligung der Urwirbel an der Entwicklung des Skelets der Extremitäten ist bis anhin nichts bekannt; was dagegen die Muskeln anlangt, so deuten gewisse Thatsachen auf eine Antheilnahme der Muskelplatten der Urwirbel an der Entstehung derselben.“

In der weiteren Ausführung schränkt Kölliker den letzteren Satz wieder ein und spricht sich schliesslich geradezu gegen eine solche Annahme aus, indem er den Gliedermuskeln, incl. die Muskeln der Extremitätengürtel, eine selbständige Entstehung vindicirt. Er sagt: „Nach meinen Erfahrungen beim Menschen und vor Allem beim Kaninchen, bei dem ich die Extremitätenanlagen von den ersten Stadien an geprüft habe, entsteht das ganze Extremitätenskelet als eine von Anfang an zusammenhängende Blastemmasse, in der vom Rumpf gegen die Peripherie zu Knorpel um Knorpel, Gelenkanlage nach Gelenkanlage deutlich wird und sich differenzirt, so dass jeder Knorpel vom ersten Anfange an selbständig und ohne Zusammenhang mit den Nachbarknorpeln sich anlegt, zugleich aber auch von seinem ersten Entstehen an mit seinen Nachbarn durch die gleichzeitig mit ihm deutlich werdenden Gelenkanlagen vereinigt ist.“

Bezüglich der Entstehung der Gelenke betont Kölliker, dass alle Theile des Skelets ursprünglich durch Syndesmosis verbunden sind, dass also ursprünglich „noch indifferente Zellenmassen die Bindeglieder darstellen“. „Diese Zellenmassen sind gleich bei der ersten Anlage des Extremitätenskelets gegeben und anfänglich von den Elementen nicht zu unterscheiden, die die Knorpel liefern. Sowie dann aber diese Hartgebilde deutlich zu werden beginnen, fangen auch die Zwischenglieder an, einen bestimmten Charakter anzunehmen, in ähnlicher Weise, wie bei der Differenzirung der knorpeligen Wirbel und der Lig. intervertebralia."

Abgesehen von einigen Bemerkungen K. E. von Bär's, in welchen sich, wie oben erwähnt, der Gedanke ausspricht, „dass die Extremitäten ihrer ursprünglichen Idee nach dem ganzen Rumpfe angehören", enthalten die Schriften der bis jetzt erwähnten Autoren keinen Versuch, eine Erklärung des eigentlichen Wesens und der morphologischen Bedeutung, wie vor Allem einen Einblick in die Urgeschichte der Wirbelthiergliedmassen anzubahnen. Dies änderte sich, als Carl Gegenbaur im 7. und 8. Decennium dieses Jahrhunderts (33, 34, 35, 36, 37, 39, 41) mit einer grossen Zahl von Arbeiten hervortrat, welche sich fast über das ganze Gebiet der Vertebraten erstreckten und unser Wissen in sehr beträchtlicher Weise vertieften. Aber ganz abgesehen davon war es Gegenbaur's Verdienst, ganz neue Bahnen der Forschung betreten und den ernstlichen Versuch gemacht zu haben, einen einheitlichen, dem Gliedmassenskelet sämmtlicher Wirbelthiere zu Grunde liegenden Organisationsplan nachzuweisen. Er fasste seine Resultate zusammen in der sogenannten „Archipterygium-Theorie", und diese soll uns im Folgenden beschäftigen.

Im niedersten Zustand des Flossenskelets („Archipterygium") findet sich ein aus gegliederten Knorpelstücken bestehender Stamm oder Hauptstrahl, welchem jederseits[1]) in einer Längsreihe kleinere, gleichfalls gegliederte Stücke (Seitenstrahlen) angegliedert sind.

Dieses „biseriale Archipterygium" findet sich heute nur noch bei jener Abtheilung der Dipnoër, welche durch Ceratodus repräsentirt wird; allein auch die Selachier besitzen z. Th. noch Spuren davon, so dass dadurch ein Streiflicht auf die Stammesgeschichte ihrer Gliedmassen fällt.

Den phylogenetischen Ursprung des zweireihigen Archipterygiums sucht Gegenbaur im Kiemenskelet, indem er im Schultergürtel einen umgewandelten Kiemenbogen erblickt, welcher (wie seine kopfwärts liegenden Nachbarn) ursprünglich mit einer Reihe von Kiemenstrahlen besetzt war. Eine der letzteren übertrifft die andern an Länge und kann selbst zum Träger der übrigen werden. Damit ist die federbartartige Grundform der Ceratodusflosse gegeben.

Da nun kein Zweifel über die Homologie der freien Brust- und Bauchflosse herrschen kann, so folgt daraus mit Nothwendigkeit, dass auch ihre centralen, dem Rumpf angeschlossenen Abschnitte, d. h. der

---

[1]) In einer früheren Arbeit ging Gegenbaur von einem uniserialen Archipterygium aus; er gab aber dieses später wieder auf.

Beckengürtel ebenso wie der Schultergürtel, von einem Kiemenbogen abzuleiten sind. Die für diese Deutung aus den entfernten Lageverhältnissen des Beckengürtels sich ergebenden Schwierigkeiten beseitigt Gegenbaur durch die Annahme einer im Laufe der Phylogenese in caudaler Richtung vor sich gegangenen Wanderung des betreffenden Becken-Kiemenbogens.

Von einem ähnlichen Zustande, wie das Flossenskelet der Haie ist dasjenige der Ganoiden ableitbar, und die hier auftretende peripherische Reduction erscheint bei den Teleostiern noch weiter fortgeschritten. Allein nicht nur in ihren peripheren, sondern auch in ihren basalen, dem betreffenden Gürtel angefügten Abschnitten hat die Ganoiden- und Teleostierflosse eine Modification erfahren, indem jene Stücke, welche von Gegenbaur als Pro-, Meso- und Metapterygium bezeichnet werden, theils „rudimentär" geworden, theils gar nicht mehr nachzuweisen sind. Verhältnissmässig am constantesten erhält sich das Metapterygium, wovon später noch oftmals die Rede sein wird.

Diese bei den Fischen durch das Archipterygium gewonnene Grundlage ist auch bei den höheren Wirbelthieren nachweisbar. Auch hier erscheint eine Stammreihe, ein Hauptstrahl, welchem laterale Skeletstücke als Nebenstrahlen angereiht erscheinen.

„Von einer anderseitigen, schon bei Selachiern rudimentär gewordenen Radienreihe ist keine Andeutung mehr vorhanden. Die Anordnung der Radienglieder in schräg zum Gliedmassenstamme geordnete Reihen — eben der Richtung der primitiven Radien entsprechend — ist durch die erfolgte transversale Umgliederung verwischt, kann aber in den niedersten Formen nicht unschwer erkannt werden. Aus der Umgliederung gehen neue, quer gerichtete Abschnitte hervor, indem quere Reihen von Radiengliedern je mit dem entsprechenden Gliedstücke des Stammes zu längeren Stücken sich entwickeln."

Ueber die Art und Weise des Verlaufs der Stammreihe werde ich aus praktischen Gründen erst später berichten.

Die Gegenbaur'sche Lehre, welche ich im Vorstehenden in der Kürze skizzirt habe, eröffnete plötzlich einen weiten Horizont und rief selbstverständlich zahlreiche Arbeiten anderer Autoren hervor, welche dasselbe Gebiet behandelten. Die Einen verhielten sich zustimmend, die Andern ablehnend, wieder Andere nahmen eine Mittelstellung ein. Zu den Ersteren gehörten vor Allem die Schüler Gegenbaur's, wie z. B. von Davidoff (19), welcher in einer Reihe von Aufsätzen, die das Becken und die Bauchflosse der Fische und Dipnoër behandeln, wesentlich auf Grund der Nervenverhältnisse die von Gegenbaur postulirte Wanderung des Beckengürtels, sowie die Kiemenbogennatur des Extremitätengürtels im Allgemeinen zu stützen suchte. Einen

besonderen Nachdruck erhielten die von Davidoff'schen Ausführungen durch die daran geknüpften „Bemerkungen" Gegenbaur's.

Welcher Werth den erwähnten Arbeiten von Davidoff's beizumessen ist, werde ich später, wenn ich auf die Einzelheiten seiner Beweisführung eintrete, in ausführlicher Weise darzuthun Gelegenheit haben.

M. Fürbringer (30) beleuchtet in seinem grossen Werk über
die Morphologie und Systematik der Vögel die Wanderungen des Glied-
massengürtels der Vertebraten im Allgemeinen und der Vögel insbesondere. Hier gewinnen die Verschiebungen speciell der vorderen
Extremität längs des Rumpfes den höchsten Grad unter den Wirbelthieren; die Vergleichung der verschiedenen Gattungen ergibt in dieser
Hinsicht ganz ausserordentliche Abweichungen, die in den extremsten
Fällen (Archaeopteryx und Cygnus) eine Differenz bis zu
14—15 Wirbeln erreichen. Bei einer Besprechung der verschiedenen
Gliedmassentheorieen erklärt er sich für die Gegenbaur'sche; er
hält sie für die „lebensfähigste". Worauf er diese besondere Lebens-
fähigkeit gründet, ist mir dunkel geblieben.

Die von Swirski (94) über die Entwicklung der Selachierflosse
gemachten Angaben beruhen, wie ich später zeigen werde, auf falschen
Beobachtungen, und da auch die Befunde am Schultergürtel von
Hechtembryonen z. Th. falsch interpretirt werden, so ist den daraus
gezogenen Consequenzen zu Gunsten der Gegenbaur'schen Archipterygiumtheorie kein Gewicht beizulegen.

In das Jahr 1879 fallen meine eigenen Untersuchungen über den
Schultergürtel und das Nervensystem von Protopterus annectens,
worüber ich zuerst in einem Vortrag (101) und später in einer aus-
führlicheren Arbeit (102) Bericht erstattet habe. Ich erinnere mich
noch sehr wohl, wie mich damals die Gegenbaur'sche Lehre ge-
fangen genommen hatte, und wie ich mich freute, als ich (102, S. 77)
die gewonnenen Resultate folgendermassen zusammenfassen zu dürfen
glaubte: „Somit lässt sich mit Sicherheit behaupten, dass bei Protopterus Nervenelemente im Plexus brachialis verlaufen, die man bisher
nur auf den Tractus intestinalis, die Kreislaufs- und — worauf es hier
am meisten ankommt — auf die Respirationsorgane (Kiemen) beschränkt glaubte. Die Extremität erhält nämlich ausser Hypoglossus-
fasern einen kräftigen Kiemennerven, d. h. einen Ast des Vagus.
Das ist ein Satz, der in der vergleichenden Anatomie hiermit zum
erstenmal ausgesprochen wird. Hält man die Thatsache der Versorgung der Extremität durch einen Kiemennerven zusammen mit
dem, was ich früher schon über die topographischen Verhältnisse derselben, sowie ihre Beziehungen zu den äusseren Kiemen[1] mitgetheilt

---

[1] Letztere sitzen auf dem oberen freien Ende des Schultergürtels, so dass
letzterer als Kiementräger fungirt.

habe, so wird man keinen Augenblick mehr daran zweifeln können, dass uns in Protopterus ein Thier erhalten ist, dessen primitive Organisation uns zu dem Ausspruch berechtigt: die Gegenbaur'sche Hypothese über die Entstehung des Schultergürtels hat aufgehört, eine Hypothese zu sein, sie ist zur festen, unumstösslichen Thatsache geworden. — Die Vorderextremität von Protopterus ist an ihrem locus nascendi, d. h. im Bereich des Schädels, des Visceralskelets und der Kopfnerven liegen geblieben, ein Verhalten, wie es bis jetzt von keinem andern Wirbelthiere bekannt ist."

Seit ich diese sehr zuversichtlich klingenden Worte niedergeschrieben habe, sind zwölf Jahre vergangen — „tempora mutantur et nos mutamur in illis". — Die damals festgestellten anatomischen Thatsachen bestehen auch heute noch zu Recht, allein sie erfordern, wie ich einsehen gelernt habe, und wie ich in einem andern Capitel zu zeigen hoffe, eine ganz andere Deutung und Erklärung. Aus diesem Grunde muss ich auch folgende, sicherlich gut gemeinte, auf die Entwicklung des Sterlets sich beziehende Bemerkung Salensky's (90)[1]), soweit sie sich auf meine Person bezieht, auf das Entschiedenste zurückweisen: „Die Analogie des Schultergürtels mit den Kiemenbogen ist sowohl in der Form dieser beiden Skelettheile, als auch in der Beziehung derselben zum Achsenskelet ausgedrückt. Die embryologischen Thatsachen widersprechen dieser Homologie durchaus nicht, sondern beweisen dieselbe eher, da der Schultergürtel in den ersten Stadien seiner Entwicklung die Form eines Henkels besitzt. Endlich liefert die Wiedersheim'sche Entdeckung einer Kieme auf dem Schultergürtel von Protopterus unzweifelhafte Beweise für die Gegenbaur'sche Hypothese. Daraus folgt, dass der erste Theil der Gegenbaur'schen Hypothese, der von der Homologie des Schultergürtels mit den Kiemenbogen handelt, als eine durch positive Beobachtungen bewiesene Thatsache angesehen werden kann. Dieses darf nicht vom zweiten Theile der Hypothese behauptet werden, welcher das Skelet der freien Extremitäten als eine den Kiemenstrahlen homologe Bildung auffasst. Zur Annahme einer solchen Homologie genügt nicht die Aehnlichkeit, wie sie sich bei erwachsenen Selachiern ausspricht, sondern es sind sichere embryologische Beweise nothwendig. Solche finden sich in der Entwicklung des Sterlets keine, da sich der Schultergürtel und das Extremitäten-Skelet unabhängig von einander entwickeln[2]).

---

[1]) Die Uebersetzung des betreffenden Passus des in russischer Sprache geschriebenen Salensky'schen Werkes verdanke ich Herrn Studiosus Walter Büttner.

[2]) Die Richtigkeit dieses Satzes habe ich, wie ich später zeigen werde, allen Grund, stark in Zweifel zu ziehen (*W*).

Ich kann hierüber übrigens kein entscheidendes Urtheil abgeben, da die Entwicklung der Kiemenbogen bei den Selachiern, welche den Ausgangspunkt für die Vergleichung abgeben, noch gar nicht bestimmt ist, aber ich halte es nicht für überflüssig, zu bemerken, dass eine genauere vergleichend-embryologische Untersuchung den einzig sicheren Weg zur thatsächlichen Entscheidung dieser Frage bietet."

C. Hasse (51) kommt auf Grund seiner Studien über die Wirbelsäule der Fische und Dipnoër bezüglich der „Tectobranchi polyspondyli" zu folgendem Resultat: „Die Thiere besassen im Anschluss an die letzte Kiemenspalte paarige Brustflossen, und in der Umgebung des Afters ebensolche Bauchflossen mit centralem, axialen, fadenförmigen oder biserialen Archipterygium, je nachdem in die vordere Extremität lediglich der eine mittlere Kiemenstrahl des letzten Kiemenbogens oder auch alle benachbarten als seriale mit hineingewachsen waren. In ähnlicher homodynamer Weise verhielt sich dann das Skelet der hinteren Extremität. Dasselbe war aber niemals dem der vorderen homolog, sondern nur analog; es war, unabhängig von dem Kiemenskelet, selbständig in der Achse der Extremitätenanlage entstanden. Ich lege ein besonderes Gewicht auf diesen Ausspruch, insofern ich die Gültigkeit desselben für alle mit Extremitäten ausgestatteten Wirbelthiere aufrecht erhalte."

C. Emery (25) tritt sowohl der Kiemenbogentheorie, wie dem Archipterygium Gegenbaur's entgegen, und meint, dass man letzteres zur Erklärung des Cheiropterygiums nicht nur entbehren könne, sondern dass man durch Aufgabe desselben „zu einem klareren Verständniss der Beziehungen des Cheiro- und Ichthyopterygiums gelangen kann, als bei Aufrechterhaltung desselben".

Emery erblickt in der crossopterygialen Brustflosse von Polypterus und Calamoichthys den „Uebergang von der ichthyopterygialen Extremität zur cheiropterygialen".

Bezüglich der weiteren Ausführungen muss ich auf den speciellen Theil verweisen.

Während die Gegenbaur'sche Kiemenbogen-Schultergürteltheorie, sowie die Archipterygiumtheorie auf rein anatomischer Grundlage aufgebaut und bis in's einzelnste Detail mit Aufwendung des grössten Scharfsinnes immer mit denselben Hilfsmitteln durchgeführt war, begegnen wir einer anderen Lehre von der Urgeschichte der Extremitäten, welche zwar ebenfalls auf anatomischem Wege angebahnt wurde, später aber ihren glänzendsten Ausbau durch embryologische Forschungen erhielt. Sie kann als die Thacher-Mivart-Balfour-Haswell-Dohrn'sche Lehre bezeichnet werden.

Im Folgenden werde ich dieselbe geradeso in ihrer historischen Entwicklung beleuchten, wie ich dies mit der ersteren gethan habe.

Obgleich Maclise und Humphry schon im Jahre 1871 eine der bisherigen Auffassung zuwiderlaufende und in manchen Punkten der Thacher-Mivart-Balfour'schen etc. Theorie sich nähernde Ansicht über die Entwicklung der Extremitäten aufgestellt hatten, so vermochten sie doch nicht damit durchzudringen.

Im Jahre 1877 erschien eine Arbeit J. K. Thacher's, welche den anspruchslosen Titel trug: „Median and Paired Fins, a Contribution to the History of Vertebrate Limbs" (95). Dieselbe bedeutet einen Markstein in der Geschichte der vergleichenden Anatomie, und wie einst das Erscheinen der Gegenbaur'schen Archipterygiumtheorie das Signal war zu einer auf demselben Gebiet sich bewegenden literärischen Massenproduction, so rief auch der Thacher'sche Aufsatz in den Kreisen der Morphologen eine grosse Aufregung hervor. Man begriff die fundamentale Bedeutung der neuen Lehre sofort in ihrem ganzen Umfange; allein gleichwohl brach sie sich nur langsam Bahn. Die mächtige Autorität Gegenbaur's stand dagegen, und wie einst im Mittelalter der Ruf erklang: „Hie Welf, hie Waiblingen", so lautete jetzt der Schlachtruf: „Hie Thacher, hie Gegenbaur!" Eine Vermittlung zwischen beiden Gegnern erschien von vorne herein ausgeschlossen; siegte Thacher, so war die Gegenbaur'sche Kiemenbogentheorie ein für allemal aus der Welt geschafft.

Was die Thacher'sche Lehre anbelangt, so ist sie, worauf ich früher schon hingewiesen habe, auf Grund rein anatomischer Studien an einem grossen Selachier- und Ganoiden-Material entstanden. Ich gebe die Resultate, zu welchen Thacher gelangte, mit dessen eigenen Worten wieder:

„As the dorsal and anal fins were specializations of the median folds of Amphioxus, so the paired fins were specializations of the two lateral folds which are supplementary to the median in completing the circuit of the body. These lateral folds, then, ar the homologues of the Wolffian ridges, in embryos of higher forms. Here, as in the median fins, there were formed chondroid and finally cartilaginous rods. These became at least twice segmented. The orad ones, with more or less concrescence proximally, were prolonged inwards. The cartilages spreading met in the middle line, and a later extension of the cartilages dorsad completed the limb girdle."

Und weiter: „The limbs of the Protognathostomi consisted of a series of parallel articulated cartilaginous rays. They may have coalesced somewhat proximally and orad. In the ventral pair they had extended themselves mesiad until they had nearly or quite met and formed the hip girdle. They had not here extended themselves dorsad. In the pectoral limb the same state of things prevailed, but was carried

a step further, namely, by the dorsal extension of the cartilage consti-
tuting the scapular portion, thus more nearly forming a ring or girdle."

In einem zweiten Aufsatz (96) hält Thacher seinen früheren
Standpunkt aufrecht, bekämpft die Archipterygiumtheorie und erkennt
ihr nur für die Dipnoër einen gewissen Werth zu. Folgende Punkte
werden betont: die hintere Extremität mit ihrem Gürtel ist entstanden
zu denken aus einer Reihe einfacher Knorpelstrahlen, welche sich in
drei Segmente gliedern. Bezüglich der hierbei in Betracht kommenden
Zahl von Strahlen, bezüglich des Breitegrades des Verwachsungs-
prozesses angrenzender Strahlen, der Vereinigung der Pars pubica und
der Entwicklung der Pars iliaca sind noch genauere Untersuchungen
anzustellen. Dasselbe gilt für die etwa eintretende Reduction in der
Strahlenzahl bei den Teleostiern und den höheren Vertebraten. Eine
Vereinigung der Pars pubica beiderseits findet sich bei allen
Selachiern, mit Ausnahme der Holocephali, bei einigen Teleostiern
und bei den Dipnoi. Eine Pars iliaca findet sich bei Chimära, bei
den Rochen, bei den Chondrostei, „apparently" (offenbar? scheinbar?),
bei den Rochen, sowie endlich bei den Stapedifera.

Schon im Jahre 1873 hatte G. Mivart in seinen „Lessons in
Elementary Anatomy" den Satz ausgesprochen, „that the appendicular
skeleton is no mere portion of the axial skeleton, but a distinct system
of parts appended to and more or less closely and variously connected
with the axial system".

In einer zweiten Arbeit (78) führt Mivart dieses weiter aus,
indem er vor Allem die Ansicht bekämpft, dass der Schultergürtel
genetisch auf Rippen oder auf Kiemenbögen zurückzuführen sei, und
dass letztere seriale Homologa der Rippen darstellen.

Beide Extremitäten der Fische, die paarigen wie die unpaaren,
fallen unter einen und denselben morphologischen Gesichtspunkt, d. h.
beide gehören zu derselben Kategorie „of peripheral, non-axial
structures."

Wie F. M. Balfour (4) dies bereits in seiner Entwicklungsgeschichte der Selachier klar und deutlich ausgesprochen hatte, so
nimmt auch Mivart an, dass die Gliedmassen der Urvertebraten
einst aus zwei fortlaufenden Seitenfalten bestanden haben müssen,
welche den Körper beim Schwimmen im Gleichgewicht hielten, und
in welchen sich serial angeordnete Knorpelstrahlen entwickelten [1]. —
Aus diesen Seitenfalten, und zwar, wahrscheinlich je nach Bedürfniss
aus verschiedenen Abschnitten derselben, differenzirten sich bei verschiedenen Selachiern die Brust- und Bauchflossen, während das dazwischen liegende Stück sich rückbildete.

---

[1] Die einzelnen Knorpelstrahlen nennt Mivart „Pterygia", die Summe
derselben „Sympterygium".

Das vordere (Brustflossen-)Paar wuchs rascher zu einem grösseren Apparat heran als das hintere, die Bauchflossen.

Alles scheint, nach Mivart, darauf hinzuweisen, dass die Hartgebilde der unpaaren Flosse sich in centripetaler Richtung entwickeln, und dass sie nicht, wie Gegenbaur meint, in centrifugaler Richtung erfolgende Auswüchse des Achsenskeletes sind. Dasselbe nimmt er auch für die paarigen Flossen an und fasst die Extremitätengürtel als Einwüchse der vereinigten, d. h. unter sich verwachsenen Basalabschnitte der freien Gliedmassen auf. Der Schultergürtel gewann einwachsend einen Stützpunkt am Schädel, wie ein solcher vom Becken an der Wirbelsäule bei auf dem Festland sich bewegenden Wirbelthieren gewonnen wurde. Gleichzeitig wuchsen die Extremitäten bei den terrestrisch werdenden Thieren länger aus, gliederten sich, wurden schmäler; ob aber diese Verlängerung bei der Herausbildung des Cheiropterygiums in der Axenrichtung des Propterygiums oder des Mesopterygiums erfolgte, ist bis jetzt nicht sicher zu bestimmen. Das distale Ende des Cheiropterygiums entwickelte sich entweder unter Beibehaltung und weiterer Verbreiterung der bereits existirenden Knorpel oder es bildeten sich durch Anpassung neue Knorpel, welche in das Cheiropterygium einwuchsen.

Gleichmässige Entwicklung der hinteren und vorderen Extremität musste da eintreten, wo beiden dieselbe locomotorische Aufgabe erwuchs, wie z. B. bei Enaliosauriern etc., im andern Falle mussten sich entsprechende Modificationen ergeben.

Erst F. M. Balfour war es vorbehalten, die Frage, welche eine immer brennendere geworden war, von entwicklungsgeschichtlicher Seite aus in Angriff zu nehmen. Ein bedeutender Anlauf dazu war, wie schon erwähnt, von ihm bereits anlässlich seiner Studien über die Entwicklung der Selachier, d. h. schon vor dem Erscheinen der Thacher'schen Arbeit gemacht worden; allein erst im Jahre 1881 erschien eine dieses Thema behandelnde Specialarbeit (6). Die hierin niedergelegten Resultate will ich kurz referiren.

Zunächst recurrirt B. auf die von ihm im Jahre 1875 und 1876 an Selachier-Embryonen nachgewiesenen seitlichen, dicht hinter dem Kiemenapparat beginnenden und bis zum Anus sich erstreckenden Hautfalten und auf seine Deutung der paarigen Flossen als letzte Ueberreste derselben.

Die definitive Brust- resp. Bauchflosse entsteht als lappiger Auswuchs der Epidermis, in welchen mesodermales Gewebe allmählich nachrückt. Die Brustflosse ist zuerst der Bauchflosse in der Entwicklung weit voran, und letztere liegt, weil die primitive Hautleiste nicht horizontal, sondern schief nach hinten geneigt ist, mehr ventralwärts als die Brustflosse. Bald wächst auch Muskelgewebe von den Rumpfmyotomen aus in die Extremitätenanlage hinein; dasselbe bildet zwei Schichten, eine dorsale und eine ventrale, und zwischen diesen beiden entsteht das Knorpelskelet. Dieses verhält sich in seiner ersten Anlage bei der Brust- und Bauchflosse sehr ähnlich. Hier wie dort bildet es ursprünglich eine einzige zusammenhängende Masse mit dem zugehörigen Extremitätengürtel, und es erscheint unter rechtem Winkel von der Hinterseite desselben abgebogen. Soweit das Knorpelskelet in der freien Flosse liegt, läuft es entlang ihrer Basis parallel der Körperlängsachse. Die Aussenseite dieser so gerichteten Knorpelspange setzt sich in eine dünne, in die Flosse einragende Platte fort. Letztere ist, was die Brustflosse anbelangt, auf eine beträchtliche, d. h. breite, in der hinteren Extremität wenigstens auf eine schmälere Strecke einheitlicher Natur.

In der Folge gliedert sie sich in Strahlen. Diese unter rechtem Winkel von der einheitlichen Platte aus erfolgende Gliederung ist aber in grosser Ausdehnung bereits geschehen, bevor noch das Gewebe den Namen von Knorpelsubstanz verdient. Die Grundplatte, von der die Strahlen ausgehen, hat Balfour Basipterygium genannt, und eben dieses Basipterygium ist es, welches sich mit seiner proximalen Partie in den Schulter- resp. Beckengürtel continuirlich fortsetzt. Später gliedern sich die Strahlen vom Basipterygium ab und gliedern sich auch selbst wieder; dabei bleibt im Uebrigen die Bauchflosse auf embryonalerer, einfacherer Stufe stehen als die Brustflosse. Das Letzte, das sich ereignet, ist die Abgliederung des proximalen Abschnittes des Basipterygiums vom Becken- resp. Schultergürtel. In der Brustflosse, welche sich viel mehr vom Körper abschnürt, als die Bauchflosse, wird das Basipterygium zum Metapterygium, während sich das Meso- und Propterygium secundär abgliedern.

Alles spricht dafür, dass die einheitliche Knorpelstange der Brust- und Bauchflosse ursprünglich aus einer Verwachsung der basalen Enden der Knorpelstrahlen hervorgegangen zu denken ist, ganz so wie dies Thacher und Mivart annehmen. Beweisen aber lässt sich dies durch die Befunde an Scyllium nicht. Balfour schliesst mit den Worten: „The phylogenetic mode of origin of the skeleton both of the paired and of the unpaired fins cannot, however, be made out without further investigation."

Es ist wohl kaum nöthig, hervorzuheben, dass durch diese Arbeit Balfour's die biseriale Archipterygium- sowie die Kiemenbogentheorie Gegenbaur's einen gewaltigen Stoss erlitt; allein noch war der Kampf nicht zu Ende.

An die Stelle des durch ein dunkles Geschick der Wissenschaft allzufrüh entrissenen Freundes trat Anton Dohrn, welcher wenige Jahre später die Balfour'schen Untersuchungen wieder aufnahm und dieselben auf Grund eines ausgedehnten Materiales von Pristiurus- und Scyllium-Embryonen weiterführte (21).

Sein erstes Augenmerk richtete D o h r n auf die Beziehungen der
Rumpfmyotome zu der Extremitätenanlage, und es gelang ihm nachzuweisen, dass jedes Myotom an seiner ventralen Seite zwei sack-
förmige Fortsätze, einen vorderen und einen hinteren entsendet, und
dass diese Fortsätze sich allmählich verlängern und sich von den zugehörigen Myotomen abschnüren. Ihre Zahl vermochte D o h r n nicht
sicher zu bezeichnen; für die Brustflosse mögen 12—14, für die Beckenflosse 10—12 in Betracht kommen. Nachdem sie sich von den Myotomen abgelöst haben, verlängern sie sich wiederum und theilen sich je
in eine ventrale und eine dorsale secundäre Knospe. Es entstehen zuerst aus jedem Myotom vier getrennte Muskelmassen, die erste durch
Trennung in transversaler, die zweite in horizontaler Richtung. Das
sind die Elemente, durch deren Auswachsen die ganze Extremitäten-
muskulatur zu Stande kommt. Die einzelnen Knospenabschnitte
lassen, der dorsalen und ventralen Flossenfläche anliegend, eine mittlere Zone frei. Die Umwandlung der Zellen in Muskelknospen erfolgt
erst, wenn alle einzelnen Knospen an ihrer definitiven Stelle ange-
kommen sind; bis das geschehen, verharren sie alle in ihrer embryonalen Zellnatur. Ist jenes Entwicklungsstadium erreicht, so beginnt
in der oben erwähnten, von mesodermalem Gewebe erfüllten, mittleren
Zone der Verknorpelungsprozess. Letzterer setzt an der Flossenbasis
ein, gleich darauf aber rückt zwischen je zwei Muskelportionen ein
Knorpelstrahl gegen die äussere Peripherie der Flosse vor. Die
einzelnen Knorpelstrahlen divergiren in peripherer Richtung von einander, während sie an dem sich allmählich verschmälernden Basaltheil
der Flosse so enge zusammengedrängt erscheinen, als würden sie aus
einem einzigen Knorpel hervorwachsen. Dadurch hat sich B a l f o u r
zur Annahme seines B a s i p t e r y g i u m s als e i n h e i t l i c h e r Spange
verleiten lassen. Letztere aber ist erst das V e r s c h m e l z u n g s-
p r o d u c t der basalen (proximalen) Enden v o r h e r g e t r e n n t e r
E i n z e l s t r a h l e n.

Ueber die Anlage des Schultergürtels berichtet D o h r n wörtlich
Folgendes: „Eine andere Knorpelentwicklung greift gleichzeitig am
vordersten Rande der Flosse, zwischen ihr und den Myotomen des
Rumpfes, Platz. Sie hat aber eine andere Entwicklung, denn sie umgreift,
von der Mitte ausgehend, in rascher Entwicklung fast den ganzen Umfang des Körpers dorsalwärts, wie ventralwärts. Es ist die Anlage des
Schultergürtels." Des weiteren geht D o h r n hierauf nicht ein, sondern
behält sich weitere Mittheilungen vor. Gleichwohl betont er ausdrücklich, dass der Schultergürtel von Hause aus nichts mit der Schulterflosse zu thun habe, dass vielmehr eine A n g l i e d e r u n g, nicht aber eine
A b g l i e d e r u n g stattfinde (vergl. pag. 81).

Die Zahl der in die Brustflosse eintretenden Spinalnerven entspricht derjenigen der an ihrem Aufbau betheiligten Myotome. Aus

ihrer radienartigen, gegen die Flosse zu convergirenden Richtung kann man erkennen, dass die Flosse ein concentrirtes Gebilde ist[1]).

Alle diese Mittheilungen über die metamerische Entstehung der Extremitäten-Muskeln, -Knorpelstrahlen und -Nerven gelten in gleicher Weise für die Brust- wie für die Bauchflosse. Letzterer fehlt aber ein dem Schultergürtel homodynamer Knorpel. Das Os pubis ist nur eine nach innen gerichtete Verlängerung des durch Verschmelzung der Knorpelstrahlen zu Stande gebrachten Skelettheiles.

Von hoher Bedeutung ist der Befund Dohrn's, dass sich auch in dem zwischen Brust- und Bauchflosse liegenden Gebiet der Rumpf-myotome in embryonaler Zeit Muskelknospen bilden[2]), die allmählich wieder zu Grunde gehen, und ferner, dass derselbe Vorgang auch an den postanalen Myotomen sich abspielt, wodurch der Gedanke nahe liegt, es möchte sich hier um die Bildung der Muskeln der unpaaren ventralen Flosse handeln. Ist dies richtig, so muss die unpaare Flosse ebenso wie Brust- und Bauchflosse ursprünglich paarig gewesen sein. Da nun auch die dorsale Flosse ihrerseits der bereits bekannten Bildungsweise der lateralen und ventralen Flossen folgt, so erhellt daraus der richtige Gedankengang, welcher der Thacher-Mivart'schen Arbeit zu Grunde liegt[3]).

Ziehen wir das Facit, so lässt sich nicht verkennen, dass die von Thacher inaugurirte neue Lehre von Seiten Dohrn's den weitesten Ausbau erfahren hat, und es kann nicht Wunder nehmen, dass sie sich von jetzt an auch in immer weitere Kreise der Fachgenossen Eingang verschaffte; sie war ein wichtiger Factor geworden, mit dem man rechnen musste, und der nicht mehr aus der Welt zu schaffen

---

[1]) Die von Dohrn erwähnte Richtung der Nerven bei der Extremität der Selachier-Embryonen wird, wie aus den von Davidoff'schen Untersuchungen zu ersehen ist (19), bei der erwachsenen Chimära beibehalten; auch die Zahl derselben stimmt hier mit der von Dohrn schätzungsweise angenommenen Zahl der Muskelknospen von Pristiurus-Embryonen überein.

[2]) Ich kann nicht umhin, bei dieser Stelle auf folgenden Passus aus dem von Bär'schen Werk aufmerksam zu machen, welcher die Schärfe der Beobachtungsweise des grossen Embryologen im glänzendsten Lichte erscheinen lässt. „Für die unpaarigen Flossen zeigt sich zuerst eine zusammenhängende Hautflosse, die vom Rücken anfängt, um den ganzen Schwanz herumläuft und unter dem Bauche endet. Diese zusammenhängende Hautflosse scheint für sehr verschiedene Fische (z. B. Barsche und Karpfen) ganz gleich, so lange keine Flossenstrahlen da sind, doch muss sie für solche Fische, deren Rückenflosse sich bis gegen den Kopf erstreckt, auch wohl bis dahin gehen. Später theilt sie sich in so viel Abtheilungen, als der Fisch bleibende unpaarige Flossen erhalten soll. Die bleibenden Flossentheile erhalten während der Sonderung Strahlen, die Zwischentheile verschwinden gänzlich."

[3]) Wie Dohrn auf Grund seiner Befunde gegen die Gegenbaur'sche Theorie zu Felde zieht, mag aus S. 65—70 und S. 82—89 seiner Arbeit ersehen werden.

war. — Mit eigensinnigem Festhalten am Althergebrachten, mit Deuteln und Flicken war nichts gethan, es hiess nun: Entweder — Oder.

Mir selbst blieb dieser innerliche Kampf so wenig erspart, wie Andern, sofern sie überhaupt kämpfen wollten, und es nicht vorzogen, im Schmollwinkel die Mütze über die Ohren zu ziehen.

Wie sehr ich selbst mit der Gegenbaur'schen Lehre verwachsen war, ja, wie ich dieselbe durch eigene Studien selbst einst stützen zu können hoffte, habe ich auf S. 11 selbst offen dargelegt. Ich werde daher kaum nöthig haben, auszusprechen, welche Ueberwindung es mich gekostet hat, mich von derselben loszusagen. Und diese Lossage erfolgte denn auch durchaus nicht plötzlich und sprungweise, sondern ganz allmählich, indem ich mehrere Jahre hindurch suchte, jeden Zoll des alten Terrains so zähe wie möglich festzuhalten.

Als Zeugniss dafür sei mir gestattet, die betreffenden Abschnitte aus meinem Lehrbuch und Grundriss der vergleichenden Anatomie der Wirbelthiere wörtlich anzuführen.

In der ersten Auflage des Lehrbuches, welche in das Jahr 1882/83 fiel, fahre ich, von der die Brust- und Bauchflossen verbindenden Balfour'schen Epithelleiste sprechend, folgendermassen fort: „und man könnte daran denken," die Gliedmassen als Ueberbleibsel einer früher ununterbrochenen, durch metamer angeordnete Knorpelstäbe gestützten lateralen Flosse aufzufassen. Auch im Uebrigen fusse ich, was weiter die Entwicklung der paarigen Flossen anbelangt, ganz auf Balfour (6), da mir eigene Erfahrungen damals noch nicht zu Gebote standen, und die Dohrn'sche Arbeit (21) noch nicht erschienen war.

Dann folgt der Passus: „Es muss zugegeben werden, dass sich bei der so verlaufenden Entwicklungsgeschichte der Selachierflosse die Möglichkeit einer Ableitung derselben von dem Kiemenbogenapparat nicht absehen lässt, obgleich sie andrerseits auch keinen directen Beweis für die Thacher-Balfour'sche Hypothese liefert."

Wie wenig Beweiskraft ich damals der letzteren noch zuschrieb, beweist der Satz, den ich am Schlusse des die Gegenbaur'sche Kiemenbogenhypothese behandelnden Abschnittes anfügte: „Diese Auffassung scheint durch den von mir (101) gemachten Befund bei Dipnoërn (Protopterus) für die Vorderextremität eine sehr bedeutende Stütze zu erhalten. Während nämlich der Schulterbogen aller Fische, wenn er auch die respiratorische Kammer nach hinten noch abschliessen hilft, und also eine den Kiemenbogen sehr benachbarte Lage hat, doch immerhin der Peripherie des Rumpfes näher und dem Niveau der Kiemenbogen entrückt erscheint, so verharrt er bei Protopterus in seiner tieferen, mehr centralen Lage. Zweitens trägt er zeitlebens functionirende (äussere) Kiemen, und drittens wird nicht nur

die Schultermuskulatur, sondern die ganze freie Extremität bis zur
Spitze hinaus zum grossen Theil von Vaguselementen versorgt. Wenn
dadurch die Ableitung der vorderen Extremität von dem Kiemen-
bogensystem als sehr plausibel zu betrachten ist, so muss diese auch
in gleicher Weise für die hintere Extremität möglich sein, denn beide
besitzen, wie Balfour an Selachiern gezeigt hat (s. oben), principiell
dieselbe Anlage. Nun erscheint mir aber dies nach der Gegenbaur'-
schen Auffassung schon aus folgendem Grunde nicht möglich. Wir
treffen nämlich den Beckengürtel, den wir uns von seinem locus nascendi
nach Gegenbaur mehr oder weniger weit nach rückwärts gewan-
dert denken müssen, gerade bei Thieren, wo wir die ursprünglichsten
Verhältnisse anzutreffen erwarten könnten, wie bei Ganoiden, Dipnoërn
und Selachiern, am „rudimentärsten" und der vorauszusetzenden Form
eines Kiemenbogens am allerunähnlichsten. Wenn nun Gegenbaur
diesen Einwand dadurch zu entkräften sucht, dass er alle jene Becken-
formen für rückgebildet erklärt, so ist durchaus nicht einzusehen,
warum gerade der central gelegene, also der den äusseren Einflüssen
nur wenig oder gar nicht exponirte Theil des Beckengürtels eine solch
bedeutende Reduction erfahren haben soll. Wo ein Reductionsprozess
am Skelet auftritt, geht er stets von der Peripherie aus und schreitet
von hier aus proximalwärts fort, so dass die mehr in den Rumpf einbezogenen Theile erst ganz zuletzt von ihm ergriffen werden (Extremitätengürtel der Scinke, Amphisbaenen und Gymnophyonen). Viel
ungezwungener und natürlicher erklärt sich jene Thatsache im Sinne
Balfour's, der, wie ich oben schon vorübergehend bemerkt habe,
das Becken als auf niedriger Entwicklungsstufe stehen bleibend auffassen gelehrt hat, und so scheint mir, Alles erwogen, die Thacher-
Mivart-Balfour'sche Auffassung der Entstehung der paarigen
Flossen vor der Gegenbaur'schen den Vorzug zu verdienen. Ich
spreche dies aus trotz des von mir selbst gemachten Befundes an
Protopterus, der — es ist dies nicht zu leugnen — für die Gegenbaur'sche Hypothese schwer in die Wagschale fällt. Diese lässt
aber die Entstehung des Beckengürtels gänzlich unerklärt."

Was das biseriale resp. uniseriale Archipterygium betrifft, so wage
ich in der ersten Auflage meines Lehrbuches keine sichere Entscheidung zu treffen; ich verweise aber auf den von Balfour an Selachier-
Embryonen gemachten Befund, welcher hier die Anlage eines biserialen
Archipterygiums ausschliesst.

Auch in der im Jahre 1884 erschienenen ersten Auflage des
Grundrisses zeige ich mich noch schwankend und unsicher, welcher von
den zwei sich entgegenstehenden Doctrinen ich den Vorzug geben
soll, der Gegenbaur'schen oder der Thacher-Balfour'schen.
Das Archipterygium betreffend neige ich mich zu dem biserialen,
drücke mich aber, im Anschluss an die Besprechung der Urodelen-

gliedmassen sehr vorsichtig folgendermassen aus: „So hätten wir also hier wieder die biseriale Urform mit starkem Ueberwiegen der einen Radienreihe. Gleichwohl muss man wohl im Auge behalten, dass die radiäre Anordnung zu einer Stammreihe, d. h. zu einem Hauptstrahl, in früheren Embryonalstadien weniger deutlich hervortritt, als in späteren, und so kann man eher von ähnlichen, als von streng homologen Verhältnissen reden."

In der zweiten Auflage meines Lehrbuches (1886) bemerke ich, dass mir die Gegenbaur'sche Hypothese „immer unhaltbarer" erscheine, während ich durch die Thacher-Mivart-Dohrn'sche Auffassung „das verwickelte Problem auf viel ungezwungenere und natürlichere Weise" einer Lösung für fähig halte. Fussend auf den einstweilen publizirten Dohrn'schen Untersuchungen (21), erkläre ich mich sowohl gegen das uniseriale, als auch gegen das biseriale Archipterygium und recurrire auf die bei Selachier-Embryonen ganz gleichmässig neben einander liegenden Flossenstrahlen. Bezüglich des Schultergürtels und der freien Brustflosse führe ich, da mir damals keine eigenen Erfahrungen zu Gebote standen, Dohrn's Befunde an (vergl. diese), und dasselbe gilt für das Becken und die Beckenflosse.

In der zweiten Auflage meines Grundrisses (1888) stehe ich ganz auf Seiten Thacher's, Balfour's und Dohrn's.

Bezüglich der Extremitätengürtel bemerke ich Folgendes: „Ueber die Urgeschichte der beiden Extremitätengürtel lässt sich bis jetzt noch nichts Sicheres aussagen, denn auch die seiner Zeit von Gegenbaur aufgestellte Ansicht, dass es sich beim Schultergürtel um einen umgewandelten Kiemenbogen handele, ist, seitdem sich die „Archipterygiumtheorie" als unhaltbar erwiesen hat, mehr als zweifelhaft geworden."

„Hier sind also noch weitere Untersuchungen abzuwarten, und bis dahin kann auch die Frage, inwieweit die beiden Extremitätengürtel mit einander parallelisirt werden können, keine durchaus sichere Beantwortung erfahren. Gleichwohl aber lässt sich jetzt schon mit einem grossen Grad von Wahrscheinlichkeit behaupten, dass es sich zwischen beiden nicht um homologe, sondern nur um homodyname Verhältnisse handelt; ja, vielleicht ist ein directer Vergleich dabei überhaupt ausgeschlossen (vergl. das Dipnoër-Becken)."

Wenn ich dabei auf das Dipnoër-Becken verwies, so geschah dies, weil ich gerade damals mit vergleichend-anatomischen Studien über den Beckengürtel (105) beschäftigt war, und dabei auch die in meinem Grundriss pag. 101 figurirende Beobachtung gemacht hatte, dass die vorderen lateralen Fortsätze des Protopterus-Beckens stets in einem Myocomma des grossen Rumpfmuskels liegen. Dies schien mir sehr bemerkenswerth, und der Gedanke lag nahe, das Wirbelthierbecken

verdanke seine erste Enstehung einem Verknorpelungsprozess eines
Paares von Myocommata, welche ich mit hyalinknorpeligen Bauchrippen gewisser Kiemenmolche parallelisirte, und von denen ich an-
nahm, dass sie während der Entwicklung in der Linea alba abdominis
zu einer unpaaren Beckenplatte nachträglich zusammenfliessen.

Ich werde später anlässlich der Besprechung des Dipnoër-Beckens
darauf zurückzukommen Gelegenheit haben, und beschränke mich für
jetzt darauf, zu erklären, dass sich jene Ansicht auf Grund aus-
gedehnter entwicklungsgeschichtlicher Studien als unhaltbar erwiesen
hat. Ich habe dies auch bereits in zwei vorläufigen Mittheilungen
(107, 108), in welchen ich über die Resultate jener Studien kurz be-
richtete, ausgesprochen.

Aus verschiedenen Gründen hat sich die Publicaton der definitiven Arbeit, die ich hiermit der Oeffentlichkeit übergebe, sehr ver-
zögert; allein es war dies, wie ich denke, nicht zu ihrem Nachtheil.
Manches, das mir anfangs zweifelhaft und unsicher schien, konnte ich
mir immer wieder durch den Kopf gehen und sich klären lassen, Anderes, was mir früher als wichtig däuchte, wurde in den Hintergrund
gedrängt, und häufig genug ergab sich auch der umgekehrte Fall.
Kurz, ich glaube behaupten zu dürfen, dass es den in diesen Blättern
niedergelegten Beobachtungen und Betrachtungen nicht an Zeit zur
Ausreifung gefehlt hat, und dass ich mein bestes Wollen und Können
eingesetzt habe, möglichst objectiv zu bleiben. — Wenn sich gleichwohl da und dort Lücken und Mängel herausstellen sollten, so möge
man mir dies zu Gute halten und bedenken, mit welchen Schwierigkeiten ich zu kämpfen hatte, bis das ganze grosse Untersuchungsmaterial in meinen Händen war. Selbstverständlich war auch der
Conservirungsgrad zuweilen nicht der allerbeste, so dass ich, zumal
bei seltenen Objecten, nicht immer zum erwünschten Ziele kam, und
eine für den Augenblick unausfüllbare Lücke lassen musste.

Schliesslich spreche ich allen denjenigen verehrten Fachgenossen,
die mich durch freundliche Ueberlassung von Material in meiner Arbeit gefördert haben, meinen besten Dank aus.

SPECIELLER THEIL.

I. Hintere Extremität mit besonderer Berücksichtigung des Beckengürtels.

A. Selachier.

Das Becken der Selachier ist nach seinen allgemeinen Formverhältnissen längst auf das Genaueste bekannt, und so kann ich mich auf eine einfache Skizze beschränken, welche in einem derartigen Rahmen gehalten werden soll, um später die Entwicklungsgeschichte innerhalb desselben verständlich machen zu können.

In der Regel handelt es sich um eine Verschmelzung beider Beckenhälften in der ventralen Mittellinie zu einer Masse. In Ausnahmefällen, wie z. B. bei Triakis semifasciatus und den Holocephalen, unterbleibt dieselbe, und die engere oder weitere Zwischenzone [1] wird durch fibröses Gewebe ausgefüllt, ein Punkt, auf den ich später wieder zurückkommen werde.

Im Allgemeinen stellt also das ausgebildete Becken eine unpaare, von einer wechselnden Zahl von Oeffnungen durchbohrte, knorpelige Querspange dar. Dieselbe unterliegt nach den einzelnen Gruppen verschiedenen Formschwankungen, und ich verweise hierbei auf die ausführliche Darstellung von von Davidoff (19).

An der Beckenspange verschiedener Selachier lassen sich in verschiedener Entwicklung gewisse Fortsätze unterscheiden. Einer derselben, welcher am vorderen Beckenrand genau in der Mittellinie liegt, ist unpaar; ich bezeichne ihn auf nebenstehender Figur 1 als Processus epipubicus. Derselbe findet sich durchaus nicht bei allen Selachiern, ist aber, da er bei Dipnoërn, Amphibien, Reptilien und Säugern zu viel stärkerer Ausprägung gelangt, von hoher morphologischer Bedeutung. Zwei weitere Fortsätze sind paarig und entspringen seitlich; der eine von ihnen, der Processus iliacus (Text-

---

[1] Nach von Davidoff soll jene Verbindung bei weiblichen Chimären eine lockerere sein als bei männlichen.

figur 1. I.), ist ebenfalls inconstant und erreicht im Holocephalen-
becken, das sich ohne Weiteres von demjenigen der Haie ableiten lässt,
die stärkste Entwicklung. Der andere Fortsatz repräsentirt, wie
D'Arcy W. Thompson (97)[1]) mit Recht bemerkt, ein viel con-
stanteres und typischeres Beckenelement, und soll mit Jeffery Parker, der diesen Beckentheil zuerst in seiner Bedeutung gewürdigt
hat, als Processus praepubicus oder Praepubis bezeichnet
werden. Dieser Fortsatz, welcher auf der Textfigur 1 bei *PP* angedeutet ist, ragt nach vorne, d. h. kopfwärts, und häufig zugleich
etwas lateralwärts hervor. Es scheint sich hierbei um ein uraltes
Erbstück des Wirbelthierbeckens zu handeln, und Aehnliches wird
uns auch bei den übrigen Vertebraten oft und viel wieder beschäftigen.
Ob die Ansicht D'Arcy Thompson's, dass jener Fortsatz auf die

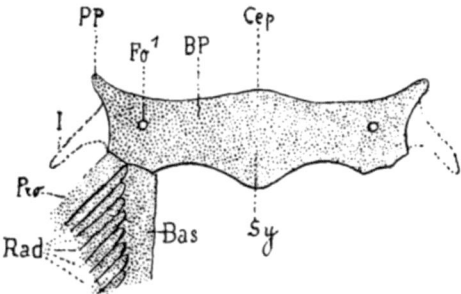

Textfigur 1. Typus des in allen seinen Theilen ausgebildeten Selachier-Beckens
von der Ventralseite. *BP* Beckenplatte (Ischio-Pubis), *I* Processus iliacus, *PP* Processus
praepubicus, *Cep* Processus epipubicus, *Sy* Gegend der Symphysis ischio-pubica,
Fo[1] Foramen obturatorium, *Bas, Pro, Rad* Basale, Propterygium und Radien der Bauchflosse

„formerly greater forward extension of the limb" hinweise, richtig ist,
wage ich vorderhand nicht zu entscheiden. Jedenfalls zeigt er bereits
bei den Selachiern (im weitesten Sinne) schon beträchtliche Form-
und Grösseschwankungen, wenn er auch nie gänzlich fehlt.

Bei den Holocephalen, Chlamydoselache und den Notidaniden tritt er stark zurück, während er bei den Rochen (Torpedo und

---

[1]) Professor D'Arcy W. Thompson, der mich kurz nach Veröffentlichung
meiner vorläufigen Mittheilungen im Anatom. Anzeiger (107) besuchte, und von
meinen damals schon fertiggestellten, für diese Arbeit bestimmten Abbildungen
Einsicht nahm, theilte mir mit, dass er selbst im Jahre 1885 ausgedehnte Untersuchungen über das Wirbelthierbecken angestellt habe, dass er aber auf die Veröffentlichung jetzt verzichte, und mir das Manuscript mit seinen von ihm selbst
gezeichneten Abbildungen zur freien Verfügung stelle. Ich nahm dieses An-
erbieten an und verfehle nicht, ihm an dieser Stelle meinen besten Dank abzustatten, und die Versicherung beizufügen, dass ich die von ihm vertretenen
Ansichten überall zum Ausdruck zu bringen mich bestreben werde.

Raja), welche, beiläufig bemerkt, in ihrem Beckenbau weniger primitive Verhältnisse zeigen, als die Squaliden, sehr stark ausgeprägt ist[1]).

Von früheren Autoren, wie z. B. von von Davidoff, Balfour u. A., ist jener Fortsatz häufig als „processus dorsalis" bezeichnet und mit dem Ilium verwechselt worden. Die wichtigste Frage ist ohne Zweifel die, ob die Hauptmasse des Selachierbeckens, d. h. die eigentliche Beckenplatte, wie ich sie nennen will, einem Ischium oder einem Pubis im Sinne der höheren Vertebraten entspricht, oder ob sie etwa diese beiden Theile in sich vereinigt. Hierüber existirten bisher verschiedene Meinungen. Gegenbaur (36, 41) spricht nur von einem „einfachen Knorpelstück", das bei einzelnen Selachiern „eine Tendenz zur Theilung in zwei" zeige. Auch von Davidoff (19) und D'Arcy Thompson (97) lassen sich auf eine Beantwortung jener Frage nicht ein, ersterer meint jedoch, dass zu ihrer Lösung vor Allem eine eingehende Untersuchung der betreffenden Skelettheile bei Amphibien und Reptilien erforderlich sei. — Dieser Satz hat seine volle Berechtigung, denn nur auf diesem Wege ist es mir selbst gelungen, jeden Zweifel zu beseitigen, und in der Beckenplatte der Selachier beide Elemente, ein Pubis und ein Ischium, nachzuweisen. Ich werde den Beweis später liefern.

Ich wende mich nun zu der Frage nach der Entwicklung des Selachier-Beckens, welche ich bei Scyllium canicula, Pristiurus und Acanthias verfolgt habe.

Im Voraus muss ich bemerken, dass ich die Befunde Dohrn's, wie dies seither auch von Seiten Paul Mayer's (71) geschehen ist, durchaus bestätigen kann.

Auf Tafel I Fig. 1 sieht man einen Querschnitt durch die Schwanzwurzel eines 19 mm langen Embryos von Pristiurus melanost. Die aus der Balfour'schen Epidermisleiste differenzirte Bauchflosse stellt einen paarigen, lappigen Anhang dar, der sich an seinem freien Rande zuschärft, kurz vorher aber eine Auftreibung zeigt. In seinem Innern bemerkt man ein dichtzelliges, dunkles, mesodermales Blastem, welches über die ventrale Mittellinie herüber mit dem der anderen Seite gürtelartig zusammenfliesst (*, *). Die Stelle des Zusammenflusses grenzt dorsal-lateralwärts an die Muskelanlage (MK), ventralwärts aber springt sie kielartig aus und verschmilzt bei † mit der Epidermis (Ep), welche im übrigen Bereich von ihrer Unterlage blasig

---

[1]) Nach A. Smith Woodward (Proceed. Zool. Soc. London 1888) erreichen die Processus praepubici bei dem der Kreideformation angehörigen Rochen Cyclobatis oligodactylus eine ganz ausserordentliche Länge. Dieselben erscheinen hier in zwei lange schlanke, kopfwärts mässig divergirende und spitz endigende Fortsätze ausgezogen, auch sind die Processus iliaci sehr stark entwickelt; ein Processus epipubicus ist nicht angedeutet, was offenbar in Correlation mit der starken Entwicklung der beiden anderen Fortsätze steht.

abgehoben ist. Bei *Ch., A.V.c.* sieht man die Chorda, Arteria und Vena caudalis.

Ganz ähnlichen Verhältnissen begegnet man auf Fig. 2, welche einen Querschnitt durch das hinterste Rumpfende eines 15 mm langen Embryos von Scyllium canicula darstellt. Die Extremitätenlappen (*HE*) erscheinen — und ganz ähnlich verhält sich in dieser Hinsicht in gewissen Entwicklungsstadien die Brustflosse — hier an ihrem freien Rande noch mehr (im Querschnitt fast zitzenartig) zugespitzt. Die dunkle, zellige Innenmasse hängt im Bereich ihrer medianen Verbindungszone bei † mit dem Coelomepithel des ventralen Mesenteriums auf's Innigste zusammen. Bei *MK* liegen Muskelknospen, welche sich von den Myotomen *M¹* abgelöst haben; dasselbe gilt für Fig. 3 und 5, wo man z. Th. noch den Zusammenhang mit den letzteren constatiren kann.

Mit den Schnitten kopfwärts fortschreitend, geräth man immer mehr in den Bereich der Flossenbasis und sieht auf Fig. 3—5, wie der Extremitätenhöcker allmählich verstreicht und schliesslich nur noch eine leichte Vorwölbung der Rumpfwand darstellt (*HE*). Stets findet sich auch hier im Innern eine Ansammlung jener mesoblastischen Zellmasse; dieselbe hängt aber zu dieser Zeit im vorderen Bereiche der Flosse, d. h. gerade da, wo sich später die eigentliche Beckenanlage findet, in der Mittellinie noch nicht gürtelartig zusammen.

Dies gibt zu denken, und ich glaube nicht fehl zu gehen, wenn ich darin die letzten Spuren eines bei den Vorfahren der Selachier weiter caudalwärts gelagerten Beckens, oder, was dasselbe bedeuten will, einer ursprünglich grösseren Ausdehnung des Coeloms erblicke[1].

Erwähnenswerth für die in Frage stehenden Entwicklungsstadien ist noch die auch von Anderen schon beobachtete, im Bereich der Extremitätenanlage sich bemerklich machende Erhöhung der noch einschichtigen Epidermis. Ich begegnete dieser Erscheinung, welche wohl als ein Reactionszustand auf den durch das wuchernde Mesoblastgewebe gesetzten Reiz aufzufassen ist, bei der ersten Gliedmassenanlage aller der von mir untersuchten Wirbelthiere (Fig. 2—5, 23, 24, 54, 81 bei *Ep*)[2].

In den bis jetzt geschilderten Entwicklungsstadien ist die Skeletsubstanz noch nicht differenzirt, und auch das Muskelgewebe ist in histogenetischer Beziehung noch weit zurück, was schon daraus zu er-

---

[1] Bei 10 cm langen Exemplaren von Mustelus laevis liegt an der betreffenden postpelvinen Zone eine vom hinteren Rand der Beckenplatte bis zur Cloake reichende starke fibröse Haut, von welcher ebenso wie vom Becken selbst der Adductormuskel der Bauchflosse entspringt! —

[2] In Fig. 5 zeigt sich das Coelomepithel dorsalwärts, d. h. in der Urogenital-Zone ebenfalls palissadenartig erhöht. Geradeso würde es sich, falls es eingezeichnet wäre, auf Fig. 3 und 4 verhalten.

sehen ist, dass in den Myotomen M^1 die Coelomhöhlen-Derivate noch deutlich nachweisbar sind.

Dieses ändert sich nun in späteren Stadien derart, dass sich jene in der Schwanzwurzel liegende mesoblastische Gürtelzone wieder löst, während die Flosse weiter auswachsend in ihrem Innern eine Reihe von getrennten Knorpelstrahlen entstehen lässt. Zugleich differenzirt sich die zugehörige Muskulatur und ordnet sich in ein dorsales und ein inneres ventrales Lager, d. h. in ein System von Hebern und Senkern, bezw. Adductoren.

Dieser Zustand dauert nicht lange an, indem die einzelnen Radien, von vorne, d. h. von der Kopfseite her beginnend, zu einer continuirlichen Knorpelspange zusammenfliessen, welche allmählich mit ihrem proximalen Ende in die ventrale Rumpfwand einwuchert.

Hier trifft sie auf einen vorher gebildeten, ganz ähnlichen, aus indifferentem Mesoblastgewebe gebildeten Gürtel, wie ein solcher viel früher bereits weiter caudalwärts entstanden und später wieder geschwunden war. Indem nun die Wucherungszone des Gürtelknorpels von beiden Seiten her immer mehr gegen die ventrale Mittellinie vorrückt, kommt es endlich zu einem Zusammenfluss.

Zu dieser Zeit bilden also die freien Extremitäten, von denen der ganze Verknorpelungsprozess seinen Ausgang nimmt, eine einzige zusammenhängende Masse mit dem Beckengürtel, und letzterer ist geradezu als ein Product der ersteren zu bezeichnen.

Man erkennt daraus, wie richtig bereits Balfour den ganzen Vorgang beobachtet hat, wenn er (5) bezüglich der Entwicklung des Becken- und Schultergürtels von Scyllium bemerkt: „Es findet sich jederseits ein Knorpelstreifen, welcher an seinem Hinterrande mit dem Basalelement der Flosse zusammenhängt. Dieser Streifen stösst mit seinem Genossen der anderen Seite zusammen und vereinigt sich damit, bevor er sich in wahren Knorpel umwandelt, und obgleich der Ileumfortsatz nie sehr bedeutend wird, so ist er doch beim Embryo besser entwickelt, als beim Erwachsenen und erscheint anfänglich beinahe horizontal nach vorn gerichtet.“

Der einzige Fehler, den Balfour begangen hat, ist der, dass er, was die erste Anlage des Skelets der freien Extremität betrifft, zu alte Entwicklungsstadien untersuchte, bei welchen der Zusammenfluss der Einzelradien zu einem Basale bereits erfolgt war. Aus diesem Grunde fasste er letzteres als ein primäres anstatt als ein secundäres Gebilde auf. Im Gegensatz dazu hat Dohrn ganz das Richtige getroffen, und seine Befunde decken sich bezüglich dieses Punktes, wie schon erwähnt, vollkommen mit den meinigen.

Hinsichtlich der sich hierbei abspielenden Wachsthumsprozesse verweise ich auf Fig. 6—12 auf Tafel I. Die Schnitte gehen von der

Schwanzwurzel (Fig. 6, 7) kopfwärts und zeigen bereits den Zusammenfluss der medialen Strahlenenden zu einem Stammradius (Fig. 8—12,
SRad).

Auf Fig. 10 sind die Vorderenden desselben bereits durch zwei
schmale Knorpelcommissuren in der Mittellinie zu einem starken Gürtel
(*SRad*[1], *BP*) zusammengetreten, ein Vorgang, welcher auf den nächsten
beiden Figuren seine Vollendung erreicht. Hier, wo das Messer etwas
schief zur Längsachse des Rumpfes hindurchging, ist auf der einen
Seite (rechts auf Fig. 11, links auf Fig. 12) zwischen dem Basale und
der Gürtelspange so gut wie jede Grenze aufgehoben. Auf der rechten
Seite der Fig. 12 sieht man lateralwärts im Beckengürtel eine concentrische Anordnung der Knorpelzellen, und nimmt man ein klein
wenig ältere Stadien zu Hilfe, so erkennt man, wie an eben dieser Stelle
eine Resorptionszone im Knorpel auftritt. Die Folge davon ist, dass
sich der vorderste, in dieser Periode noch gänzlich einheitliche Abschnitt des Basale wieder loslöst; kurz, es kommt
in der Beckenflossenspange durch eine secundär auftretende Continui-
täts-Trennung (Einschmelzung) zu einer Abgliederung der freien Extremität. So entsteht das Hüftgelenk, und ich werde hierauf
bei den Ganoiden und den Amphibien wieder zurückkommen. Dass
dabei die bereits kräftig entwickelte Muskulatur (Fig. 8, 9, *M*[2]) eine
gewisse, wenn auch keine ausschlaggebende Rolle spielt, kann wohl
keinem Zweifel unterliegen.

Nach der Anlage eines Ilium habe ich mich in diesen Entwicklungsstadien vergeblich umgesehen; es tritt offenbar erst später auf.
Uebrigens ist man hierbei sehr leicht Täuschungen ausgesetzt. So
fasste ich den dorsalwärts sich erstreckenden Abschnitt des dichtzelligen Gewebes *M*[2] auf Fig. 9 zuerst als einen in der Verknorpelung
begriffenen Processus iliacus auf, da eine Grenze zwischen ihm und
dem Knorpelgewebe des Basale so gut wie gar nicht nachzuweisen
war. Erst später wurde ich durch das Studium älterer Embryonen
eines Besseren belehrt, und erkannte in jenem Gewebe deutlich die
Vorstufen von Muskeln, welche sich bei † bereits auch gegen die ventrale Bauchwand hereinziehen.

Ein Processus praepubicus macht sich schon sehr frühe bemerklich, tritt aber, wie D'Arcy Thompson (97) richtig bemerkt, bei
älteren Embryonen fast bis zum Verschwinden zurück, während das
Ilium, ähnlich wie bei Raja, mehr zur Geltung kommt. Es besteht
also eine „first preponderance" des Pubis und Praepubis über das Ilium.

Was die Nerven anbelangt, so sind sie anfangs nur sehr schwer
nachweisbar, doch treten sie ziemlich lange vor dem Beginn des Ver-
knorpelungsprozesses auf. Die Folge davon ist, dass die Stelle, wo der
N. obturatorius heraustritt, ausgespart wird, und der Beckenknorpel

ein Foramen obturatorium bildend, ringartig um denselben- zu sammenfliesst.

Ich verweise zu diesem Zwecke auf die Textfigur Nr. 2, **A—F.** Ebendaselbst sieht man auch, dass das ursprünglich einheitliche Basale in der Nähe des Hüftgelenkes ein zweites kleineres Stück von sich abgliedert. Dies ist das Propterygium Gegenbaur's.

Weiter habe ich mich mit der Entwicklung des Skeletes der freien Extremität nicht befasst, doch kann ich so viel mittheilen, dass

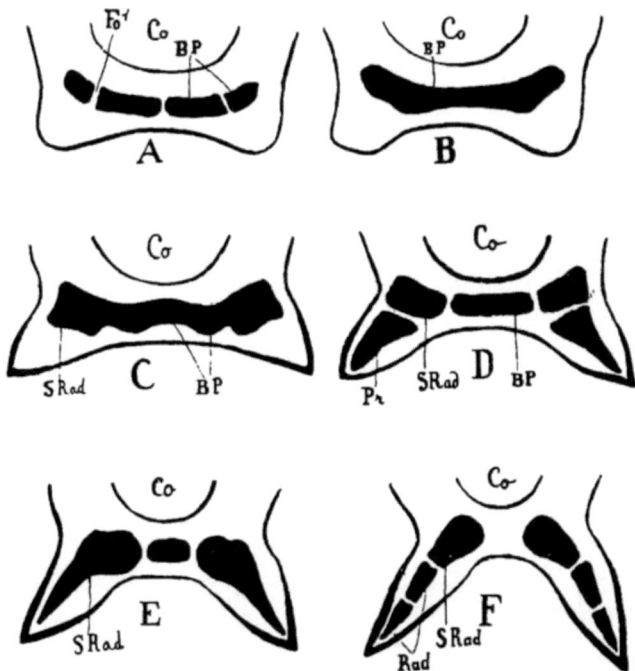

Textfigur 2. Skizze der Entwicklung des Selachierbeckens (Acanthias), nach Querschnitten, welche mit **A** beginnend in caudaler Richtung (in verschiedenen Intervallen) auf einander folgen. *BP* Beckenplatte, *Fo¹* Foramen obturatorium, *SRad* Stammradius oder Basale, von welchem das aus den vordersten Radien hervorgegangene Propterygium *Pr* sich secundär wieder abgegliedert hat. *Rad* ebenfalls secundär vom Basale abgegliederte Strahlen, von denen jeder nachträglich wieder in kleinere Einzelstücke zerfällt. *Co* Coelom.

das Basale dem Metapterygium Gegenbaur's entspricht, und dass die in seinen proximalen Abschnitt einbezogenen Radien in immer grösserer Ausdehnung unter einander verschmelzen. Nachdem so ein kräftiges Metapterygium entstanden ist, gliedern sich seine ursprünglichen Componenten, d. h. die seitlich aufsitzenden Radien, von ihm ab und zerfallen selbst wieder in kleine Knorpelsegmente. Dasselbe gilt für die propterygialen Strahlen. Während dieser Vorgänge wächst die ganze Extremität immer mehr heran, ohne dass dabei ein biserialer Aufbau zu bemerken wäre, und hierauf haben ja. auch schon B a l - f o u r, D o h r n und B u n g e (8) hingewiesen. So hat letzterer bereits im Jahre 1874 folgenden Satz ausgesprochen: „Auffallend ist es, dass sich an der hinteren Extremität der Selachier, die doch der Urform näher steht, als die vordere, nirgends auch nur die geringsten auf ein biseriales Archipterygium hinweisenden Spuren erblicken lassen."

Auch G e g e n b a u r (34) selbst macht in seiner Arbeit über das Skelet der Gliedmassen der Wirbelthiere im Allgemeinen und der Hintergliedmassen der Selachier insbesondere ausdrücklich auf den primitiveren, weniger differenzirten Charakter der letzteren im Gegensatz zur Brustflosse aufmerksam. Als die schlagendsten Beispiele führt er C e n t r o p h o r u s und A c a n t h i a s an.

Das Mesopterygium der Brustflosse, wie auch das Propterygium beider Flossenpaare betrachtete G e g e n b a u r damals als aus einem Zusammenfluss vorderster Radien entstanden, während er das Basale metapterygii als eigentlichen Stamm der Flosse im Sinne einer ursprünglich einheitlichen Bildung auffasste. Dadurch kam er zur Begründung seines u n i s e r i a l e n A r c h i p t e r y g i u m s, an dessen Stelle dann, wie schon im allgemeinen Abschnitt auseinandergesetzt wurde, später das b i s e r i a l e Archipterygium trat.

Die oben gelieferte Beschreibung der Entwicklung des Beckens und der zugehörigen Bauchflosse dürfte genügen, um in die betreffenden Verhältnisse aller erwachsenen Selachier einen klaren Einblick zu gewinnen. Auf Fig. 13 und 14 gebe ich eine Abbildung der hinteren Extremität von A c a n t h i a s und H e p t a n c h u s. Bei beiden sieht man, wie sich der Stammradius (Basale) und weiter nach vorne davon das Propterygium (*S Rad* und *Pr*) mit der Beckenplatte (*B P*) verbinden, wie also zur Bildung des Hüftgelenkes drei Skeletstücke zusammentreten. Lateral vom Propterygium liegen drei, lateral vom Basale dreizehn resp. siebzehn Radien. In der Rückwärtsverlängerung des Basale von Heptanchus liegen noch zwei; dieselben zeigen aber, im Gegensatz zu den lateralen Radien, keine secundäre Abgliederung. An der entsprechenden Stelle sieht man bei Acanthias das Copulationsorgan z. Th. in seinen Umrissen angedeutet.

In der Beckenplatte von Acanthias findet sich, wie bei Scyllium u. A., jederseits ein einziges Foramen obturatorium, bei Heptanchus aber, welcher einen breiteren Gürtel besitzt, liegt dahinter noch eine zweite Oeffnung (Fig. 13, †). Vergleicht man damit die Beckenplatte[1]) von C h l a m y d o s e l a c h u s a n g u i n e u s (Fig. 15, *B P*), so erstaunt

---

[1]) Sie ist nach der Schilderung G a r m a n's dorsalwärts gehöhlt, ventralwärts gewölbt und besitzt hier eine mediane Längsleiste, welche sich kopfwärts gabelt. Der hintere Rand ist concav, der vordere convex.

man über ihre extreme Ausdehnung in der Richtung vom Kopf gegen den Schwanz zu, und bemerkt auf der einen Seite derselben sechs, auf der anderen sieben Oeffnungen. Lateralwärts schliesst sich an die Beckenplatte die Vorwärtsverlängerung ($SRad$[1]) des Basale ($SRad$) an, welches in jenem Bereich mit zwölf seitlichen Radien besetzt erscheint (12 Rad); nach hinten davon, im Bereich des freien Abschnittes vom Stammradius[1]) sitzen weitere dreizehn. Alle 25 seitlichen Radien, von denen die meisten dreigliederig sind, folgen sich in gleichmässiger Reihenfolge, sind auch formell einander sehr ähnlich und zeigen mit Ausnahme der vordersten[2]) nirgends die Neigung zum Zusammenfluss; ein Propterygium ist, wie es scheint, nicht vorhanden.

Dieser meiner Schilderung liegt eine Copie der Garman'schen Abbildung des Bauchflossenskelets von Chlamydoselachus zu Grunde (32), und ich habe allen Grund, ein ganz besonderes Gewicht darauf zu legen, da es sich dabei meiner Ueberzeugung nach um Structurverhältnisse von so primitivem Charakter handelt, wie sie uns bei keinem anderen recenten Selachier mehr erhalten sind. Dieselben sind um so bedeutungsvoller, weil dieser cladodonte Selachier trotz seiner verwandtschaftlichen Beziehungen zu den Notidaniden im System noch niederer steht als letztere, und in gewissen Punkten mit den ältesten fossilen Haien des mittleren Devon übereinstimmt.

Erinnern wir uns hierbei der am Selachierbecken sich abspielenden ontogenetischen Vorgänge, so ist es nicht schwer, bei Chlamydoselache einen Zustand als fixirt und typisch geworden zu erkennen, welcher von andern Selachiern nur ontogenetisch durchlaufen wird. Zugleich wird man aber auch darin die allerschönste Bestätigung der Thacher'- und Mivart'schen Theorie erblicken dürfen.

Auch Garman betont den primitiven Typus, allein er verwerthet ihn viel zu wenig, indem er sich auf folgenden Satz beschränkt: „The peculiar shape of this pelvis suggests an embryonic character of other sharks. In embryos the pelvis is longer than in the adult, in comparison with the transverse measurement. An embryo of Heptabranchias before me has it half as long as wide, proportions which are intermediate between those of the adult and an adult Chlamydoselache."

Der amerikanische Forscher hat dabei zwei hochwichtige Punkte ausser Acht gelassen, und ich kann mir dies nur daraus erklären, dass ihm zu wenige entwicklungsgeschichtliche Erfahrungen über dieses Gebiet zur Verfügung standen.

---

[1]) Derselbe ist nach hinten spitz ausgezogen und in querer Richtung mehrfach abgegliedert. Von einem Ilium vermag ich nichts zu erkennen, so dass ich Garman nicht verstehe, wenn er bemerkt: „the iliac ridge being continued along its upper side". Vielleicht handelt es sich um die Spur eines Praepubis.

[2]) Auf der Garman'schen Abbildung kommt dies nicht zum Ausdruck.

Erstens ist jener Abschnitt des Beckens, welchen er als „seitliche Zone" beschreibt, und den er durch eine Längsleiste von der Hauptmasse abgesetzt sein lässt, nichts Anderes als (wie ich dies oben schon angedeutet habe) die directe Vorwärtsverlängerung des Basale plus dem latent, resp. indifferent bleibenden Propterygium. Mit anderen Worten: es handelt sich hierbei um das Product der unter sich eine Concrescenz eingehenden proximalen Enden der zwölf vordersten primären Radien, geradeso wie der nach hinten liegende freie Abschnitt des Basale oder Basipterygium aus dem Zusammenfluss der 13 caudalwärts liegenden primären Radien hervorgegangen zu denken ist. Dies kann so wenig einem Zweifel unterliegen, als der Umstand, dass, nachdem einmal das ganze Basale gebildet war, der den vorderen zwölf Radien entsprechende Abschnitt desselben medianwärts in die ventrale Bauchwand einwucherte, und hier mit seinem Gegenstück zu einer unpaaren Beckenplatte verschmolz. Während sich nun aber, wie ich dies früher dargethan habe, bei anderen Selachiern das vorderste Ende des Basale, unter Bildung eines Hüftgelenkes von der Beckenplatte wieder abgliederte, unterbleibt dieser Vorgang bei Chlamydoselache, indem hier der ganze Prozess um eine Entwicklungs-Etappe früher zum Abschluss kommt, und das ganze Bauchflossenskelet, soweit es sich dabei um die Beckenplatte und das Basipterygium handelt, eine einzige compacte Knorpelmasse darstellt.

Ein zweiter Punkt, auf den Garman zu verweisen versäumt hat, betrifft die in der Beckenplatte befindlichen Löcher. Ob ihre Lage in der Figur richtig angegeben und eingezeichnet ist, kann ich natürlich nicht verbürgen; jedenfalls aber scheinen sie jederseits in beträchtlicher Anzahl vorhanden gewesen zu sein, und dies ist, wie mir scheint, von hoher Bedeutung und hängt direct mit der grossen Ausdehnung der Beckenplatte zusammen. Letztere, resp. ihre Matrix, das Basale, ist bei Chlamydoselache offenbar das Product einer ungleich grösseren Zahl von primären Radien, als dies bei andern Selachiern der Fall ist. So wird z. B. bei Scyllium u. A. die sich einschiebende schmale Gürtelmasse nur mit einem Nerven in Contact kommen, und durch Aussparung eines einzigen Foramen obturatorium mit jenem zu rechnen haben. Bei Heptanchus, Raja batis, Chimaera monstrosa u. A., wo sich die Beckenplatte bereits etwas verbreitert, treffen wir zwei resp. (Chimaera) vier Oeffnungen (Fig. 13), bei Chlamydoselache endlich werden es sechs bis sieben (Fig. 15, Fo^1, †††), und vielleicht handelt es sich hier schon um eine secundär erfolgte Verminderung einer ursprünglich noch grösseren, vielleicht auf 11 oder 12 sich belaufenden Zahl.

Kurz, das Becken des einen Selachiers braucht, wenn auch genetisch, so doch nicht seiner ganzen Masse nach streng homolog zu sein demjenigen eines zweiten Selachiers. Dieser kann ein Plus oder ein Minus dem andern gegenüber besitzen, je nachdem es sich in der Genese um die Connascenz einer grösseren oder kleineren Zahl von primären Radien zum Aufbau des zur Beckenplatte einwachsenden proximalen Basipterygium-Abschnittes handelt.

Mag es sich aber so oder so verhalten: einen fundamentalen Satz können wir jetzt schon daraus ableiten, nämlich den: Das Selachierbecken besitzt auf Grund seiner Bildungsgeschichte keinen einheitlichen, sondern einen polymeren Charakter.

B. Dipnoër.

1) Ceratodus.

Der Erste, welcher eine Beschreibung des Ceratodusbeckens und der zugehörigen Bauchflosse lieferte, war A. Günther (49). v. Davidoff (19) und Andere sind ihm später darin gefolgt. Am Becken wird die Hauptmasse als „Körper" unterschieden, und dieser entspricht jenem Theil des Selachier-Beckens, welchen ich oben als „Beckenplatte" bezeichnet habe. Der „Körper", welcher keine Spur von Nervenlöchern aufweist, verjüngt sich nach vorn zu in den etwas nach links abweichenden Processus impar, in welchem sich ein von Gallertmasse erfüllter Hohlraum befindet. v. Davidoff meint, derselbe sei durch Dehiscenz des Knorpels entstanden zu denken, und er scheine mit dem Alter des Thieres in directem Verhältniss zu stehen. Günther knüpft keine weitere Bemerkung daran. Ausser jenem unpaaren Fortsatz finden sich noch zwei laterale, an ihrem Ende gegabelte Fortsätze, und dazu kommen noch zwei starke, nach hinten divergirende Knorpelschenkel, in welche sich der an seinem Hinterrand concav ausgeschnittene Beckenkörper fortsetzt. Jeder dieser Schenkel besitzt lateralwärts eine starke Prominenz (Muskelhöcker) und steht mit einem Knorpelstück in Verbindung, welches die Verbindung der freien Extremität mit dem Becken vermittelt. v. Davidoff nennt dasselbe „Zwischenstück" und erwähnt die darauf befindlichen zahlreichen Muskelhöcker, sowie das sporadische Vorkommen von Radien (vergl. auch Günther (49), welche beweisen, dass dasselbe der Stammreihe der freien Flosse zuzurechnen sei. Seiner ganzen Natur, wie auch den betreffenden Gelenkverbindungen nach gehört das Zwischenstück nach v. Davidoff enge dem „Basale" an und ist mit demselben als ein Ganzes zu betrachten.

Was den in der ventralen Mittellinie liegenden Processus impar anbelangt, so habe ich bereits bei den Selachiern (S. 24) auf eine Bildung aufmerksam gemacht, die ich demselben für homolog erachte. Auch v. Davidoff sieht denselben bereits bei Heptanchus angedeutet, erklärt ihn aber schlechtweg als „rückgebildet", wozu doch wahrhaftig kein Grund vorliegt, falls man nicht — und dies scheint allerdings bei v. Davidoff der Fall zu sein — annehmen will, dass das Selachierbecken in seiner Stammesentwicklung einst ein Dipnoërstadium durchlaufen habe. v. Davidoff fährt dann folgendermassen fort: „Ich kann nicht umhin, hier noch darauf hinzuweisen, dass bei den geschwänzten Amphibien solche unpaare, nach vorn gerichtete, zuweilen einfache (Proteus), bald aber gegabelte (Salamandrinen) Fortsätze fast allgemein vorkommen. Es ist also nicht unwahrscheinlich, dass die Amphibien gerade in dieser Hinsicht eine primitive Eigenschaft beibehalten haben, während dieselbe bei den höheren Wirbelthieren und den übrigen Fischen fast vollständig verloren gegangen ist. Es ist schwer, über die Bedeutung und die Genese dieses Fortsatzes etwas Bestimmtes zu sagen. Er dient bei Ceratodus jedenfalls zur besseren Fixirung des Beckens an den Rumpf, und seine Grösse steht in directem Verhältniss zur Grösse und Leistungsfähigkeit der ganzen Gliedmasse. Die Genese ist hingegen dunkel."

Die lateralen Fortsätze deutet v. Davidoff als die dorsalen Abschnitte des Beckengürtels und stellt sie in eine Reihe mit denjenigen der Plagiostomen, Holocephalen und Knorpelganoiden; kurz er betrachtet sie, wie ich das früher auch that, als das Ilium. Auch die nach hinten aussen laufenden Fortsätze, welche die freie Extremität tragen, sollen sich („in sehr rückgebildetem" Zustande) bei Haien, am deutlichsten und stärksten ausgeprägt aber bei Chimaera finden.

Die Thatsache ist an und für sich ganz richtig, nur vermag ich, zumal bei den Holocephalen, von einer „Rückbildung" nicht nur Nichts zu erkennen, sondern finde die betreffenden Fortsätze hier eher noch massiger ausgeprägt, als bei Ceratodus. v. Davidoff kommt zu folgendem Resultat: „es fehlt somit bei den Haien kein einziger Theil des Ceratodusbeckens, alle Abschnitte sind aber bei den ersteren mehr oder weniger rückgebildet."

Auf das Fehlen der Nervenlöcher, welche „gewiss nicht als etwas Primitives aufzufassen sind", glaubt er kein besonderes Gewicht legen zu sollen. Dass dies eine gänzlich verfehlte Ansicht ist, habe ich schon beim Selachier-Becken dargethan, und brauche jetzt nicht mehr darauf zurückzukommen. Jedenfalls aber scheint mir das Fehlen der Nervenlöcher am Dipnoërbecken sehr bemerkenswerth, lässt sich aber nur an der Hand der Entwicklungsgeschichte sicher erklären [1]). Leider fehlte mir hierzu das nöthige Material; allein sie lässt sich, wie ich glaube, mit Hilfe der bei Selachiern, Ganoiden und Urodelen gewonnenen Thatsachen mit ziemlicher Sicherheit erschliessen. Bevor ich jedoch hierauf näher eingehe, habe ich noch das Protopterus-Becken einer kurzen Betrachtung zu unterziehen.

---

[1]) Im Uebrigen verweise ich auf einen späteren Abschnitt, wo dieses Umstandes noch einmal gedacht werden wird.

2) Protopterus.

Im Jahre 1880 (102) habe ich auf die allgemeine Uebereinstimmung des Protopterus-Beckens mit demjenigen von Ceratodus aufmerksam gemacht, und auch darauf hingewiesen, dass dasselbe zusammt der Bauchflosse ganz fehlen könne. Ich knüpfte daran einige Bemerkungen über den rudimentären Charakter dieser Skelettheile und zog S i r e n l a c e r t i n a zum Vergleiche herbei.

Später habe ich in meinem Lehrbuch und Grundriss der vergl. Anatomie der Wirbelthiere (104, 105) diesem Capitel eine ganz besondere Berücksichtigung angedeihen lassen, und wie ich schon erwähnt habe, ist das Protopterus-Becken für mich eine der Veranlassungen zu den vorliegenden Studien geworden. Wie dies gekommen ist, und wie ich mich dabei gleichzeitig eines doppelten Irrthums schuldig machte, wurde bereits auf S. 22, 23 auseinander gesetzt. Erstens fasste ich die vorderen lateralen Fortsätze als Processus iliaci auf; zweitens glaubte ich sie auf verknorpelnde, später in der ventralen Mittellinie zusammenfliessende Myocommata und im weiteren Sinn auf Bauchrippen zurückführen zu dürfen[1]). Beides ist falsch, denn erstens handelt es sich bei jenen Fortsätzen nicht um ein Ilium, sondern um ein P r a e p u b i s, und zweitens spricht in der ganzen Wirbelthierreihe keine einzige ontogenetische Thatsache dafür, dass das Becken von jenen Fortsätzen aus seine erste Entstehung nimmt; dieselben treten vielmehr überall erst secundär auf, d. h. erst nachdem sich jener Haupttheil, den ich bei Selachiern als B e c k e n p l a t t e bezeichnet habe, und der auch bei Dipnoërn deutlich in die Erscheinung tritt, bereits angelegt ist.

Die Beckenplatte von P r o t o p t e r u s läuft also, ganz ähnlich wie bei Ceratodus, in fünf Fortsätze, zwei paarige und einen unpaaren aus, und alle bilden hier wie dort mit der Hauptmasse zusammen e i n e i n z i g e s h y a l i n k n o r p e l i g e s C o n t i n u u m. Der einzige Unterschied Ceratodus gegenüber besteht darin, dass die vorderen paarigen Fortsätze (Processus praepubici) bei Protopterus ungleich länger sind, indem sie sich, zumal bei jungen Thieren, seitlich sogar bis in die

---

[1]) Auf Grund dieser Annahme figurirt in der II. Auflage meines Grundrisses noch folgender Passus: „Von dem Dipnoërbecken lässt sich jenes Gebilde, welches man bei S e l a c h i e r n als „B e c k e n" zu bezeichnen pflegt, nicht ableiten. Die hierbei in Betracht kommende paarige oder unpaarige Knorpelplatte entsteht nämlich nicht als verknorpelndes Myocomma zwischen den Rumpfmuskeln, sondern aus dem Zusammenflusse einiger Basalknorpel der Bauchflosse selbst. Man kann also hier — und dies gilt auch für alle T e l e o s t i e r — von einem Becken im Sinne der Dipnoër gar nicht reden. — Es ist wohl kaum nöthig, zu bemerken, dass ich diesen Satz heute nicht mehr aufrecht halte, sondern eine complete Homologie in der Beckenanlage aller Vertebraten statuire.

Nähe der Linea lateralis empor erstrecken (Textfigur 3, *PP*). Nicht
selten entspringt von jenen Fortsätzen, und zwar am häufigsten an
ihrem peripheren Ende, ein zweiter kleinerer Knorpelzinken, der entweder nur kurz ist, oder, länger auswachsend, das anstossende Myomer
überschreitet, um im nächsten Myocomma noch eine kleine Strecke
weiter zu verlaufen (vergl. Textfigur 3). — Ich muss gestehen, dass
ich über die Entwicklung und Bedeutung dieses Skelettheiles gänzlich
im Unklaren geblieben bin, und nur ganz im Allgemeinen lässt sich
sagen, dass er zur weiteren Fixation
des Beckens innerhalb der Leibesdecken beitragen mag.

Die Processus praepubici (Fig.
16, *PP*), der zwischen den beiden
Muskelleisten (Textfigur 3, *ML*) liegende mittlere Abschnitt der Beckenplatte, sowie der dolchartig nach
vorne gerichtete Processus impar
s. Cartilago epipubis (Textfigur 3
und Fig. 16, *Cep*) liegen, mit Ausnahme des vorderen Abschnittes der
letzteren, ganz oberflächlich, nur
von der äusseren Haut und (der ventralen Mittellinie entlang) von Fett
bedeckt. Letzteres erscheint bei *Fe*
auf dem Querschnitt (Fig. 17),
welcher gerade durch die vorderste
Spitze der Cartilago epipubis (*Cep*)
gegangen ist. Diese zeigt Neigung
zur Verknöcherung, besitzt ein dickes
Perichondrium und steckt in einer
fibrösen Hülse (*Hü*), mit welcher

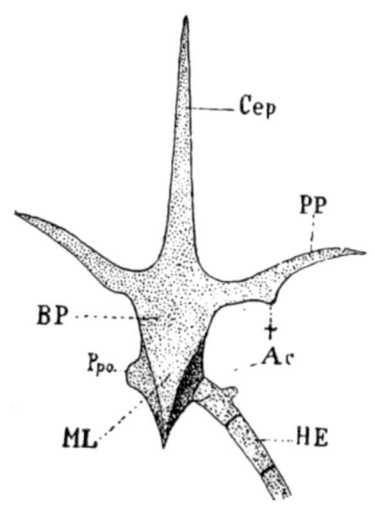

Textfigur 3. Becken von Protopterus,
von der Ventralseite. *Cep* Cartilago epipubis, *PP* Praepubis, † Inconstanter Fortsatz desselben, *BP* Beckenplatte, *Ppo* Processus lateralis posterior, *ML* Muskelleisten, *Ac* Acetabulum.

dorsalwärts (bei †) alle die in der Linea alba abdominis zusammen-
strahlenden Sehnenmassen der Rumpfmuskeln (M^1, M^1) auf's Engste
verwachsen sind. Ventral von der fibrösen Hülse liegt das in mehreren
Abtheilungen (eine mittlere und zwei seitliche) abgekammerte Fett
(Fig. 17, *Fe*), und darauf folgt endlich die äussere Haut (*Ep*).

Weiter caudalwärts erfährt die Cartilago epipubis eine seitliche
Compression, und zugleich beschränkt sich die Ossificationszone auf
die Peripherie, während das Centrum rein hyalin erscheint. Die fibröse
Hülle bleibt vor der Hand noch erhalten und dient nach wie vor den
Rumpfmuskeln zum Ursprung. Dies ändert sich weiter nach hinten
zu derart, dass die Muskeln schliesslich, nachdem jene Hülle aufgehört hat, direct vom Perichondrium entspringen.

Endlich verbreitet sich das Epipubis nach beiden Seiten hin

(Fig. 18, *Cep*), rückt immer mehr vom Coelom ab, und kommt mehr ventralwärts zu liegen. Zugleich erscheinen bereits lateral- und dorsalwärts die äussersten, in einem Myocomma liegenden Enden des Praepubis (*PP¹*), und in Fig. 19 ist letzteres in seinem Ursprung am vorderen Beckenrand fast in voller Ausdehnung sichtbar (*PP*).

Weiter caudalwärts wird die Beckenplatte wieder schmäler, verdickt sich aber in dorso-ventraler Richtung. Zugleich öffnet sich im Centrum allmählich ein Hohlraum, welcher nach wenigen Schnitten wieder verschwindet (Fig. 20, *HR*), um bald darauf wieder zu erscheinen und sich dann auf eine grössere Strecke durch die Beckenplatte hindurch fortzusetzen. Seitlich (bei *M²*) erscheinen bereits die Extremitätenmuskeln.

Im Bereich der hinteren lateralen, die Bauchflossen tragenden Fortsätze (vergl. Textfigur 3) verbreitert sich das Becken auf's Neue und springt zugleich ventralwärts in eine starke Muskelleiste aus (Fig. 21 und Textfigur 3, *ML*). Seitlich liegen die Bauchflossen (*BFl*) und die Höhle des Hüftgelenks (†). Bei *N, N* sieht man einen starken Nerven in die Extremitätenmuskulatur einstrahlen.

Die bis jetzt in der ventralen Mittellinie auftretende Fettmasse ist jetzt durch lockeres, feinmaschiges Bindegewebe (*Bg*) ersetzt. — Noch weiter caudalwärts verjüngt sich, wie aus der Textfigur 3 zu ersehen ist, die Beckenplatte immer mehr, bis sie sich endlich keilförmig zuspitzt.

Ich bin in der Darstellung des Dipnoër-Beckens absichtlich, und zwar aus zwei Gründen, sehr ausführlich gewesen; einmal stellt dasselbe offenbar eine weitere Fortbildung des Ur-Selachier- resp. des Polypterusbeckens dar, und zweitens deswegen, weil in demselben das Urodelen-Becken bereits vorgebildet erscheint. Zwischen beiden existiren meiner Meinung nach keine principiellen, sondern nur graduelle Unterschiede, wie ich dies bereits an anderer Stelle (108) erörtert habe. Auch D'Arcy-Thompson erklärt das Dipnoër-Epipubis für „the simplest form of epipubis in the Urodeles". Dieser Autor lässt sich bezüglich der weiteren Structurverhältnisse des Dipnoërbeckens folgendermassen vernehmen: „A small process dorsal to the glenoid articulation reminds us of the simplest form of ilium[1]) in Elasmobranchs, but we have no sufficient evidence of their idendity. — If these identifications be correct, we have in the Dipnoans a pelvis of a highly specialised type, altogether comparable with that of both Amphibia and Elasmobranchs, differing from the latter chiefly in its greater antero-posterior elongation. Such a pelvis existing in the Dipnoans helps to render probable the existence of a pelvis of similar

---

[1]) Bei Protopterus vermochte ich diesen Fortsatz nicht aufzufinden.

type in those fishes included among the Crossopterygian Ganoids which so many facts point to as the ancestors of the Amphibia."

Wie ich schon bemerkt habe, standen mir keine Dipnoër-Embryonen zu Gebote, so dass ich leider über die Entwicklung des Beckens keine ganz bestimmten Angaben machen, sondern dieselbe nur erschliessen kann.

Vor Allem ist — darauf weisen alle Wirbelthiere hin — von einer paarigen, bilateral symmetrischen Anlage auszugehen, und es ist mehr als wahrscheinlich, dass es sich hier so gut, wie bei Selachiern, um ein Einwachsen eines Complexes von Knorpelstrahlen von der freien Extremität her handelt. Wie dies des Näheren zu denken ist, vermag ich natürlich um so weniger zu sagen, als sich hier die Frage durch den biserialen Charakter der Gliedmasse noch complicirt. Für die paarige Anlage spricht u. A. auch der Umstand, dass bei 12 Centimeter langen Exemplaren von Protopterus der Beckenknorpel gegen die Mittellinie zu nicht durchaus hyalin, sondern häufig durch faserknorpelige Inseln unterbrochen ist. Ferner erwähne ich den in der Beckenplatte befindlichen centralen Hohlraum, der sein Homologon in demjenigen des Epipubis von Ceratodus findet[1]). Weiter aber deutet darauf hin das Becken der Ichthyoden, dessen ursprünglich paarige Natur später bei Menobranchus und Proteus dargelegt werden soll. Ein Hauptunterschied zwischen dem Selachier- und dem Holocephalen-Becken einer-, sowie dem Dipnoër-Becken andererseits besteht in der Ausdehnung desselben in transverseller Richtung. Dies ist ein wichtiger Punkt und hat bis jetzt viel zu wenig Berücksichtigung gefunden. Während sich nämlich die Beckenplatte jener Knorpelfische über die ganze ventrale Bauchwand von rechts nach links hinweg erstreckt, erscheint dieselbe bei den Dipnoërn fast ganz auf die ventrale Mittellinie beschränkt. Diese wird nach beiden Seiten hin von der schmalen Knorpelplatte nur wenig überschritten, so dass also der laterale Beckenabschnitt des Selachier- und Holocephalen-Beckens bei den Dipnoërn gar nicht zum Ausdruck gelangt, und da in jenem Abschnitt die Nervenlöcher zu suchen wären, so begreift man, dass sich solche im Dipnoër-Becken nicht finden können, sondern dass die Extremitätennerven seitlich vom Becken die Bauchwand durchbohrend zur freien Extremität gelangen müssen.

Wenn man sich nun die Frage vorlegt, wo beim Dipnoër-Becken die laterale Beckenpartie der Selachier und Chimären verbleibe, so

---

[1]) Dass es sich hier um eine frühere Trennung handelt, beweist auch das Verhalten der Bauchflosse von Polyodon, wo sich im Bereich des Basale, dessen Ursprung aus ursprünglich getrennten Radien keinem Zweifel unterliegen kann, hie und da ein von gelatinöser Substanz erfüllter Hohlraum findet (Textfigur 11, bei †).

glaube ich dieselbe dahin beantworten zu können, dass bei der Entwicklung des Dipnoër-Beckens die Abschnürung desselben von dem einwachsenden Stammstrahl der freien Extremität weiter proximalwärts, d. h. näher der ventralen Mittellinie erfolgt, als bei Selachiern. In Folge davon haben wir im proximalen Abschnitt des zur Abschnürung gelangten Stammstrahles, d. h. in dem sogenannten Zwischenstück oder Basale 1 (Textfigur 9, i, k, l bei *Bas¹*), ein Skeletelement zu erblicken, das bei Selachiern und Chimären noch zum Aufbau der Beckenplatte (laterale, von Nervenlöchern durchbohrte Partie) verbraucht wird, während es bei Dipnoërn zur freien Gliedmasse geschlagen wird. Darauf weist in der That auch der Nervenverlauf hin, welcher sich, wie von Davidoff ganz richtig bemerkt, am Zwischenstück concentrirt.

Was die freien Extremitäten der Dipnoër betrifft, so sind sie schon oft Gegenstand der Beschreibung gewesen, und Gegenbaur erblickt bekanntlich in ihnen die Hauptstütze für sein biseriales Archipterygium. Alle Autoren stimmen in zwei Hauptpunkten überein, nämlich darin, dass Brust- und Bauchflossen in ihrem Aufbau eine grosse Aehnlichkeit mit einander besitzen, und zweitens, dass die Extremitäten von Protopterus und Lepidosiren bereits in starker Rückbildung begriffen sind, während Ceratodus den ursprünglichen Charakter bewahrt habe. Aus praktischen Gründen bespreche ich bei der Schilderung der Dipnoër-Gliedmassen zugleich die vorderen und die hinteren.

Hören wir übrigens zunächst von Davidoff (19): „Der Stamm der freien Flosse besteht aus einer individuell wechselnden Zahl von Knorpelstücken, die distalwärts an Grösse abnehmen. Nach beiden Seiten gehen Radien aus, und zwar eine ventrale (mediale) und eine dorsale (laterale) Reihe. Letztere weist ungleich mehr und reicher gegliederte Radien auf, als erstere, welche den äusseren Radien der Selachierflosse entsprechen soll. Sehr bemerkenswerth ist das erste Stammglied, nicht nur wegen seiner Grösse, sondern auch deswegen, weil es links auf mächtigen Fortsätzen zwei Radien, rechts zwei Basalstücke von Radien trägt, von welchen jedes wiederum zwei Reihen von Endgliedern trägt. Im Gegensatz dazu wird die Verbindung der weiter distalwärts vom Stamm der Flosse abgehenden Radien eine immer lockerere.

Was die Stammreihe der Flosse betrifft, so äussert von Davidoff bezüglich des ersten, radientragenden Gliedes derselben den Gedanken, es könnte durch Zusammenfluss von Basalgliedern der Radien entstanden sein. Auch Günther hatte schon bemerkt, dass jenes Stück möglicher Weise dem zusammengefügten Pro-, Meso- und Metapterygium der Selachier entspreche; er fügte aber bei, dass dann, diese seine An-

sicht als richtig vorausgesetzt, das Zwischenstück (antibrachial cartilage)
bei den Selachiern nicht vertreten sei. von Davidoff verwirft nun
aber seinen und Günther's Gedanken und hält jene Gliederung des
ersten radientragenden Stückes der Stammreihe „in Anpassung an die
ihm ansitzenden Radien" als eine secundäre[1]) für plausibler. Alle
jene Differenzirungen — und er macht dabei auch auf die Fortsätze etc.
des „Zwischenstückes" (Verbindungsstück der Stammreihe mit dem
Becken) und der andern Glieder der Stammreihe aufmerksam — führt
von Davidoff auf Muskelwirkungen zurück. Er fährt dann fort: „Darüber können schwerlich Zweifel entstehen, dass die Stammreihe dem
Basale des Metapterygium der Selachier entspricht. Die hier vorhandene
Gliederung kann selbstverständlich kein Einwand dagegen sein, obwohl
es schwer ist, sich dieselbe bei Ceratodus zu erklären. Sie kommt
bei einigen Selachiern nur am distalen Abschnitte des Basale vor.
Denken wir uns aber diese Gliederung bei Ceratodus aus Anpassungs-
gründen an die Länge der Flosse entstanden, so müssen wir sie dann
als etwas Secundäres, Erworbenes ansehen. Auch die Entwicklungsgeschichte lehrt uns (Balfour), dass jede Gliederung sowohl der
Radien als auch des Basale ein viel späterer Vorgang ist. Da wir auch
an der Muskulatur eine den einzelnen Segmenten der Stammreihe entsprechende Gliederung fanden, so gewinnt diese Ansicht an Wahrscheinlichkeit etc. etc." Wenn von Davidoff dann am Ende des
betreffenden Passus diese Frage vorläufig nicht entscheiden zu können
erklärt, so thut er gewiss sehr wohl daran, denn ich werde später
zeigen, auf welchen Irrwegen und in welchen Trugschlüssen er sich
bewegt, und wie er sich drückt und windet, um einen Ausweg aus
dem Labyrinth zu finden, in welches ihn das starre Festhalten an der
Gegenbaur'schen Lehre hineingezwungen hatte. Ueberall begegnet
man einem ängstlichen Suchen und Tasten, um das einst so stolze
Gebäude der Gegenbaur'schen Doctrin vor dem Zusammenbruch
zu bewahren; es ist ein ewiges Deuteln und Flicken, eine Luft, in
der einem nicht wohl werden will.

Dass sich von Davidoff auf falschen Bahnen bewegen musste,
ist selbstverständlich, denn seine Marschroute war ihm ja a priori
gegeben. Sie lautete: von den Dipnoërn zu den Selachiern und von
diesen zu den Ganoiden und den Teleostiern! — Die einfachen
Selachier! Sie wissen gar nicht, wie sie dazu kommen, einmal so
stolze Ahnen, wie die Dipnoër besessen und einst mit einem biserialen
Archipterygium das Urmeer durchfurcht zu haben.

---

[1]) Dieselben Gesichtspunkte ergeben sich für von Davidoff auch bei der
Beurtheilung der segmentalen Flossenmuskulatur; hier sollen sich die Muskeln
den Skeletstücken „angepasst" (!) haben.

Doch Scherz bei Seite! — Das ganze Vorgehen v. Davidoff's erscheint um so gezwungener, als er bei Abfassung seiner Ceratodus-arbeit die Aufsätze Balfour's (6), von Rautenfeld's (87) und 'Swirski's (94) bereits kannte. Seine Art der Beweisführung hat nichts Ueberzeugendes, mag er die Drehung der Flosse von innen nach aussen, oder mag er seinen „Nervus collector" in's Feld führen. Letzterem will ich übrigens seine Bedeutung nicht absprechen, und wenn ich darin auch in erster Linie eine Stütze für die Bal-four-Dohrn'sche Lehre erblicke, so will ich doch die Möglichkeit einer Beckenverschiebung in gewissen Grenzen nicht in Abrede stellen.

Auf S. 153 seiner Arbeit spricht sich von Davidoff erfreut über den von mir (101) erbrachten Nachweis der Versorgung der Proto-pterus-Brustflosse durch den Vagus aus. Freilich ist seine Freude nur von kurzer Dauer, indem er gleich darauf S. 161—162 meines Lehr-buches (104) citirt und dabei meine Neigung zur Thacher-Mivart-Balfour'schen Theorie constatiren muss. Er polemisirt gegen meinen Einwurf, der ihm natürlich sehr ungelegen kommt; allein ich kann es durchaus nicht als berechtigt anerkennen, wenn er sagt: „Es ist nicht aus dem Auge zu lassen, dass ein Kiemenbogen, indem er sich zu einem Gliedmassenbogen umwandelt, eine andere Function übernimmt. War er früher als kiementragender Skelettheil in seinem ganzen Umfang nöthig, so genügte nun ein kleinerer Theil desselben, um seine Aufgabe als Gliedmassenbogen zu erfüllen. Wenn der Schulter-bogen intact bleibt, so erklärt sich dieser Befund durch die Grösse der Vordergliedmasse, durch den Ansatz an derselben fast sämmt-licher Seitenmuskeln" etc.

Wie soll man aber über den letzten Satz denken, wenn man erfährt, dass von Davidoff kurz vorher auf die fast vollständige Ueber-einstimmung der „primitiven" Brust- und Bauchflosse von Ceratodus hingewiesen hat. Ich brauche auf den darin, sowie in dem Passus über die Nervenlöcher (S. 143 und 157) liegenden Widerspruch wohl nicht noch besonders aufmerksam zu machen. Was das eine Mal als gleichgiltig und nebensächlich erklärt wird, erhält das andre Mal plötzlich eine grosse Bedeutung!! Nach der Meinung von Davidoff's giebt es nur „im eigentlichen Gliedmassenbogen" Nervenlöcher, nie aber im Basale metapterygii oder in andern mehr peripher liegenden Theilen. Ich führe diesen Satz hier nur vorläufig an, um in dem Capitel über die Ganoiden wieder darauf zurückzukommen. Ein zweiter Passus lautet: „dafür, dass der Gliedmassenbogen aus der Con-crescenz proximaler Radienabschnitte entsteht, spricht keine einzige bekannte Thatsache." Dies sind die eigenen Worte von Davidoff's, der, wie oben schon erwähnt wurde, und wie aus andern Stellen seiner Arbeit deutlich zu ersehen ist, Balfour's Resultate an Selachier-Embryonen (6) damals bereits gekannt haben muss! — Das nennt man den Kopf in den Sand stecken! — Aber man höre weiter! Ich habe S. 162 meines Lehrbuches (I. Aufl.) — und von Davidoff citirt sogar meine eigenen Worte — deutlich darauf hingewiesen, dass Balfour „das Becken (im Gegensatz zum Schultergürtel) als auf niederer Entwicklungsstufe stehen bleibend auffassen gelehrt habe". v. Davidoff aber verkündet mit apodictischer Sicherheit: „darüber aber, dass die Hintergliedmasse der Fische, verglichen mit der vorderen functionell in Rückbildung begriffen ist, darüber, sage ich, kann gar kein Zweifel bestehen, und nur bei Ceratodus treffen wir eine Hinterextremität, die in allen Beziehungen der vorderen näher steht, als diejenige sämmtlicher anderer Fische." Und doch — muss ich noch einmal fragen — die Differenzen im Schulter- und Beckengürtel? — —

A. Günther (49), dem wir die erste vortreffliche Beschreibung der Ceratodusflosse verdanken, betrachtet das die Verbindung der freien vorderen Extremität mit dem Schultergürtel vermittelnde Skeletstück (Textfigur 4, c Ba[1]) („Zwischenstück" von Davidoff) als „Vorderarm", und das nächst anstossende Stück der Stammreihe als „Basalstück der Flosse". Er macht bei dem letzteren auf gewisse Unebenheiten aufmerksam, die darauf hinweisen, dass es aus der Verschmelzung verschiedener primitiver Stücke hervorgegangen sei. Auf Horizontalschnitten konnte er die Spuren hiervon noch deutlich erkennen, und die dabei zu Tage tretende Dreitheilung deutet er im Sinne eines Pro-, Meso- und Metapterygium der Selachier. Wenn dies aber richtig ist, so fällt, wie oben schon erwähnt, natürlich die Annahme, dass das proximal vom ersten radientragenden Basale liegende Stück einem Vorderarm zu parallelisiren sei.

Günther beschreibt die Brustflosse in ihrer bekannten charakteristischen Structur, und bespricht die aus etwa 26 Einzelgliedern bestehende Stammreihe, welcher seitlich in biserialer Anordnung die Radien ansitzen. Die vordersten 11 oder 12 sind drei-, die folgenden zweigliederig, und die letzten endlich bestehen nur aus einem Stückchen. — Das Wort diphycerk passt also ebensogut für die Flossen wie für das Schwanzende.

Günther schildert auch die Flossenmuskulatur in ihrer segmentirten Anordnung, wie ich sie in Figur 16 von Protopterus abgebildet habe, ganz richtig, und bemerkt bezüglich der morphologischen Bedeutung der Ceratodusflosse im Vergleich mit derjenigen anderer Fische: „it is quite evident that we have here a further development of the simple pectoral axis of Lepidosiren in the direction towards the Plagiostomes." Er zieht auch die Brustflosse von Acipenser sturio zum Vergleich heran und bemerkt, dass letztere dem Verhalten von Ceratodus ungleich näher komme als die Brustflosse von Polypterus.

Auf S. 534 giebt Günther eine schematische Abbildung, welche das allmähliche Zustandekommen der Ceratodusflosse versinnlichen soll. Ob darin die richtige Erklärung liegt, kann natürlich nur auf embryologischer Basis entschieden werden.

T. H. Huxley (59) erblickt im Gegensatz zu Gegenbaur u. A., welche die Stammreihe als metapterygial betrachten, in derselben mesopterygiale Elemente. Er nennt das proximale Stück (Textfigur 4, a—d, Ba[1]) „proximales Mesomer", und an dieses schliesst sich die Reihe der distalen Mesomeren. Die propterygiale Zone Gegenbaur's sieht er durch die proximalen präaxialen, die metapterygiale durch die proximalen postaxialen Flossenstrahlen repräsentirt. Auf Grund dessen unterscheidet Huxley in seinem Archipterygium 1. einen mesomeren axialen Mittelstrahl (Stammreihe), welcher bei den Stapedifera durch Humerus[1]), Intermedium, Centrale, Carpale III und den III. Finger gehen soll, 2. ein System von präaxialen Parameren (Seitenstrahlen) (= Radius und der radialwärts vom Mittelstrahl liegenden Abtheilung des Carpus, Metacarpus und der Finger) und 3. endlich ein System von postaxialen Parameren (Seitenstrahlen) (= Ulna und der ulnarwärts vom Mittelstrahl liegenden Abtheilung des Carpus, Metacarpus und der Finger). Auf das präaxiale Gebiet entfallen somit die I. und II., auf das postaxiale der IV. und V. Finger.

Die Urstellung der Flosse (Selachier) — sagt Huxley — ist horizontal, so dass man eine obere und untere Fläche resp. einen vorderen und hinteren Rand unterscheiden kann. Bei Ceratodus hat bereits eine Drehung der Art stattgefunden, dass die ursprüngliche ventrale Fläche zu einer äusseren, die dorsale zu einer inneren, der Flanke des Thieres mehr oder weniger parallel laufenden geworden ist. Der ursprünglich vordere Rand wird so zu einem oberen (dorsalen), der hintere zu einem unteren (ventralen). Bei Acipenser und allen Teleostiern prägt sich jene Drehung noch mehr aus. Geradezu umgekehrt muss sich die Drehung der Flosse jenes Fisches vollzogen haben, aus welchem das erste terrestrische Thier hervorging, d. h. hier wurde der ursprüngliche vordere Flossenrand zu dem den Erdboden zunächst berührenden Rand, die ursprünglich dorsale Fläche wurde zur äusseren etc.

Dass es mit der Richtung der Ceratodus-Extremitäten zum Rumpfe etwas Besonderes auf sich habe, ist seither auch andern Autoren aufgefallen. So z. B. A. Schneider (91), welcher in dem ersten basalen Stück der Stammreihe der Ceratodusflosse einen Humerus resp. Femur,

---

[1]) D'Arcy Thompson (97) erklärt das Verbindungsstück, welches bei den Dipnoërn zwischen dem Extremitätengürtel und der eigentlichen Flosse liegt, für ein „Basipterygium" und erblickt bei der Beckenflosse darin das Homologon des Femur. Er dehnt aber im Gegensatz zu anderen Autoren den Begriff des Basipterygiums nicht auf den ganzen Achsenstrahl der Dipnoërflosse aus.

im zweiten, „welches die Neigung zeigt, in Stücke zu zerfallen", einen Radius (Tibia) und eine Ulna (Fibula) erblickt. Auf weitere Parallelen mit den Extremitäten terrestrischer Vertebraten lässt sich S c h n e i d e r nicht ein, dagegen macht er auf gewisse Verschiedenheiten aufmerksam, welche bei Ceratodus bezüglich der Form und Stellung zwischen Brust- und Bauchflossen bestehen sollen. Er kommt zu dem Resultat, dass die einen gegen die anderen um 180^0 gedreht seien, dass also das, was dort ventral liegt, hier dorsal zu liegen kommt und umgekehrt[1]). Indem er bezüglich dieses Punktes auf die Uebereinstimmung mit den Vorder- und Hintergliedmassen der terrestrischen Wirbelthiere hinweist, macht er zugleich darauf aufmerksam, dass zwischen der Flosse der Dipnoër — er stellt letztere zu den Amphibien! — und derjenigen der Fische kein Vergleich möglich sei, da sich ja bei den letzteren die dorsalen und ventralen Flächen der Brust- und Bauchflossen stets entsprechen.

B. H a t s c h e k (50) verdanken wir sehr interessante Notizen über das Verhältniss von Flosse und Fuss, sowie der Extremitäten resp. einzelner Extremitäten der übrigen Vertebraten im Laufe ihrer Stammesentwicklung.

Mit den thatsächlichen Beobachtungen S c h n e i d e r 's erklärt sich H a t s c h e k vollkommen einverstanden, allein er verwirft dessen Erklärung und hat darin, wie ich hiermit selbst ausdrücklich erkläre, ganz Recht. Er sagt: die Brustflosse von Ceratodus (und ich kann dieses auch gleich auf Protopterus ausdehnen) wird, nach Art der Fischflosse nach abwärts und aufwärts, die Bauchflosse dagegen nach Art der Extremität der höheren Thiere so nach aufwärts gedreht, dass ihre ventrale Fläche an den Rumpf sich anpresst. Die hintere wird nämlich offenbar schon mit zum Fortschieben des Körpers am Boden verwendet, wie dies bei P r o t o p t e r u s thatsächlich zu beobachten ist; die vordere wird noch ganz nach Art der Fischflosse bewegt.

H a t s c h e k sagt ganz richtig: „Wenn Prof. S c h n e i d e r die verschiedene Stellung der vorderen und hinteren Extremität als charakteristisch für die höheren Thiere betrachtet, so übersieht er dabei, dass sich die Verschiedenheit nur auf die Stellung des Extremitätenstieles (-stammes) bezieht, dass aber der stützende Theil der Extremitäten gleich gelagert ist." H a t s c h e k weist dann auf die bedenklichen Consequenzen hin, zu welchen die speciellen Ausführungen führen müssen, und wozu S c h n e i d e r selbst geführt worden ist, indem er den Radius der Fibula und die Ulna der Tibia gleichstellen zu müssen glaubte etc. etc.

In einer Abhandlung, deren Publication in das Jahr 1887 fällt,

---

[1]) Bei P r o t o p t e r u s verhält sich Alles ebenso, nur weniger stark ausgeprägt.

macht G. B. Howes (56) auf den schwankenden Charakter der Ceratodusflossen aufmerksam. Nur das erste Glied der Stammreihe („Zwischenstück" von Davidoff) an beiden Extremitätenpaaren, sowie die dorsale Reihe der Nebenstrahlen an der Brustflosse bezeichnet er als constant. Ob jenes Zwischenglied als Mesopterygium zu deuten sei, oder ob es noch mit zur metapterygialen Zone gehört, ist vor der Hand nicht sicher zu bestimmen. Vom zweiten Gliedstück an erklärt er, nach dem Vorgang von Huxley, Balfour und Rautenfeld, die ganze Stammreihe bis zur Spitze hinaus für mesopterygial.

An der ventralen Seite des zweiten Stammgliedes der Brustflosse vermochte Howes stets die Spuren eines „in Rückbildung" begriffenen „Metapterygiums" nachzuweisen, und dasselbe gilt dann und wann auch für die Bauchflosse, in welchem Fall es sich um einen „Rückschlag" handeln würde.

Auf Textfigur 4, **a**—**d** gebe ich einige Copieen der 1., 3., 5. und 8. Figur auf Tafel I der Howes'schen Arbeit, und bemerke dazu, dass die Figur **c** eine Reproduction einer Abbildung darstellt, welche von Howes dem Günther'schen Aufsatz (49) entnommen ist. Aus dieser ist zu ersehen, dass auch Günther schon jenen Strahlenbesatz am zweiten Basalglied bemerkt hat, wenn er sich auch über seine Auffassung nicht weiter äussert. Er hat aber ausserdem gezeigt, dass auch dem ersten Basalglied („Zwischenglied") der Brustflosse noch zwei Radien angeschlossen sein können, die „bereits wieder in ihren Einzelstücken zusammengeflossen sind"[1]. Es wird sich also um ähnliche Verhältnisse gehandelt haben, wie sie auch Howes (vgl. Textfigur 4, **a** und **b** **) beschrieben und abgebildet hat. Auf die auf dem ersten Basalstück sitzenden Rauhigkeiten (Textfigur 4, **a**—**d** *) und die ihnen von Günther gegebene Deutung habe ich schon auf S. 43 aufmerksam gemacht, und damit komme ich auf die Frage nach der Ontogenie und Phylogenie der Dipnoërflossen. Erstere lässt sich aus Gründen, die ich schon früher beim Becken aus einander gesetzt habe, nur erschliessen, letztere aber erachte ich auf Grund bedeutender paläontologischer Funde als sicher erwiesen. Zugleich aber werfen, wie ich zu zeigen hoffe, auch die paläontologischen Ergebnisse auf die Ontogenie ein helles Licht. Bevor ich mich jedoch dazu wende, kehre ich noch einmal zu den Mittheilungen von Günther und Howes zurück. Ersterer war bereits vollkommen auf dem richtigen Weg, wenn er bei den Basalgliedern an eine Verschmelzung verschiedener primitiver Stücke dachte. Besonders deutlich — meint Günther — spreche sich das am ersten und zweiten

---

[1] Es würde wohl richtiger heissen: Die ihre ursprüngliche einheitliche Natur noch bewahrt haben und noch keine (secundäre) Abgliederung erfahren haben.

Basalglied aus, und darin hat er, wie ein Blick auf die Textfigur 4, **a** und **d** beweist, vollkommen Recht. Der hinteren Extremität spricht er — und das ist wieder richtig — ein ursprünglicheres Verhalten zu, und sieht dies bethätigt in dem einfacheren Radiensaum, dessen Theil-

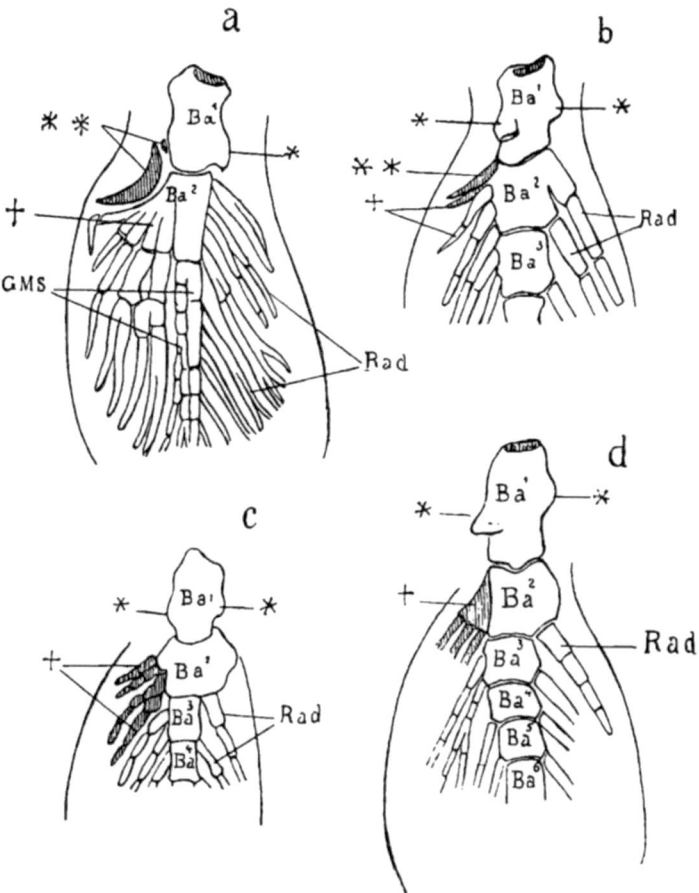

Textfigur 4, a—d. Proximale Abschnitte von Ceratodusflossen nach Howes und Günther. **a** Eine sich verzweigende („branching") Beckenflosse der rechten Seite, dorsale Ansicht, **b** linke Beckenflosse, **c** linke Brustflosse, **d** linke Brustflosse. *Ba*¹—*Ba*⁶ erstes bis sechstes Basale des axialen Mittelstrahls. * Höckerbildungen am ersten Basale, ** an der ventralen Seite desselben aufsitzende Radien, † solche des zweiten Basale, *Rad* Radien der dorsalen Seite, *GMS* gespaltener Mittelstrahl.

stücke noch nicht so lang gestreckt und so reich gegliedert sind, wie dies an der Brustflosse der Fall ist. Ferner macht Günther auf die ungleich grössere Neigung der Mittelstrahlsegmente zum Zusammenfluss und auf die dadurch bedingte bedeutendere Concrescenz der Radien aufmerksam.

Mit der Fassung dieses letzten Satzes kann ich mich nicht einverstanden erklären, und möchte die an und für sich correcte
Beobachtung so interpretiren, dass es sich in den betreffenden Fällen
nicht um eine Neigung jener Mittelstrahlsegmente zum „Zusammenfluss“, sondern um Beibehaltung eines primitiven Verhaltens von der
Embryonalzeit her, d. h. um eine noch nicht ganz durchgeführte Abgliederung handelt (vgl. die Entwicklung des Stamm-Radius der
Selachier- und Sturionenflosse). Aehnliche Schlüsse ergeben sich auch
für die Radien [1]).

Wie stark die Flossenarchitektur noch im Schwanken ist, ersieht
man aus den nicht selten zwischen rechts und links zu beobachtenden
Differenzen.

Von der in der Textfigur 4, a abgebildeten Beckenflosse sagt
Howes (56): „The axis is for the most part unequally segmented
and irregular“ . . . . und an einer andern Stelle: „The rest of the
skeleton is chiefly remarkable as concerns the axis; this appears to
be longitudinally cleft, and made up of a longer preaxial and a shor-
ter postaxial piece, both of which are very irregularly segmented. All
the parameres (Seitenstrahlen) borne upon it, however, are simple
unbranched rods, which differ from those more generally present only
as regards their feeble segmentation.“

Merkwürdigerweise knüpft Howes keine weiteren Gedanken an
diese, wie ich glaube, sehr wichtige und über einen guten Theil der
Urgeschichte der Dipnoërflossen Licht verbreitende Beobachtung.
Dieselbe scheint mir viel wichtiger als alle seine Speculationen, die
sich um den Nachweis von meta-, meso- oder propterygialen Elementen,
d. h. um Gebilde drehen, die, wie wir heutzutage füglich behaupten
können, – z. gr. Th. von nur secundärer Bedeutung sind. Uebrigens scheint
auch W. A. Haswell [2]), welchen Howes citirt, bereits vor diesem
auf eine solche Längstheilung des Mittelstrahles aufmerksam gemacht

---

[1]) Da Günther also die Gliederung des Stamm- oder Mittelstrahles offenbar für das Primäre hält, wird man es auch begreiflich finden, wenn er den Gedanken ausspricht, dass die Verwachsung der Einzelsegmente zu einem Basale
commune wohl durch die segmental bleibenden, eine undulirende Bewegung ge-
stattenden Muskeln, sowie durch die eine ausgiebige Bewegung erlaubende
Eigenart des Schulter- und Beckengelenkes verhindert werde. — Dass die Anordnung der Musculatur bei der Gliederung die Hauptrolle spielt, ist sicher,
allein es handelt sich dabei offenbar erst um einen secundären Prozess, d. h. um
eine gerade unter der Muskelaction erfolgende Abgliederung vorher einheitlicher Knorpelstäbe (vgl. Textfigur 9).

[2]) Die Arbeit von W. A. Haswell, On the Structure of the Paired Fins
of Ceratodus with Remarks on the General Theory of the Vertebrate Limb.
Proc. Linn. Soc. N. S. Wales. Vol. VII war mir leider im Original nicht zugänglich. Auch bei der sonst so reich ausgestatteten K. Hof- und Staatsbibliothek
zu München konnte ich mein Ziel nicht erreichen.

zu haben, und auch P. A l b r e c h t schilderte eine in ihrem peripheren Abschnitt sich gabelnde Brustflosse eines P r o t o p t e r u s aus der Königsberger Sammlung.

Bevor ich mich nun zu den fossilen Formen wende, will ich noch erwähnen, dass nach H o w e s' Ansicht die paarigen Flossen der Plagiostomen und Dipnoër sich unabhängig von einander entwickelt haben, und zwar aus einem Typus, wie er durch die heutigen Chimären repräsentirt wird.

In die letzten drei Jahre fällt die Publication der auf die fossilen „Selachier" und die Lurchfische sich erstreckenden Arbeiten von A. F r i t s c h (27, 28) und L. D ö d e r l e i n (20). Letzterer gab nur eine kurze, aber sehr werthvolle Notiz über P l e u r a c a n t h u s, deren Inhalt ich, soweit er sich auf das Gliedmassenskelet erstreckt, kurz referiren will.

Als „B e c k e n" werden zwei getrennte dreieckige Platten beschrieben, allein es ist mir sehr zweifelhaft geworden, ob es sich dabei nicht jederseits nur um ein Basale in dem Sinne handelt, wie es auch von A. F r i t s c h aufgefasst wurde, und wie ich es später von gewissen Ganoiden schildern werde.

Nach hinten und aussen davon schliessen sich sechs Knorpelstrahlen an, wovon der medianwärts liegende der stärkste, der am weitesten lateral liegende der schwächste und kürzeste ist. Der mediane Strahl setzt sich nach hinten in etwa 10—12 kurze kräftige Glieder fort, die eine Hauptachse mit einzeilig (postaxial) angeordneten Radien bilden. Von jedem Gliede der Hauptachse entspringt auf der Aussenseite ein zweiter dreigliederiger, sehr dicker Seitenstrahl, der mit einem feinen Faden zu endigen scheint. „Vom letzten Glied der Hauptachse und von den letzten Seitenstrahlen getragen, tritt ein mächtiges stachelähnliches Gebilde auf, das jedenfalls als männliches Begattungsorgan aufzufassen ist und borstenartige Seitenstrahlen trägt, die oft den weichen Flossenstrahlen vieler Fische ähneln. Sämmtliche Elemente der männlichen Bauchflosse, mit Ausnahme der dem Becken aufsitzenden Basalglieder, zeigen eine dichte periostale Knochenrinde. Diese Bauchflosse ist besonders interessant, da auf eine solche Form die Bauchflossen der Selachier, der Störe und des Polypterus ohne grosse Schwierigkeit zurückzuführen sind."

Der Schultergürtel und die Brustflosse erinnern durchaus an die betreffenden Verhältnisse von C e r a t o d u s. Beide Schulterspangen sind aber ventral nicht mit einander verbunden (geschah wohl ursprünglich durch Knorpel). Ein Höcker trägt die Brustflosse. Die Radien der Flosse sind ventral (postaxial) ungleich länger und zahlreicher, als diejenigen der dorsalen (präaxialen) Seite, was, wie ich jetzt schon bemerken will, mit den Befunden F r i t s c h's übereinstimmt.

Döderlein macht auf den primitiven Charakter des Pleura-
canthus-Skeletes aufmerksam und betrachtet es sogar als ursprünglicher, als das der Selachier, Ganoiden und Dipnoi; aber weder diese
noch jene können in directer Linie von Pleuracanthus abgeleitet werden.
Dazu sind sie doch schon in manchen Punkten zu sehr specialisirt,
und abgesehen davon, sind auch schon aus älteren Erdschichten (Devon)
Vertreter dieser drei Fischordnungen bekannt. „Pleuracanthus ist
aber unter allen bekannten Fischformen diejenige, die den ursprünglichsten Bau besitzt und diejenige, welche der gemeinsamen Stammform aller echten Fische am nächsten steht. Was Hatteria ist unter
den Reptilien, das ist Pleuracanthus unter den Fischen."

Bezüglich der von ihm beschriebenen „Selachier"-Flossen sagt
Fritsch (28): „Gegen alle Erwartung haben sich bei den uns
beschäftigenden Haifischen mit Beihilfe der Kalkprismen auch die
knorpeligen Extremitäten ausgezeichnet erhalten, so dass wir an den
Brustflossen einen Uebergang von dem biserialen Archipterygium zu
der Flosse der jetzigen Haie erkennen, während die Bauchflossen,
namentlich die der Männchen, im Baue vollkommen mit denen der
jetzigen Squaliden übereinstimmen."

Die Gliedmassenreste des Lurchfisches Ctenodus obliquus
erscheinen mir allzuwenig erhalten, und deshalb möchte ich den
Restaurationsversuch Fritsch's als einen allzu gewagten bezeichnen,
um daraus sichere Schlüsse ziehen zu können; nur Eines steht wohl
sicher fest, dass der Ossificationsprozess bei Ctenodus obliquus
ein kräftigerer war, als bei Ceratodus Forsteri.

Von den Xenacanthides, welche — und dies gilt auch für
Pleuracanthus — wie Heptanchus sieben Kiemenbögen besassen,
bemerkt Fritsch, dass dieselben den Squaliden unter Anderem im
Bau der Bauchflossen sehr nahe stehen, während sie bezüglich der
Brustflossen auf einer primitiveren Stufe stehen geblieben sein sollen.
Das Männchen besass an der Bauchflosse ein Copulationsorgan; die
unregelmässig dichotomisch sich theilenden Flossenstrahlen sassen
uniserial (Textfigur 5, a).

Am proximalen Abschnitt der Bauchflosse erkennt man ein deutliches Basale, und die an seinem Hinterrand liegenden Einschnitte und
Dellen (Textfigur 5, b Bas[1]) weisen, wie Fritsch ganz richtig bemerkt, darauf hin, dass es aus der Verschmelzung von mehreren
neben einander liegenden Strahlen entstanden ist. Aehnlich sagt er
von der Bauchflosse des Xenacanthus-Weibchens (Textfigur 5, a):
„überhaupt sieht man, dass sie ganz aus einer Anzahl neben
einander liegender Flossenstrahlen entstanden ist."

Auch die grosse Breite des zweiten Gliedes des Hauptstrahles
spricht für seine polymere Entstehung. Es setzen sich, wie die Textfigur 5, a zeigt, noch vier selbständige Strahlen an seinem Hinterrande

fest. Auf derselben Figur sieht man auch, dass ein beliebiger Strahl von den ursprünglich neben einander liegenden Strahlen Nebenstrahlen tragen kann, und darin liegt ein neuer Beweis für das Untypische, Schwankende des Meso- und Propterygiums der Selachier.

Was nun die hintere Extremität von Pleuracanthus[1]) betrifft, so ist auch hier, ganz ähnlich wie bei Xenacanthus, ein Basale vorhanden, das hier wie dort medianwärts mit seinem Gegenstück in

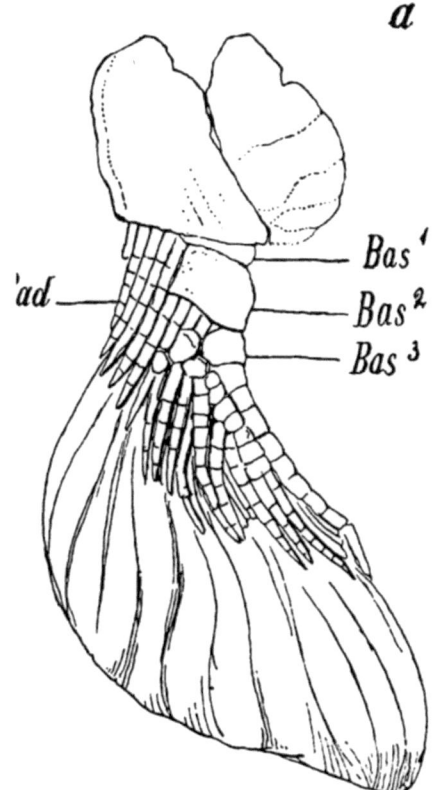

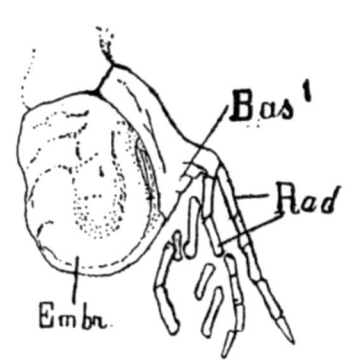

Textfigur 5, a und b. Bauchflossen eines weiblichen Xenacanthus Decheni. Nach A. Fritsch. *Bas¹—Bas³* Basale 1—3 des lateralen Hauptstrahles, *Rad* Flossenstrahlen, *Embr.* die Stelle, „wo man undeutlich einen Embryo zu sehen glaubt". — (A. Fritsch.)

Verbindung gestanden zu haben scheint.

Beim Männchen finden sich riesige, aus den hintersten Seitenstrahlen der Bauchflosse hervorgegangene, mit zwei Rinnen versehene Copulationsorgane (Textfigur 6, *Cop O*), während die Bauchflosse des Weibchens nur auf der dorsalen Seite mit gewöhnlichen Strahlen besetzt ist (Textfigur 5, a und b). Eine grössere Zahl von Einzelstrahlen (Textfigur 7, *Rad*) sitzt lateralwärts an dem Hinterrande vom proximalen Basale (*Bas¹*), während mit dem medialen Abschnitt des letzteren die Stammreihe der Flosse (*SRad*) in Verbindung steht. — So ist also auch die Bauchflosse von Pleuracanthus streng nach uniserialem Typus gebaut. Hier wie dort (Xenacanthus) werden die beweglich

---

[1]) Bei Pleuracanthus kommen, im Gegensatz zu Xenacanthus, keine Hornstrahlen in den Flossen vor (A. Fritsch).

mit einander verbundenen Elemente des Stammradius durch schief gerichtete, länglich-dreieckige Skeletstücke repräsentirt, welche in der
Mitte etwas eingeschnürt, an den Rändern aber verdickt sind.

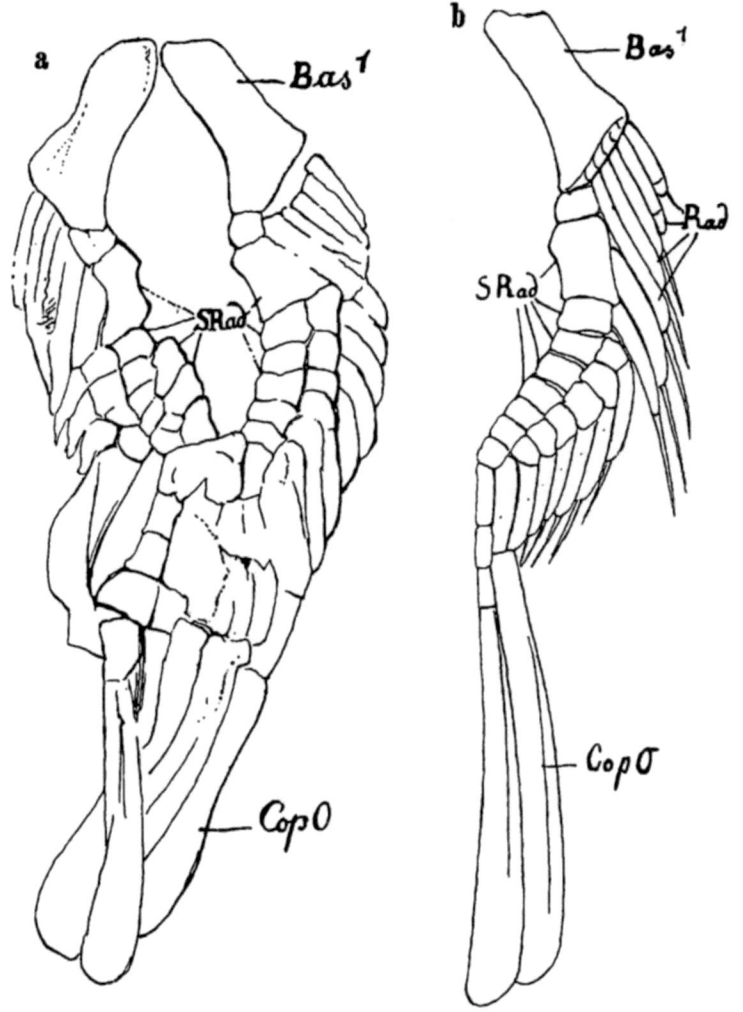

Textfigur 6, **a** und **b**. Bauchflosse des männlichen **Pleuracanthus Oelbergensis** von der ventralen Fläche gesehen. Natürliche Grösse, **b** restaurirt. Nach
A. Fritsch. *Bas*[1] proximales Basale, *CopO* Copulationsorgan.

Ziehe ich nun das Facit aus den von A. Fritsch für die Bauchflosse von Xenacanthus und Pleuracanthus ermittelten Thatsachen,
so ist in erster Linie zu betonen, dass sie mit derjenigen der recenten
Dipnoër nichts zu schaffen hat. Sie steht auf einer ungleich primitiveren Stufe als diese, und lässt sich, wie ich dies später des Näheren

erörtern werde, ganz ungezwungen mit der Sturionen-Bauchflosse in Parallele bringen. Ich verweise deshalb auf letztere und
werde bei der Besprechung derselben auch die Frage nach der Bedeutung des proximalen Basale (Textfigur 5, 6, 7, *Bas*[1]) und dem
Verbleib des Beckens berücksichtigen.

Ich wende mich nun zu der Brustflosse von Xenacanthus
und Pleuracanthus, welche beide nach dem biserialen Typus ge-

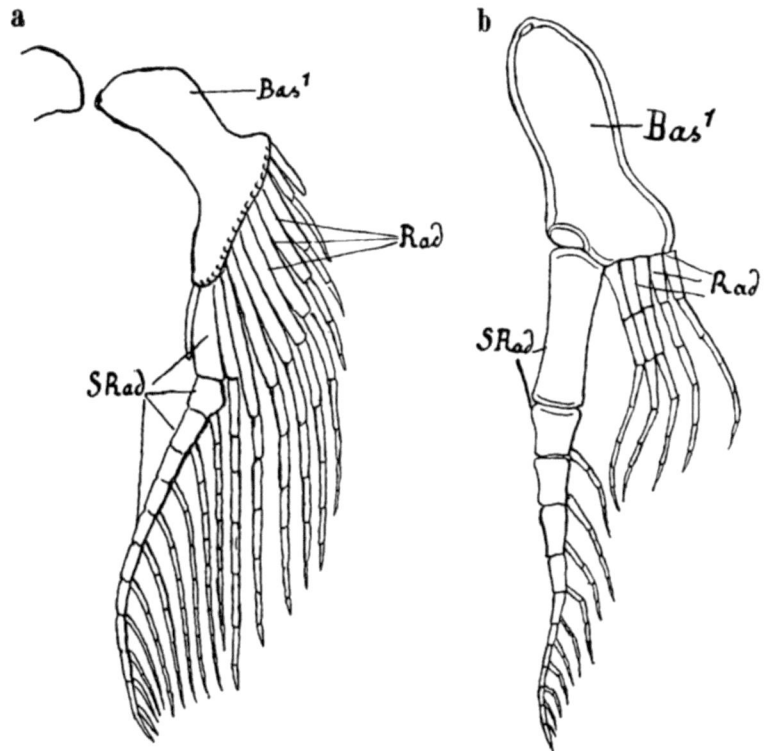

Textfigur 7. Linke Bauchflosse des weiblichen Pleuracanthus Oelbergensis (a)
und parallelus (b). Beide restaurirt. Nach A. Fritsch. *Bas*[1] Proximales Basale,
SRad lateraler Stammstrahl, *Rad* Flossenstrahlen, welche sich an dem Hinterrand des
proximalen Basale ansetzen.

baut sind und deshalb, wie ich dies bereits in dem Referat über
Döderlein (20) bemerkt habe, principiell mit der Ceratodusflosse
übereinstimmen.

Es ist ein deutlicher, mit einer stärkeren Reihe von postaxialen
und einer schwächeren von präaxialen Seitenstrahlen besetzter Stammstrahl vorhanden, der durch eine lange Kette verschieden grosser und
verschieden geformter Basalia dargestellt wird. Nach der Peripherie
hin verschmälern sich dieselben beträchtlich, strecken sich in die

Länge und überragen so, peit-
schenartig ausgezogen, die übrige Flosse um ein Beträcht-
liches.

Unwillkürlich wird man
dadurch an die Flossen von
Protopterus erinnert, welche
ebenso, wie dies für jenes
peitschenartige Endstück an-

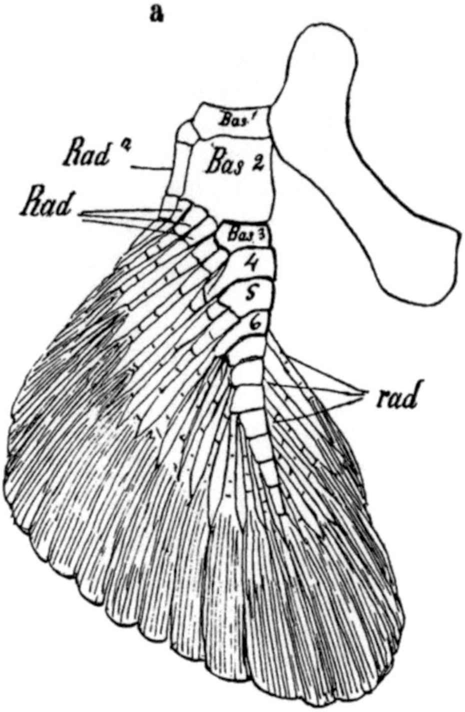

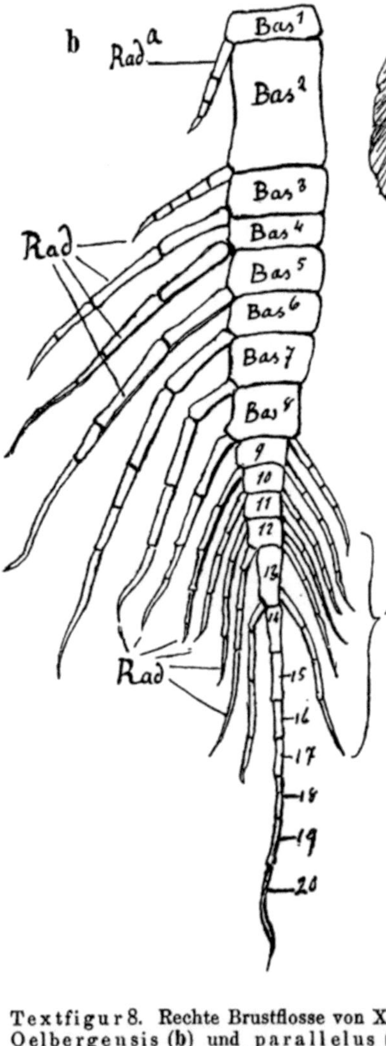

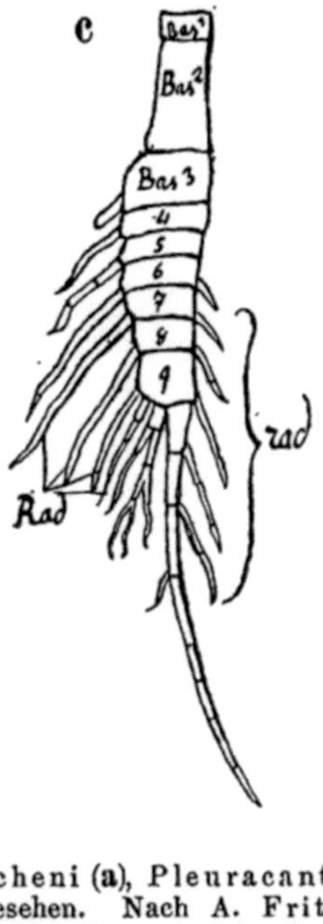

Textfigur 8. Rechte Brustflosse von Xenacanthus Decheni (a), Pleuracanthus
Oelbergensis (b) und parallelus (c) von aussen gesehen. Nach A. Fritsch.
Bas¹—Bas²⁰ die Basalia des Stammstrahles. Rad Nebenstrahlen des postaxialen Randes,
wovon bei Radᵃ der vorderste dargestellt ist, rad Nebenstrahlen des präaxialen Randes.
b und c sind restaurirt, a entspricht den natürlichen Verhältnissen.

zunehmen ist, einst von Seitenstrahlen besetzt gewesen sein müssen[1]). Diese Annahme ist schon deswegen vollauf berechtigt, weil Alles darauf hindeutet — und ich verweise dabei wieder auf die Befunde von Günther und Howes (vergl. Textfigur 4) — dass der ganze Stammstrahl durch Concrescenz von Seitenstrahlen entstanden zu denken ist. Während sich nun für die Bildung des Stammstrahles der uniserialen Bauchflosse ohne weiteres die an Selachier-Embryonen gewonnenen Thatsachen zu Grunde legen lassen, erscheint die Sache bei dem biserialen Flossentypus ungleich complicirter und um so schwerer zu erklären, als bis jetzt keine entwicklungsgeschichtlichen Erfahrungen zu seiner Erklärung[2]) zur Verfügung stehen. Gleichwohl aber hoffe ich im Folgenden zeigen zu können, wie die zweireihige Flosse im Laufe der Stammesgeschichte sich ganz allmählich aus der einreihigen herausgebildet hat.

Ich gehe dabei zunächst von der unbestreitbaren Thatsache aus, dass die Bauchflosse, wie überhaupt die hintere Extremität der Wirbelthiere im Allgemeinen ein einfacheres, primitiveres Verhalten bewahrt, als die vordere. Jene bildet also den Schlüssel für die Urgeschichte der letzteren. Ist aber — und darauf weisen die Embryonen der Selachier und Ganoiden, sowie die fossilen Formen Xenacanthus und Pleuracanthus hin — die Entstehung der Bauchflosse nach uniserialem Typus eine erwiesene Thatsache, so muss auch die Brustflosse ursprünglich nach demselben Typus, d. h. auch sie muss einst uniserial gewesen sein. Ist dieser Satz richtig — und ich sehe keinen triftigen Gegengrund —, zeigt also die hintere Extremität ein conservativeres Verhalten als die äusseren Einflüssen ungleich mehr unterworfene vordere, so werden sich Modificationen der primitiven Structuren zunächst an dieser bemerklich machen.

Dies wird nun durch die Befunde an Xenacanthus und Pleuracanthus auf's Schönste bestätigt, insofern sich der biseriale Typus in seinem ersten Auftreten als eine secundäre Erwerbung der Brustflosse herausstellt. Derselbe ist übrigens bereits bei Ganoiden, wie ich später darthun werde, in der Wurzel vorgebildet, und dass sich Spuren davon auch schon bei Selachiern finden, haben Gegenbaur und Bunge nachgewiesen.

Seine höchste Ausbildung erreicht aber der biseriale Flossentypus unstreitig bei den recenten Dipnoërn, wie z. B. bei Ceratodus, wo er auch bereits die hintere Extremität beherrscht. Gleichwohl aber hat diese, wie schon erwähnt, der vorderen gegenüber in gewissen

---

[1]) Ich mache dabei auf das Basale[1] aufmerksam, dessen Radienbesatz ich bei Protopterus schon vor langer Zeit (102) nachgewiesen habe.

[2]) Wo bleiben Caldwell's Ceratodus-Embryonen?? —

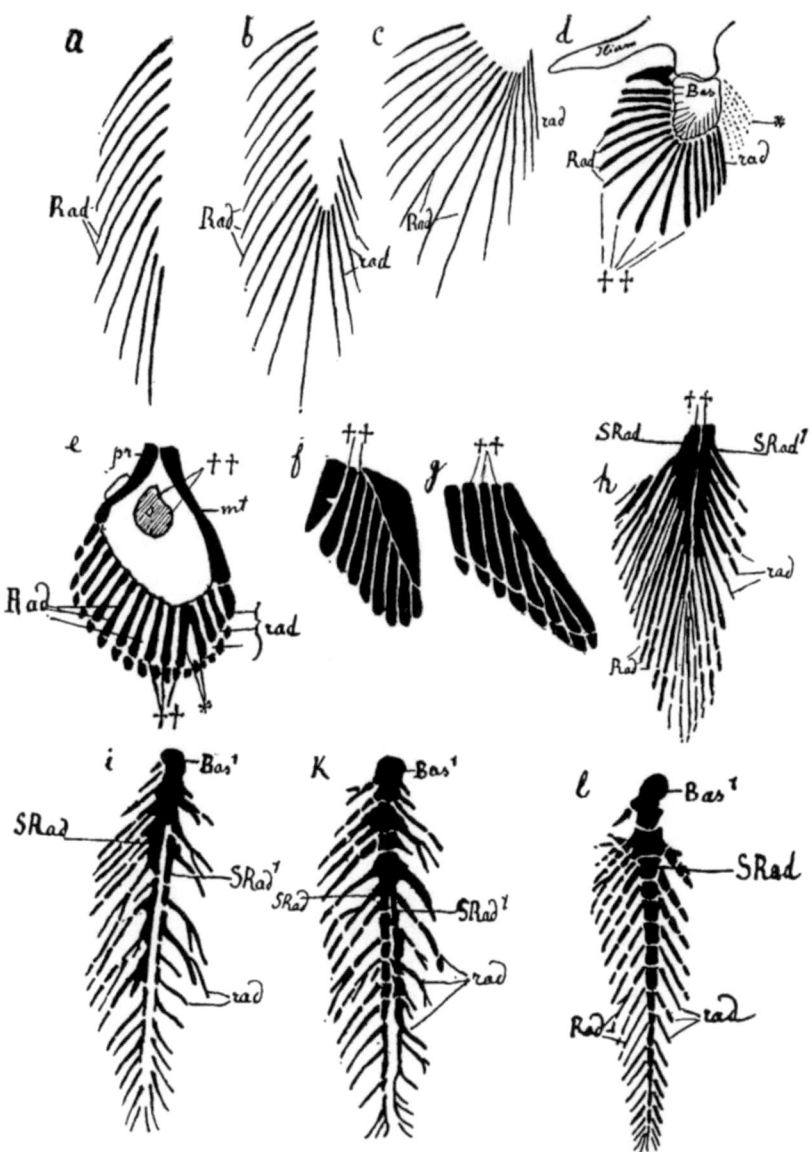

Textfigur 9, a—l. Versuch einer schematischen Darstellung, wie sich die biseriale Flosse entwickelt haben mag. a ursprüngliche uniseriale Lage der Flossenstrahlen (Selachier-Embryo, Sturionen-Embryo). b Umlagerung derselben, so dass eine postaxiale (Rad) und präaxiale (rad) Reihe unterscheidbar wird (gewisse recente Haie). c Anbahnung der Holocephalen-Flosse. d Holocephalen-Flosse, die man sich an den punktirten Linien, *, d. h. im Bereich der präaxialen Reihe, in weiterer Fortbildung gegen die Xenacanthus-Brustflosse hin denken kann, Bas Basale, aus der Concrescenz der Radien Rad¹ und rad hervorgegangen. e Brustflosse von Polypterus, pr propterygialer, mt metapterygialer Rand-(Basal-)Strahl; * gespaltener Radius. f Brustflosse von Amia. g Brustflosse von Acipenser ruthenus. h Auswachsende, unter sich jederseits mit ihren proximalen Enden verschmelzende Mittelstrahlen eines Ur-Dipnoërs. i Weiter fortgeschrittene Anlage der proximalwärts allmählich verschmelzenden Stammradien SRad und SRad¹. k Weiter gediehene Verschmelzung der letzteren. Bas¹ proximales Basalstück. l Vollendeter Verschmelzungsprozess beider Stammstrahlen zu einem einheitlichen Stamm- oder Mittelstrahl (SRad).

Punkten noch ein ursprünglicheres Verhalten bewahrt, und beweist dadurch die oben gemachte Annahme, dass sie zeitlich später modificirt wurde, als die vordere.

Wie sind nun die Vorgänge zu denken, welche sich beim Uebergang von der uniserialen in die biseriale Flosse abgespielt haben? — Um diese Frage zu beantworten, muss ich den Weg der Hypothese beschreiten.

Offenbar handelte es sich dabei um eine mit der Aenderung der ganzen Flossenform Hand in Hand gehende, und wahrscheinlich in Anpassung an dieselbe geschehende Umlagerung der primären Knorpelstrahlen, wie sie mir in der Bauchflosse von Xenacanthus (vergl. Textfigur 5, a) bereits angebahnt erscheint.

Jene Umlagerung muss, wie mir die Selachier-, Xenacanthus- und Pleuracanthus-Brustflosse zu beweisen scheint, von der Peripherie aus, d. h. von der Flossenspitze her, vor sich gegangen sein. Mit anderen Worten: ich betrachte die postaxiale Strahlenreihe als die phyletisch ältere, die präaxiale als die jüngere (Textfigur 9, a und b bei *Rad* und *rad*). Mit dem Fortschreiten des Umlagerungs- oder, wenn man will, des Drehungsprozesses muss es dann zu einer fächerartigen Anordnung der Strahlen gekommen sein, wie eine solche heute noch der Holocephalen- und der Brustflosse von Amia und Polypterus zu Grunde liegt, und wie sie in der Wurzel auch schon bei Knorpelganoiden vorgebildet erscheint (Textfigur 9, c, d, e, f und g). Während nun aber bei der Ganoiden-Brustflosse am Rande, und zwar nur am metapterygialen (Amia und Polypterus) eine Verschmelzung von Radien stattfand, unterblieb dieser marginale Assimilationsprozess bei den Vorfahren der Dipnoër, bei Xenacanthus, Pleuracanthus und ihren Verwandten. Hier gewannen die mittleren, central gelegenen Strahlen des Fächersystems, welche den Radien †† der Holocephalen- und Ganoidenflosse entsprechen (Textfigur 9, d, e, f, g) das Uebergewicht über die lateralen Strahlen, sie wuchsen weiter aus (Textfigur 9, h), begannen in der Fächermittelachse proximalwärts mit einander zu verschmelzen und wurden so zum Träger, gleichsam zum Collector der Seitenstrahlen[1]. Kurz, es kam durch Zuschuss von beiden Seiten, sowohl von der ab origine[2] prävalirenden postaxialen, als von der

---

[1] Ich habe nichts dagegen, wenn man dieses centrale Strahlenbüschel als mesopterygiale Zone der Flosse bezeichnen will, und insofern nähere ich mich in meiner Auffassung derjenigen von Huxley und Howes, welche, wie ich schon oben erwähnt habe, den Stammstrahl der biserialen Flosse als Mesopterygium bezeichnen.

[2] Das in der Textfigur 9, b dargestellte Stadium scheint mir durch die Textfigur 8, a eine gute Stütze zu erhalten. Das Verbindungsstück (*Bas¹*) der Brustflosse von Xenacanthus mit dem Schultergürtel ist im Gegensatz zu Ceratodus sehr niedrig und breit; es trägt noch einen gegliederten Seitenstrahl (*Rad a*) und

schwächeren präaxialen, zur Bildung eines Mittel- oder Stammstrahles, welcher sich, wie dies auch nach Analogie mit der Selachier- und Ganoidenflosse für die Seitenstrahlen anzunehmen ist, secundär unter dem Einfluss der Muskelwirkung mehr und mehr gliederte. Dass der Verschmelzungsprozess des in seiner Anlage d o p p e l t e n Stamm-strahles in proximo-distaler Richtung erfolgte (Textfigur 9, **h**, **i**, **k**, **l**), beweist der von H o w e s an der Ceratodus-B a u c h flosse (Textfigur 4, **a**) und der von A l b r e c h t an der Protopterus - Extremität beobachtete Fall. In beiden Fällen handelte es sich offenbar um eine Entwicklungs-hemmung[1]).

Ob ich mit diesen Gedanken über die Entstehung der biserialen Flosse das Richtige getroffen habe, müssen embryologische Forschungen zeigen.

Worauf es mir vor Allem ankam, war, meiner Ueberzeugung Ausdruck zu geben, dass wir es beim biserialen Archipterygium G e g e n b a u r's keineswegs mit einer primitiven, sondern mit einer auf grossen Umwegen zu Stande gekommenen Bildung zu schaffen haben, die verhältnissmässig erst spät, nachdem die uniseriale Selachier- und Ganoidenflosse schon längst in der uns bekannten Form florirte, in die Erscheinung trat, und mit den Dipnoërn ihren Abschluss er-reichte.

Es dürfte nicht ohne Interesse sein, auf meine eigene, im Vor-stehenden geäusserte Ansicht über die Phylogenie der biserialen Flosse gleich diejenige von A. F r i t s c h folgen zu lassen. Es geschieht dies am besten durch eine Reproduction der von ihm S. 44 seines schönen Werkes gelieferten schematischen Darstellung (Textfigur 10, **a**—**k**) und unter Anführung seiner eigenen erklärenden Worte.

Aus dieser von F r i t s c h gemachten Aufstellung erhellt, dass sich derselbe im Prinzip der T h a c h e r - M i v a r t'schen Theorie zuneigt, dass er aber, was die einzelnen phylogenetischen Etappen in der Flossenentwicklung anbelangt, einen und denselben Weg einschlägt, wie er bisher von G e g e n b a u r , H u x l e y und ihren Schülern ein-

---

drei solche (*Rad*) legen sich dicht dahinter an das zweite Stammglied, das ihnen offenbar seinen Ursprung verdankt, an. Alle fünf proximalen Stammglieder (*Bas*[1]—*Bas*[5]) scheinen hier einzig und allein von den Seitenstrahlen der postaxialen Reihe erzeugt zu sein. In diesem Bereich besteht also noch der u n i s e r i a l e Flossentypus, während vom sechsten Basale bis zur Peripherie hinaus bereits die doppelte Strahlenreihe angebahnt erscheint.

Die Xenacanthus-Brustflosse ist also, namentlich auch hinsichtlich der wenig scharfen Differenzirung des Basale 1 („Zwischenstück") hinter derjenigen des Cera-todus in der Entwickelung noch weit zurück.

[1]) Ob nicht der gespaltene Strahl bei * in der Textfigur 9, **e** die Stelle andeutet, wo bei der biserialen Flosse der ursprünglich gespaltene axiale Mittel-strahl verläuft? — Vgl. auch die Entwicklung der Brustflossen vom S t ö r.

geschlagen wurde. Wie diese, so leitet auch er die Selachierflosse aus einer biserialen Urform ab, ohne jedoch den Versuch zu machen, diese selbst zu erklären. Während bei **c** der Liste noch die uniseriale

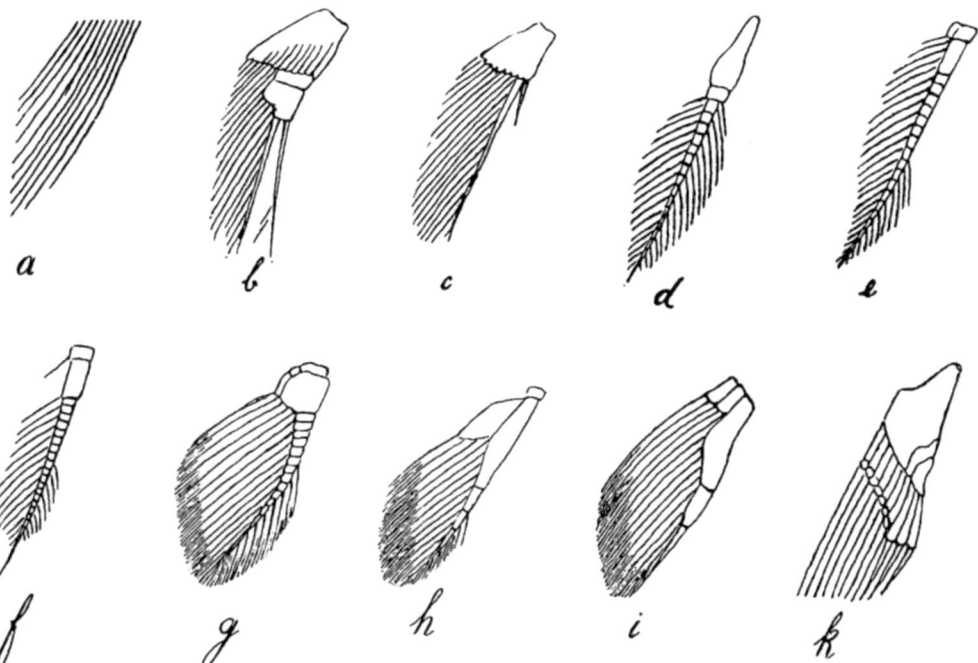

Textfigur 10. Versuch einer schematischen Darstellung des Vorganges, mittelst dessen sich die paarigen Flossen der Dipnoër und Selachier entwickelt haben. Nach A. Fritsch. **a** Hypothetische Urform der paarigen Flossen, an der das Basalstück noch aus getrennten, gleich starken Strahlen besteht. **b** Atavistische Form der Bauchflosse eines alten Weibchens von Xenacanthus, wo am Basalstücke noch die Zusammensetzung aus Strahlen angedeutet ist, und wo sich an den Hinterrand des Basalstückes viele verschieden gestaltete Strahlen anlegen. **c** Bauchflosse eines jungen Weibchens von Pleuracanthus Oelbergensis, an der durch die Kerbung des Hinterrandes des Basalstückes die Zusammensetzung aus Flossenstrahlen angedeutet ist. Der zweite Strahl wurde zum Hauptstrahl. **d** Normale Flosse von Ceratodus (biseriales Archipterygium), wo bloss der eine starke Flossenstrahl übrig blieb und auf beiden Rändern aller Glieder Seitenstrahlen trägt. **e** Brustflosse von Orthacanthus, wo neben dem Hauptstrahle sich noch ein Nebenstrahl erhalten hat. Der Hauptstrahl trägt am dorsalen Rande an allen Gliedern Seitenstrahlen, am ventralen Rande erst vom achten Gliede angefangen. **f** Brustflosse von Pleuracanthus, wo die Seitenstrahlen am dorsalen Rande bloss bis zum dreizehnten Gliede des Hauptstrahles entwickelt sind, am ventralen nur vom achten bis zum dreizehnten. Hornfäden fehlen und der lange Hauptstrahl ragt aus der Contour der Flosse heraus. **g** Brustflosse von Xenacanthus. Der Hauptstrahl ist verkürzt und ragt nicht aus der Contour der Flosse hervor. Das zweite Glied entstand wahrscheinlich aus Verschmelzung mehrerer Nebenstrahlen, denn es trägt an seinem Hinterrande mehrere Nebenstrahlen. Hornfäden sind an allen Seitenstrahlen entwickelt. **h** Flosse eines recenten Haies, an der noch drei ventrale Seitenstrahlen entwickelt sind. Dorsalstrahlen fügen sich an die von dem einst vielgliederigen Hauptstrahl übrig gebliebenen Glieder (Pro-, Meso- und Metapterygium). **i** Flosse eines recenten Haies, an der schon keine ventralen Seitenstrahlen mehr vorkommen. **k** Bauchflosse des Störes, wo am Hinterrande des Basalstückes Nebenstrahlen stehen. Am Ventralrande zeigt das Basalstück noch zwei Strahlen, ähnlich denen, aus welchen das ganze Basalstück entstanden sein mag.

Bauchflosse von Pleuracanthus figurirt, erscheint plötzlich, wie ein deus ex machina, die Ceratodusflosse in vollster Ausbildung, an diese schliessen sich dann, und werden als bereits reducirte Formen aufgefasst, die Flossen von Orthacanthus, Pleuracanthus und Xenacanthus. Darauf folgt endlich eine Selachierflosse, wo der biseriale Typus schon im Begriff ist, ganz zu verschwinden, und dies ist bei der zweiten Haifisch- und der Störflosse, welche das Endglied der Serie bildet, bereits geschehen. Fritsch bewegt sich, wie eine Vergleichung der beiden Listen auf Textfigur 9 und 10 zeigt, in einer der meinigen diametral entgegengesetzten Richtung, und ich muss es dem Urtheil der Fachgenossen überlassen, zu entscheiden, welche die grössere Wahrscheinlichkeit für sich hat. Eines möchte ich dabei aber zu bedenken geben, nämlich das, dass bereits im Devon Selachier, Ganoiden und Dipnoër neben einander bestanden, und ferner möchte ich noch einmal an die sehr primitive selachoide Bauchflosse von Xenacanthus und Pleuracanthus mit ihrem Basale erinnern, an welch letzterem es noch nicht einmal zu einer Beckenabgliederung im Sinne der Ganoiden zu kommen scheint. Wie sich Fritsch mit diesen Thatsachen abfindet, und wie weit er dann, wenn er dabei das stattliche Becken der recenten Dipnoër und die gleichmässig nach einem und demselben Grundplan entwickelten Bauch- und Brustflossen derselben in Betracht zieht, mit der Statuirung von Rückbildungserscheinungen gehen will, weiss ich nicht. — Offenbar liegt der Ursprung der noch nackthäutigen und nacktschädeligen[1]) Xenacanthiden geologisch ungeheuer weit zurück, und was ihre Extremitäten anbelangt, so handelt es sich dabei meiner Ueberzeugung nach nicht um Rückbildungen, sondern um Verhältnisse, welche zum Theil noch ungleich primitiver sind, als diejenigen der Selachier, und welche, wie ich später darthun werde, an Ursprünglichkeit nur noch von den Sturionen übertroffen werden.

C. Ganoiden.

1) Knorpelganoiden.

Die Knorpelganoiden schliessen sich im Bau sowie in der Entwicklung ihrer Hintergliedmassen auf's Engste an gewisse Embryonalstadien der Selachier an, und in dieser Hinsicht hätte ich ihre Schilderung füglich direct an jene anreihen können. Wenn ich dies dennoch nicht gethan habe, so geschah es nur, weil mir daran lag, die oft ventilirte und brennende Frage nach den Beziehungen der Selachier zu den Dipnoërn im Zusammenhang zu besprechen.

Wie über diese, so existirt auch über die Ganoiden eine aus-

---

[1]) Der Schädel von Xenacanthus besitzt nach A. Fritsch noch keine Deckknochen.

gedehnte Literatur, allein, abgesehen von spärlichen embryologischen Notizen (87, 90), bewegt sich dieselbe fast ausschliesslich auf vergleichend-anatomischem Gebiet.

Dass Thacher (95, 96) zu seiner Theorie über das uniseriale Extremitätenskelet zum grossen Theil durch seine Studien an Knorpelganoiden geführt worden ist, habe ich früher schon ausgeführt, so dass ich hierauf nicht mehr zurückzukommen brauche.

Wenige Jahre nach dem Erscheinen der Thacher'schen Arbeit hat sich auch von Davidoff (19) mit Untersuchungen über die Bauchflosse der Ganoiden beschäftigt. Er kam dabei zu folgendem Resultat.

„Die Vergleichung der vier untersuchten Ganoiden (Acipenser sturio, ruthenus, Scaphirhynchus cataphractus und Polyodon folium) lässt eine Reihe von Formen wahrnehmen, welche mit den Befunden bei Scaphirhynchus beginnt und in Polyodon den höchsten Grad der Differenzirung erreicht. Diese besteht in einer von hinten nach vorne fortschreitenden Gliederung des hinteren Abschnittes der Platte P (d. h. des Beckens), während die Radien selbst, wie auch der mediale und dorsale Fortsatz (Pars iliaca, Thacher, Mivart, Wiedersheim) geringeren Veränderungen unterliegen. Diese Differenzirungen sind für die Hintergliedmasse der Knorpelganoiden charakteristisch und von den Befunden bei Haien und Chimaera so abweichend, dass wir beim ersten Blick in Zweifel sind, ob wir hier überhaupt alle, die Gliedmassen der Selachier constituirenden Theile, also das Becken, ein Pro- und Metapterygium zu suchen haben, oder ob es bloss Theile des Skeletes der Haie sind, welche sich auf die Knorpelganoiden vererbten.“

Den Befund bei Scaphirhynchus, wo sich die medialen Enden der Bauchflossen in der ventralen Mittellinie eine Strecke weit über einander schieben und durch Bindegewebe mit einander verknüpft werden, erklärt von Davidoff in einem späteren Aufsatz für ein primitives Verhalten, während er das Auseinanderweichen der beiden Beckenhälften bei Acipenser sturio und ruthenus, sowie bei Polyodon durch die in der Medianlinie „mächtig sich entwickelnde Fettmasse“ zu erklären sucht.

Jener Auffassung von Davidoff's bezüglich einer erst secundär erfolgenden Abspaltung der Polyodon-Bauchflosse trat zuerst A. Bunge (9) entgegen und betonte die ursprüngliche Vielgliederigkeit desselben, allein erst E. von Rautenfeld (87) war es vorbehalten, die Irrwege, auf welchen sich von Davidoff bewegt hatte, klarzulegen. Er macht zunächst auf die grosse Variationsbreite bezüglich der Zahl der Radien und Basalsegmente aufmerksam, und kommt betreffs Acipenser sturio, ruthenus und maculosus zu folgendem Schluss: „Betrachten wir die ganze Reihe der geschilderten Verhältnisse, so finden wir alle Uebergänge von den Formen mit einer grösseren Zahl von Radien und Basalsegmenten (Acipenser ruthenus) zu denjenigen mit acht und sieben Radien und mit weniger Basalsegmenten (Acipenser sturio und maculosus), die wohl nicht anders als durch Reduction aus den ersteren entstanden zu denken sind. Diese ganz auffallende Coincidenz der Verringerung der Radienzahl mit einer Verringerung der Basalsegmente ist unerklärlich, wenn wir vom Davidoff'schen Standpunkte ausgehen, während sie als nothwendige Folge erscheint, wenn wir uns mit Thacher die Basalplatte als durch Concrescenz ursprünglich getrennt angelegter Radien entstanden denken. Zu bemerken ist ferner das wechselnde Verhalten der Nervencanäle. Während bei einer Anzahl Flossen trotz sorgfältiger Präparation sich keine solchen nachweisen liessen, fand sich bei anderen ein Nervencanälchen und bei der rechten Bauchflosse des Exemplares F. waren sogar zwei solche vorhanden."

Bezüglich der Verhältnisse bei Scaphirhynchus bemerkt von Rautenfeld, dass auch hier Uebergangsformen von den Flossen mit zahlreicheren Radien (Scaphirhynchus Kaufmanni und Fedschenkoi) zu denjenigen mit einer geringeren Radienzahl nachzuweisen seien (Scaphirhynchus cataphractus).

Besonderes Interesse scheint mir ein von von Rautenfeld an einem 70 cm langen Exemplar von Scaphirhynchus cataphractus gemachter Befund zu verdienen. Es zeigte sich nämlich hier der bei allen Knorpelganoiden medianwärts sich erstreckende Fortsatz des Basale nicht nur besonders weit und schlank ausgezogen, sondern erschien von der Hauptmasse des letzteren in Form einer rechteckigen. Platte abgegliedert (Textfigur 11, d, BP) und gelenkig damit verbunden. Leider konnte dies nur auf der linken Seite constatirt werden, da die rechte Flosse bereits vorher davon entfernt worden war, so dass über diese bezüglich dieses Punktes nichts ausgesagt werden kann.

von Rautenfeld spricht sich über diesen seinen Fund folgendermassen aus: „Nach Analogie mit der Deutung, welche Wiedersheim den von ihm beobachteten Knorpelstücken bei Polypterus gibt, würde der Knorpel β Taf. I Fig. 7, der, wie aus der Beschreibung von Sc. cataphr. B hervorgeht, wohl paarig vorhanden gewesen ist, als Beckenrudiment zu betrachten sein. Sehr viel wahrscheinlicher scheint mir allerdings, im Hinblick auf den negativen Befund bei den übrigen Exemplaren von Scaphirhynchus, in diesem Fall eine secundäre Abgliederung vorzuliegen." Ich werde später zeigen, dass von Rautenfeld mit seiner ersten Auffassung vollkommen Recht hatte.

Polyodon folium betreffend, vermochte auch von Rautenfeld hier die grosse Mannigfaltigkeit der Formen und der Unregelmässigkeit der Verbindung von Radien und Basalsegmenten zu constatiren. Wenn sich nun deshalb, meint er, schwer solche Regeln auf-

stellen lassen, wie sie bei Acipenser und Scaphirhynchus Geltung
haben, so sprechen, wie dies in der Figur 166 meines Lehrbuches (in
Textfigur 11, **b¹** reproducirt) zum stärksten Ausdruck kommt, doch
auch hier eine Anzahl Thatsachen für eine Tendenz sowohl der Radien

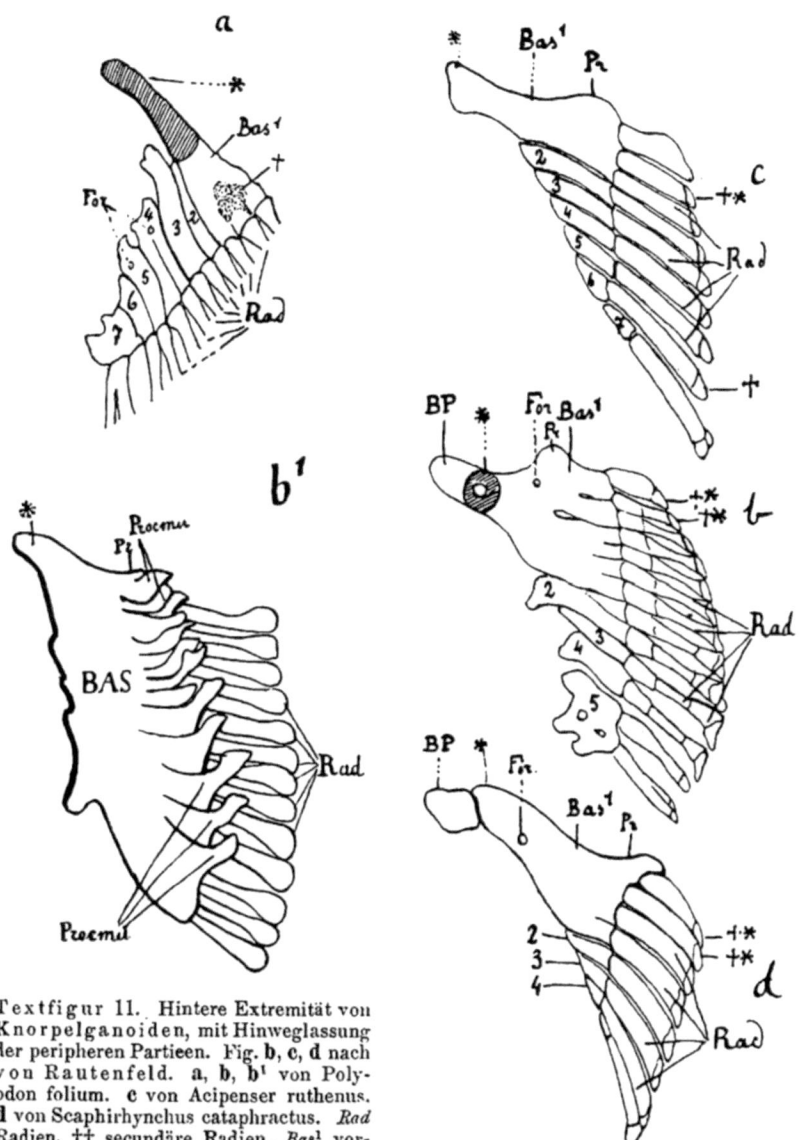

Textfigur 11. Hintere Extremität von
Knorpelganoiden, mit Hinweglassung
der peripheren Partieen. Fig. b, c, d nach
von Rautenfeld. a, b, b¹ von Polyodon folium. c von Acipenser ruthenus.
d von Scaphirhynchus cataphractus. *Rad*
Radien, †† secundäre Radien, *Bas¹* vorderstes (proximales) Basale, von welchem
sich in Figur **b** und **d** eine Beckenplatte *BP* abgegliedert hat, ∗ proximalwärts sich
erstreckender Fortsatz von *Bas¹*, † von Gallert erfüllter Hohlraum in *Bas¹*, 2—7 die
weiter nach hinten (distalwärts) liegenden Basalia, z. Th. von Nervenlöchern *For* durchbohrt, *BAS* Basale commune mit [13] Processus musculares Procmu, *Pr* Propterygium (?)
(Praepubis?).

(*Rad*), wie der Basalsegmente (*Bas¹—Bas⁷*), durch Concrescenz ihre Anzahl zu vermindern (Textfigur 11, **a**, **b**, **b¹**).

Wie bei Scaphirhynchus, so zeigt sich auch bei P o l y o d o n f o l i u m der mediale Fortsatz des Basale mit der übrigen Masse desselben gelenkig verbunden (Textfigur 11, **b**, *B P*), also abgegliedert. Der dieses Gelenk unmittelbar berührende Abschnitt des Basale (∗) ist verknöchert und von einer Oeffnung durchbohrt[1]). Distalwärts hängt diese verknöcherte Zone mit der übrigen Basalmasse continuirlich zusammen. In letztere dringen von der Peripherie her zahlreiche Spalten herein, und zwar entsprechen dieselben genau den sich angliedernden sechs Radien, so dass mit Leichtigkeit auf die einstige Concrescenz der Basalplatte aus sechs Einzelradien geschlossen werden kann. Aehnliche Gesichtspunkte ergeben sich für die weiter nach hinten liegenden Basalsegmente mit ihren zugehörigen Radien (Textfigur 11, **a**, **b**, **b¹**).

Auch bei Polyodon erachtet v o n R a u t e n f e l d jenen medialen abgegliederten Fortsatz „nicht als Beckenrudiment, sondern als secundäre Abgliederung".

v o n R a u t e n f e l d nimmt also — und in dieser Hinsicht steht er ganz auf dem T h a c h e r - M i v a r t - B a l f o u r 'schen Boden — eine Concrescenz von basalen Radienenden zu einer grösseren Platte an. Andrerseits aber weist er mit Recht darauf hin, wie eine Anzahl von Radien aus der Verbindung mit dem Basale metapterygii wieder heraustreten, und zwar geschieht dies von der distalen (hinteren) Seite her. Da man sicher die reichgegliederte, 13—14 Radien besitzende Beckenflosse von P o l y o d o n als den Ausgangspunkt dieses Reductionsprozesses ansehen kann, so genügt eine Vergleichung der auf Taf. I der v o n R a u t e n f e l d 'schen Arbeit befindlichen Abbildungen, um die Reduction durch die ganze Sturionenreihe hindurch bis zu Acipenser sturio und Scaphirhynchus, wo nur noch sieben Radien auftreten, ad oculos zu demonstriren (vergl. auch Textfigur 11, **a—d**).

Mit diesen Ausführungen v o n R a u t e n f e l d 's, sowie mit dem von ihm zwischen der Bauchflosse von Mustelus vulgaris und der Sturionen-Bauchflosse angestellten Vergleich bin ich vollkommen einverstanden, allein die Schlüsse, die ich daraus ziehe, laufen denjenigen v o n R a u t e n f e l d 's geradezu entgegen. Er sagt S. 32 wörtlich Folgendes: „Durch die erwähnten Betrachtungen wurde ich zu der

---

[1]) Ich kann hier ergänzend hinzufügen, dass jene Verknöcherung ∗ viel weiter greifen und dass sich dabei das Basale 1 (*Bas¹*) zu einem weit längeren Fortsatz ausziehen kann, als dies in der Textfigur 11, **a** dargestellt ist. In dem Fall, den ich dabei im Auge habe, war aber an der betr. Stelle keine Oeffnung zu constatiren, und die Ossificationszone lag nur perichondral, im Innern eine Höhle freilassend. Ein weiterer Hohlraum befand sich peripher, bei † in der Textfigur 11, **a**.

Ueberzeugung gedrängt, dass wir in dem Skelet der hinteren Extremitäten von Knorpelganoiden weder ein Homologon des Basale metapterygii, noch des Beckens der Selachier vor uns haben, sondern dass dieses Skelet nur den Radien und den durch Verschmelzung von Radien hervorgegangenen Theilen des Gliedmassenskelets der Selachier homolog sei. Mit Sicherheit zu eruiren waren diese Verhältnisse jedoch nur durch Untersuchungen über die Entwicklung des Flossenskeletes von Knorpelganoiden" etc.

Ich muss gestehen, dass mir dieser Gedankengang von Rautenfeld's sehr verwunderlich vorkommt, denn von allen früheren Forschern auf diesem Gebiete war er es, den seine mit grosser Genauigkeit und feinster Beobachtungsgabe durchgeführten Untersuchungen am ehesten auf den richtigen Weg hätten führen müssen. Wenn das nicht erreicht worden ist, so vermag ich den Grund davon nur darin zu sehen, dass er, sowie sein Lehrer Rosenberg, damals noch allzusehr von der Gegenbaur'schen Lehre beeinflusst, und dadurch in der Objectivität des Urtheiles gehindert war. Als wesentlichste Entschuldigung mag der Umstand dienen, dass die wichtige Arbeit A. Dohrn's über die Entwicklung der Selachier-Flossen zu jener Zeit noch nicht vorlag. Allerdings hätten ihn die Balfour'schen Studien bereits auf den richtigen Weg leiten können, und zwar um so mehr, als sie durch das von Rautenfeld zur Verfügung gewesene embryonale Material in derselben Weise der Vervollständigung und Erweiterung fähig gewesen wären, wie dies später seitens A. Dohrn's thatsächlich der Fall gewesen ist.

von Rautenfeld eröffnet seinen Bericht über die an 14 mm langen Embryonen von Acipenser ruthenus gewonnenen Resultate mit folgenden Worten: „Von einem Basale metapterygii ist in dem Skelet der Flosse keine Spur vorhanden, und ebensowenig finden sich etwa Andeutungen an ein Becken. Es liegen vielmehr einfache Knorpelstäbe neben einander, doch sind dieselben durch Zwischenräume von einander getrennt, die fast der Breite der Stäbe selbst gleichkommen. Solcher in der Bildung begriffener Knorpelstäbe finden sich sowohl in der rechten, wie in der linken Flosse je sieben. Das Gewebe derselben ist so weit differenzirt, dass man dasselbe mit Sicherheit als Knorpel zu erkennen vermag. Die Knorpelstäbe sind völlig von einander getrennt, und zwar in ihrer ganzen Ausdehnung, sowohl am proximalen, wie am distalen Ende."

von Rautenfeld führt dann weiter aus, dass im Laufe der weiteren Entwicklung die proximalen Enden aller Knorpelstäbe mehr und mehr zusammenrücken, und dass es dann zu Verwachsungen einiger derselben, und zwar zunächst der vordersten, kommt. Dadurch entsteht dasjenige Gebilde, welches von Rautenfeld als „Basalplatte" (mein Basale 1 auf Textfigur 11) bezeichnet, und

durch quere Gliederung tritt letztere, sowie die Summe der basalen Enden weiter rückwärts liegender Knorpelstäbe („Basalsegmente")
(mein Basale 2—7 auf Textfigur 11) in einen gewissen Gegensatz zu
den peripheren Abschnitten der Knorpelstäbe, welche als freibleibende
Radien zu bezeichnen sind. „Da hierin aber kein principieller Unterschied liegt, so müssen wir den Begriff der Radien weiter fassen und
auf die ganzen Knorpelstäbe ausdehnen. Die Verschmelzung, durch
welche die Basalplatte entsteht, braucht jedoch nicht gerade immer die
proximalen Enden der, wie wir jetzt wohl sagen können, Radien zuerst oder ausschliesslich zu ergreifen. Interessant ist es, dass schon
Verwachsungen unter den Radien beginnen, während sich noch neue
Radien anlegen. Die Quergliederungen und die Bildung von Nerven-
canälen müssen wir wohl als secundäre Vorgänge betrachten. Durch
den letzteren Umstand wird vielleicht auch die Unregelmässigkeit der
Nervencanäle bei Knorpelganoiden erklärt — — —."

Mit diesem Satz kann ich mich nicht einverstanden erklären, denn
es kann gar kein Zweifel darüber bestehen, dass die Nervencanäle
primären Ursprungs sind, d. h. dass sie schon in einer sehr frühen
Embryonalperiode in dem später verknorpelnden Blastem ausgespart
werden; auch mögen sie z. Th. den Interstitien zwischen den primitiven
Knorpelstrahlen entsprechen. Kurz, es ergeben sich dafür ganz dieselben Gesichtspunkte, wie ich sie bei der polymeren Anlage des Selachier-Beckens geltend gemacht habe. — Jedenfalls wird dadurch auch
die früher schon erwähnte Behauptung von Davidoff's, dass
Nervenlöcher nur im Becken, nie aber im Metapterygium oder überhaupt im Bereich der freien Extremität vorkommen können, widerlegt.

von Rautenfeld fährt dann weiter fort: „Auf Grundlage des
Gesagten können wir, wenn wir das Extremitätenskelet der Knorpelganoiden aus demjenigen der Selachier herleiten, in der durch Verschmelzung von basalen Radienenden hervorgegangenen Platte (bisher
von mir Basalplatte genannt) ein Basale propterygii erkennen,
das zusammen mit den ihm anhängenden Radien dem Propterygium der Selachier homolog wäre. Die bisher als Basalsegmente bezeichneten Skelettheile können wir nur als basale Radienabschnitte
bezeichnen, welche durch Quergliederung der ursprünglich einheitlichen
Radien enstanden sind; dieselben zeigen gleichfalls eine starke Tendenz, mit einander zu grösseren Knorpelplatten zu verschmelzen."

Nachdem dann von Rautenfeld am Schlusse seiner Arbeit auf
die Schwierigkeiten hingewiesen hat, welche durch seine Untersuchungs-
resultate für die Gegenbaur'sche Kiemenbogentheorie entstehen,
wird man nicht wenig überrascht, von ihm zu hören, dass dieselben
ebensowenig für die Thacher-Mivart-Balfour'sche Hypothese ver-
werthbar seien. Den Grund davon erblickt er darin, dass sich seiner
Meinung nach in dem Gliedmassenskelet der Knorpelganoiden
weder ein Becken, noch ein Basale metapterygyii nach-

weisen lasse. Er sagt: „Es ist das Gliedmassenskelet der Knorpelganoiden eine reducirte Form, und indem Thacher und Mivart
für die Entscheidung der Frage nach der Urform des Gliedmassenskeletes die Verhältnisse derselben zu verwerthen suchten, benutzten
sie ein Material, das für die Entscheidung dieser Frage nicht massgebend sein kann."

So schliesst die an und für sich sehr anerkennenswerthe, und
einen grossen Fortschritt unseres Wissens bedeutende Arbeit von
Rautenfeld's mit einem Misston, der in einem späteren Aufsatz
von Davidoff's (19) wiederklingt, und nach Kräften zu Gunsten
seiner eigenen Auffassung verwerthet wird. von Davidoff scheint
allerdings insofern seine frühere Meinung geändert zu haben, als
er den in der Bauchflosse von Polyodon herrschenden Organisationsplan nun ebenfalls als den „primitiveren" betrachtet, im Uebrigen
aber spricht er seine Uebereinstimmung mit von Rautenfeld's
Schlussfolgerungen aus. Kurz, er ergreift offenbar mit Freude die
Gelegenheit, über die sicher erwiesene polymere Entstehung der
Sturionen-Bauchflosse, als über einen an einem rudimentären
rückgebildeten Object gemachten, und deshalb nicht massgebenden Befund hinwegzugehen.

Wie leicht ersichtlich, waren es für die beiden genannten Autoren
dieselben Punkte, an denen sie Schiffbruch litten. Erstens war für
sie das Metapterygium der Selachier der „rocher du bronze", der für
sie als solides, ab origine einheitliches Skeletelement ein für allemal
feststand, und der als ein von den Selachiern her datirendes Erbstück
auch bei den Ganoiden nachzuweisen war. Zweitens scheinen sie von
der Entstehung des Selachier-Beckens, obgleich die betreffende Abhandlung Balfour's (6) bereits am 7. Juni 1881 erschienen war,
keine Kenntniss gehabt zu haben.

Bevor ich nun mein eigenes Urtheil über die Bauchflosse der
Knorpelganoiden abgebe, theile ich noch meine Befunde über die Entwicklung desselben bei Acipenser sturio mit. Zugleich ergreife
ich gerne die Gelegenheit, meinem verehrten Collegen, Professor
von Kupffer, meinen aufrichtigen Dank für das mir gütigst über-
lassene Untersuchungsmaterial abzustatten.

Die erste Anlage der hinteren Extremität, welche völlig derjenigen der Selachier (Fig. 5) und Urodelen (Fig. 34) gleicht,
macht sich bei 8 mm langen Embryonen bemerklich. Die Epidermis
verdickt sich an der betreffenden Stelle und baucht sich seitlich aus,
was man über 33 Schnitte hinweg constatiren kann, ohne dass jedoch
eine mit der vorderen Extremität zusammenhängende Epidermisleiste
besteht (Textfigur 12, A bei Ep). Im Innern liegt grosszelliges Mesoblastgewebe (†), welches dicht an das Cölom-Epithel grenzt. Nach
oben davon sind die Myotome (M, M), an welchen man eine breite

5*

Innen- und eine schmälere Aussenschicht unterscheiden kann, in lebhafter Abschnürung begriffen, und die Muskelknospen (*MK*) stossen mit dem eben genannten Mesoblastgewebe zusammen, ohne jedoch

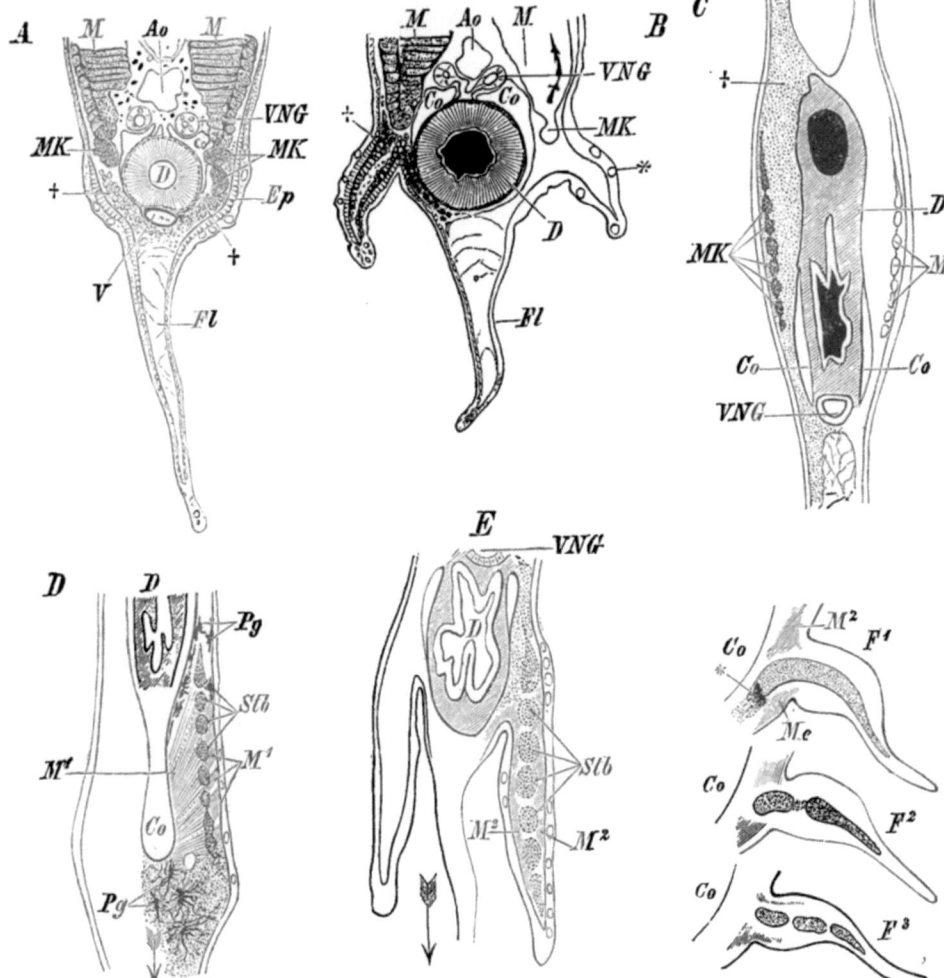

Textfigur 12. **A** und **B** Querschnitte durch einen 8 und 10 mm langen Embryo von Acipenser sturio. **C** Flächenschnitt durch einen solchen von 11 mm. **D** und **E** von 15—16 mm. **D** liegt dorsal und hat die freie Flosse nicht erreicht, dagegen ist dies bei dem weiter ventral durchgehenden Schnitt **E** der Fall. Der Pfeil weist in der Richtung des Kopfes. **F¹**, **F²**, **F³** drei Querschnitte durch die Bauchflosse der rechten Seite. Die Schnitte folgen in caudaler Richtung auf einander. Ueber die weitere Figuren-Erklärung vgl. den Text.

histologisch noch scharf differenzirt zu sein. Der Darm (*D*) füllt das Cölom (*Co*) beinahe aus; ventralwärts liegt die grosse Subintestinalvene (*V*), dorsalwärts erscheinen die Vornierengänge (*VNG*) und darüber die Aorta (*Ao*). In der ventralen Mittellinie besteht noch der in Fig. 94 von der Seite dargestellte unpaare Flossensaum (*Fl*), welcher auch in Textfigur 12, **B** sichtbar ist. In diesem Stadium erreicht der Embryo eine Länge von ca. 10 mm. Die Bauchflossen bilden schon einen weit vom Rumpfe abstehenden, über 51 Schnitte hinweg sich erstreckenden, lappigen, an der Peripherie allmählich sich zuschärfenden Anhang. Auch hier hat sich die zweite Schicht der Epidermiszellen stark erhoben, während in der obersten Schicht (bei *) dieselben grossblasigen Elemente, wie in **A** angetroffen werden. Letztere dauern auch in den späteren Stadien noch an. Das Mesoblastgewebe hat sich zum grossen Theil in die freie Extremität hineingezogen und nimmt hier, in epithelartiger Anordnung (**B** bei †) eine periphere Lage ein (Vorstufe des Muskelgewebes der Flosse). An der Basis verdickt es sich, ganz ähnlich, wie ich dies auf Fig. 22 und 23 von Thymallus und Esox abgebildet habe, und erstreckt sich auch ventralwärts zwischen das Cölomepithel und die äussere Haut hinein. Die Abschnürung der Muskelknospen (*MK*) dauert fort. Von Nerven und Knorpelsubstanz ist zu dieser Zeit noch nichts wahrzunehmen. Die übrigen Bezeichnungen entsprechen denjenigen in **A**. Der Darm ist — und dies gilt auch noch für die späteren Stadien (Textfigur 12, C) — von einer tiefschwarzen Masse erfüllt.

Die seitliche Ausbauchung des Rumpfes steigert sich nun immer mehr, und die Flossen, welche mit ihrem Sockelstück nach vorne, gegen den Kopf zu gerichtet sind (vergl. den Pfeil in Textfigur 12 **D**, **E**, welcher diese Richtung andeutet), wachsen immer weiter aus.

Die Textfiguren 12 C, **D**, **E** stellen Flächenschnitte dar. In der ersteren ging der Schnitt gerade durch die ventralen Enden der Muskelknospen, deren man bei *MK* 7—8 zählen kann. Zwischen ihnen und dem Darm (*D*), neben welchem nur noch caudalwärts, in der Nähe der bereits vereinigten Vornierengänge (*VNG*) ein Rest des Cöloms (*Co*) sichtbar ist, liegt rundzelliges, dichtes Mesoblastgewebe (†). Diese Figur, wie auch die vorhergehende und die beiden folgenden sind nur auf einer Seite ganz ausgeführt, auf der anderen in den allgemeinsten Grundrissen skizzirt.

Während der weiteren Entwicklung ziehen sich die Muskelknospen immer tiefer in das Basalstück der freien Flosse hinein und differenziren sich jetzt rasch. Dies ist bei Embryonen von 15—16 mm vollkommen erreicht, und zugleich kann man nun sieben deutliche serial liegende Stäbchen (Radien) unterscheiden, welche in der freien Flosse bereits aus Hyalinknorpel bestehen (Textfigur 12, **E**, bei *Stb*), und seitlich von Muskeln (M^2, M^2) flankirt sind. Die hyaline Zwischensubstanz ist noch nicht stark entwickelt, und die Zellen zeigen eine concentrische Anordnung. Bei *D* erscheint der Darm, und caudalwärts ist eben noch der Anfang der vereinigten Vornierengänge (*VNG*) sichtbar.

In einem Flächenschnitt, welcher höher dorsalwärts liegt (Textfigur 12, **D**) ist die Knorpelstructur der Radien noch nicht so deutlich ausgesprochen, so dass also auch bei Sturionen, wie bei Selachiern, der Verknorpelungsprozess in der freien Extremität einsetzt, um von hier aus proximal-, und später auch distalwärts fortzuschreiten. In Textfigur 12, **D** sieht man bei *Co* das Cölom, und zu beiden Seiten der verknorpelnden Radien gut entwickeltes, fächerartig angeordnetes Muskelgewebe (*M¹, M¹*); bei *Pg* erscheint reichliches Pigment. Geht man mit den Flächenschnitten noch weiter dorsalwärts, so fliessen alle Flossenstäbchen in ein noch undifferenzirtes, dichtzelliges Blastem zusammen, und dasselbe gilt für Flächenschnitte, welche mehr ventral die periphere Flossenpartie erreichen.

Dreizehn Tage später hat der Embryo eine Länge von 19—22 mm erreicht. Einstweilen haben sich die primitiven Radien immer schärfer herausgebildet, und die vordersten sind bereits zu dem proximalen, auf Fig. 11 mit *Bas¹* bezeichneten Stück zusammengeflossen; distalwärts dagegen bleiben sie getrennt und beginnen sich an der Peripherie abzugliedern. Diesen Vorgang erläutert die Textfigur 12, **F¹, F², F³**, welche drei Querschnitte darstellt, die in caudaler Richtung auf einander folgen.

Ich fasse nun im Folgenden meine Ansicht über die Hinterextremität der Knorpelganoiden kurz zusammen.

Die Embryonalanlage stimmt mit derjenigen der Selachier-Bauchflosse principiell überein. Hier wie dort handelt es sich um eine Serie anfänglich völlig von einander getrennter Knorpelstäbchen, welche mit ihren medialen Enden mit einander theilweise verwachsen. Dieser Verwachsungsprozess beginnt vorne, am proximalen Ende der Stäbchenreihe, und schreitet von hier aus bei den verschiedenen Sturionen verschieden weit, und unter starken individuellen Schwankungen[1]) distalwärts fort. In der Regel ist jene Concurrenz bei P o l y o d o n f o l i u m die beschränkteste, doch kann sie in seltenen Fällen eine so vollständige werden, wie dies bis jetzt bei keinem anderen Knorpelganoiden beobachtet wurde. Dies ist aber, wie bemerkt, als eine Ausnahme zu betrachten. Während sich bei P o l y o d o n noch 13—14 Einzelradien entwickeln, legen sich bei A c i p e n s e r nur noch neun und bei S c a p h i r h y n c h u s acht an, was auf ein secundäres Ausscheiden von Radien von der hinteren (distalen) Seite her schliessen lässt.

Der Verwachsungsprozess macht sich bei allen Knorpelganoiden proximalwärts in der Serie stets am stärksten bemerklich. Hier fliessen bei Polyodon in der Regel 3—8, bei Sturio 3, bei Scaphirhynchus 4 Radien zu einer breiten Platte zusammen, welche ich a l s v o r d e r s t e s B a s a l e (Basale 1 auf der Textfigur 11) bezeichne. In demselben er-

---

[1]) Auch unter Schwankungen der rechten und linken Seite.

blicke ich das Propterygium, sowie den vordersten Abschnitt des Metapterygiums der Selachier. Ersteres, welches sich, wie ich gezeigt habe, bei Selachier-Embryonen erst secundär vom Metapterygium abgliedert, bleibt hier für immer mit letzterem verbunden und ist vielleicht durch den auf Textfigur 11 mit *Pr* bezeichneten Fortsatz am vorderen metapterygialen Rand angedeutet. Oder sollte darin schon ein „Praepubis" vorgebildet sein? — Kurz, es handelt sich bei jener Knorpelplatte gleichsam noch um einen indifferenten, basipterygialen Mutterboden, in welchem in der Regel auch noch das Becken latent bleibt (Textfigur 11, **a**, **b**[1], **c** bei *). In manchen Fällen aber gliedert sich dasselbe mehr oder weniger vollkommen ab (Textfigur 11, **b**, **d** bei *BP*), verbindet sich in Form einer primitiven Symphyse und unter mehr oder weniger vollkommener Verknöcherung resp. Verkalkung mit seinem Gegenstück.

Dass diese meine Ansicht bezüglich einer wirklichen Beckenanlage bei Knorpelganoiden richtig ist, kann nach dem, was ich über die Beckenentstehung bei Selachiern zu beobachten Gelegenheit hatte, nicht dem geringsten Zweifel unterliegen; handelt es sich doch hier wie dort um eine Abgliederung des aus Radien hervorgegangenen proximalen Theiles des Stammstrahles. Gleichwohl ist eine directe Vergleichung mit dem Selachierbecken nicht zulässig, die Anknüpfungspunkte liegen vielmehr bei den Dipnoërn. Bei diesen habe ich bekanntlich darauf hingewiesen, dass ihre fast ganz auf die ventrale Mittellinie concentrirte Beckenplatte nur der medialen Partie des Selachierbeckens gleichzusetzen sei, und dass die lateralen Abschnitte des letzteren durch das erste Basalglied („Zwischenstück") der Stammreihe der Flosse repräsentirt sei. Ganz ebenso verhält es sich mit den Knorpelganoiden, nur dass sich hier die Beckenanlage als eine noch primitivere, ja als die allerprimitivste unter allen Wirbelthieren, herausstellt[1]). Dass man darin keine Nervenlöcher zu erwarten hat, brauche ich nach dem bei den Dipnoërn über diesen

---

[1]) Es ist wohl kaum nöthig, hinzuzufügen, dass ich die Beckenplatte der Sturionen ebenso wie diejenige der Dipnoër der medialen Partie eines Iliopubis im Sinne der höheren Vertebraten gleichsetze. — Von einem Ilium resp. einem Processus iliacus ist keine Rede, was ich deshalb ausdrücklich betonen will, weil ich früher (104) die auf Textfigur 11, **b**[1] mit Procmu bezeichneten accessorischen Muskel-Fortsätze als ein „in metamerem Sinn gegliedertes Ilium" nach dem Vorgang von Thacher, Mivart und Balfour auffasste. Wie der letztgenannte Autor, so verwechselte auch ich damals das ganze proximale Basalglied mit einem Becken, während mir das eigentliche Becken noch unbekannt war. Im Uebrigen konnte ich mit mir darüber nicht in's Reine kommen, ob ich in der Bauchflosse der Ganoiden „sehr rückgebildete oder vielleicht sehr primitive Verhältnisse" zu erblicken habe. Im Jahr 1888 (105) war ich, wie man aus S. 109—110 ersehen kann, einer richtigen Beurtheilung schon etwas näher gekommen, allein zur vollen Klarheit noch nicht durchgedrungen.

Punkt Mitgetheilten nicht mehr zu begründen, andrerseits aber wird man
es nur natürlich finden, dass dieselben lateralwärts davon in dem breiten
Basale 1 wirklich auftreten. Hier müssten sie auch bei den Dipnoërn
liegen, falls das „Zwischenglied" mehr in die Breite entwickelt wäre,
da es aber schlank und schmal ist, gehen sie daneben bezw. hinten
vorbei.

Was die distal von Basale 1 liegenden, und von von Rautenfeld
als „Basalsegmente" bezeichneten medialen Abschnitte der Knorpelstrahlen anbelangt, so bewahren sie bei Sturio und Scaphirhynchus
insofern ein einfacheres Verhalten, als sie hier voneinander getrennt
bleiben (Textfigur 11, c, d, 2—7). Bei Polyodon dagegen zeigen sie
die allerverschiedensten Formzustände und Verwachsungsgrade (Textfigur 11, a, b, 2—7), und bahnen so ganz allmählich ein Verhalten
an, wie es in Textfigur 11, b¹ zum Ausdruck kommt.

Jene ganze Reihe der Basalia, auf die ich bereits (Textfigur 6, 7,
$S\,Rad$ und Bas^1) auch schon bei der ungleich reicher gegliederten
Xenacanthus- und Pleuracanthus-Bauchflosse aufmerksam gemacht
habe, betrachte ich, zusammen mit Basale 1 als einen polymeren,
metapterygialen Stammstrahl, der bei Polyodon auf dem besten Wege
ist, zu einem einheitlichen Gebilde (Basale commune) zu verwachsen[1]).

So zeigt sich in der Bauchflosse dieses Ganoiden eine gewisse
Annäherung an diejenige von Chlamydoselache und Heptanchus (Tafel
II, Fig. 15, 13).

Alles in Allem genommen steht also die Bauchflosse
der Knorpelganoiden genetisch auf einer niedrigeren
Entwicklungsstufe als diejenige der Selachier, und
auch später beruht der Unterschied nur auf der geringeren
Zahl der in sie eingehenden Knorpelradien. Aus diesem
Grunde ist der Weg, den von Davidoff und von Rautenfeld
bei ihren Untersuchungen eingeschlagen haben, ein durchaus ver-
fehlter.

Schon ihre Fragestellung[2]): wo verbleibt das Basale der Selachier,
was ist bei den Ganoiden daraus geworden, musste sie auf eine falsche
Fährte bringen. Entwicklungsgeschichtliche Studien an Selachiern
hätten sie auf die richtige Spur leiten und hätten ihnen zeigen müssen,
dass die Sturionenbauchflosse auf einer Stufe stehen bleibt, welche die
Selachier bereits ontogenetisch durchlaufen. Von einer directen Ableitung von der Selachierbauchflosse kann also keine Rede sein. Allerdings

---

[1]) Auch D'Arcy Thompson ist ganz unabhängig von mir zu derselben
Auffassung gelangt (97).

[2]) Wenn auch jene Autoren diese Frage nicht wörtlich so formuliren, so
kann sie doch jeder, zumal aus dem Gang der von Davidoff'schen Arbeit
herauslesen.

müssen beide in der Urzeit — dafür legt die Ontogenie deutliches Zeugniss ab — aus einer gemeinsamen Stammform, aus welcher auch die Xenacanthiden und Pleuracanthiden hervorgingen, entsprungen sein, später aber schlugen alle drei Gruppen eine divergente Richtung ein.

Nach den Berichten von A. Fritsch (28) waren bei Xenacanthus und Pleuracanthus am proximalen Ende der Bauchflossen jene starken Basalia auch schon vorhanden (Textfigur 6, 7, *Bas 1*), eine weitere, am medialen Ende zu erwartende Abgliederung hatte aber, wie schon oben erwähnt, offenbar noch nicht stattgefunden, d. h. ein Becken war noch nicht differenzirt. Wenn man diese Thatsache mit dem grösseren (bis zu 20 und vielleicht mehr Stücken) Radienreichthum zusammenhält, so ist der Gedanke gewiss erlaubt, dass die Bauchflosse von Xenacanthus und Pleuracanthus überhaupt unter allen bis jetzt bekannten fossilen und recenten Vertebraten die primitivsten Verhältnisse besessen haben muss.

2) Knochenganoiden.

Die hinteren Gliedmassen der Ganoidei holostei haben zum erstenmal von von Davidoff (19) eine eingehendere Schilderung erfahren. In seiner ersten Mittheilung spricht er Amia und Lepidosteus ein Becken ganz ab und erklärt dasjenige Skeletstück, welches von früheren Autoren als „Beckenknochen" bezeichnet worden war, für ein Basale metapterygii. Polypterus dagegen soll ein eigentliches Becken besitzen, das aus einem „sehr dünnen, platten Knorpelstückchen, welches in der Mittellinie eine deutliche Trennung in zwei Hälften aufweist" gebildet werde. von Davidoff fügt noch hinzu: „von Wichtigkeit ist der Umstand, dass die beiden „Beckenknochen" (d. h. die Basalia metapterygii) mit dem eben erwähnten Knorpelstückchen etwas beweglich verbunden sind, welche Thatsache letzteres nicht ohne Weiteres als eine einfache Epiphyse zu beurtheilen erlaubt. Das Hinterende des „Beckenknochens" stellt bei Amia und Lepidosteus einen Gelenkkopf dar, während dasselbe bei Polypterus mächtig verbreitert erscheint und an seinem medialen hinteren Winkel einen medianwärts ragenden stumpfen Fortsatz besitzt."

In einem zweiten, dasselbe Thema behandelnden, und von Abbildungen begleiteten Aufsatz (19) von Davidoff's werden diese Angaben nicht nur bestätigt, sondern auch, wie folgt, weiter ausgeführt. „Erwägt man den Umstand, dass die Knorpelstücke von Polypterus (welche von Davidoff als „Becken" auffasst) weder als Ansatz noch als Ursprungsstätte etwaiger Muskeln dienen, und für das Zusammenhalten der beiderseitigen Gliedmassen nur von minimaler Bedeutung sein können, so ist ihr Schwinden, eben durch den Nicht-

gebrauch, bei Amia und Lepidosteus erklärlich. Wir haben allen
Grund anzunehmen, dass diese Stücke selbst bei Polypterus früher
mächtiger, als wir sie antrafen, entwickelt waren. Den Anlass hierzu
gibt das sporadische Vorkommen eines dritten unpaaren Stückes und
überhaupt ihre variirende Form und Grösse. Das allmähliche Rudi-
mentärwerden dieser Knorpelstücke musste nothwendig eine Annäherung
der beiderseitigen Beckenknochen (wie sie bei Amia und Lepidosteus
zu beobachten ist) nach sich ziehen. Sie hängen dann durch keine
Skelettheile mehr zusammen, ihre gegenseitige Fixirung leistete das
Bindegewebe." von Davidoff wirft die naheliegende Frage auf, wie
es denn komme, dass das Becken von Polypterus bei dem einen
Exemplare durch drei, bei dem andern hingegen nur durch zwei
Knorpelstücke repräsentirt sei. Seine Antwort lautet folgendermassen:
„So schwierig diese Frage zu beantworten ist, so glaube ich doch,
dass es nur die beiden paarigen Knorpel sind, welche mit dem Becken
homologisirt werden können. Erinnert man sich daran, dass bei den
Haien das Becken ursprünglich aus zwei Hälften bestanden haben
muss und dass die Verschmelzung zu einem einzigen Stücke erst ein
secundärer Vorgang ist, dass ferner bei den Knorpelganoiden die
beiden Hälften sogar weit auseinander gerückt sind, so werden wir
ohne Zweifel dem unpaaren Knorpelstück weniger Wichtigkeit bei-
legen, sondern den paarigen in der Mitte getrennten Stücken den Vorzug geben. Das unpaare halte ich für eine einfache Abgliederung
der rechten Beckenhälfte, wie solche ja so häufig bei rudimentär
werdenden Knorpelstücken der Haie und Sturionen vorkommen, z. B.
am Schultergürtel von Acanthias und an dem Ilium des Acipenser
ruthenus."

Zu diesen Ausführungen von Davidoff's bemerke ich Folgendes: Schon im Jahr 1881 habe ich (103) gezeigt, dass bei Polypterus[1])
allerdings ein wirkliches Becken existire, dass aber die von von
Davidoff als solches aufgefassten Skeletelemente nicht demselben
entsprechen, sondern als die Knorpelapophysen der proximalen Basalia,
wie sie in ähnlicher, allerdings in schwächerer Form, auch Amia
Lepidosteus und vielen Teleostiern zukommen, zu deuten seien (Textfigur 13, a—f bei *Ap.*)

Jene Knorpelapophysen sind keineswegs, wie dies von Davidoff
behauptet, mit den Basalia „etwas beweglich", sondern, wie dies auch
Flächenschnitte beweisen, recht fest verbunden, kurz, sie sind eben —

---

[1]) Damals, wo mir die Verhältnisse der Knorpelganoiden noch nicht genau
bekannt waren, sprach ich Polypterus überhaupt allein unter allen Ganoiden und
Teleostiern ein wirkliches Becken zu. Dabei betonte ich mit Recht, dass jener
Skelettheil der Knorpelganoiden, den von Davidoff als „Becken" bezeichnete,
einem Basale metapterygii entspreche.

und solches gilt auch für die am distalen Ende vorkommenden Knorpel-
partieen — die nicht verknöcherten Theile der ursprünglich ganz knorpeligen Basalia. Dasselbe gilt für die entsprechenden Abschnitte am Basale (Textfigur 13, f *Ap*.) von Amia und Lepidosteus, wo sie auch von
von Davidoff ganz richtig abgebildet werden, ohne jedoch trotz
ihrer Uebereinstimmung mit Polypterus als Becken aufgefasst zu wer-

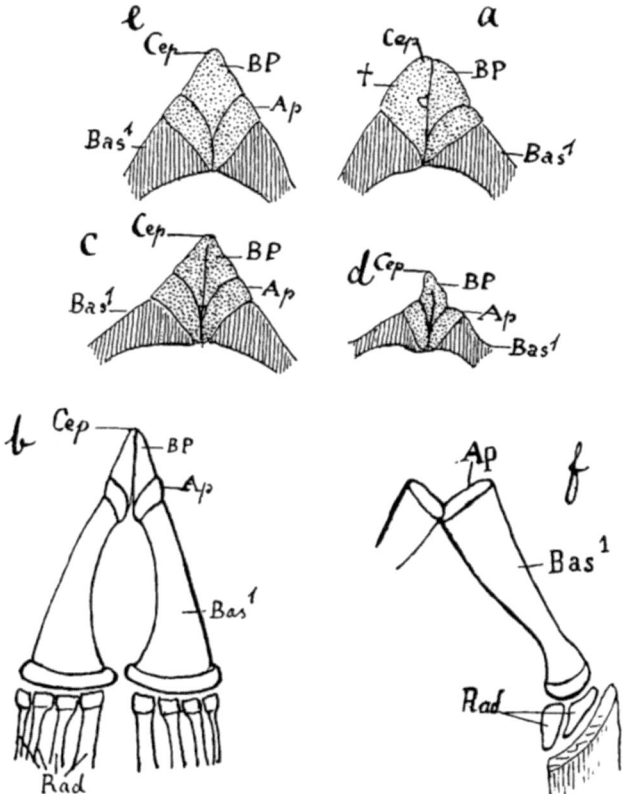

Textfigur 13, **a—e.** Proximaler Abschnitt der Bauchflosse von Polypterus. **f.** Derselbe von Amia calva. **a** von einem 27 cm langen Exemplar, **b** und **c** von einem
25 cm langen Exemplar, **d** von einem 18 cm langen Exemplar, **e** von einem 28 cm
langen Exemplar. *Bas¹* Basale, *Ap* proximale Apophyse des Basale, *BP* beckenplatte
in verschiedenen Graden ihrer Differenzirung, *Rad* Radien, † Beckenplatte in der
Differenzirung begriffen, *Cep* Epipubis.

den. Der Grund davon ist um so weniger einzusehen, als ganz dieselben
Skeletabschnitte beim Hecht und der Forelle wieder als Becken an-
erkannt werden.

Das wirkliche Becken wird, wie ich heute mit noch viel
grösserer Sicherheit als vor zehn Jahren behaupten kann, durch den
von von Davidoff bei Polypterus zwischen jenen Apophysen des

Basale aufgefundenen „unpaaren Knorpel" repräsentirt. Demselben ist also keineswegs „weniger Wichtigkeit beizulegen" als den paarigen Knorpeln, und er darf nicht für eine „einfache" Abgliederung der rechten Beckenhälfte angesehen werden, sondern es ist die eine und zwar die rechte Hälfte des Beckens selbst, während die linke in dem betreffenden Präparate nicht vorhanden gewesen zu sein scheint.

Ich hatte im Laufe der letzten Jahre häufig Gelegenheit, die hintere Extremität von Polypterus, gerade mit Rücksicht auf den Beckengürtel, zu untersuchen, und ich fand dabei meine oben erwähnte Mittheilung stets bestätigt. Wenn ich aber bezüglich der phylogenetischen Deutung des Polypterusbeckens einen anderen Standpunkt einnehme, als im Jahr 1881, so beruht dies auf den embryologischen und vergleichend-anatomischen Studien, die ich über das Selachier-, Ganoiden- und Teleostierbecken einstweilen anzustellen Gelegenheit hatte. Leider standen mir keine Embryonen von Polypterus zu Gebot, sondern nur verschiedene Altersstadien des ausgebildeten Thieres. Im Ganzen habe ich elf Exemplare untersucht. Bei sieben derselben fand ich zwischen den vorderen Knorpelapophysen der zwei Basalia einen paarigen Knorpel; bei dreien war er unpaar, bei einem fehlte er ganz. In jenem Fall, wo es sich um einen unpaaren Knorpel handelte, war die Apophyse der andern Seite lang ausgezogen und an ihrer Aussenseite mehr oder weniger tief eingeschnürt, als sollte es hier zur Abgliederung kommen. In einem andern Fall, den ich in der Textfigur 13, a dargestellt habe, lag die betreffende Einkerbung am medialen Rand des sonst noch einheitlichen Knorpels, während auf der andern Seite, bei BP, die Abschnürung der Beckenplatte vom Basale bereits durchgeführt war. Auf Textfigur 13, b ist dies beiderseits geschehen, und in c und d der gleichen Figur ist es bereits auch schon zur Anbahnung einer Symphyse zwischen beiden Seitentheilen gekommen.

Der Schlussact des ganzen Prozesses ist auf Textfigur 13, e, wo der Zusammenfluss ein vollständiger geworden ist, dargestellt. —

Somit handelt es sich bei der Entwicklung des Polypterusbeckens principiell um ganz denselben Bildungsvorgang, wie wir ihn auch beim Sturionenbecken constatiren konnten. Hier wie dort kommt es zur Abschnürung des proximalen Endes des Stammstrahles, d. h. jenes Abschnittes der freien Flosse, welchen ich bei den Sturionen als Basale 1 bezeichnet habe, und an dessen distalen Rand sich eine wechselnde Zahl von Radien ansetzt. Bei Scaphirhynchus, wo sich, wie oben erwähnt, die medialen Enden der Basalia 1, resp. die Beckenplatten schon berühren, waren es vier solche Radien, und dieselbe Zahl findet sich bei Polypterus; hier wie dort baut sich also das Basale aus vier Elementen (Radien) auf und die Homologie liegt klar zu Tage.

Auch die Abgrenzung des Beckens findet bei Polypterus offenbar

ganz genau an derselben Stelle statt, wie bei den betreffenden Knorpelganoiden, so dass sich auch hier dieselben Gesichtspunkte für die
Vergleichung mit dem Selachier- und Dipnoërbecken ergeben, wie
ich sie auf S. 39, 40, 71 geltend gemacht habe. Mit einem Worte: Die
Befunde an den Knorpelganoiden lassen sich direct auf Polypterus übertragen, zeigen aber, was das Becken speciell anbelangt,
hier insofern eine weitere Fortbildung gegen die Dipnoër, bezw. gegen
die Amphibien hin, als es schon zu einer Symphysenbildung, d. h. zu
einer Concrescenz beider Beckenplatten in der ventralen Mittellinie,
und so zu einer derartigen Consolidirung des Beckens kommt, dass
man dasselbe mit vollem Recht als ein Dipnoërbecken
im Kleinen bezeichnen kann. Ja, es ist sogar bereits ein
Processus epipubicus (Textfigur 13, *Cep*) deutlich ausgeprägt,
und man kann dessen Zustandekommen vielleicht z. Th. mechanisch
aus den einwärts-vorwärts wachsenden, und in der Mittellinie schliesslich zusammenstossenden proximalen Enden der Basalia erklären (Textfigur 13, **b, c, e,** bei *BP*).

So können wir also in dem uralten Geschlechte der Crossopterygier den ganzen Weg der Becken-Phylogenese Etappe um Etappe
verfolgen; ja, der ganze Bildungsprozess spielt sich sozusagen heute
noch vor unseren Augen ab, indem wir ihn vom Stadium der Indifferenz
an, bis zur Differenzirung einer anfangs paarigen und später unpaar
werdenden Beckenplatte stufenweise fortschreiten sehen.

Von einem Praepubis und Ilium ist noch nichts zu erblicken;
beide sind phyletisch jüngere Bildungen, die, wie wir wissen, erst bei
Selachiern, Holocephalen und Dipnoërn in die Erscheinung treten.

Wenn wir Alles dieses noch einmal erwägen, muss man sich wirklich fragen, wie von Davidoff dazu kommen konnte, die Knochenganoiden und die Teleostier „durch Vermittlung“ des Polypterus „in
directer Linie von den Salachiern abzuleiten“, und die Sturionen für
„einen Seitenzweig“ zu erklären. „Willst du immer weiter schweifen?
Sieh', das Gute liegt so nah.“ — So möchte man hier unwillkürlich
ausrufen, denn jener Salto mortale war wahrhaftig unnöthig. — Gerade
so wenig vermag ich von Rautenfeld zu folgen, wenn er das
Basale von Polypterus nur für ein Propterygium erklärt und demselben
ein „Becken“ (Wiedersheim) und ein „Basale metapterygii“ (von
Davidoff) abspricht. Dass er dabei consequent handelt, kann ihm
Niemand bestreiten, denn wenn er jene Abgliederung am vordersten
Abschnitt des „Propterygiums“ (von Rautenfeld) von Scaphirhynchus und Polyodon bereits als etwas Nebensächliches betrachtet,
und ihre hohe Bedeutung nicht erkannt hatte, so wird seine in demselben Sinne gehaltene Beurtheilung der von ihm ganz richtig als
homolog erkannten Verhältnisse von Polypterus Niemand befremden.

Was nun Amia und Lepidosteus anbelangt, so handelt es

sich hier offenbar um eine bedeutende Rückbildung, und dem entsprechend um starke Form- und Grösseschwankungen der am distalen Rande des Basale sitzenden Strahlen (Textfigur 13, **f** bei *Rad*).

Ueber die Homologie des Basale mit demjenigen von Polypterus kann kein Zweifel bestehen, wenn auch die Lagebeziehungen beider Hälften zueinander bei Polypterus etwas andere sind als bei den übrigen G. holostei. Während nämlich dort ihre Vorderenden unter Bildung eines sehr primitiven Hüftgelenkes (Syndesmose) bekanntlich an das Becken stossen, fehlt ein solches bei Amia und Lepidosteus. Dafür legen sich die proximalen Enden der Basalia mit ihren kurz abgestumpften, durch fibröses Gewebe verbundenen Knorpelapophysen etwas übereinander, während die distalen Enden, welche bei Polypterus stark verbreitert sind, medianwärts einen Vorsprung erzeugen, und durch Bindegewebe in der Medianlinie enge aneinander angeschlossen werden[1]), weit voneinander divergiren und in einen schon von von Davidoff erwähnten rundlichen Gelenkkopf auslaufen (Textfigur 13, **f**).

Ob, was den Verbleib des Beckens bei Amia und Lepidosteus betrifft, von Davidoff mit seiner hierüber (S. 73 u. f.) geäusserten Ansicht Recht hat, muss ich dahingestellt sein lassen. Ich kann mir übrigens nicht recht vorstellen, aus welchem Grunde das Becken, wenn es einmal früher vorhanden gewesen ist, später wieder verschwunden sein soll, selbst wenn die Extremität, was ja zweifellos der Fall war, eine regressive Metamorphose einging. Man denke an Protopterus! Wie zäh wird hier das Becken noch festgehalten, obgleich die freie Extremität eine so starke Rückbildung erfahren hat, dass von einer Benützung derselben als Locomotionsorgan keine Rede mehr sein kann. Deshalb, meine ich, ist wenigstens der Gedanke erlaubt, bei der Ableitung von Amia und Lepidosteus an solche Knorpelganoiden zu denken, bei denen es überhaupt noch gar nicht zur Differenzirung eines Beckens aus dem Grundstock des Basale heraus gekommen war. Dieser Gedanke liegt um so näher, als sich auch in der Brustflosse (z. B. von Amia) eine nahe Verwandtschaft mit derjenigen der Sturionen ausspricht.

D. Teleostier.

Dass die hintere Extremität der Teleostier in nahen Beziehungen steht zu derjenigen der Ganoidei holostei, ist eine altbekannte Thatsache, und auch von Davidoff hat hierauf wiederholt aufmerksam gemacht. Einige Punkte habe ich bereits im letzten Capitel zur Sprache gebracht, und mich dort auch sofort gegen die Behauptung

---

[1]) Zwischen den medialen Rändern der Basalia von Polypterus spannt sich eine fibröse Membran aus, wodurch ein sehr festes Gefüge entsteht.

von Davidoff's, dass beim Hecht und der Forelle ein wirkliches Becken existire, gewendet. Ich betone dies hiermit noch einmal, und füge noch ergänzend hinzu, dass ich bei sämmtlichen, von mir untersuchten Teleostiern — und die Zahl derselben war eine sehr grosse — zu demselben negativen Ergebnisse gekommen bin. Stets traf ich nur ein nach Grösse und Form sehr wechselndes Basale, über dessen Homologie mit demjenigen der Ganoiden kein Zweifel bestehen kann; auch war dasselbe, ähnlich wie bei Knochenganoiden, zuweilen an seinem proximalen Ende mit längeren oder kürzeren Knorpelapophysen versehen, allein zu einer weiteren Abgliederung habe ich es hier nie kommen sehen. Das caudale Ende verbreitert sich dann und wann (Physostomen) und tritt, ganz so, wie wir dies bei Polypterus bereits vorgebildet sehen, und wie dies auch von Davidoff richtig bemerkt hat, durch einen medianwärts auswachsenden Fortsatz mit seinem Gegenstück in Verbindung.

Alle diese Verhältnisse sind nach der rein anatomischen Seite hin in allen ihren vielfachen Variationen bereits so oft beschrieben worden, dass ich nicht weiter darauf einzugehen brauche, und mich gleich der Entwicklung derselben zuwenden kann.

Was zunächst die einschlägige Literatur anbelangt, so ist sie ausserordentlich spärlich, ja, soweit ich sehe, handelt es sich hierbei nur um eine einzige Arbeit, die Berücksichtigung verdient, nämlich um diejenige von von Rautenfeld (87). Dieser Autor hat seine Studien an Hechtembryonen angestellt und gezeigt, dass die erste Anlage des Skeletes der Bauchflosse bei 13—14 mm langen Exemplaren auftritt. Die Flosse erscheint im Querschnitt dreieckig und der inliegende Knorpel reicht fast bis an's Peritoneum parietale. Er ist hier, und auch weiter peripherwärts, sehr scharf gegen die Umgebung abgesetzt, während er distalwärts ganz allmählich in das umgebende indifferente Gewebe übergeht. Zu beiden Seiten liegt die Anlage der späteren dorsalen und ventralen Flossenmuskulatur. Der Knorpel hat etwa die Gestalt eines rechtwinkligen Dreiecks, dessen Hypothenuse ventral und proximal gerichtet ist, während die kurze Kathete dem distalen freien, und die längere dem an den Körper angehefteten Theil der Flosse entspricht. Nur dieser eine Knorpel wird angelegt, und er zeigt in keiner Weise irgend eine Andeutung einer Trennung oder Theilung. Dasselbe gilt auch für die folgenden Entwicklungsstadien. Später erreicht der Knorpel mit seinem proximalen Ende fast die Medianebene, so dass die beiderseitigen Stücke sich einander bedeutend nähern, und sich gleichsam aus der freien Flosse immer mehr herausziehen. Der Knorpel ist nun nach allen Seiten scharf begrenzt; an seinem distalen Ende aber zeigt sich eine besondere Zone von intercellulärsubstanzarmem Knorpel, die nachher zur Sprache kommen soll. Die unpaare ventrale Hornblattfalte, welche sich im vorigen Stadium weit nach vorne erstreckte, ist jetzt im Bereich der Bauchflossen geschwunden. Das seiner Entwicklung nach jüngste Knorpelgewebe findet sich auch hier in den distalen Partieen. Die knöchernen Flossenstrahlen sind vollständig entwickelt.

In der bereits oben erwähnten, am distalen Ende des Knorpels aufgetretenen Zone, welche sich einstweilen bis zur Basis der Flosse hin verbreitert hat, und in welcher die hackenförmigen Basalenden der knöchernen Flossenstrahlen befestigt sind, treten allmählich — und zwar in ihrem lateralen Bezirk — mehrere discrete Knorpel (drei, ein mittlerer grösserer, und zwei seitliche kleinere) auf, während in den lateralen Partieen des ursprünglich angelegten Knorpels bereits die Verknöcherung beginnt.

Jene secundär entstandenen Knorpel zeigen ein sehr wechselndes Verhalten und variiren in späteren Stadien stark nach Zahl (5—6), Grösse und Lage. Auch zwischen der rechten und linken Seite zeigen sich hierin grosse Unterschiede.

von Rautenfeld bemerkt, dass jene ursprünglich angelegte Knorpelplatte des Hechtembryos dem bei Knorpelganoiden durch Verwachsung von Radien hervorgegangenen Skelettheil homolog ist, dass es sich, mit anderen Worten, beim Hecht um einen Fall von Connascenz oder sogenannter verkürzter Ontogenie handelt, indem das Skelet der hinteren Extremitäten nicht mehr in Form von getrennten, sondern bereits mit einander verschmolzenen Radienabschnitten angelegt wird. „In Betreff der sehr viel später distal von diesem primären Extremitätenskelet sich bildenden, in Anzahl und Lage bedeutend variirenden Knorpel — fährt von Rautenfeld weiter fort — scheinen zwei Möglichkeiten der Deutung vorzuliegen. Wir können dieselben nämlich erstens als rudimentäre Bildungen auffassen, in welchem Fall sie den peripheren Radienabschnitten homolog wären, während, wie wir sahen, die basalen Abschnitte der Radien sich vereinigt in der einheitlichen Knorpelplatte finden. Zweitens können wir in ihnen aber auch secundäre, später erworbene Gebilde erblicken, welche vielleicht bestimmt sind, sich weiter zu vererben und zu entwickeln. In der grossen Unregelmässigkeit dieser Knorpel liegt eher ein geringes Plus an Wahrscheinlichkeit für die erste Deutung, doch können wir uns nicht mit Sicherheit für eine von beiden entscheiden. Ebenso wenig wie bei den Knorpelganoiden haben wir also beim Hecht ein Homologon des Beckens oder des Basale metapterygii der Selachier."

Mit dieser Erklärung von Rautenfeld's ist von Davidoff nicht einverstanden; denn er leitet ja, wie ich oben schon mitgetheilt habe, die Hechtflosse „durch Vermittlung" des Polypterus von den Selachiern ab.

Was meine eigene Ansicht betrifft, so werde ich dieselbe erst später, nach Mittheilung meiner entwicklungsgeschichtlichen Erfahrungen, die ich hiermit folgen lasse, bekannt geben.

Die von Balfour bei Selachier-Embryonen nachgewiesenen Epidermis-Leisten treten bei Teleostiern ebenfalls, wenn auch in viel schwächerem Grade auf, d. h. es handelt sich an Stelle derselben zuweilen nur um eine einfache, wenig prominente Verdickung der Oberhaut, welche sich z. B. bei 20—23 mm langen Embryonen des Rheinlachses noch eine ziemlich lange Strecke über die eigentliche Extremitätenanlage hinaus an der ventralen resp. ventro-lateralen Seite des Rumpfes kopfwärts verfolgen lässt. Einen Zusammenhang mit der Brustflossenanlage sah ich nicht.

Die jüngsten Embryonalstadien (20 mm), welche mir von der Aesche (Thymallus vulgaris) zur Verfügung standen, zeigen folgendes Verhalten (Taf. III, Fig. 22). Ventral liegt die auch von von Rautenfeld beim Hecht schon erwähnte unpaare Hornblattfalte. Dieselbe ist von Gallertgewebe (*Gg*) erfüllt und keilt sich mit breiter Basis zwischen die beiden Extremitätenanlagen (*HE*) hinein. Sie ist nur durch eine schmale Zone mesoblastischen Gewebes vom Cölom, welches durch den Enddarm (*D*) fast gänzlich ausgefüllt wird, getrennt.

Da, wo die lappig vorragende Flosse der Rumpfwand breit ansitzt, ist bereits ein kleiner Knorpel (Fig. 22, *Bas.*) aufgetreten, welcher die Form eines cylindrischen, mit seiner Längsachse kopfschwanzwärts gerichteten Stäbchens besitzt. In der Umgebung desselben liegt dichtzelliges Mesoblastgewebe, welches sich zum Theil concentrisch anzuordnen, zum Theil aber in medial-ventraler, sowie in dorsal-lateraler Richtung in die Flosse einzuwuchern beginnt (*m²*, *m²*). Dabei lässt es aber anfangs eine centrale Zone frei, so dass man unter der verdickten Epidermis (*Ep¹*) zu beiden Seiten ein zellreiches Rinden- und ein helles Mittelfeld (*m²*, *m²* und *h*) unterscheiden kann. Jenes dichtzellige Gewebe steht mit der gegenüberliegenden Seite bei *Z* gürtelartig in Verbindung und erinnert so an frühe Entwicklungsstadien von Selachiern, wie ich sie auf Tafel I, Fig. 2 abgebildet habe. Es erstreckt sich aber auch in der seitlichen Rumpfwand nach aufwärts bis an die bereits in Differenzirung begriffene Seitenrumpfmuskulatur *M¹*. Centralwärts steht es mit dem Coelomepithel, in dessen Bereich reichliches Pigment (*Pg*) sichtbar wird, im Zusammenhang, so dass man zwischen beiden keine Grenze statuiren kann, und der Gedanke nahe liegt, dass das Coelomepithel überhaupt die Matrix darstellt.

Jenes Zellgewebe consolidirt sich später, wie dies aus Figur 23 und 24 ersichtlich wird, immer mehr und wird schliesslich zur Muskulatur der Flosse. Letztere wächst also nicht etwa aus den Myotomen unter „Knorpelbildung" ein, sondern entsteht zeitlich später in loco. Darin liegt ein bemerkenswerther Unterschied mit den Knorpelganoiden und den Selachiern, womit ich aber nicht bestreiten will, dass in früherer Embryonalzeit, in welcher auch der Seiten-rumpfmuskel sich noch im Stadium der Indifferenz befindet, eine Continuität zwischen beiden Muskelanlagen besteht.

Auf Figur 23 und 24, wovon erstere auf Salmo salar, letztere auf Esox lucius sich bezieht, sind die von der Aesche geschilder-ten Entwicklungsvorgänge bereits etwas weiter gediehen, und ähnliche Stadien haben auch von Rautenfeld (87) vorgelegen. Die von diesem gegebene Schilderung ist im Wesentlichen correct, und ich habe nur Weniges beizufügen. Vor Allem möchte ich auf den stark verdickten Epidermis-Saum Ep^1, und auf die grossen Unterschiede bezüglich der „unpaaren ventralen Hornblattfalte" (Gg) hinweisen [1]). Die bei Thymallus erwähnte, in der ventralen Rumpfwand liegende, mesoblastische Gürtelzone (Z) hat sich gelöst und in ihrem geringen Reste in faseriges Bindegewebe umgewandelt (Fig. 23, Bg.); beim Hecht (Fig. 24) ist sie ganz geschwunden. Die Anlagen der Extremi-tätenmuskeln machen sich bei m^2, m^2 im Querschnitt als zwei circum-scripte Zellballen bemerklich, welche die Serie der Einzelfächer des Rumpfmuskels (Fig. 23, M^1) einfach fortzusetzen scheinen. Das Centrum der Flosse (h) ist hell und wird von spärlichen, gross-blasigen Zellen eingenommen. Beim Hecht ist die Entwicklung noch nicht weit fortgeschritten, und die Flosse stellt hier eine dünnere Haut-falte dar, welche an der Peripherie dieselbe seitliche Compression zeigt, wie ich sie auf Tafel I, Fig. 1 und 2 von einem Selachier-Embryo dargestellt habe. Der Knorpel (Bas) aber hat beim Salm, wie beim Hecht, bereits die von von Rautenfeld erwähnte Form einer dreieckigen Platte angenommen, und diese stösst mit ihrem ven-tralen Ende bis dicht an das Cölomepithel (Fig. 24, CoE), d. h. sie ist proximalwärts bereits weiter in die Rumpfwand eingewachsen. An ihrem proximalen und distalen Rand ist sie etwas verdickt, während die mittlere Partie, namentlich von der Ventralfläche her, sich als etwas eingesunken darstellt. In Folge davon erscheint die von con-centrisch geschichtetem Gewebe umgebene Platte im Querschnitt hantelförmig (Fig. 24, Bas), und wendet man stärkere Vergrösserun-gen an, so kann man sich davon überzeugen, dass die Knorpelzellen mit ihrer Längsachse rechtwinklig zum Querdurchmesser der Platte gestellt sind, und dass sie abgeplattet erscheinen, als wären sie von der medialen und lateralen Seite her gestaut (Fig. 24, Bas.).

---

[1]) In den tieferen Lagen stehen die hohen Pallissadenzellen in der Epidermis ganz regelmässig, in förmlicher Paradeordnung. Aehnliches findet sich auch bei Sturionen und Amphibien, vielleicht überhaupt bei allen Wirbelthier-Embryonen.

Die nach vorne, d. h. kopfwärts gerichtete Spitze der dreieckigen Knorpelplatte wächst nun immer weiter aus und verlängert sich, wie ich an den Embryonen des amerikanischen Saiblings darthun werde, endlich in einen langen, mit seinem Gegenstück medianwärts convergirenden Stab (Fig. 25—33, *Bas*). Das Vorderende des letzteren ist bei *Bas* in Figur 25 dargestellt, und hier sieht man auch, wie die dasselbe rings umgebenden Muskeln (M^2) durch starke Bindegewebsmasse (Bg^1, Bg^1) von der Rumpfmuskulatur getrennt werden. Ein Querschnitt, der durch das hintere Drittel der Knorpelplatte geht (die Ebene ist auf Fig. 33 durch eine Querlinie Q angedeutet), zeigt die starke Verbreiterung und Auftreibung derselben (Fig. 26, *Bas*) und zugleich eine Anhäufung von zellreichem perichondrischem Gewebe an ihrer Peripherie (*Pch*)[1]. Wenige Schnitte weiter caudalwärts kommt es an letzterer zu einer Abschnürung von secundären Knorpelstrahlen (Fig. 27—30, Rad^1, Rad^2), deren Abgliederung vom Hauptknorpel (*Bas*) in einer durch die auf Fig. 33 durch †† angedeuteten Resorptions-Zone erfolgt. Die letztgenannte Figur, wie auch Figur 32, stellt einen Flächenschnitt dar, welcher parallel der Bauchfläche des Embryos hindurchging. Der auf Figur 32 dargestellte Schnitt ging höher, d. h. dicht unter dem Cölom, der andere (Fig. 33) tiefer hindurch. Seitlich liegen die knöchernen Flossenstrahlen, und dieselben sind auch auf Figur 26—31 im Querschnitt (bei *rad*) sichtbar; überall liegen sie in lockerem Bindegewebe.

Wie sind nun diese Verhältnisse im Hinblick auf die Selachier und Ganoiden aufzufassen? — Ich bin der Meinung, dass von Rautenfeld mit seiner zuerst aufgestellten Ansicht, dass es sich nämlich bei den Knochenfischen um rudimentäre Bildungen handelt, das Richtige getroffen hat. Mit dem zweiten Satze des genannten Autors aber, dass von einem Basale metapterygii im Sinne der Ganoiden und der Selachier bei Teleostiern keine Rede sein könne, kann ich mich nicht einverstanden erklären. Ich betrachte nämlich die zuerst auftretende Knorpelplatte (*Bas*) wirklich als ein Basale, in welchem sowohl pro- als metapterygiale Elemente stecken, und stimme dann wieder von Rautenfeld zu, wenn er jene Platte dem bei Knorpelganoiden durch Verwachsung von Radien hervorgegangenen Skelettheil für homolog erklärt, dass es sich also „um einen Fall von Concrescenz oder sogenannter abgekürzter Ontogenese handelt, indem das Skelet der hinteren Extremitäten nicht mehr in Form von getrennten, sondern bereits mit einander verschmolzenen Radienabschnitten angelegt wird." Ich gehe aber noch um einen Schritt weiter und erblicke in jenem basalen Stück nicht nur das bereits bei

---

[1] Es handelt sich hier offenbar um die „intercellularsubstanzarme Knorpelzone" von Rautenfeld's.

Ganoiden mehr oder weniger einheitliche, und von mir auf der Textfigur 11 mit *Bas* [1], und auf Textfigur 12 mit *Bas* bezeichnete Basale,
sondern sehe auch noch darin den distalwärts angeschlossenen Radien-
complex, der hier wie dort (incl. Polypterus) in der Regel durch drei
bis vier Stücke dargestellt wird. Bei dieser Auffassung gelangt man
dazu, die secundär sich abgliedernden Radien der Teleostier den
ebenfalls erst zeitlich später von den primären Radien sich abschnü-
renden secundären Radien der Ganoiden und Selachier gleichzusetzen,
also jenen Gebilden, welche ich auf Textfigur 11 und Figur 13 mit †*
bezeichnet habe. Dies scheint mir einen viel grösseren Grad von
Wahrscheinlichkeit für sich zu haben als die von Rautenfeld'sche
Ansicht, weil es sich in der ganzen Ganoidenreihe an der Grenzzone
zwischen dem Basale resp. den Basalia (Polyodon) einer- und den
proximalen Enden der anstossenden Radien andrerseits nirgends um
Ab-, sondern stets nur um Angliederungen handelt.

Ob es am proximalen Ende des Hauptknorpels, des Basale, bei
irgend einem Teleostier zu einer Abschnürung oder wenigstens zu
einer Andeutung einer solchen, d. h. zu einer rudimentären Beckenanlage, kommt, weiss ich nicht, und ich kann nur noch einmal constatiren, dass ich bei den von mir untersuchten Gruppen von Knochenfischen weder im embryonalen noch im ausgebildeten Zustande etwas
Derartiges gesehen habe. Daraus folgt, dass das Becken schon bei
den Vorfahren der Knochenfische, die in der Reihe der fossienl
Ganoidei holostei gesucht werden müssen, verloren gegangen sein
muss. Nachdem dies einmal geschehen war, wuchsen die Basalia viel
tiefer in die Rumpfwand ein und dienten so als gute Fixationspunkte
für die frei bleibenden Theile der Bauchflosse. Vielleicht aber
stammen die Teleostier, ebenso wie ich dies von den recenten Knochenganoiden, mit Ausnahme des Polypterus, wahrscheinlich zu machen gesucht habe, von Urformen, welche es überhaupt noch nicht zu einer
Beckenanlage gebracht hatten. Die Entscheidung ist schwierig.

E. Amphibien.

1) Urodelen.

Die hintere Extremität der geschwänzten Amphibien ist schon
sehr oft Gegenstand der Beschreibung gewesen, während die Entwicklungsgeschichte im Allgemeinen ziemlich stiefmütterlich behandelt
worden ist. Dies gilt vor Allem für das Becken, wofür bis jetzt
eigentlich nur zwei brauchbare Schilderungen existieren. Die eine
stammt von Dugès (23), die andere von A. Bunge (9).

Was die erstere betrifft, so hat Dugès die frühesten Entwicklungsstadien bei Salamandra und Triton nicht gesehen; die späteren beschreibt er ziemlich richtig, und vor Allem ist bemerkens-

werth, wie er sämmtliche Theile des Schultergürtels, abgesehen vom „Sternum", mit denjenigen des Beckengürtels streng homologisirt. Dem Pubis spricht er eine selbständige Ossification ab.

46 Jahre nach dem Dugès'schen Werk erschien die Bunge'-sche Arbeit. In der langen Zwischenzeit hatte die Morphologie eine gänzliche Umgestaltung erhalten. Eine ungeahnte Fülle von technischen Hülfsmitteln, eine Menge neuer Gesichtspunkte, eine allseitige Erweiterung des Wissensgebietes und eine zum grossen Theil ganz neue Art der Fragestellung — Alles dieses wirkte zusammen, um einem so vortrefflichen Beobachter wie Bunge, zumal auf einem fast gänzlich unbebauten Felde, von vorneherein schon eine reiche, wissenschaftliche Ernte zu verbürgen.

Vorahnend hat jener damals noch jugendliche Autor auf die Tragweite hingewiesen, die auf breiterer Basis durchgeführte Studien über das Skelet der Hintergliedmassen nach seiner Ueberzeugung haben müssten. Ich führe als Beweis dafür seine Schlussworte an: „Die Frage, welcher der beiden Ansichten, der Gegenbaur-Davidoff'schen oder Thacher-Mivart'schen, wir den Vorzug zu geben haben, kann zunächst noch nicht entschieden werden. Es wäre denkbar, dass der Beckengürtel der urodelen Amphibien sich jetzt nur als connascentes Gebilde anlege, dass es sich also um einen Fall von verkürzter Entwicklung handle."

„Ebenso muss auch die Frage nach dem Ursprung des Beckengürtels und seinen Beziehungen zu dem ihm ansitzenden Extremitätenskelet als eine noch ungelöste bezeichnet werden. Wenn ein Vorauseilen eines oder des anderen Theiles in der individuellen Entwicklung für das frühere Auftreten desselben in phylogenetischer Beziehung sprechen kann, so muss hier constatirt werden, dass der Beckengürtel in seiner Entwicklung stets hinter der Extremität zurückbleibt. Freilich darf hierauf, weil wir es hier nur mit höheren Wirbelthieren zu thun gehabt haben, nicht zu viel Gewicht gelegt werden. Nur eine genaue Untersuchung der Entwicklung des Beckengürtels und des Extremitätenskelets von Ganoiden, namentlich von Polyodon, dürfte die Frage nach der Herkunft des Beckengürtels entscheiden lassen."

An einer andern Stelle kommt Bunge auf die von Rosenberg nachgewiesene, selbständige Anlage des menschlichen Schambeines sowie auf die daran geknüpfte Bemerkung Gegenbaur's zu sprechen (S. 25) und fährt dann folgendermassen fort: „Wenn nun das Becken durch eine Concrescenz von Radien entstanden wäre, liegt die Vermuthung nahe, dass das Os pubis ein solcher Radius sei, der im Lauf der phylogenetischen Entwicklung gegenüber denjenigen Radien, welche das Material zur Bildung von Ilium und Ischium hergegeben, sich eine gewisse Selbständigkeit bewahrt habe."

Man sieht also, wie zielbewusst Bunge an seine Aufgabe

herangetreten ist, d. h. wie ihm bereits der durchaus richtige Grund-
gedanke an die polymere Natur des Beckengürtels vorgeschwebt hat.
Allein er beging dabei zwei Unterlassungsfehler, indem er erstens nicht
tief genug in der Vertebratenreihe mit seinen Untersuchungen ein-
setzte, und zweitens, indem er auch bei den Amphibien die jüngsten
Entwicklungsstadien ausser Acht liess.

Im Folgenden fasse ich die von B u n g e bei Urodelen gewonnenen
Resultate kurz zusammen.

Bei T r i t o n c r i s t a t u s wird der Beckengürtel in einem gewissen
Entwicklungsstadium jederseits durch einen einheitlichen Knorpel
repräsentirt, an welchem man, vom Acetabulum ausgehend, einen
dorsalen und ventralen Abschnitt unterscheiden kann[1]). Jener entspricht einer Pars iliaca, während dieser in seiner morphologischen
Bedeutung nicht so ohne Weiteres klar liegt. Für jetzt sei nur erwähnt, dass er an seinem proximalen Rand eine Incisur besitzt, in
welcher der Nervus obturatorius eingebettet ist.

In der ventralen Mittellinie sind die beiden Beckenhälften anfangs
noch weit von einander getrennt, später nähern sie sich und bilden mit
ihren medialen Rändern eine feste Symphyse. Während dieses Vorganges wird der Nervus obturatorius allmählich ganz von Knorpelgewebe umwachsen, und zwar geschieht dies zunächst von der ventralen und erst später von der dorsalen Seite her.

Die Anlage des „E p i p u b i s"[2]) erfolgt sehr spät, d. h. erst,
wenn die Becken - Symphyse sowie das Foramen obturatum und die
Bauchmuskulatur vollständig ausgebildet sind. Es handelt sich dabei
um eine vor der Symphyse erfolgende Anhäufung dicht stehender
Zellen, die einerseits zwischen die beiden Knorpel zapfenartig hineinragt, andererseits sich ein wenig kopfwärts erstreckt. Die Zellen dieses
Gewebes tragen den Charakter der Zellen des Perichondriums und bilden
mit dem Perichondrium des Beckengürtels e i n e Masse. Später tritt ein
stabartiger Knorpel darin auf, welcher sich vom Becken deutlich abgrenzt
und proximalwärts ganz allmählich zu zwei (anfangs sehr kurzen)
Zinken auswächst.

Daran anknüpfend sagt B u n g e wörtlich: „Aus dem, was über
die Entwicklung des Epipubis gesagt worden, ersieht man, dass
dasselbe sich erst nach vollkommener Entwicklung des knorpeligen
Beckengürtels anlegt und daher als secundäres Gebilde, dem keine
grössere Bedeutung zugemessen werden kann, angesehen werden

---

[1]) Bezüglich des Umstandes, dass das Ilium anfangs die Wirbelsäule nicht
erreicht, sondern, dicht unter dem Integument liegend, dorsalwärts in indifferentes
Gewebe sich verliert, weist B u n g e auf den Processus iliacus des H o l o c e p h a -
l e n -Beckens zum Vergleich hin.

[2]) Der Name „Epipubis" stammt von C. K. H o f f m a n n, und dieser erblickt darin ein die Bauchwand (voluminöser Enddarm!) stützendes Skeletstück.

muss .... Es ist eben ein Gebilde secundärer Art, das ausschliesslich den Amphibien zukommt, wie ja Aehnliches auch bei andern
Wirbelthieren beobachtet werden kann, z. B. das Hypoischium der
Saurier .... Der Ansicht Wiedersheim's, dass das Epipubis als
ein, erst secundär von der knorpeligen Pars pubica resp. deren Verlängerung zur Symphysenbildung abgegliedertes Gebilde sei, kann, da
dasselbe sich als einheitlicher Knorpel vor dem proximalen Ende der
Symphyse anlegt, gleichfalls nicht beigestimmt werden [1]."

Mit dieser Auffassung des Epipubis ist Bunge auf Irrwege gerathen, doch will ich für jetzt noch nicht weiter darauf eingehen,
sondern zuvor noch die Frage nach der morphologischen Bedeutung
der ventralen Beckenplatte berühren. Wie schon erwähnt, erblickt
Dugès (23) in dem proximal vom Foramen obturatorium gelegenen
Abschnitt derselben ein Pubis, im distalen dagegen ein Ischium. C.
K. Hoffmann (54) ist ihm darin gefolgt und meint, ein Pubis lege
sich bei Urodelen „noch nicht als selbständiger Theil an", weshalb man
hier nur von einem „Os ischiopubis" sprechen dürfe. J. Hyrtl (61)
lässt die Sache unentschieden. Sabatier (89) erklärt den caudalen
Abschnitt der ventralen Beckenplatte, d. h. die pars ischiadica der
meisten Autoren, für ein „Ischiopubis", die vordere Partie (pars
pubica aut.) für eine „Apophysis pubica." Sabatier recurrirt dabei
auf den Schultergürtel der Chamaeleoniden, „où les éléments coracoïde
et precoracoïde n'ont point été séparés."

„Le bassin de Caméléon comprimé latéralement .... représente
une forme de transition entre les bassins larges des Lézards et des
Urodèles, et les bassins étroits et comprimés des Anoures. Vu de
profil et latéralement, ce bassin rapelle bien la forme des bassins des
Urodèles, et démontre que le plaque ventrale de ce dernier est formé
par l'ischion et le pubis réunis."

Cuvier (18) und Huxley (60) sprechen von einer proximal
vom Foramen obturatum resp. in der Umgebung desselben platzgreifenden, selbständigen Verknöcherung und fassen diese als Pubis auf.

Auch Gegenbaur (36) sah früher in der ventralen Platte ein
Ischium und ein Pubis, später aber (40, 41) hat er seine Ansicht
dahin geändert, dass er in derselben nur ein Ischium erblickt. Auch
ich selbst (100) habe mich früher dieser Ansicht zugeneigt.

Was nun Bunge betrifft, so meint er, die Frage wäre leicht
zu entscheiden, wenn es ihm gelungen wäre, nachzuweisen, dass die

---

[1] Mit den Ossa marsupialia, meint Bunge, sei keine Parallele möglich,
und auch Hyrtl (61) möchte die Cartilago ypsiloides eher „cum sterno abdominali
ejusque accessoriis, quam cum osse marsupiali" verglichen wissen.

M A. Sabatier (89) erblickt darin ein Homologon des „présternum et
omosternum" der Anuren und nennt den betreffenden Knorpel „présternum pelvien".

ventrale Beckenplatte in zwei Theilen angelegt wird, denn in diesem
Fall würde es sich selbstverständlich um ein Pubis und um ein Ischium
handeln.

Da ihm aber dieser Nachweis nicht gelungen ist und er vielmehr
zeigen konnte, dass das Foramen obturatum nicht der Ausdruck einer
primären Grenzzone in der ventralen Beckenplatte, sondern dass dasselbe durch Aussparung[1]) des um den Nervus obturatorius erst
secundär herumwuchernden Knorpelgewebes entstanden ist, so hält er
eine Entscheidung der Frage auf Grundlage des vorliegenden Materiales
für unmöglich.

Auch von Seiten paläontologischer Befunde, meint er, sei kein
sicherer Aufschluss zu erwarten, da in jenen Fällen, wo eine Ossificatio
pubis vorliegt, damit noch nicht erwiesen ist, ob eine selbständige
Knorpelanlage vorhergeht, oder ob es sich [vergl. Cuvier (18) und
Huxley (60)], was wahrscheinlicher ist, nur um einen secundären Verknöcherungsprozess in der ursprünglich einheitlichen Knorpelmasse
handelt.

Trotz dieser negativen Ergebnisse aber hält Bunge an der
Ansicht fest, dass, worauf auch die Reptilien hinweisen, im ventralen Beckenabschnitt urodeler Amphibien „mindestens zwei Bestandtheile", nämlich ein Pubis und ein Ischium, enthalten seien.

Ich wende mich nun zu meinen eigenen Untersuchungen, die ich
an Triton alpestris, helveticus, cristatus, am Axolotl,
Salamandra maculata und atra angestellt habe. Alle diese
Urodelen verhalten sich entwicklungsgeschichtlich sehr ähnlich, und
was speciell die Tritonen anbelangt, so lässt sich zwischen ihnen
überhaupt kaum ein Unterschied constatiren. Ich bespreche zunächst
die entwicklungsgeschichtlichen Resultate und schliesse daran eine
Schilderung des ausgebildeten Urodelenbeckens.

Die bei Selachier- und Teleostier-Embryonen erwähnte, der
eigentlichen Extremitäten-Anlage vorhergehende und längs der Rumpf-
seite dahinziehende Epidermisleiste lässt sich auch bei 7 1/2—9 mm
langen Tritonen nachweisen, jedoch tritt sie hier nicht constant auf,
und stellt, da wo sie vorkommt, nur eine sehr schmale lineare Zone
verdickten, d. h. mehrschichtigen Hautepithels dar, welche die Anlage
der vorderen Extremität nie ganz erreicht. Noch während die Epidermisleiste in grosser Ausdehnung sichtbar ist, macht sich an der Stelle,
wo die hintere Gliedmasse angelegt wird, eine leichte bilaterale Auftreibung der Rumpfwand bemerklich. Dieselbe beruht auf einer An-

---

[1]) Ob bei der Lageveränderung des Nerven eine solche des Beckens während
der Ontogenese mit Hand in Hand geht, ob also ein Vorrücken des Beckens
mechanisch zum Einschluss des Nerven beitragen kann, vermochte Bunge nicht
zu entscheiden.

sammlung von grossen, runden Mesoblastzellen, welche sich zwischen die hier stark verdickte Epidermis[1]) und das Cölomepithel (Fig. 34, *HE*, *Ep*, *CoE*) einschliessen. Dabei stehen sie mit letzterem vielfach in so inniger Berührung, dass man beide Elemente nicht von einander zu unterscheiden vermag. Auf ähnliche Verhältnisse habe ich auch schon bei den Teleostiern hingewiesen, und hier wie dort könnte man geneigt sein, das Cölomepithel, wie dies von van Wijhe für die Selachier geschehen ist, als die eigentliche Proliferationszone aufzufassen. Bemerkenswerth ist, dass sich das Cölom zuweilen divertikelartig in die vorgebauchte Zellmasse hineinzieht, worauf ich bereits früher (107) hingewiesen habe.

In diesem Embryonalstadium beginnen die, wie alle Gewebe noch reichlich von Dotterelementen durchsetzten, in ihre Mikrostructur aber bereits gut differenzirten[2]) Myotome (*M*[1], *M*[1]) eben erst in die seitliche Körperwand einzuwuchern. Dabei sind sie an ihrem unteren Rand von reichlichen Mesoblastzellen umgeben und reichen nur erst bis in das Niveau der Vornierengänge (*VNG*) herab.

Jene Vorbauchung erstreckt sich anfangs nur über zwei Segmente, nämlich über das 13—16, hinweg, und darin liegt der erste, höchst bemerkenswerthe Gegensatz zur hinteren Extremität der Fische, in specie der Selachier und Ganoiden, bei welchen bekanntlich eine ungleich grössere Zahl von Körpersegmenten zum Aufbau der Gliedmassen herbeigezogen wird. Wie man sieht, handelt es sich also um einen mit der phyletischen Rückbildung von Radien Hand in Hand gehenden Reductionsprozess. —

Die Differenzirung der Extremitätenmuskulatur geht von der dorsalen nach der ventralen Seite, d. h. im engen Anschluss an die herabrückenden Rumpfmyomeren, vor sich. Während dieser Zeit ist die ganze ventrale Körperzone bei 9—12 mm langen Tritonen noch von einem sehr lockeren, gallertigen Gewebe erfüllt, dessen Formelemente aus Spindelzellen mit langen, zarten Ausläufern bestehen. (Fig. 34, 35, *Me*). Ganz ventral beginnt das Cloakenlumen (bei *Clo*) zu erscheinen.

Das im Vorstehenden Geschilderte erhält eine weitere Illustration durch Fig. 35, welche einen Flächenschnitt durch einen 12 mm langen Embryo von Triton cristatus darstellt. Die Bezeichnungen der vorhergehenden Figur gelten auch für diese; letztere ist übrigens,

---

[1]) Die betreffenden Epithelien erscheinen hier grösser und saftreicher, und ihnen liegen die grösseren Zellen des indifferenten Mesoblastgewebes innig an, während sich die kleineren dem Cölomepithel näher befinden (Fig. 34, *Ep*, *HE*, *CoE*).

[2]) Darin liegt ein bemerkenswerther Gegensatz zu den Selachiern, wo die Flossenanlagen in einem ungleich früheren, d. h. in einem weit unreiferen Embryonalstadium, in welchem von einer geweblichen Differenzirung der Muskulatur noch keine Rede ist, erfolgen.

wie man aus der reichlicheren Zell-Ansammlung bei *HE* ersieht, einem etwas älteren Thier entnommen. Bei *DJ* ist der Darminhalt sichtbar, und im Bereich des Unterhautzellgewebes liegt reichliches Pigment (*Pg*). Von differenzirten Extremitätenmuskeln, wie auch von der Darmmuskulatur ist noch nichts wahrzunehmen.

Jene laterale Ausbauchung der Somatopleura steigert sich nun immer mehr; sie wird circumscripter, nimmt ihre Richtung nach hinten und dorsalwärts und tritt schliesslich warzenartig hervor (Fig. 36, 37, *HE*). Im Innern verdichtet sich das Gewebe und beginnt sich allmählich jederseits ventral vom Enddarm in die Bauchwand hinein-zuziehen. Ganz ebenso verhält es sich bei Salamandra maculata, atra und beim Axolotl. So kommt es zu einer Querbrücke[1]), welche den Vorläufer jenes Skelet-Elementes bildet, das ich bei Selachiern und Dipnoërn als Beckenplatte bezeichnet habe.

Die Homologie der Vorgänge liegt auf der Hand. Hier wie dort handelt es sich um ein Einsprossen von Bildungsmaterial von der freien Extremität her; ja, die Uebereinstimmung wird insofern eine noch grössere, als auch bei Urodelen der Verknorpelungsprozess[2]) an der Peripherie, d. h. in der Gliedmassenknospe beginnt. (Fig. 36, *F*). Allerdings trifft man hier nicht mehr auf eine Reihe von Radien, sondern, wie wir dies auch bei Teleostiern schon gesehen haben, auf eine einheitliche Knorpelmasse, aus welcher später der Femur hervorgeht.

Also handelt es sich auch hier um eine abgekürzte Entwicklung, und um eine Verwischung der ursprünglichen Verhältnisse. — Dass aber letztere, dass mit anderen Worten, die ursprüngliche Polymerie des Basalgliedes der Extremität auch bei höheren Vertebraten, wenn auch nur in schwachen Spuren, noch nachweisbar ist, werde ich im Capitel über die Vorderextremität zeigen.

Unmittelbar auf die knorpelige Anlage des Femur, welch letzterer aber fortwährend vor dem Becken in seiner Entwicklung voraus ist, folgt diejenige des Beckens, und zwar innerhalb jener in der ventralen Bauchwand liegenden Mesoblastzone, welche wie ein stark verbreitertes, über mehrere Körpersegmente hin-weg sich erstreckendes Myocomma erscheint. Zu gleicher Zeit sieht man schon deutlich Nerven (Fig. 36, *N*) in die Extremität einstrahlen.

Femur und Becken legen sich also getrennt an, und darin liegt ein bemerkenswerther Unterschied mit den Fischen, allein derselbe

---

[1]) Die eigentliche Proliferationszone für dieses, wenn der Ausdruck erlaubt ist, Vorbecken, liegt am unteren Rand der herabrückenden Myomeren, da, wo sie enge an das Cölomepithel herantretend, die unterste ventrale Zone des letzteren freilassen.

[2]) Bei allen Fischen und Amphibien geht die Verknorpelung des Kopfskelets derjenigen der Gliedmassen stets voraus.

ist doch insofern kein sehr grosser, weil zwischen beiden Skeletstücken oft nur eine einzige Zellreihe des Vorknorpelgewebes zu constatiren ist. Ja, hier und da kann man überhaupt kaum von einer discreten Anlage sprechen, und die Abgrenzung ist dann nur durch eine inter-cellularsubstanzärmere Partie des Knorpelgewebes angedeutet[1]). Mag es sich nun so oder so verhalten, fast regelmässig kommt es, auch wenn die Anlage eine getrennte war, sehr frühe zu einem wenigstens theilweisen secundären Zusammenfluss zwischen Femur und Becken, der sich bei Tritonen unter Herausbildung des Hüftgelenkes später wieder löst, während er bei Spelerpes fuscus (Fig. 42) das ganze Leben persistirt.

Auf ähnlichen Vorgängen beruht wohl auch die Bildung des Ligamentum teres im Hüftgelenk höherer Vertebraten[2]), so dass man durch die ganze Wirbelthierreihe hindurch Spuren der genetischen Beziehungen zwischen dem proximalen Basale (— denn einem solchen entspricht sowohl der Femur als der Humerus —) und dem phyletisch jüngeren Product desselben, dem betreffenden Extremitätengürtel, nach-zuweisen im Stande ist.

Wie nicht anders zu erwarten, legt sich zuerst die ventrale Beckenplatte, das Ischiopubis an, und erst später folgt die Pars iliaca nach. Letztere entsteht aber nicht etwa als ein Auswuchs der ventralen Partie, sondern ganz selbständig, und dies weist offenbar auf sehr ursprüngliche Verhältnisse zurück. Auch die bei Proteus

---

[1]) Bei einer 27 mm langen Larve von Salamandra maculata bildet das proximale Femur-Ende mit dem Becken eine einzige Masse, so dass man in diesem Stadium beide überhaupt nicht von einander abgrenzen kann.

[2]) Nach Hyrtl (61) findet sich auch im Schultergelenk von Cryptobran-chus, welches für ein „acetabuli pelvici vera imago" erklärt wird, ein Ligamentum teres. Auch soll der Pfannengrund durchbrochen, d. h. nur häutig verschlossen sein. An Stelle eines richtigen Kniegelenks sollen bei jenem Derotremen nur „massae ligamentosae intercalatae" den Femur mit Tibia und Fibula verbinden. Hyrtl findet diese Thatsache „insolita, inaudita, incredibilis". Er betrachtet dies als ein Stehenbleiben auf einer embryonalen Stufe, welche ja alle Gelenke onto-genetisch durchlaufen, und betont, dass auch bei Menopoma nur eine minimale Gelenkhöhle vorhanden sei. Sie befindet sich nur zwischen Condylus externus femoris und dem Kopf der Fibula, während die Verbindung zwischen Condylus internus femoris und Tibia noch eine Syndesmose ist. Auch bei Amphiuma und Salamandra beginnt sich ein Kniegelenk erst ganz allmählich heraus-zubilden, denn auch hier spielt die syndesmotische Verbindung noch eine grosse Rolle. Auch die Ligamenta cruciata sind als letzte Reste jener primitiven Syn-desmose zu betrachten. Dies Alles stimmt auch mit dem unbehülflichen Gang, d. h. der geringen Excursionsweite des Beines jener Urodelen überein. Diese Befunde Hyrtl's kann ich bestätigen und insofern noch ergänzen, als ich auch bei Proteus nur Syndesmosen im Bereich der Extremitäten auf-zufinden vermochte, dagegen traf ich bei Spelerpes und Menobranchus ein Knie- und Ellbogengelenk bereits so weit angebahnt, dass man hier von einem richtigen Cavum articulare sprechen kann.

und in etwas schwächerem Grade bei dem nahe verwandten Menobranchus vorhandene Durchbrechung des Acetabulum (Fig. 49, 51,
Fo Ac) ist hierauf zurückzuführen.

Sehr früh kommt es dann zur Verwachsung der beiden Theile,
und das Ilium wächst dorsalwärts aus, bis es die Sacralrippe erreicht.
Dies ist bei 27—28 mm langen Larven von Triton helveticus
geschehen. Nachdem das Ilium und Ischiopubis einmal mit einander
verwachsen sind, besteht das Becken jederseits aus einer einheitlichen
Masse. Dieses Entwicklungsstadium war das jüngste, welches Bunge
zu Gesicht kam, und aus diesem Grunde blieb ihm das ursprünglichere
Verhalten unbekannt.

Wie die Fig. 37 zeigt, liegen die drei Theile: Femur *(F)*, Ischio-
pubis *(IP)* und Ilium *(I)* sehr enge neben einander; sie entstehen
in einem und demselben indifferenten Blastem, worin sie unter all-
mählicher Entwicklung der hyalinen Intercellularsubstanz gleichsam
wie drei Inseln auftauchen.

Von einem Epipubis ist noch nichts zu erblicken; dasselbe tritt
erst viel später auf.

In den folgenden Entwicklungsstadien wächst die freie Extremität,
deren Knorpelskelet ich später im Zusammhang mit demjenigen der
vorderen besprechen will, immer weiter aus, während sich die in der
Mittellinie anfangs weit getrennten Ischio-pubica einander zu nähren
beginnen.

Ganz denselben Entwicklungsmodus zeigt auch der Axolotl,
nur tritt hier Alles erst in ungleich späteren Stadien auf. So fand ich
z. B. bei 23. mm langen Larven in der hinteren Extremitätenknospe
noch keine Verknorpelung, sondern nur eine Verdichtung des indifferenten Mesoblastgewebes. Die Mitte in der zeitlichen Entwicklung
hält Salamandra.

Ehe ich nun den weiteren Verlauf der Entwicklung verfolge,
muss ich noch eines Befundes an einer Tritonlarve von 7 mm Länge
gedenken. Das Thierchen stammte aus einem in der Nähe Frei-
burgs liegenden Tümpel, in welchem vorzugsweise Triton helveticus und alpestris vorzukommen pflegt; ich kann aber nicht an-
geben, welcher von diesen beiden Arten es angehört.

Ein Cölom ist noch nicht deutlich zu unterscheiden, da der
massenhaft Dotter einschliessende Darm der Somatopleura dicht anliegt.
Seine Wand besteht aus einer äusseren Lage mehrreihig angeordneter,
runder Mesoblastzellen; nach innen zu findet sich hohes Epithel.
Dringt man nun mit Querschnitten vom Kopf her gegen den Enddarm
vor, so trifft man ventralwärts davon, zwischen ihm und der Cloake,
welche bereits eine nach vorn gerichtete, blindsackartige Anlage der
Harnblase erkennen lässt, einen Zellcomplex von eigenthümlicher
Beschaffenheit. Jeder der betreffenden Zell-Leiber hat eine helle Um-

hüllung, und diese umgiebt auch zuweilen mehrere Zellen auf einmal (Textfigur 14, A).

Jene helle Masse erinnert in ihrem ganzen Verhalten Reagentien und Farbstoffen gegenüber aufs Lebhafteste an hyaline Knorpelsubstanz, und ich kann sie für nichts Anderes als eine solche halten. Weiter caudalwärts theilt sich der Zellcomplex in zwei Theile, welche dann von da an der Cloake seitlich angelagert bleiben. Die einzelnen Zellen liegen aber hier in der Regel nicht mehr isolirt, sondern werden meistens zu mehreren von jener hyalinen Substanz packetartig umgeben (Textfigur 14, B).

Ich beschränke mich auf diesen Bericht über den thatsächlichen Befund, ohne dass ich im Stande wäre, eine Erklärung dafür zu liefern. Andere Larven von jenem jungen Stadium standen mir nicht zu Gebot, und so bin ich nicht in der Lage, anzugeben, ob es sich dabei um eine constante oder nur um eine individuelle Bildung handelt. Jedenfalls darf man meines Erachtens dabei nicht an eine definitive Beckenbildung denken, da die dabei sich abspielenden Vorgänge Allem, was ich sonst über die Beckenanlage in der Wirbelthierreihe in Erfahrung bringen konnte, zuwiderlaufen; auch das Alter der betreffenden Tritonlarve spricht dagegen.

Ich wende mich nun wieder zu dem in Verknorpelung begriffenen Becken von Triton helveticus, welches wir in einem Stadium verlassen haben, wo die beiden Hälften der ventralen Platte begannen, einander entgegenzuwachsen. Dieser Prozess, welcher sich in proximo-distaler Richtung vollzieht, schreitet nun ziemlich rasch fort, so dass sich in einem Larvenstadium von 20 mm Länge beide Hälften fast schon bis zu unmittelbarer Berührung genähert haben.

Vergl. hierüber Figur 38, A—G, welche eine Reihe von der Dorsal- nach der Ventralseite vordringender Flächenschnitte darstellt. Auf Figur E sieht man bei *Fo*, *Fo* am proximalen Rand der Beckenplatte eine Einkerbung, in welcher der Nervus obturatorius liegt, in der Figur F aber ist derselbe bereits rings von Knorpelgewebe umgeben. Daraus folgt, dass der Nerv ursprünglich ganz frei über dem proximalen Beckenrand heraustritt, und dass er, wie B u n g e dies ganz richtig geschildert hat, erst secundär von der g a n z e i n h e i t l i c h sich anlegenden, und später proximal, d. h. kopfwärts vorwachsenden Verknorpelungszone erreicht und umwachsen wird. Dies geschieht zuerst an der ventralen und später erst an der dorsalen Fläche der Beckenplatte. L e t z t e r e i s t a l s o i h r e r g a n z e n A n l a g e n a c h e i n e g a n z e i n h e i t l i c h e B i l d u n g, welche sich so zu sagen wie eine weiche, plastische Masse um den Nerv herumlegt und so das Foramen obturatorium gleichsam ausspart.

In Fig. 39 ist der proximale Abschnitt des medianen Bezirks der

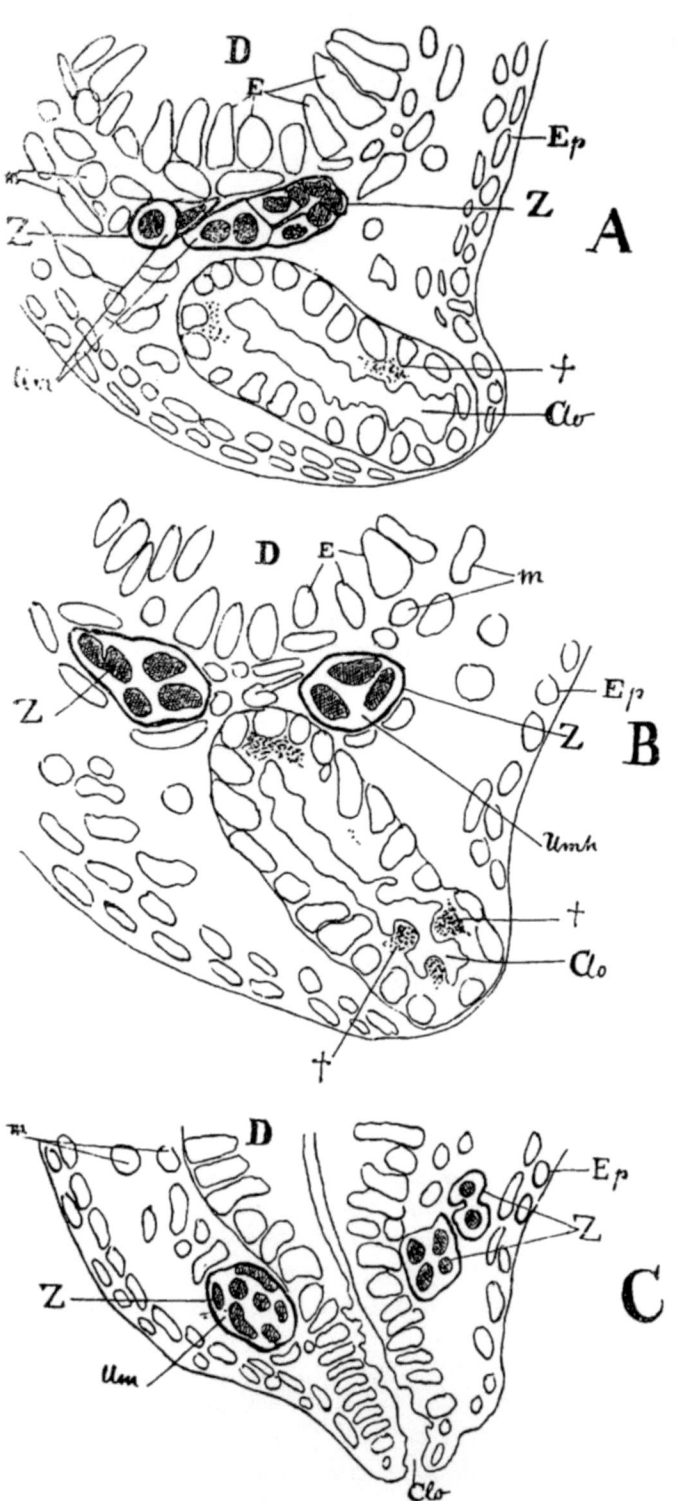

Textfigur 14. Drei von **A—C** in proximo-distaler Richtung sich folgende Querschnitte durch das hintere Rumpfende eines **T r i t o n** sp.? Nur die ventrale Partie ist dargestellt. *Z, Z* von hyaliner Substanz (*Um*) umgebene Zellmassen, welche sich caudalwärts (in **B**, **C**) allmählich in zwei Seitenpartieen sondern. *D* Darmlumen, welches von Dotterelementen erfüllt zu denken ist. Dieselben sind nicht eingezeichnet. *E* Darmepithel, *Ep* Hautepithel, *m, m* indifferente, zwischen Haut- und Darm-(Cölom-) Rohr liegende Mesoblastzellen. *Clo* Cloake, welche in Figur **C** nach aussen durchbricht. † vom Cloakenepithel aufgenommene Fremdkörper.

Figur 38, G bei starker Vergrösserung dargestellt. Rechts und links sieht man die saftreichen Knorpelzellen in ihren weiten Höhlen liegen. Von vorn her schneidet bei *BG* in der Mittellinie eine Zone dicht-zelligen Bindegewebes herein, und dies ist die Stelle, wo später das Epipubis entsteht. Nach rückwärts davon trifft man auf einen un-gemein schmalen, nur schwer sichtbaren Spaltraum (*Sy*), in welchem in linearer Aufreihung eine Anzahl länglicher und spindelförmiger Zellen († und ††) liegen. Ich habe dieselben in meiner vorläufigen Mittheilung (108) Nahtzellen genannt. Sie lassen zahlreiche Mi-tosen erkennen, und ihre Formen deuten auf Druckverhältnisse hin, welche von der Seite her stattfinden. Kurz, wir befinden uns in einer mächtigen Proliferationszone, in der eine fortwährende Apposition von Knorpelsubstanz erfolgt, bis schliesslich — und dies geschieht stets zuerst von der ventralen Fläche her — der symphyseale Spaltraum gänzlich verstreicht, worauf dann beide Hälften der ven-tralen Beckenplatte in der Mittellinie zusammenfliessen. In der Regel ist der ganze Prozess bei 22—28 mm langen Exemplaren von Triton helveticus und alpestris bereits beendigt. Im Uebrigen unterliegt jede Concrescenz zahlreichen, individuellen Schwankungen und liefert hierdurch eine gute Parallele zur Phylogenese des Beckens [1]). So bleibt z. B. das ausserordentlich flache, schildartige Becken von Amphiuma insofern auf einer sehr niedrigen Ent-wicklungsstufe stehen, als beide Beckenhälften mit ihren medialen, unregelmässig gekerbten Rändern zeitlebens durch eine breite sehnige Haut Fig. 41, *SH* (*Sy*) in der Mittellinie getrennt sind. In Folge davon liegen auch die auf den Knorpel beschränkten Ursprungslinien der Adductoren des Oberschenkels weit aus einander.

Nur ganz vorn neigen sich die Knorpelplatten (Fig. 41, *) nahe zusammen und schieben sich hier und da, wie bei Scaphirhynchus, etwas über einander hinweg. Dabei kommt es aber nicht zu einer Verwachsung, sondern nur zu einer bindegewebigen Verlöthung.

Diese nur proximalwärts erfolgende Berührung beider Becken-platten ist deshalb von Interesse, weil man an jungen Exemplaren von Proteus, Menobranchus, Cryptobranchus und Meno-poma deutlich sehen kann, wie die Concrescenz, ganz so, wie ich dies bereits von dem sich entwickelnden Salamandrinenbecken berichtet habe, ebenfalls vom proximalen Rand aus ihren Anfang nimmt, und dann distalwärts fortschreitet.

Im hinteren seitlichen Bezirk der Beckenplatten von Amphiuma (Fig. 41, **) ist eine Ossificationszone aufgetreten, während lateral-

---

[1]) Dass es bei älteren Thieren wahrscheinlich später wieder zu einer secun-dären Abgliederung kommt, werde ich bei der Besprechung des Cryptobran-chus- und Menopoma-Beckens zeigen.

wärts die rudimentären, mit einer langen Knorpelapophyse versehenen Darmbeine (I, I[1]) zu bemerken sind[1]).

Bei Tritonen, Axolotl, Salamandra und Spelerpes wird die Verschmelzung in der Regel nur auf der ventralen Beckenfläche eine vollständige, d. h. von der dorsalen Seite schneidet in der Medianlinie meist eine tiefe, mehr oder weniger weite Furche ein, welche durch fibröses Gewebe ausgefüllt wird, und so die ursprüngliche Trennung andeutet. Ich verweise hierfür auf Fig. 42, *Sy*, und auf Figur 43, 44, *BG*. Die beiden letzten Figuren beziehen sich auf dasselbe Object, sind aber bei verschiedener Vergrösserung gezeichnet, auch stellt Fig. 44 nur die mediale Partie von Fig. 43 dar. Beide aber zeigen, wie letztere in der caudalen Hälfte der Beckenplatte ventral einen schnabelartigen Vorsprung erzeugt, welcher zum Ursprung der Adductoren des Oberschenkels dient. Letztere sind auf der Figur 42 sichtbar, allein hier, wo der Querschnitt durch die rein hyaline, proximale Partie des Ischiopubis gegangen ist, springt jene Zugleiste (*Sy*) weniger stark vor, wird aber ventralwärts durch eine sagittal stehende Platte fibrösen Gewebes (*BG*) fortgesetzt. Diese dient den Adductoren in jener Gegend ebenfalls theilweise zum Ursprung[2]), und in ihrer caudalen Verlängerung tritt dann der oben erwähnte Knorpelschnabel auf (Fig. 43, 44, †).

Bei Salamandrina perspicillata, deren Becken ich bereits im Jahr 1875 in seinen allgemeinen Umrissen geschildert habe[3]), kommt es zu einem Zusammenfluss der beiden Seitenhälften in ihrer ganzen Dicke (Fig. 45 †).

In der Höhe der Foramina obturatoria, wo der Symphysenknorpel nicht nur ventral-, sondern auch dorsalwärts (gegen das Beckenlumen) convex vorspringt, existirt übrigens noch eine kleine, sagittal gerichtete Spalte, welche eine geringe Strecke weit cölomwärts durchschneidet, bald darauf sich aber wieder schliesst, worauf unter beharrlicher Dickenzunahme des Knorpels Alles wieder compact wird, wie zuvor. In Fig. 45 liegt bei *OZ* eine sehr stark sich färbende Ossificationszone, in deren Balkenwerk Reste von Knorpelzellen liegen, zwischen welchen sich eine weitmaschige, fascrige Gerüstsubstanz hindurchzieht. — Bei dieser Gelegenheit möchte ich auch auf die

---

[1]) Hyrtl (61) giebt eine äusserst geringe Abbildung des Amphiuma-Beckens, woraus man nicht erschen kann, was er mit seiner „Cartilago pelvis impar" und den „partibus lateralibus geminis" meint. Jedenfalls ist auf der Abbildung eine unpaare Beckenpartie nicht zu erkennen. Im Text wird das Amphiuma-Becken gar nicht erwähnt.

[2]) Ganz ähnliche Verhältnisse existiren am Schultergürtel der Raniden (vgl. diese).

[3]) Ebendaselbst gab ich auch eine Beschreibung und Abbildung des Beckens von Geotriton (Spelerpes) fuscus.

wabige, hollundermark-
ähnliche Knochenstruc-
tur von S p e l e r p e s
f u s c u s verweisen (Fig.
42). Dieselbe zeigt sich
auf dem Querschnitt so-
wohl im Ilium, als im
Oberschenkel und in der
Wirbelsäule, kurz, sie
scheint für das ganze
Skelet dieses Molches
charakteristisch zu sein
und wäre wohl einer
eigenen histologischen
Untersuchung werth.
Sämmtliche Knochen be-
sitzen nur eine sehr
dünne Corticalsubstanz,
während der Binnen-
raum von Markräumen
und dem oben genannten
knöchernen Maschen-
werk durchzogen ist. An
zahlreichen Stellen er-
scheinen die Knochen
wie zerklüftet und aus-
genagt, und nicht selten
finden sich ganze Nester
von zu Grunde gehen-
den Knorpelzellen.

Was das Becken von
Menobranchus, Pro-
teus, Cryptobran-
chus und Menopoma
anbelangt, so ist es be-
kanntlich schon oft Ge-
genstand der Beschrei-
bung gewesen, allein
keiner der zahlreichen
Autoren hat auf die
mediane Partie dessel-
ben, worauf es mir hier
vor Allem ankommt, ein
genaueres Augenmerk

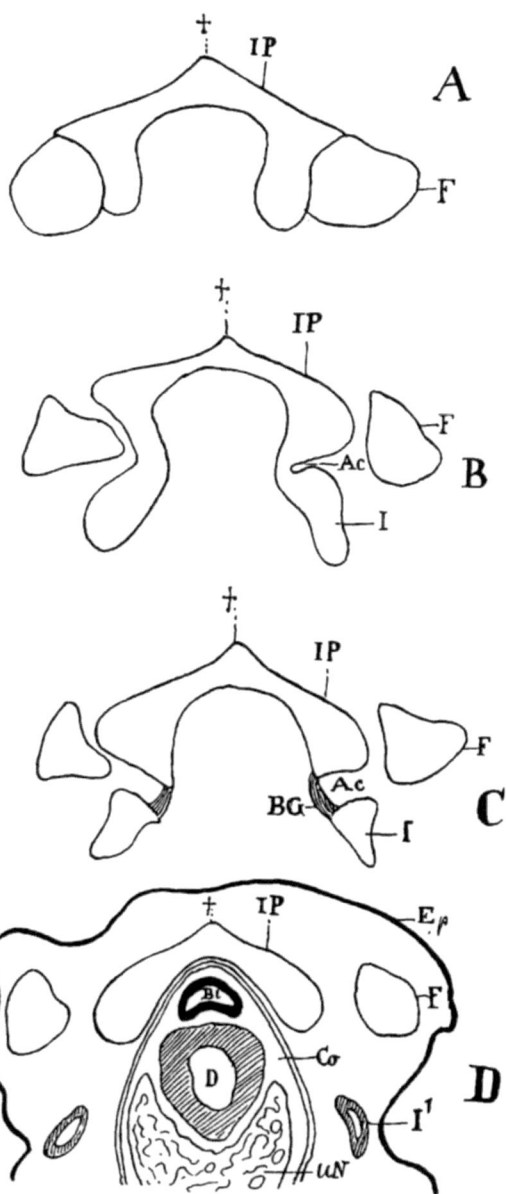

Textfigur 15. Querschnitte durch das Becken von P r o -
t e u s a n g. **A—D** folgen sich in proximo-distaler Richtung.
IP Ischiopubis, in der ventralen Mittellinie die Adductoren-
leiste (†) erzeugend, *Ac* Acetabulum, welches in Figur **C**
durchbrochen, bzw. nur durch Bindegewebe (*BG*) verschlossen ist, *I* Ilium, *I¹* dasselbe in seiner Diaphyse
getroffen und hier bereits von einer Knochenzone umgeben,
welche durch den schraffirten Ton angedeutet ist. Im
Innern liegt Hyalinknorpel, *F* Femur, *Ep* Aeussere Haut,
Bl Blase, *D* Enddarm, *UN* Urniere, *Co* Cölom.

gerichtet. Die meisten sprechen eben schlechtweg von einer „Symphyse", keiner aber hat sich die Mühe genommen, der Sache näher auf den Grund zu gehen, und dabei auch Querschnitte und Flächenschnitte zu Hilfe zu nehmen. Meine eigenen Untersuchungen haben mich nun Folgendes gelehrt.

Die Beckenplatte des Proteus stellt bei den kleinsten mir zur Verfügung gewesenen Exemplaren von 12—13 cm Länge eine einheitliche langgestreckte Knorpelplatte dar. Dieselbe ist, wie am besten aus der Textfigur 15, A—D zu ersehen ist, gegen das Beckenlumen zu tief ausgehöhlt, während sie in der ventralen Mittellinie unter Erzeugung der schon bei anderen Urodelen erwähnten Adductoren-Leiste (Textfigur 15 bei †) ziemlich weit vorspringt.

Proximalwärts verbreitert, distalwärts verjüngt sich die Knorpelplatte (Fig. 48). Hier wie dort besitzt sie einen ausgeschweiften Rand, welcher in Fortsätze ausläuft. Diese sind am Hinterrand auf Fig. 48 und 49 mit IP^1 bezeichnet[1]), und man sieht zwischen ihnen bei *Sy* noch eine kleine Spalte als letzte Spur der hier an dieser Stelle ihren Abschluss findenden Verwachsung beider Beckenhälften. Etwas nach vorn davon bemerkt man bei ** die perichondral erfolgende Ossification der Pars ischiadica (vergl. auch Fig. 49). Noch weiter nach vorn liegen die grossen Foramina obturatoria (Fo^1), und von da erfolgt nun die Verbreiterung der Knorpelplatte (*IP*) vollends sehr rasch. An ihrer seitlichen vorderen Ecke springt sie in einen mächtigen Processus praepubicus (*PP*) aus, wie er in ähnlicher Stärke unter allen Urodelen meines Wissens nur noch bei Spelerpes (Geotriton) fuscus vorkommt. Dicht neben der Medianlinie, nur durch eine schmale, aber ziemlich tiefgehende Einkerbung von einander getrennt, liegen zwei weitere Fortsätze, die auf Fig. 48 und 49 mit †† bezeichnet sind. Ueber ihre Bedeutung werde ich mich erst später erklären, und will für jetzt nur auf ihre Homologa bei Amphiuma (Fig. 41, ††) aufmerksam machen. Ausserdem aber sei hier noch bemerkt, dass dieselben, wie auch die Processus praepubici, häufigen individuellen Schwankungen unterliegen, und dass sie auch in einem und demselben Thier zuweilen asymmetrisch entwickelt sind. Aehnliche Variationen kommen auch am distalen Beckenrand vor.

Von einer Trennung in zwei Hälften ist, abgesehen von der schon erwähnten Incisur am Hinterrand, welche aber durchaus inconstant ist, an der ventralen Beckenplatte auch an Querschnitten nichts zu bemerken, man müsste denn die in der Medianlinie an manchen Stellen etwas dichtere Lagerung der Knorpelzellen als eine solche auffassen.

---

[1]) Warum D'Arcy Thompson (97) diese Fortsätze am Proteusbecken nicht auffinden konnte, ist mir unverständlich geblieben.

Nach der Seite zu verdickt sich die Beckenplatte gewaltig (Fig. 50, **A—D**) und ist, wie schon erwähnt (Fig. 49, *Fo Ac*), in der Tiefe des Acetabulums durchbrochen. Diese Stelle wird gegen das Cavum pelvis zu durch fibröses Gewebe verschlossen (Fig. 50, **C** bei *Ac¹* und *BG*). Im Uebrigen hängen alle Beckentheile in der Circumferenz des Acetabulums continuirlich zusammen, doch kann es bei etwas älteren Thieren an der Stelle *Sn* auf Fig. 49 nachträglich zu einer Lösung und Synchondrosenbildung kommen.

Die Darmbeine sind auffallend kurz, platt und sanduhrförmig eingeschnürt. An beiden Enden zieht sich der Knorpel (vergl. die punctirten Linien auf Fig. 49, bei *I¹*) bis gegen die Diaphyse herein. Die obere Apophyse ist sehr lang und stark gekrümmt (*I¹*), erreicht aber nicht die Sacralrippe, sondern strahlt in das fibröse Gewebe des Myocommas aus, in welchem das ganze Ilium regelmässig verläuft. Auch bei Menobranchus, zu dem ich mich jetzt wende, liegt das Ilium ganz genau in einem Myocomma[1]); allein es ist hier ungleich länger, kräftiger entwickelt (Fig. 51, *I*), und schiebt sich mit seiner vertebralen Knorpelapophyse (*I¹*) dorsalwärts über die distale Knorpelapophyse (*SR¹*) der Sacralrippe (*SR*)[2]) herüber, wobei beide syndesmotisch verbunden sind. Ganz ähnlich verhält sich Menopoma[3]) und Cryptobranchus, nur sind hier die Ilia viel stärker verknöchert.

So nahe auch Proteus und Menobranchus mit einander verwandt sind, so sehr weichen sie, wie ich schon anno 1877 in meiner Monographie des Urodelenschädels gezeigt habe, in ihren Beckenplatten von einander ab (vergl. Fig. 48 und 50).

Während der proximale Rand des Proteusbeckens eingekerbt ist und in jene vier oben beschriebenen Fortsätze ausläuft, verlängert sich bei Menobranchus das ganze Ischiopubis in einen mächtigen schnabelartigen Fortsatz, welcher sich über fast zwei Myomeren hinweg erstreckt und von dessen medialer Kante (Fig. 52, *Cr*) die vorderen zwei Drittel des gewaltigen Adductor des Oberschenkels entspringen.

Schon im Jahr 1888 habe ich (105) auf diesen Punkt mit folgenden Worten aufmerksam gemacht: „Der letztgenannte Kiemenmolch

---

[1]) Dieselbe Lage hat das Ilium von Amphiuma und bei manchen Salamandrinen, wie z. B. beim Axolotl (Fig. 53), wo es nur sehr wenig von dem betreffenden Myocomma abweicht.

[2]) Bei Menobranchus existirt nur noch eine postsacrale Rippe.

[3]) In einem Falle fand ich bei Menopoma (24 cm) das rechte Ilium um einen Wirbel weiter caudalwärts befestigt, als das linke. In Folge davon war ersteres viel länger, während die von rechtswegen dazu gehörige, freiendigende Sacralrippe viel kürzer blieb. Die linke Sacralrippe hatte dagegen ihre normale Länge.

(i. e. Menobranchus) zeigt in der Organisation seines Beckengürtels mit Protopterus (und wie ich jetzt erweiternd sagen will, mit den Dipnoërn überhaupt) eine nicht zu verkennende Aehnlichkeit. Hier wie dort liegt bauchwärts jene unpaare Knorpelplatte, welche sich nach vorn zu in einen schlanken, in die Linea alba eingebetteten Fortsatz auszieht. Wenn nun aber die paarige Anlage des Salamandrinenbeckens eine feststehende Thatsache ist, so ist es mehr als wahrscheinlich, dass eine solche auch für das Ichthyodenbecken nachzuweisen sein wird, und diese Annahme erlaubt dann weitere Schlüsse auf die Entstehung des Dipnoërbeckens, wie ich sie oben bereits angedeutet habe."

Diese meine Annahme ist nun seither von G. Baur (14), welchem junge Stadien von Menobranchus zur Verfügung standen, zur Gewissheit erhoben worden. Dieser Autor schliesst sich bezüglich der Beckenentwicklung niederer Vertebraten meinen früheren Berichten hierüber in allen Hauptpunkten an und meint, von einer Beckenform, wie sie Palaeohatteria besass, sei es nur ein kleiner Schritt zum Amphibien-Becken, z. B. zu dem von Menobranchus. „Here the gastroid cartilage is greatly developed, pierced only by the small obturator foramen; only the ischia are ossified; the pubes are not distinct from the gastroid cartilage. One step lower, and we have the pelvis of the Dipnoa or Chlamydoselachus, only represented by the gastroid cartilage."

Unter „gastroid cartilage" versteht Baur, wie es scheint, die Basis oder Sockelpartie jenes unpaaren schnabelartigen Fortsatzes, der erst bei der späteren Entwicklung proximalwärts „forming the long epigastroid portion" auswächst. Der Deutung, welche Baur diesem Fortsatz giebt, kann ich mich nicht anschliessen, doch will ich erst bei der Besprechung des Epipubis näher darauf eingehen. Ebendaselbst werde ich dann auch über die Auffassung D'Arcy Thompson's Bericht erstatten.

Die ganze ventrale Beckenplatte des erwachsenen Menobranchus stellt also, wie bei Proteus, eine einheitliche Knorpelmasse dar, in welcher nur hinten und aussen die Partes ischiadicae knöchern[1]) differenzirt sind (Fig. 50, 51 **). Zwischen ihnen erhebt sich die schwache Adductoren-Crista (Cr)[2]), während die ganze vordere Abtheilung des Ischiopubis (IP) ventralwärts nur wenig gewölbt ist. Die ziemlich weiten Foramina obturatoria (Fo^1) liegen nahe dem Aussenrand an der Basis des Schnabelfortsatzes (Cep.)

---

[1]) Manchmal handelt es sich dabei nur um Kalkknorpel.

[2]) An dieser Stelle besitzt der Knorpel eine geringere Festigkeit als vorne, was wieder auf den zeitlichen Verlauf des Verschmelzungsprozesses zurückzuführen ist.

Am hinteren Beckenrand springt der Knorpel zwischen beiden Partes ischiadicae in Form eines kleinen, unpaaren Höckerchens vor, das auch schon Hyrtl (61) bemerkt, aber fälschlicherweise als ein selbständiges Stück gedeutet hat, indem er die Worte gebraucht: „Frustulum cartilagineum impar, ossibus ischii postice adnexum". Immerhin aber ist jene Protuberanz, welche sich auch bei Menopoma und, noch stärker ausgeprägt, bei Cryptobranchus findet, sehr bemerkenswerth, da sie meiner Ansicht nach den Vorläufer des Hypoischium der Saurier bildet, andererseits aber schon als ein altes Erbstück von den Dipnoërn her aufzufassen ist. Proteus, Amphiuma und die Salamandrinen zeigen nichts Derartiges.

Die grösste Dicke besitzt das Becken von Menobranchus, wie dasjenige aller Urodelen, in einem, beide Acetabula verbindenden Durchmesser. Hier erhebt sich gegen das Cavum pelvis herein ein starker Querwulst, und distalwärts davon ist es in derselben Richtung tief napfartig gehöhlt. In diese Grube öffnet sich die durchbohrte Hüftgelenkspfanne (Fig. 51, *Fo Ac*), nachdem man das verschliessende Fett und Bindegewebe zuvor entfernt hat.

Das Becken von Menopoma (Fig. 45) und Cryptobranchus (Fig. 47), haben, wie dies bei der nahen Verwandtschaft dieser beiden Derotremen nicht anders zu erwarten ist, grosse Aehnlichkeit mit einander, so dass ich beide zusammen besprechen kann.

Die ventrale, von der Cölomseite her kahnartig ausgebauchte Beckenplatte ist nur zum Theil, nämlich in ihrem proximalen und in ihrem distalen Bezirk unpaar; im Bereich der medianen, messerscharfen Adductoren-Crista (*Cr, Sy*) bleiben beide Hälften mehr oder weniger weit von einander getrennt. Ob bei jüngeren Thieren die Connascenz eine ausgedehntere ist, weiss ich nicht; es erscheint mir dies aber auf Grund meiner Erfahrungen an Tritonen-, Axolotl- und Salamander-Larven nicht unwahrscheinlich.

Hier kommt es nämlich in späteren Stadien bei einer und derselben Species, bei welcher a priori, wie bei allen Urodelen, eine Neigung zum Zusammenfluss besteht, und bei welcher letzterer auch ganz oder zum grössten Theil in embryonaler Zeit durchgeführt war, später wieder zu einer mehr oder weniger ausgesprochenen Lösung, zu einer Abgliederung. Der Grund davon liegt nahe; es handelt sich, wie ich dies schon in meiner vorläufigen Mittheilung (108) ausgeführt habe, offenbar um die Zugwirkung der von der betreffenden Stelle entspringenden Muskelmassen, welche ihre Wirkung um so mehr bethätigen, als sich der Molch aus einem, bezüglich seiner Fortbewegung ursprünglich wesentlich auf seinen Ruderschwanz angewiesenen Wasserthier allmählich in ein terrestrisches verwandelt. Aehnliche Gesichtspunkte kommen offenbar auch schon bei den Derotremen in Betracht, und damit hängt wohl auch die schiefe nach hinten und dorsalwärts gehende Richtung des Iliums bei Menopoma zusammen, wie sie in gleicher Weise bei Cryptobranchus und manchen Salamandrinen, wenn auch in etwas geringerem Grade, getroffen wird.

Kurz, in allen diesen Fällen handelt es sich um eine Aufgabe der ursprünglichen, genau auf das zunächst liegende Myocomma beschränkten Lage des Ilium. Wenn ich sage „ursprünglichen Lage", so denke ich dabei nur an schwimmende, kiemenathmende Amphibien, nicht aber an Fische, wo, wie z. B. bei den Holocephalen, jene Lageverhältnisse nicht zu constatiren sind, insofern hier das Ilium, mehrere Myocommata und Myomeren schief überkreuzend, zu der in derselben ausgesprochenen Metamerie gar nicht Stellung nimmt.

Das Acetabulum, in welchem alle Beckentheile zu einer einheitlichen Knorpelmasse verbunden sind, ist bei Menopoma und Cryptobranchus[1]) so wenig als bei allen höheren Urodelen durchbohrt.

Das Ilium wurde schon auf S. 99 geschildert.

———————

Ich wende mich nun zu jenem Abschnitt des Urodelen-Beckens, der unter dem Namen der Cartilago epipubis oder ypsiloides[2]) bekannt ist. Derselbe setzt einem klaren Einblick in seine erste Anlage deswegen grössere Schwierigkeiten entgegen, als das übrige Becken, weil er sich erst in Altersstadien entwickelt, welche seltener zu erhalten sind als jüngere, und dann aber wieder als beträchtlich ältere. Ich meine damit Tritonen-Larven, die etwa 22—26 mm messen. Wann die Larven diese Grösse erreicht haben, tritt in den Aquarien, wie mir Jeder, der sich einmal mit Tritonenzucht abgegeben hat, bestätigen wird, ein grosses Sterben ein, und nur selten gelingt es, das eine und das andere Thier durchzubringen. Auch die in Freiheit lebenden, in dem betreffenden Stadium befindlichen Larven sind schwer aufzutreiben, ohne dass ich hierfür eine Erklärung beizubringen wüsste.

Die ersten Spuren eines knorpeligen Epipubis sah ich bei einer 24 mm langen Larve von Triton alpestris, und zwar genau an der Stelle, wo in dem auf Fig. 39 abgebildeten, etwas jüngeren Stadium zellreiches, perichondrales Bindegewebe (BG) von vorne her zwischen die eben verwachsenden Ischiopubica einschneidet. Eine hyalinknorpelige Verbindung mit den letzteren konnte ich hier nicht nachweisen, wohl aber bestand dieselbe bei einer nahezu gleich alten Larve von Triton helveticus, sowie bei einem 26 mm langen

———————

[1]) In einem 28 cm langen Exemplar von Cryptobranchus japonicus, das ich meinem Freunde, Prof. Bälz in Tokio, verdanke, waren drei postsacrale, d. h. caudale Rippen vorhanden. Der vierte Caudalwirbel trug nur noch eine kurze, unverknöcherte Knorpelapophyse am Processus transversus.

[2]) Dugès gebraucht dafür den Namen „marsupial cartilage".

Axolotl. In diesen beiden Fällen ging die Knorpelsubstanz des Ischiopubis in diejenige des Epipubis direct über, allein diese Verbindungsbrücke existirte nur ventralwärts, und wurde, wenn ich mit den Flächenschnitten weiter gegen das Cavum pelvis zu vordrang, dorsalwärts bald durch jenes zell- und kernreiche Bindegewebe ersetzt.

Um diese Zeit stellt das Epipubis eine auf dem proximalen Rand der Beckensymphyse aufsitzende, spitzhöckerige, durchaus unpaare Vorwölbung dar. Diese wächst nur langsam zapfenartig nach vorne aus, und gabelt sich[1]) schliesslich in zwei Aeste. Nachdem dies geschehen ist, gliedert sich das Sockelstück in der Regel vom proximalen Beckenrand ab und bleibt nur noch durch Bindegewebe mit ihm verbunden. Ich bin überzeugt, dass jene Abgliederung durchaus nicht immer eine vollständige ist, wenn man nicht eine secundär platzgreifende, ausgedehntere Verschmelzung[2]) annehmen will, wofür ich allerdings keine Beweise liefern kann. Von Wichtigkeit in dieser Beziehung ist der asiatische Tylototriton, wo nach den unter meiner Leitung angestellten und von mir genau controlirten Untersuchungen H. Riese's die Beckenplatte mit dem Epipubis in grosser Ausdehnung hyalinknorpelig zusammenhängt. — Diese Thatsache, wie auch die embryonalen Befunde bestimmen mich, die Cartilago epipubis nicht nur für das Salamandrinen-, das Menopoma- und Cryptobranchus-Becken, sondern für dasjenige aller Urodelen in Anspruch zu nehmen. Mit anderen Worten: ich erachte den unpaaren, schnabelartigen Fortsatz des Dipnoër- und Menobranchus-Beckens, sowie die neben der Medianlinie liegenden, auf Fig 41 und 48 mit †† (Cep) bezeichneten Fortsätze von Proteus und Amphiuma für nichts anderes, als für primitive Entwicklungsstufen einer Cartilago epipubis, bezw. für die Rudimente einer solchen; sie muss, darauf weisen die Höhlenbildungen bei Ceratodus, die Erfahrungen Baur's (14) am jungen Menobranchus, sowie endlich die oben erwähnten Fortsätze am Amphiuma- und Proteus-Becken hin, so gut wie das ganze Becken, eine paarige Anlage besessen, und sich als ein Continuum mit dem übrigen Becken entwickelt haben. Weiter unterstützt wird diese Auffassung durch das ebenfalls paarig

---

[1]) Jene als secundäre Erwerbungen aufzufassenden Aeste sind bei den verschiedenen Urodelen sehr verschieden geformt und schwanken auch individuell in ihrer Länge. Häufig sind sie asymmetrisch, was sich am meisten bei Cryptobranchus und Menopoma ausspricht. Bei jenem kann von dem einen Gabelzinken sogar noch ein Seitenzweig ausgehen, welcher in das zunächst liegende Myocomma eintritt (Fig. 47, Z). Die Hauptzinken (†) liegen auf einer fibrösen Haut, welche eine Verbreiterung der Linea alba abdominis darstellt. (Lalb.)

[2]) Ich erinnere übrigens dabei an die bereits besprochenen, resp. die noch zu erwähnenden Verwachsungszonen im Bereich des Hüft- und Schultergelenkes.

sich anlegende und später erst wieder vom Beckengürtel sich abgliedernde Epipubis der Chelonier und Saurier. (Vergl. das
Capitel über die Reptilien.)

Die ursprünglich bedeutendere Ausdehnung des Urodelen-Beckens
in der Längsrichtung kann man auch aus einem Vergleich des noch
sehr lang gestreckten Ichthyoden- und Derotremen-Beckens[1])
mit dem im antero-posterioren Durchmesser viel kürzeren der Salamandrinen erschliessen (Fig. 46, 47, 48, 50 und Textfigur 10).
Das Salamandrinen-Becken ist also, was seine mediale Partie anbelangt, in seiner Längenausdehnung als reduzirt aufzufassen, und
zwar ist die Rückbildung von der proximalen nach der distalen (caudalen) Seite fortschreitend zu denken. Dabei kommt vor Allem die
Cartilago epipubis in Betracht, welche bei Cryptobranchus z. B.
noch bis in das dritte praepelvine Myomer hineinragt (Fig. 47, *Cep*),
während sie bei Salamandrinen das zweite eben noch erreicht.
Bei diesem Reductionsprozess mögen die Muskelverhältnisse eine grosse
Rolle gespielt haben, doch wage ich hierüber kein sicheres Urtheil
abzugeben. Ich will nur darauf hinweisen, dass bei Menobranchus
(Fig. 52) die ganze mediale Beckenpartie bis hinaus zur vordersten
Spitze des Epipubis, den gewaltigen Extremitätenmuskeln (M^2) zum
Ursprung dient, während letztere sich bei den Dipnoërn sowohl wie
bei den Salamandrinen (Fig. 16, 47) mit ihrem Ursprung auf die ventrale Beckenplatte im engeren Sinne beschränken. Bei Dipnoërn
schliessen sich also, ganz wie bei Derotremen und Salamandrinen,
an das in der Linea alba liegende Epipubis seitlich die Rumpfmyomeren
an, welche dadurch mit jenem zusammen eine bedeutendere Festigung
der Bauchwand erzielen.

Mit der fortschreitenden Verkürzung und Rückbildung des Epipubis,
welche bei Spelerpes fuscus (allen Spelerpes-Arten?), wo sich,
wie ich anno 1875 gezeigt habe, gar keine Cartilago epipubis mehr
anlegt, ihr Maximum erreicht, trat nun auch insofern eine abgekürzte
Entwicklung desselben ein, als es sich bei Salamandrinen nicht
mehr paarig anlegt[2]).

Von hohem Interesse wären mir junge Larven von Menopoma
und Cryptobranchus gewesen, allein es blieb beim pium desiderium,
und ich kann nur mittheilen, dass ich bei einem 12,2 cm langen
Exemplar von Menopoma Alleghaniense, welches ich dem

---

[1]) Das Menobranchus-Becken z. B. erstreckt sich noch über $3^1/_2$ Myomeren
hinweg.

[2]) Hierfür gibt es ja auch sonst am Skelet der Wirbelthiere analoge Vorgänge; ich erinnere nur an gewisse Carpal- und Tarsalelemente, für deren bei
niederen Vertebraten paarige Natur bei höheren nicht einmal mehr durch die
Ontogenese ein Nachweis zu erbringen ist.

Smithsonian-Institution zu Washington verdanke, das Epipubis bereits
abgegliedert fand.

Für den rudimentären Charakter der Cartilago epipubis bei
Derotremen und Salamandrinen sprechen auch ihre schwankenden Form- und Grössenverhältnisse, wie dies bekanntlich überall da
zu beobachten ist, wo Theile des Organismus in's Schwanken gerathen.

Eine weitere Etappe in der regressiven Metamorphose dürfen wir
in der, gleichsam noch vor unseren Augen vor sich gehenden Los-
lösung des Epipubis von seinem Mutterboden erblicken. Wie langsam
aber alle derartigen Prozesse verlaufen, und wie zäh das einmal Vererbte vom Organismus festgehalten, ja eventuell, nachdem es bereits
fast verloren war, wieder zurückerobert wird, sehen wir an dem Beispiel von Tylototriton und den dabei zur Parallele herbeigezogenen
Verhältnissen des Skeletes der freien Gliedmassen.

Mit dieser meiner Auffassung der Cartilago epipubis durch die
ganze Reihe der Urodelen und Dipnoër hindurch [1] stehe ich nicht allein.
Auch D'Arcy Thompson (97) theilt dieselbe, obgleich er es bei
der einfachen Behauptung bewenden lässt, ohne dieselbe irgendwie zu
stützen. Er sagt wörtlich: „The pelvis of Urodela is directly comparable with that of Elasmobranchs or Ceratodus. For instance, the prepubis
is traceable throughout, the ilium of Urodeles has the same relations
as that of Elasmobranchs and the epipubis of Ceratodus is the close
precursor of that of Menobranchus or Salamandra." In die Entwicklungsgeschichte der Amphibien scheint D'Arcy-Thompson
nicht tiefer eingedrungen zu sein, denn seine Schilderung des Beckens
von Salamandra maculata besitzt nur einen sehr skizzenhaften
Charakter und bezieht sich nur auf ältere Stadien.

Was das Epipubis anbelangt, so soll es sich bei 1¼ Zoll langen
Larven um eine „rounded epipubic prominence, comparable with that
of Menobranchus" handeln.

Im Weiteren wird dann ausgeführt: „The epipubis remains rudi-
mentary until after the ilium begins to ossify, when it rapidly attains
its adult characters."

Das ist Alles, und es ist klar, dass man sich danach keine genügende
Vorstellung von der Entstehung des Epipubis zu machen im Stande ist.

Hyrtl (61) erklärt sich nicht genau über den fraglichen Knorpel
und beschränkt sich bezüglich des Menobranchus-Beckens auf die

---

[1] Schon in meinem Lehrbuch und Grundriss der vergl. Anatomie
der Wirbelthiere habe ich das Epipubis der Salamandrinen mit dem
Schnabelfortsatz des Dipnoërbeckens parallelisirt. Später schien mir dies wieder unwahrscheinlicher, während ich jetzt zu meiner früheren Auffassung zu-
rückkehre.

Bemerkung: „loco cartilaginis ypsiloidis, tota cartilago pelvis impar, in apicem acutum antrorsum producitur."

B a u r (14) bestreitet die Homologie zwischen dem schnabelartigen Fortsatz des Menobranchus-Beckens („Epigastroid") und dem Epipubis der Salamandrinen. Er gründet seine Ansicht auf die, wie er anzunehmen scheint, selbständige, von der „gastroid cartilage" unabhängige Entwicklung des Epipubis und erklärt es deshalb für eine secundäre, von der „gastroid cartilage" unabhängige, spätere Bildung. Das „Epigastroid" ist nach ihm überall, auch bei M e n o b r a n c h u s, wo er dessen Entwicklung studiren konnte, „the anterior portion of the gastric cartilage, from which it is developed independently". Das lange „Epigastroid" der C h e l y i d e n ist nach B a u r homolog dem kurzen Epigastroid der Testudineen, ebenso der vorderen Portion der „gastroid cartilage" von S a l a m a n d e r n und D a c t y l e t h r a, mit welcher die Cartilago ypsiloides verbunden ist.

C. K. H o f f m a n n (54) beschränkt sich auf die Bemerkung: „Ein Epipubis geht Proteus, Menobranchus und Amphiuma ab."

Ehe ich nun eine Zusammenfassung des über das Urodelen-Becken Mitgetheilten gebe, schildere ich zuvor noch die Entwicklung des A n u r e n - B e c k e n s. Erst nachdem dieses geschehen ist, werden sich, auch unter Berücksichtigung der einschlägigen paläontologischen Funde, sichere Anhaltspunkte für das Amphibienbecken im Allgemeinen gewinnen lassen.

2) Anuren.

Bezüglich der frühesten Entwicklungsprozesse der hinteren Extremität der ungeschwänzten Batrachier handelt es sich um ein bis jetzt fast gänzlich unbebautes Feld der Morphologie.

D u g è s (23), welcher nur ältere Stadien untersucht hat, beschränkt sich auf ganz allgemein gehaltene Bemerkungen über die Lageveränderungen, welche die einzelnen Beckentheile im Laufe der Entwicklung durchmachen. Er sagt: . . . „alors seulement la base de l'ilium touche celle du côté opposé, et l'on trouve déjà derrière cette base et de chaque côté un cartilage ischio-pubien qui se sépare aisément de l'iliaque. Jusqu'à cette époque les deux cuisses, quoique fort rapprochées à leur origine, ne se touchaient pas encore au-dessous du rectum, au-dessus duquel elles avaient pris d'abord racine; c'est le muscle droit qui les ramène ainsi en bas peu à peu, comme le pectoral ramène en dedans les épaules" etc.

Weiter kommt dann D u g è s auf die wechselnde Stellung des Ilium, bis es schliesslich dem Steissbein ganz parallel gerichtet ist, zu sprechen, und beschreibt auch den Verknöcherungsprozess, indem er einen doppelten Modus „une ossification superficielle et générale et une ossification intérieure et médullaire" erwähnt.

Noch weniger als bei D u g è s findet man bezüglich der Beckenentwicklung in dem grossen G ö t t e ' schen Werk über die Unke, so dass ich darauf gar nicht einzugehen brauche.

Weitere Literaturquellen sind mir nicht bekannt geworden, so dass ich mich gleich zu meinen eigenen Untersuchungen wenden kann.

Bei den A n u r e n geht bekanntlich, im Gegensatz zu den Urodelen, die Entwicklung der hinteren Gliedmassen derjenigen der vorderen voraus. Der Zeitpunkt dafür lässt sich nicht genau feststellen, denn es kommen hierbei, zumal bei A l y t e s, an welchem Thier ich hauptsächlich meine Untersuchungen anstellte[1]), die allergrössten Schwankungen und Unregelmässigkeiten vor. Letztere scheinen mir direct in verschiedenen Ernährungsbedingungen und indirect in der zeitlich sehr wechselnden Involution des breiten Ruderschwanzes der Kaulquappe ihren Grund zu haben. So trifft man zuweilen Exemplare von 5 cm Länge, welche mit solchen von 2,5 cm auf gleicher Entwicklungsstufe stehen, ja selbst bei 7—8 cm langen Alytes-Larven traf ich das Becken zuweilen ventral noch nicht oder doch nur zum kleinsten Theil geschlossen.

Von einer Epidermisleiste, wie sie als Vorstufe der Extremitätenanlage bei Urodelen zum Theil noch auftritt, lässt sich bei A n u r e n nichts mehr nachweisen. Im Uebrigen entstehen die hinteren Gliedmassen ganz nach Art derjenigen der ungeschwänzten Amphibien, d. h. auch hier handelt es sich an der betreffenden Stelle um eine über zwei Körpersegmente (das elfte und zwölfte) hinweg sich erstreckende Ansammlung von indifferentem Mesoblastgewebe, welches die laterale Rumpfwand allmählich vorbaucht und später erst ventralwärts von beiden Seiten gürtelartig zusammenschliesst. Auch bei Anuren steht jenes Gewebe, welches aus naheliegenden Gründen gleich bei seinem ersten Auftreten eine viel voluminösere, knospenartige Vorragung bewirkt, als bei Urodelen, mit dem Cölomepithel in allernächster Verbindung.

Die Figuren 54—60, welche Querschnitte durch eine 16 mm lange Larve von R a n a t e m p o r a r i a darstellen, versinnlichen dieses, und ich bemerke dazu, dass dieselben caudalwärts beginnen und kopfwärts fortschreiten[2]). In Fig. 54 ragen die an ihrer Basis eingeschnürten, und an ihrer Oberfläche von dem verdickten Oberhaut-

---

[1]) Alytes ist für derartige Untersuchungen weitaus das günstigste Objekt. Alle Verhältnisse sind sehr gross und deutlich, und nirgends stösst man auf den bei Rana esculenta und den Bufonen oft sehr störenden Pigmentreichthum.

[2]) Die Schnitte folgen nicht unmittelbar auf einander, sondern sind stets durch grosse Intervalle getrennt zu denken.

epithel überzogenen Knospen (*HE*) weit hervor[1]). In Fig. 55 und
56 erscheinen sie schon etwas abgeflachter, in allen dreien aber liegen
sie noch hinter dem Cölom, unmittelbar hinter der weiten
Cloake (*Clo*), an deren dorsaler Circumferenz in Fig. 55 und 56 bereits
ein Zusammenfluss des Mesoblastgewebes erfolgt. An eben dieser
Stelle, nur noch etwas höher, sieht man, wie aus der untersten (ventralen) Zone (*M[1]*) ein Theil sich absplittert und scheinbar zur Extremitätenanlage tritt. Wenn ich nun auch nicht in Abrede ziehen
will, dass von hier aus wirklich die Differenzirung der Gliedmassen-
muskulatur ihren Ausgang nimmt, so kann ich dafür doch keine
Beweise erbringen. Geht man nämlich mit den Schnitten weiter
proximalwärts bis in die Gegend, wo das Cölom (*Co*) erscheint, so
sieht man an der dorsalen und später an der lateralen resp. latero-
ventralen Wand desselben jene abgesplitterten Muskelpartieen noch weit
nach vorne ziehen (Fig. 57—60, *M[1]*). Es erweckt dies den Eindruck,
als würden Rumpf- (Bauch-)Muskeln von der caudalen Seite her als
zwei bandartige, dem Cölomepithel stets eng anliegende Längszüge
einwachsen. Näheres kann ich hierüber nicht mittheilen, und ich
möchte deshalb die Aufmerksamkeit der Fachgenossen auf jenen Punkt
hinlenken.

Bei 19 mm langen Larven von Rana temporaria tritt
die erste Verknorpelung im proximalen Abschnitt des Femur auf,
gleich darauf folgt diejenige des Unterschenkels, und erst in dritter
Linie verknorpelt das Becken, und zwar im Gegensatz zu den Urodelen,
zuerst in seiner Pars iliaca. Darauf folgt allerdings unmittelbar,
in gesonderter Anlage, die Pars ischio-pubica. Der Grund
dieser zeitlichen Verschiebung der Verknorpelung kann meiner Ansicht nach nur in dem specifischen Gebrauch der hinteren Extremitäten
der Anuren liegen. Alles kommt eben hier darauf an, für die
wichtigen Sprungbeine möglichst früh einen soliden, mit der Wirbelsäule sich verbindenden Aufhängeapparat zu erzielen. Ganz gleich verhält sich Alytes, nur dass hier in der Regel der Verknorpelungsprozess in der freien Extremität schon weiter, bis in die Fussgegend,
fortgeschritten ist, bevor die Verknorpelung im Becken Platz greift.
Auch hier legen sich die Pars iliaca und ischio-pubica getrennt an, und
beide fliessen erst nachträglich miteinander zusammen. Somit stimmen
die betreffenden Verhältnisse gänzlich mit denjenigen der Salamandrinen überein (vergl. Fig. 37 und 61, bei *I* und *IP*).

In Figur 61, welche einen Querdurchschnitt durch eine 50 mm
lange Alytes-Larve darstellt, sieht man noch bei † die Einlenkungsstelle der freien Extremität in den Rumpf, und da dies

---

[1]) Schnitte, die noch weiter caudalwärts als Fig. 54 hindurchgehen, zeigen
die Extremitätenknospe frei vom Rumpfe.

unter einer Einfaltung der Epidermis geschieht, so ist auch letztere
(bei Ep^1) noch mit in den Schnitt gekommen. Bei Gf und $N, N,$
strahlen Gefässe und Nerven in die Extremitätenanlage ein, und bei
M^2 liegen die zugehörigen Muskeln. Der Femurkopf (FK) und die
Beckentheile werden allseitig von dickzelligem Mesoblastgewebe umgeben, bald aber differenzirt sich auch dieses theilweise in hyaline
Knorpelsubstanz, und letztere bildet dann starke Verbin-
dungsbrücken zwischen dem Femurkopf und dem noch
sehr primitiven Pfannengrund. Aehnliches ist auch bei Rana
zu beobachten, und häufig kommt es hier wie dort erst in viel späterer
Entwicklungszeit wieder zur Ablösung des Caput femoris. — Wie man
sieht, stimmen auch hierin die Anuren wieder mit den Urodelen
überein, so dass für beide dieselben Gesichtspunkte gelten, wie ich
sie auf S. 91 aufgestellt habe.

Alles in Allem genommen zeigen die Anuren in der Anlage ihrer
hinteren Extremität insofern noch primitivere Verhältnisse, als die
Salamandrinen, als ihr Becken später entsteht, als bei den letzteren,
d. h. erst nachdem die freie Gliedmasse bereits eine höhere Ausbildung erreicht hat.

Nachdem der Zusammenfluss des knorpeligen Ilium und Ischio-
pubis erfolgt ist, consolidirt sich zunächst das Ilium, indem in seiner
Diaphysenzone reichlich intercellulare Substanz auftritt (Fig. 62, *).
Die ganze übrige Knorpelsubstanz erscheint vor der Hand noch sehr
dichtzellig, bis schliesslich in der Pars ischiadica die hyaline Zwischensubstanz ebenfalls vorzuschlagen beginnt.

In diesem Stadium stehen die Knorpelzellen nur noch an der
dorsalen Apophyse des Ilium, sowie an jener Stelle besonders dicht,
wo zur Zeit die Verwachsung zwischen letzterem und der Pars ischio-
pubica stattgefunden hat (Fig. 63, † und bei I).

Nun wächst die Pars iliaca, genau an das nächstliegende Myocomma sich haltend (Fig. 64, I), rapid in die Länge und zieht sich
immer weiter dorsalwärts empor. Während dies anfangs in fast senk-
rechter Richtung geschieht (Fig. 62), nimmt das Ilium später eine ge-
neigtere, der Körperlängsachse immer mehr parallel laufende Richtung
an und beginnt in ihrem Diaphysenabschnitt, d. h. an der Stelle der
stärksten Belastung und des grössten Muskelzuges, perichondral zu
verknöchern, wobei der Knorpel allmählich eine sanduhrförmige Einschnürung erfährt (Fig. 65).

Während nun so das Ilium dorsalwärts auswächst, sind beide
Beckenhälften lange Zeit in der Mittellinie noch durch eine breite
Bindegewebszone (Fig. 62, 63, 65, Sy) sehr weit von einander getrennt.
Dies gilt, wie schon erwähnt, zuweilen noch für 7—8 cm lange
Larven von Alytes, während der Entwicklungsprozess im Allge-
meinen bei Rana und Bufo viel schneller verläuft.

Hier wie dort aber beginnt die Aneinanderlagerung beider Beckenhälften distalwärts, verhält sich also geradezu umgekehrt wie die
Urodelen. Darin stimmen aber dann beide wieder mit einander überein, dass die eigentliche Verwachsung zuerst ventralwärts an der allmählich sich bildenden, medianen Muskelleiste beginnt und von hier
aus erst später dorsalwärts fortschreitet.

Auf Fig. 66, **a—f** habe ich sechs Flächenschnitte abgebildet,
welche sich auf eine halberwachsene Rana temporaria beziehen.
Dieselben beginnen mit **a** am freien, ventralen Rande der medialen
Crista ischio-pubis und schreiten dann (mit freigelassenen Intervallen)
dorsalwärts fort. Auf **a—e** sieht man in der Mittellinie (frühere, bei
der Symphysenbildung in Betracht kommende Proliferationszone) die
Querschnitte zweier kleinen Gefässe, welche in einer durch zarte Con-
turen angegebenen rein hyalinen Knorpelzone liegen. Im Uebrigen
ist die Verschmelzung von beiden Seiten her eine vollständige.

Dies gilt nicht mehr für die dorsale Region (**f**), wo sich die
Beckenplatte stark verbreitert, und wo sie in ihrer grösseren Ausdehnung durch eine schmale fibröse Zwischenzone (*Sy*) in ihre zwei
ursprünglichen Hälften zerfällt.

Von Fig. 66, **e** an sieht man in der schnabelartig verjüngten,
und bereits vollkommen einheitlichen Pars ischiadica (*) die Verknöcherung in vollem Gange. Das ganze Knorpelgewebe erscheint
hier zerklüftet, ausgenagt und ist in seinem regellosen, ossificirenden
Maschenwerk von Osteoblasten erfüllt. Dabei kehrt sich der Ossificationsprozess nicht im mindesten an die frühere Symphysenzone;
die wabigen Räume greifen vielmehr ganz regellos von beiden Seiten
in einander über.

Distalwärts von dieser Stelle liegt noch hyalines Gewebe.

So ergiebt also eine vergleichende Analyse des Urodelen- und
Anurenbeckens eine nicht zu verkennende Uebereinstimmung in der
Entwicklungsgeschichte desselben. Derselbe Grundtypus begegnet uns
hier wie dort, und ich begreife nicht, wie D'Arcy Thompson im
Anurenbecken eine wesentlich verschiedene Bildung erblicken kann
und „that it is not easy to compare the two." Im Uebrigen macht
er mit vollem Recht auf die in vielen Punkten älteren phyletischen
Charaktere der Anuren im Allgemeinen gegenüber den Urodelen
aufmerksam und verwirft die Aufstellung einer etwa bei Proteus beginnenden und mit den Anuren abschliessenden Stufenleiter, „but we
must look upon the Anura as the apex of an elder stock, which gave
off low down the Urodeles as a side-shoot, and has been in the
end transcended by it." Dagegen kann ich mich nicht mit diesem
Autor einverstanden erklären, wenn er behauptet, dass das Anurenbecken während seiner Entwicklung eine nur geringe Formänderung
durchmachen soll; im Gegentheil, letztere ist eine ganz beträchtliche

und viel bedeutendere als bei den Urodelen. D'Arcy Thompson würde auch wohl kaum zu dieser Meinung gekommen sein, wenn er jüngere Stadien untersucht[1]) und auch Schnittserien gemacht hätte.

Dactylethra capensis ist bekanntlich der einzige anure Batrachier, welcher, wie C. K. Hoffmann (54) zuerst gezeigt hat, eine Cartilago epipubis nach Art der Salamandrinen besitzt. Darin liege, meint der genannte Autor, der Schlüssel zum Verständniss des Anurenbeckens, indem Dactylethra als eine verbindende Zwischenform zwischen Urodelen und Anuren zu betrachten sei. Dabei wirft er die Frage auf, ob, da er nur ein junges Exemplar von Dactylethra untersuchte, nicht die von ihm in der Pars pubica derselben nachgewiesene Verknöcherungszone später mit dem Ilium zusammenfliesse. Wenn dies wirklich der Fall wäre, und wenn sich auch bei anderen Anuren in embryonaler Zeit in der betreffenden Beckenpartie eine discrete, später aber gleichfalls mit dem Ilium zusammenfliessende Ossificationszone nachweisen liesse, so würde Hoffmann mit seiner Auffassung eines „Ileopubis" bei Anuren Recht haben.

Was zunächst Dactylethra betrifft, so habe ich ein altes, vollkommen ausgewachsenes Exemplar zu untersuchen Gelegenheit gehabt, und dabei sicher constatiren können, dass jener Zusammenfluss nicht stattfindet, sondern dass das knöcherne Pubis durch eine vom Acetabulum her einschneidende Knorpelzone sowohl vom knöchernen Ischium als auch vom Ilium vollkommen getrennt bleibt (Textfigur 16, A). Letzteres sieht man noch deutlicher, wenn man das Becken von seiner proximalen (dem Kopf zuschauenden) Fläche her betrachtet. Dabei erstaunt man über die ausserordentliche Dicke desselben im dorsoventralen Durchmesser, und sieht, wie die beiden Ilia mit ihren unteren Enden dorsal von den Pubica, in der Mittellinie zusammenrücken und nur noch durch eine sehr schmale, median verlaufende Knorpelnaht von einander getrennt bleiben (Textfigur 16, B). Aus dieser Abbildung geht auch hervor, dass man am Schambein viel richtiger eine proximale und eine distale, d. h. eine kopf- und steisswärts schauende, als eine dorsale und ventrale Fläche unterscheiden kann. — An dem betreffenden Präparat konnte ich auch sehen, dass das knorpelige Epipubis nur durch Bindegewebe mit dem übrigen Becken verbunden ist, und dass im Acetabulum ein ausserordentlich starkes Ligamentum teres und eine tiefe Incisur ausgebildet sind.

Auch Sabatier (89) gedenkt des Epipubis von Dactylethra, und zwar als eines „petit tubercule cartilagineux"[2]), das dort die „appendices cartilagineux" repräsentire, welche er bei den Urodelen als ein

---

[1]) Das jüngste von ihm untersuchte Stadium von Rana temporaria war „a nearly full-sized tadpole".

[2]) Eine höchst fragwürdige Bezeichnung! —

„présternum abdominal“ beschrieb. Auf Weiteres lässt sich Sabatier nicht ein.

Wie Hoffmann, so betrachtet auch D'Arcy Thompson das
Becken von Dactylethra, sowie dasjenige der fossilen, zu den rhachi-
tomen Amphibien gehörigen Formen Eryops und Cricotus[1]) als
die verbindenden Zwischenformen mit den Urodelen. Die flache und
verjüngte Sitzbeinregion von Dactylethra vergleicht er mit derjenigen
von Proteus, „but the separately ossified pubes are not easy to explain
with reference either to Urodeles or to other Anura“. Die proximale
Platte des Urodelenbeckens erklärt er zwar für „truly pubic“, fügt
aber hinzu: „it is certainly never ossified in any Urodele“.

Was die zweite von Hoffmann aufgeworfene Frage anbelangt,
so ist es mir bei keiner Anurenlarve — und ich habe daraufhin
Alytes, Bombinator, Bufo und Rana untersucht — gelungen,
in der Pars pubica einen besonderen Ossificationspunkt nachzuweisen.
In allen Fällen begann der Verknöcherungsprozess in der Mitte des
schlanken Ilium und rückte von hier aus sowohl gegen die Extremitas
vertebralis als auch gegen die Extremitas acetabularis derselben vor.
Aus diesem Grunde darf die betreffende Ossificationszone nicht als
Ileopubis bezeichnet werden.

Ehe ich nun das Anurenbecken verlasse, muss ich noch des
Nervus obturatorius, resp. des damit vereinigten Nervus
cruralis und seines Austrittes aus der Beckenhöhle gedenken.
Derselbe durchbohrt hier die Beckenwand so wenig als bei den
Dipnoërn, sondern tritt über dem proximalen Rand der Pars pubica
und zwar an der Stelle heraus, wo letztere durch eine tiefe Incisur
vom Darmbein getrennt ist. Darin liegt ein bemerkenswerther Unterschied mit den Urodelen, dessen Ursache nicht leicht zu erklären ist.
Man könnte versucht sein, das Anurenbecken von einer schmalen Urform abzuleiten, und dann würden sich für jenes negative Verhalten
dieselben Gesichtspunkte ergeben, wie ich sie für das Dipnoër-
und Ganoiden-Becken aufgestellt habe. Bedenkt man aber,
wie weit in der Ontogenese der Anuren (Fig. 62) die beiden Beckenhälften auseinanderliegen, so möchte ich den Grund lieber anderswo,
nämlich in der, schon in embryonaler Zeit erfolgenden Einziehung
beider Ischio-pubica gegen die Medianlinie hin, suchen (vergl. Fig. 62,
63, 65). Eine begleitende Ursache mag auch in der Configuration des
proximalen Randes der Pars pubica, welchen wir uns lateralwärts,
ähnlich wie bei Proteus und bei zahlreichen anderen Urodelen, aus-
geschnitten zu denken haben, liegen. Dadurch sind nun Verhältnisse

---

[1]) D'Arcy Thompson sagt; „The pelvis of this „Rhachitomous“ Amphi-
bians is probably most nearly comparable to that of Menobranchus and Menopoma, from which in turn is deducible that of the higher Urodeles.

geschaffen, wie wir ihnen bei Urodelenlarven deshalb nur vorübergehend begegnet sind, weil an der entsprechenden Stelle ihres Beckens nachträglich noch eine Apposition von Knorpelsubstanz stattfindet, wo der anfangs noch ganz frei liegende Nervus obturatorius mit in den Bereich der Pars pubica einbezogen wird. —

Somit sind auch hierin die ungeschwänzten Batrachier auf niedrigerer phyletischer Stufe stehen geblieben, als die heutigen Urodelen.

Ich wende mich nun zu der schon oft (vergl. die historische Einleitung zu diesem Capitel) discutirten Frage, wie die ventrale Beckenplatte der Amphibien in morphologischer Hinsicht zu beurtheilen, d. h. ob darin nur ein Ischium oder zugleich auch ein Pubis im Sinne der höheren Vertebraten zu erblicken sei. Ich will gleich bemerken, dass ich mich für letztere Annahme entscheide, und ich habe deshalb auch schon im Vorstehenden jeweils den Ausdruck „Ischio-pubis“ gebraucht. Dies soll nun des Näheren begründet und daran zugleich eine zusammenfassende Schilderung und kritische Besprechung des Amphibienbeckens im Allgemeinen geknüpft werden.

Wir haben zunächst von einem Becken auszugehen, wie es bei Menobranchus vorliegt. Dieses kommt demjenigen der Dipnoër so nahe, dass man eigentlich nur von graduellen Unterschieden sprechen kann. Gleichwohl aber besitzt es gewisse Eigenthümlichkeiten, die es auf eine beträchtlich höhere Stufe erheben: 1) eine Pars iliaca, 2) eine derartige Verbreiterung der Sockelpartie des Schnabelfortsatzes, dass der Nervus obturatorius eben noch in einen Knorpelrahmen zu liegen kommt und 3) eine Ossificationszone in der Pars ischiadica.

Diesen neuen, im Sinne eines Fortschrittes zu deutenden Erwerbungen steht der Verlust der Processus praepubici gegenüber. Diese geriethen offenbar dadurch in Wegfall, dass die Pars iliaca als ein neues und vortheilhafteres Fixationsmittel des Beckens an ihre Stelle trat. Dafür spricht auch das Verhalten von Proteus, wo das Ilium noch sehr rudimentär und so kurz entwickelt erscheint, dass es die Wirbelsäule noch gar nicht erreicht. Dafür aber sind hier die Processus praepubici in voller Ausdehnung erhalten geblieben, und dasselbe gilt auch für Spelerpes (Textfigur 16), obgleich hier der Grund für ihre Persistenz nicht in einer rudimentären Entwicklung der Ilia liegt, sondern in dem vollständigen Mangel eines Epipubis. Dass es sich auch hier um correlative Beziehungen handelt, zeigt eine Vergleichung der mit einem mächtigen Epipubis ausgestatteten Derotremen und der Salamandrinen, bei welch letzteren es oft nur noch sehr schwach oder gar nicht mehr entwickelt ist.

So haben sich also die Vererbungstendenzen des Dipnoërbeckens gleichsam auf die zwei niedersten Urodelentypen, Menobranchus und Proteus, zumal übertragen, und was letzterem in der Längenentwicklung des epipubischen Schnabelfortsatzes abgeht, wird durch die massige Ausladung der ganzen, vor den Obturatorius-Löchern liegenden, proximalen Partie der ventralen Beckenplatte ersetzt. Ganz ähnlich verhalten sich in diesem Punkte Cryptobranchus und Menopoma, während bei Amphiuma und den Salamandrinen jene Knorpelzone ungleich schmäler ist, so dass die Foramina obturatoria mehr nach vorne gegen den proximalen Rand der Beckenplatte gerückt erscheinen.

Durch diesen in proximo-distaler Richtung platzgreifenden Reductionsvorgang nähern sich jene Löcher wieder mehr dem Verhalten bei Menobranchus, und denken wir uns denselben noch weiter gehend, so ist das Verhalten der Dipnoër und der Anuren erreicht: der Nervus obturatorius liegt frei und dringt durch die Bauchwand selbst hervor.

Im Allgemeinen solidificirt sich zuerst die distale, der Cloake zunächst liegende Abtheilung der Beckenplatte, d. h. die Pars ischiadica, dann kommt die Pars iliaca an die Reihe, welche mit der Gewinnung eines terrestrischen Lebens mehr und mehr prosperirt und zu einem wichtigen Strebepfeiler wird, mittelst dessen die Körperlast auf die freie, von jetzt an ein mehrarmiges Hebelsystem darstellende Hinterextremität übertragen wird. — Als letzter, phyletisch jüngster Theil des Beckens, differenzirt sich das knöcherne Pubis. Abgesehen von Dactylethra war hierüber bei den Amphibien so gut wie nichts bekannt; nur Huxley (60) hatte schon früher auf einen einzigen von ihm beobachteten Fall hingewiesen, in welchem er bei Salamandra maculata eine Ossificationszone im proximalen Abschnitt der ventralen Beckenplatte constatiren konnte.

Wenn nun auch diese Entdeckung nicht vergessen wurde, so hat man doch nicht das nöthige Gewicht darauf gelegt, weil, wie es scheint, dieselbe keiner der späteren Untersucher bestätigen konnte.

Diese Lücke suchte ich auszufüllen, indem ich meinen Untersuchungen ein grosses Material (42 Exemplare von Salamandra maculata und 152 von Salamandra atra) zu Grunde legte. Das Resultat war, dass ich, was die erstere Art anbelangt, Huxley in zwei Fällen bestätigen konnte. Viel leichter und häufiger gelingt der Nachweis der Differenzirung eines knöchernen Pubis bei Salamandra atra, indem man hier sicher sein kann, unter 6—8 ausgewachsenen Thieren mindestens einmal auf dieselbe zu stossen. In der Regel steht die betreffende Verknöcherung mit derjenigen des Ischiums in Verbindung, zieht sich neben der Symphyse nach vorne und wendet sich dann lateralwärts, bis schliesslich das Foramen obturatorium von ihr umwachsen wird. Jene Verbindungszone ist entweder stark, und in diesem Falle sogar bei der blossen Präparation mit Nadel und Pincette nachweisbar, oder aber so schwach, dass sie nur auf Flächenschnitten und nach Durchfärbung des Präparates sichtbar wird. In ganz seltenen Fällen fehlt sie vollständig, und einen solchen Fall traf ich auch einmal bei Salamandra maculata. Hier handelte es sich also um eine ganz discrete Anlage eines knöchernen Pubis, und diese ging hier nicht von der Symphysengegend, sondern von der Umgebung des Foramen obturatorium aus (vergl. hierüber die Textfigur 16, D—G).

In dem zweiten Fall von Salamandra maculata, welcher ein sehr altes Exemplar betraf, war die Verknöcherung der Beckenplatte so weit gediehen, dass nur noch die laterale vordere Zone derselben zusammt den Processus praepubici knorpelig blieb, und dass man von einer Abgrenzung des Pubis und Ischium nicht sprechen konnte; beide waren wie aus einem Guss (Textfigur 16, F). Aehnliche Verhältnisse traf ich auch zuweilen bei den ältesten Exemplaren von Salamandra atra und auch beim Brillensalamander ist dies eine ganz gewöhnliche Erscheinung.

Diese Befunde erheischen, meines Erachtens, ein sehr grosses Interesse, nicht allein, weil sie beweisen, dass sich die erste Anlage eines Pubis bei recenten Urodelen gleichsam vor unseren Augen heute noch vollzieht, sondern auch noch aus anderen Gründen. Erstens sehen wir dasselbe sozusagen aus dem Blastem des phyletisch älteren Ischium herauswachsen und erst ganz allmählich jene Selbständigkeit erreichen, wie sie bei Dactylethra bereits besteht, und wie sie auch gewisse paläozoische Urodelen schon besessen haben. Zweitens erkennen wir, dass bei ihrer Herausbildung das Foramen obturatorium keine massgebende Rolle spielt, sondern dass dasselbe nur mehr wie beiläufig in ihre Sphäre gezogen wird. Dies beweist nicht nur der Weg, den die Ausbreitung der Verknöcherung in der Regel nimmt, sondern auch Dactylethra, wo das Foramen obturatorium, wie bei allen Anuren, bekanntlich überhaupt fehlt. Ferner beweisen dies die Cope'schen Genera Eryops und Cricotus, sowie gewisse Stegocephalen, welche ebenfalls ein wohlabgegrenztes, aber undurchbohrtes knöchernes Pubis besitzen.

Nach den schönen Untersuchungen Credner's (16) stimmt das Becken mancher Stegocephalen im Uebrigen mit demjenigen der recenten Urodelen überein. Es wird nur von einem Sacralrippenpaar getragen und besteht aus den seitlichen, annähernd cylindrischen Darm-, und den in der Mittellinie zusammenstossenden Sitzbeinen (Branchiosaurus, Pelosaurus); bei andern (Hylonomus, Petrobates, Discosaurus) kommen noch zwei discrete Schambeine hinzu, und zugleich verbreitern sich die costalen

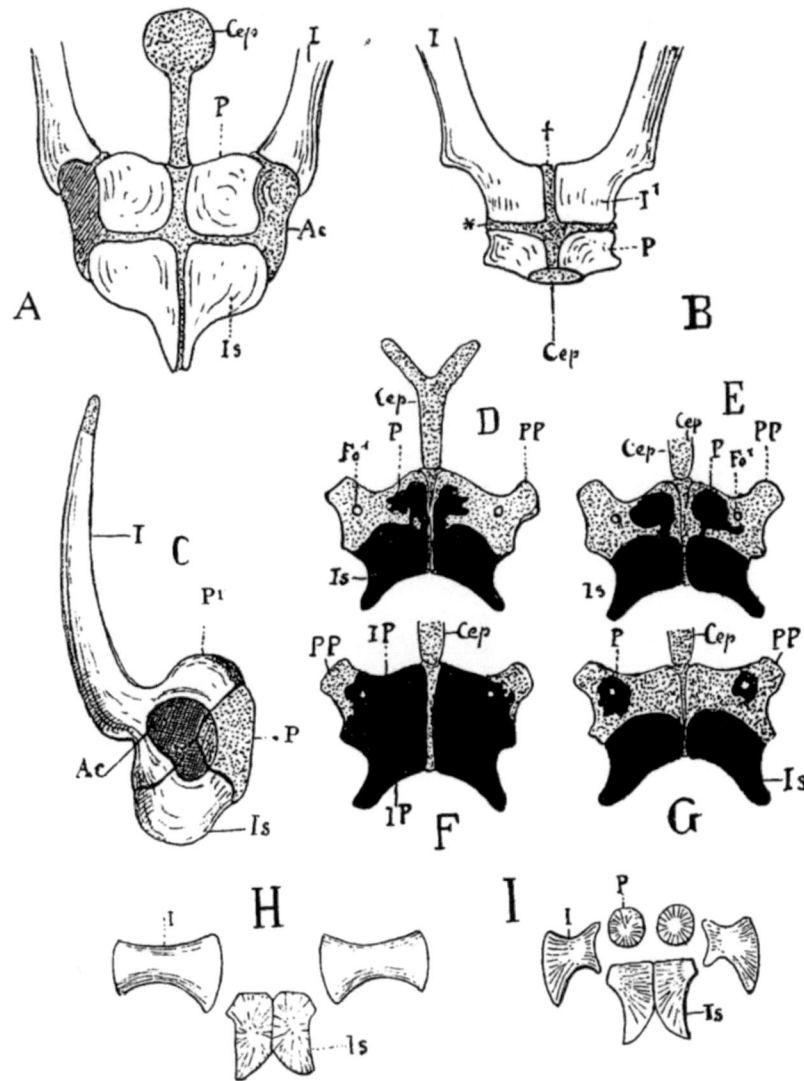

Textfigur 16. **A** Becken von Dactylethra capensis von vorne gesehen, **B** von der Kopfseite her gesehen, **C** Becken von Rana esculenta von der Seite, **D** und **E** Becken von Salamandra atra, **F** und **G** von Salamandra maculata, **H** von Branchiosaurus, **I** von Discosaurus. In **D—I** ist das Becken überall von vorne (von der Ventralseite) dargestellt. Figur **H** und **I** nach Credner. *I* Ilium, *Is* Ischium, *P* bezw. *P¹* (bei Rana) Ossificationszone des Pubis, *IP* Zusammengeflossene Ischium- und Pubiszone (Ischiopubis ossif.), *PP* Praepubis, *Cep* Cartilago epipubis, *Fo¹* Foramen obturatum, *I¹* die bei Dactylethra medianwärts gerichteten, distalen Enden des Ilium. Beide sind unter sich sowohl wie von den Pubes durch eine kreuzförmige Knorpelzone getrennt, deren sagittaler Schenkel mit † und deren transverseller mit * bezeichnet ist. *Ac* Acetabulum.

Enden der Darmbeine[1]) (Reptiliencharaktere). Die Hüftgelenks-gegend blieb knorpelig.

Was speciell das Becken von Eryops und Cricotus betrifft, so ist das Vorderende des Pubis zu einem knöchernen Processus praepubicus zugespitzt. Beide ventrale Beckenhälften stossen in der Mittellinie zusammen, und indem sie so eine kahnartige Vertiefung bilden, erscheint ein Uebergang von dem flachen Becken der Urodelen zu dem scheibenförmigen, compressen Ischio-Pubis der Anura angebahnt. Aehnliche Verhältnisse weisen nach Cope auch die Pelyco-sauria auf.

Wenn ich jene fossilen Formen zum Vergleich herbeigezogen habe, so will ich das nicht in dem Sinne verstanden wissen, als ob ich die heutigen Amphibien von jenen ableiten wollte. Es sollte damit nur gezeigt werden, dass dem Becken derselben der gleiche Organisations-plan zu Grunde liegt, und dass sie deshalb alle auf eine und dieselbe Stammform, die bis jetzt allerdings noch nicht bekannt ist, zurück-weisen[2]).

F. Reptilien.

Die charakteristischsten Merkmale des Reptilienbeckens demjenigen der Amphibien gegenüber bestehen in folgenden vier Hauptpunkten: in einer ungleich schärferen Differenzirung des Schambeins, in einem proximal gerichteten Abrücken desselben vom Sitzbein; in einem stärker entwickelten, an seinem vertebralen Ende zuweilen sich ver-breiternden Darmbein, und endlich in einem solideren, auf einem inten-siveren Ossificationsprozess beruhenden Charakter im Allgemeinen.

---

[1]) Das Skelet der freien Gliedmassen, bei dessen Aufbau der Knorpel eine sehr grosse Rolle spielte, stimmt mit demjenigen der heutigen Urodelen so gut wie ganz überein. Der Grad der Ossification des Carpus und Tarsus schwankt beträchtlich.

[2]) D'Arcy Thompson, welchem die von mir oben geschilderten Ver-hältnisse von Salamandra maculata und atra nicht bekannt sein konnten, lässt sich am Schluss des über das Amphibienbecken handelnden Capitels seines Manuscripts folgendermassen vernehmen: „The question of the first origin of the bony pubis is altogether obscure, but if it arose by the continued ossification of such a pelvis as that of Proteus or Menobranchus, the result would be a pelvis not unlike that of Eryops. But I dare hazard no conjecture as to whether we may look upon the pubis of Dactylethra as a stage in the degeneration of such a bone, prior to its utter disappearance in the other Anura.

I feel that though the Anuran pelvis has come down from a very remote antiquity, and is most firmly stereotyped in feature, it cannot be so primitive as that of the Urodeles. But the pelvis of Proteus probably indicates pretty closely that of the first Amphibia. But I am quite unwilling to believe that the pelvis of Dactylethra is in any sense more primitive than, or ancestral to, that of the lower Urodeles."

Anknüpfungen an das Amphibienbecken finden sich bei der von Credner (16) geschilderten, dem Rothliegenden des Plauen'schen Grundes entstammenden Palaeohatteria, bei den Plesiosauriern[1]), bei Hatteria, Telerpeton und bei den Cheloniern.

Schon viel weiter differenzirt ist das Lacertilier-, und noch mehr das Crocodilier- und Dinosaurier-Becken.

Was zunächst Palaeohatteria betrifft, so liegt, wie eine Vergleichung der Textfigur 16, I und 17, A zeigt, die Uebereinstimmung mit den Stegocephalen klar zu Tage. Das Becken besteht aus drei Knochenpaaren, den beiden Ilien, Ischien und Pubica. Der ganze Zwischenraum zwischen den beiden letztgenannten Theilen, welche stark verknöchert waren, scheint von Knorpel eingenommen gewesen zu sein. Die Ilia besitzen an ihrem costalen Ende eine kammartige, nach vorne und hinten gerichtete Verbreiterung, während ihr Gelenkpfannen-Ende durch einen vorderen, nach dem Pubicum, und einem hinteren, nach dem Ischium gerichteten Fortsatz eine gewisse Aehnlichkeit mit dem Ilium der Dinosaurier gewinnt. An das Becken der Plesiosaurier dagegen erinnert die Form der nach vorn scheibenförmig ausgebreiteten Pubica und der sich weit nach hinten streckenden Ischia (Textfigur 17, A, A[1]).

Auch bei Plesiosaurus ergeben sich, wie eine Betrachtung der Textfigur 17, A-C zeigt, Anknüpfungen an das Amphibien-, noch viel mehr aber an das Chelonierbecken, worauf auch D'Arcy Thompson aufmerksam macht. In Textfigur 17, C theile ich den Versuch einer Restauration des Plesiosaurusbeckens nach dem ebengenannten Autor, sowie einen zweiten solchen aus dem College of Surgeons (Nr. 227), den ich ebenfalls der Arbeit D'Arcy Thompson's entnehme, mit. Ich halte ersteren im Ganzen für gelungen, und wenn die Foramina obturatoria richtig eingezeichnet sind, so würde es sich hier in dem einen Falle (Textfigur 17, A[1]) um eine Trennung derselben durch Knochen, im anderen aber durch Knorpel (Textfigur 17, C) handeln. Kurz, es würden die betreffenden Verhältnisse vollkommen mit denjenigen gewisser Chelonier übereinstimmen. Ganz anders, und ähnlich wie bei Salamandrinen, d. h. lateralwärts von den Schambeinen, müssen die Foramina obturatoria bei dem von mir anno 1878 (100) beschriebenen Labyrinthodon Rütimeyeri aus der Trias von Riehen[2]) gelegen haben, da hier die Sitz- und Schambeine unter Bildung einer engen Kreuznaht nahe zusammenstiessen (Textfigur 17, D).

---

[1]) Nach einer ganz anderen Richtung, nämlich wesentlich nach dem Lacertilier-Typus hin, war das Becken der Ichthyosaurier mit seinem stabförmigen Pubis und Ischium entwickelt.

[2]) Dass dieses Thier übrigens nicht zu den Labyrinthodonten, sondern zu den Reptilien zu stellen ist, hat Zittel nachgewiesen.

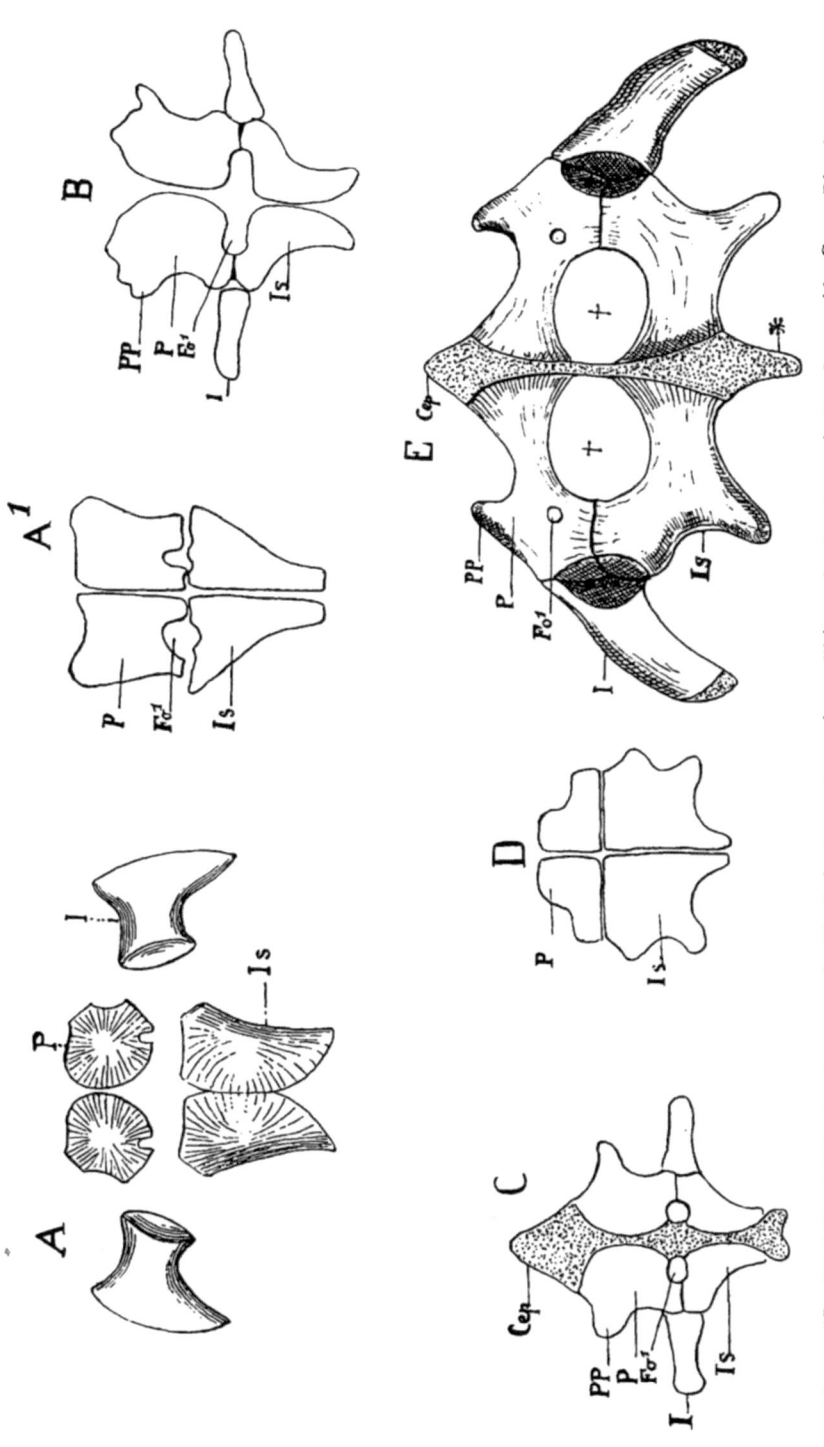

Textfigur 17. Fünf Reptilienbecken von der Ventralseite gesehen. A von Palacohatteria nach Credner, A¹—C von Plesiosaurus, Copieen nach D'Arcy Thompson, A nach einer Restauration im College of Surgeons (Nr. 227), B nach Huxley's Comp. Anatomy, S. 210, C nach einer Restauration von D'Arcy Thompson, D Labyrinthodon Rütimeyeri, E Hatteria nach einem von mir selbst angefertigten Präparate. *P* Pubis, *PP* Praepubis, *Cep* Cartilago epipubis, *Fo¹* Foramen obturatum, *Is* Ischium, *I* Ileum, †, † zwei grosse Oeffnungen, welche *P* und *Is* von einander trennen, ⁕ Processus hypoischiadicus, welcher sich bei anderen Reptilien vom Becken losgliedert.

Eine noch einfachere Beckenform mag Telerpeton, wo Pubis und Ischium nicht deutlich differenzirt waren, besessen haben, allein da ich die betreffenden Verhältnisse nicht aus eigener Anschauung kenne, so getraue ich mir hierüber kein sicheres Urtheil zu.

Was nun Hatteria betrifft, so habe ich Gelegenheit gehabt, mehrere Exemplare zu untersuchen. Die Textfigur 17, E stellt ein von mir selbst präparirtes Becken von der Ventralseite dar, welches die natürlichen Verhältnisse, wie namentlich die Form und Richtung der Processus praepubici und den medianen, am hinteren Beckenrand ausspringenden Fortsatz, den ich Processus hypoischiadicus nennen will, ungleich besser wiedergiebt, als dies von Günther (48) und Hoffmann (54) geschehen ist.

Das Hatteria-Becken bildet, worauf auch schon andere Autoren, wie vor Allem D'Arcy Thompson und Baur hingewiesen haben, eine wichtige, noch sehr wenig differenzirte Ausgangsform für das Verständniss des Reptilienbeckens im Allgemeinen. Das in querer Richtung verlaufende Pubis und das Ischium liegen noch verhältniss-mässig nahe beieinander, d. h. sie werden durch ein noch nicht sehr weites Foramen pubo-ischiadicum (Baur) von einander getrennt. In der Mittellinie sind sie durch eine durch und durch solide Knorpel-zone („gastral cartilage", Baur) mit einander verbunden. Mit anderen Worten: der Ossificationsprozess ergreift hier noch nicht die onto-genetisch jüngste Partie, welche der medialen Abtheilung des Uro-delenbeckens entspricht, und welche, wie diese, einen proximalen und distalen Auswuchs erzeugt (vgl. Textfigur 17, E mit Figur 46, 47, 50). Jener entspricht einem noch nicht abgegliederten Epipubis („Epigastroid" Baur), dieser einem Hypoischium („Hypogastroid" Baur), das ich auch schon bei den Dipnoërn in der Wurzel vor-gebildet finde.

Der Processus praepubicus ist gut ausgeprägt, und etwas nach rückwärts von der Stelle, wo er von dem Pubis entspringt, liegt das ganz von Knochensubstanz umgebene Foramen obturatum. Noch etwas weiter rückwärts erscheint die Sutura pubo-ischiadica. Das Ilium ist kräftig, gedrungen und schiebt sich in der Gegend des Acetabulum unter Bildung einer Sutura squamosa dorsalwärts über das Pubis herüber, was auch hier für eine getrennte Anlage beider Theile spricht.

Von dem Hatteriabecken ist dasjenige aller Chelonier leicht ab-zuleiten.

1) Chelonier.

Ueber das Chelonierbecken haben Hoffmann (54), D'Arcy Thompson (97) und Baur (14) eingehende, von zahlreichen Ab-bildungen begleitete, vergleichend anatomische Untersuchungen veröffentlich. Auch ich selbst habe Hand angelegt, ohne jedoch in jener Beziehung damit weiter als meine Vorgänger zu kommen. Wie Baur richtig bemerkt, schliesst sich das phyletisch offenbar sehr alte Becken

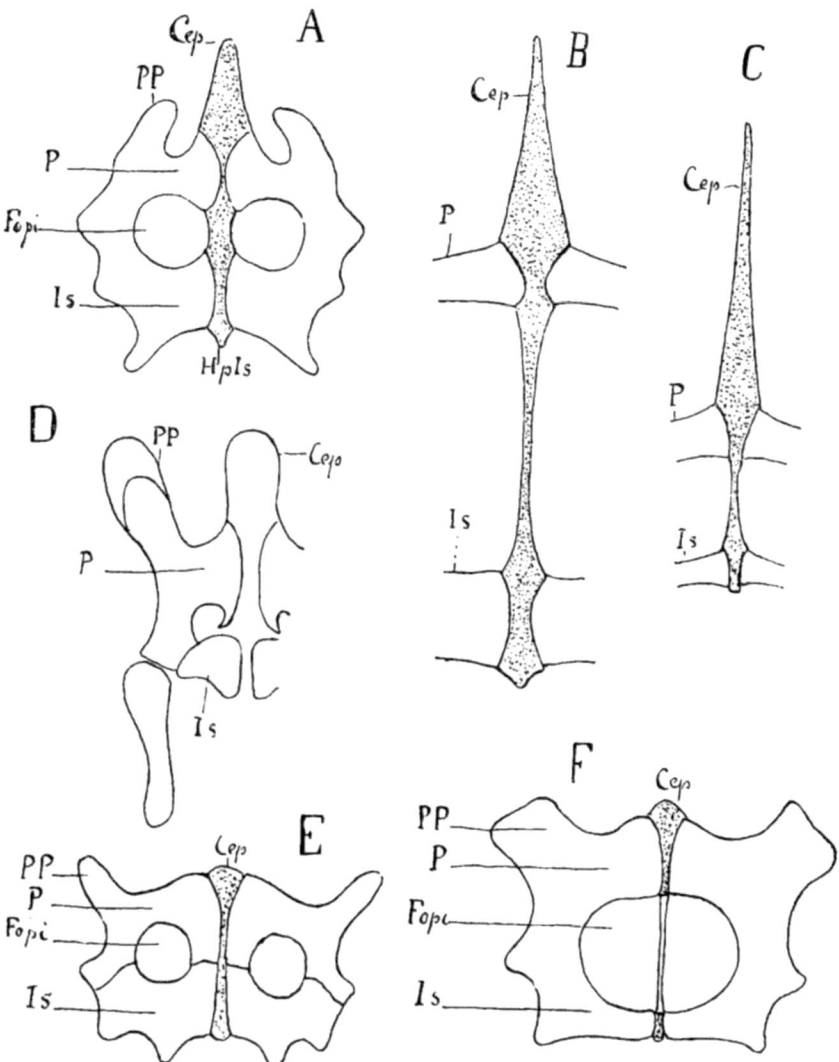

Textfigur 18. A Becken von Makrochelys nach G. Baur, B medialer Beckenknorpel von Chelys fimbriata, C derselbe von Emydura, D Becken von Sphargis coriacea aus D'Arcy Thompson's Manuscript, Copie nach Hoffmann, E Typus des Beckens von Testudo, F derselbe von Chelone. *Cep* Cartilago epipubis, *HpIs* Processus hypoischiadicus, *P* Pubis, *PP* Praepubis, *Is* Ischium, *Fopi* Foramen puboischiadicum.

von Makrochelys und Chelydra zunächst an dasjenige von Hatteria an (Textfigur 18, A). Es besitzt ein sehr starkes Epipubis, wie wir einem solchen auch, und zwar noch länger entwickelt, bei Chelys, Hydraspis und Emydura begegnen (Textfigur 18, **B, C**). Reduzirter erscheint dasselbe bei Makroclemmys Temminkii und bei dem beträchtliche Variationen zeigenden Genus Testudo. Im Alter kann es im Epipubis wie in der ganzen medianen Knorpelzone zur Verkalkung bezw. Verknöcherung kommen.

An Makrochelys und Chelydra schliessen sich Sphargis coriacea, die Cinosternidae (Dermatemydidae und Staurotypidae), und in einer andern Richtung, vielleicht von den Platystomidae, entwickelt sich nach Baur die Beckenform der Emydeen und Testudineen, bei welchen die medialen Enden der Pubes und Ischia zusammenstossen, und so die grosse zwischen ihnen liegende Oeffnung auch von der inneren Seite umrahmen (Textfigur 18, **DE**).

Eine von der ursprünglichen Form stark abweichende Configuration zeigt das Becken von Chelone und Trionyx. Hier weichen die Pubes und Ischia weit auseinander und sind nur noch durch ein Ligament, bezw. durch den schmalen, medianen Knorpel, an welchem man übrigens noch ein rudimentäres Epipubis erkennen kann, verbunden[1]).

Bei allen diesen verschiedenen Genera sind die Processus praepubici stets deutlich, ja z. Th., wie z. B. bei Macrolemmys, Emysaura serpentina, Testudo tabulata und anderen Testudineen, sehr stark entwickelt. Dabei zeigen sie eine sehr verschiedene Richtung, d. h. sie sind bald nach vorne und aussen, bald nach einwärts gerichtet.

Auch die Ischia unterliegen bezüglich ihrer Lage und Form bedeutenden Schwankungen; so sind sie z. B. bei Sphargis coriacea, Cinosternum scorpioides und Chelonia sehr zurückgebildet.

Bezüglich der Entwicklungsgeschichte des Chelonierbeckens liegen die schönen Arbeiten von Mehnert (74) vor, und auch ich habe schon früher (107) eine kurze Mittheilung hierüber publizirt.

Rathke (83) ist die erste Anlage des Becken- und Schultergürtels unbekannt geblieben. Das Knorpelstadium war schon erreicht, und jener Autor bemerkt dazu, dass jede Hälfte des vorderen wie

---

[1]) Die äusserste „specialisation" tritt uns nach D'Arcy Thompson im Becken von Chelys matamata entgegen; hier haben die einzelnen Theile, speciell das Pubis und Ischium, welche bei Trionyx noch so ziemlich in einer und derselben Ebene liegen, die allergrössten Lageverschiebungen erfahren, so dass der Winkel zwischen der Sitzbein- und Schambein-Ebene ausserordentlich schmal geworden ist.

des hinteren Extremitätengürtels ursprünglich aus einer einheit-lichen dreistrahligen Knorpelmasse bestehe.

Auch D'Arcy Thompson hat sich etwas mit entwicklungs-geschichtlichen Untersuchungen befasst; allein der jüngste Embryo von Chelone viridis, der ihm zur Verfügung stand, war einen Zoll lang, und dementsprechend zeigte das Becken bereits so ziemlich seine definitiven Formverhältnisse, obgleich noch keine Ossifications-centren aufgetreten waren. D'Arcy Thompson legt mit Recht seinen Ergebnissen keine grosse Bedeutung bei, indem er zugleich auf die „extreme specialisation" verweist, welche sich im Becken von Chelone anderen, ungleich primitiveren Chelonier-Becken gegenüber bemerklich macht.

Was nun die von Mehnert an Embryonen von Emys taurica gewonnenen Resultate anbelangt, so sind dies folgende.

Der Femur geht in seiner histologischen Differenzirung dem Becken voraus. Vom Becken selbst legen sich nur die Ilia als selbständige Knorpel an. Pubes und Ischia beider Beckenhälften stehen schon bei ihrer ersten Differenzirung unter einander in der Mittellinie im Zusammenhang (cänogenetische Erscheinung). Nach-träglich verwachsen alle drei Beckenabschnitte jederseits im Acetabu-lum zu einer Masse, und so entsteht auch das Foramen pubo-ischiadi-cum. Das Epipubis, Hypoischium, Processus lateralis Pubis (s. prae-pubicus) und Tuber ischii sind secundär am Beckengürtel in die Erscheinung tretende Gebilde. Das Epipubis ist bei Embryo-nen durch eine mediane (später verstreichende) Furche in zwei Hälften getheilt, was auf einen paarigen Ur-sprung dieses Beckentheiles zurückweist. Später gliedert sich das Epipubis vom Knorpel des Beckengürtels ab und wird selb-ständig. Das knorpelige Hypoischium bildet sich allmählich zurück und wird beim ausgewachsenen Thier ausnahmslos vermisst; beide Gebilde, das Epipubis, wie das Hypoischium haben, meint Mehnert, offenbar bei niederen Vertebraten früher eine grössere Rolle gespielt, als dies heutzutage der Fall ist.

Dass letztere Annahme vollkommen berechtigt ist, glaube ich durch meine Mittheilungen über das Dipnoër- und Ampbibienbecken erwiesen zu haben. Meine in den betreffenden Capiteln ausgesprochene Behauptung, dass das Epipubis der Dipnoër und aller Urodelen, mag es sich dabei um jenen mit der Beckenplatte continuirlichen Schnabel-fortsatz, oder um eine abgegliederte Cartilago ypsiloides handeln, ein morphologisch gleichwerthiges Gebilde darstellen, erfährt durch die Mehnert'schen Befunde eine weitere Stütze.

Für meine eigenen entwicklungsgeschichtlichen Untersuchungen verfügte ich leider über kein so günstiges Material wie Mehnert. Ich machte dieselben an Embryonen von Chelone viridis, welche

ich meinem Freunde, Prof. W. N. Parker in Cardiff, verdanke. Die
Präparate waren vortrefflich conservirt, und die kleinsten besassen
etwa 13 mm Kopf—Schwanzlänge. In diesem Entwicklungsstadium
ragen die vorderen und die hinteren Gliedmassen schon deutlich als
lappige oder paddelartige Anhänge hervor, während aber erstere hoch,
unmittelbar unter der Anlage des Carapax der Rumpfwand ansitzen
und, ganz wie bei Urodelen, nach aussen und dorsalwärts gerichtet
sind, liegen letztere viel tiefer und hängen mit dem freien Ende, der
Rumpfwand parallel, ventralwärts herab (Figur 67 **a**—**c**). Die auf
dieser Figur abgebildeten Querschnitte folgen, von **a** angefangen, in
proximo-distaler Richtung aufeinander, ohne sich jedoch unmittelbar
aneinander anzuschliessen; zwischen je zwei fallen vielmehr 10—14
Schnitte, die auf der Figur nicht dargestellt sind.

Wie bei den geschwänzten Amphibien, so ist auch bei Chelone
die Entwicklung der hinteren Extremitäten gegen diejenige der vorderen stets um ein gutes Stück zurück; sie sind nicht so voluminös
wie letztere, und obgleich in beiden noch kein Knorpel entwickelt ist,
so ist doch das indifferente Mesoblastgewebe in der vorderen Extremität schon zu viel compacteren, auch auf die Gürtelzone sich erstreckenden Massen zusammengetreten, als in der hinteren. Hier beschränkt
sich die Ansammlung desselben vorderhand nur auf die freie Extremität und greift erst bei 15 mm langen Embryonen auf die ventrale
Rumpfwand über[1]). — Daraus erhellt, dass auch bei Cheloniern
— und ich kann diesen Satz auch gleich auf die Lacertilier und
Crocodilier ausdehnen — der Anstoss zur Bildung des
Gliedmassenskeletes von der freien Extremität ausgeht und dass der centrale Aufhängeapparat, das Gür-
telskelet, erst secundär nachfolgt. Dies wird auch durch
den zeitlichen Verlauf der Verknorpelung bestätigt, denn stets tritt
diese zuerst im Femur und dann erst im Becken auf. Bei 21 mm
langen Embryonen kann man dies mit Leichtigkeit verfolgen und auch
Mehnert ist, wie schon erwähnt, zu demselben Resultat gekommen.
Bevor die Entwicklung aber so weit fortgeschritten ist, hängt die
freie Extremität mit der Beckenanlage im Vorknorpelstadium als
eine durchaus einheitliche Masse zusammen, so dass man auf Querschnitten jederseits eine keulenförmige und bald schärfer, lappenartig
sich abgrenzende Gewebsmasse erblickt, welche mit der der anderen
Seite ventral von der Harnblase durch eine schlanke Gürtelzone zusammenhängt. Letztere besteht aus sehr dicht liegenden Zellen, deren
Continuität nur durch den einstrahlenden Nervus obturatorius
unterbrochen wird, und wenn die Entwicklung einen gleichmässigen
Fortgang nähme, so stünde die Ausbildung jener homogenen, ventralen

---

[1]) In diesem Stadium erstreckt sich dieselbe über drei Spinalsegmente hinweg.

Beckenplatte zu erwarten, wie sie für die Urodelen charakteristisch ist. Diese Erwartung wird aber nicht erfüllt, insofern sich bald an jenen Stellen, wo das bei Chelone später so ausserordentlich geräumige Spatium pubo-ischiadicum entsteht, das Gewebe aufhellt, resp. eingeschmolzen wird, während die peripheren Theile sich consolidiren und zu verknorpeln beginnen. Dies geschieht zuerst an der Peripherie jener Stelle, wo später das Acetabulum sich ausbildet, und um diese Zeit erinnert das Bild sehr an das Entwicklungsstadium, welches ich in Figur 37 und 61 von den Amphibien dargestellt habe. Kurz, man kann eine discrete Knorpelanlage des Femur, des anfangs sehr kurzen und breiten Ilium, sowie des Ischium und Pubis constatiren[1]). Die beiden letztgenannten Beckenabschnitte liegen aber jetzt noch sehr nahe bei einander und rücken erst in einem späteren Stadium, welches ich auf Figur 68—71 abgebildet habe, von einander ab, während sie zugleich in der Acetabulargegend (Figur 69, †) zusammenfliessen. Fast gleichzeitig gilt dies auch für ihr mediales Ende (Fig. 70).

Um diese Zeit sind die beiden Beckenhälften in der Mittellinie noch durch eine sehr dichtzellige, proximal in ein rudimentäres Epipubis auslaufende Mesoblastzone von einander getrennt (Figur 70, 71 †), bald aber dehnt sich der Verknorpelungsprozess auch auf diese aus, wodurch es zu einer völlig knorpeligen Abkammerung des den Nervus obturatorius (*Fo*[1]) einschliessenden Foramen pubo-ischiadicum kommt.

So durchläuft also das Becken von Chelone ein Urstadium, wie es bei Hatteria und bei den primitiveren Schildkrötenformen typisch und stabil geworden ist.

Aeltere Embryonen habe ich nicht mehr untersucht, da sich der weitere Entwicklungsprozess aus einer Vergleichung des ausgebildeten Beckens leicht ableiten lässt.

2) Lacertilier.

Es liegt in der Natur des Objectes, dass das Becken der Eidechsen eine häufigere Bearbeitung erfahren hat, als dasjenige der Chelonier und Crocodilier. Dies gilt in anatomischer wie in entwicklungsgeschichtlicher Beziehung.

Eine streng wissenschaftliche und einen weiten Ausblick eröffnende Schilderung der embryonalen Verhältnisse verdanken wir A. Bunge (9), welcher seine Untersuchungen an Lacerta vivipara anstellte. Er behauptet, dass alle drei Beckenabschnitte jederseits eine einheitliche Knorpelgrundlage besitzen. Darin hat er sich nun allerdings, wie ich nachher zeigen werde, getäuscht, allein er bemerkt ganz richtig,

---

[1]) Zugleich beginnt auch schon das Skelet des Unterschenkels zu verknorpeln (Fig. 70, 71 bei *Cr*).

dass die Scham- und Sitzbeinspangen ursprünglich einander viel näher liegen, als dies später der Fall ist. Ja, das Pubis liege anfangs nicht nur transversell, sondern schaue mit seinem peripheren Ende zugleich sogar etwas distalwärts. Die Folge ist, dass das beim erwachsenen Thier verhältnissmässig umfangreiche Foramen cordiforme (s. pubo-ischiadicum) Anfangs noch sehr klein ist. Die medialen Enden des Pubis und Ischium berühren sich fast, indem nur eine schmale Zone indifferenten Bindegewebes sie von einander trennt. Der Nervus obturatorius erscheint von der Knorpelmasse des Pubis rings umschlossen. Erst später richten sich die Schambeine nach vorne, d. h. kopfwärts auf, und dadurch wird natürlich das Foramen cordiforme vergrössert. Zugleich kommt es durch mediales Auswachsen dieser Spangen zu einer Symphysis pubis ischii.

Während C u v i e r die betreffenden Beckentheile von Lacerta eben-falls in der von B u n g e vertretenen Bedeutung auffasst, erblicken M. F ü r b r i n g e r (29) und F. L e y d i g (69) in dem Ischium ein P u b o i s c h i u m, in welchem bei „jungen Thieren" noch ein Foramen obturatorium zu erkennen sei. Das betreffende Loch nennen sie F o r a m e n c o r d i f o r m e; dasselbe thut H o f f m a n n (54), welcher sich im Uebrigen der C u v i e r 'schen Auffassung anschliesst. Den Namen „Foramen obturatum" will H o f f m a n n nur auf den Canal im Pubis angewendet wissen, in welchem der Nervus obturatorius verläuft.

Bezüglich der von B u n g e gegebenen Widerlegung einer ab-weichenden Deutung der Einzelstücke des Reptilienbeckens, wie sie von G o r s k i versucht worden ist, stimme ich ihm vollkommen bei, und dasselbe gilt auch bezüglich der von ihm der F ü r b r i n-g e r 'schen Auffassung gegenüber erhobenen Einsprache.

Wenn B u n g e sowohl in der Deutung der einzelnen Becken-abschnitte, wie auch in derjenigen der grossen Oeffnung (Foramen cordi-forme) H o f f m a n n folgt, so hat er meiner Ansicht nach vollkommen Recht.

„Da wir — sagt B u n g e — durchaus keine Spur einer getrennten, knorpeligen Anlage des Pubis nachweisen können, so ist es klar, dass dasselbe nicht secundär zu den beiden andern Bestandtheilen hinzu-getreten sein kann, und wir müssen die Entstehung desselben anders zu erklären, und dabei die Verhältnisse bei den Sauriern mit den bei den Amphibien gefundenen in Einklang zu bringen versuchen."

Mit letzterem Satz bin ich vollkommen einverstanden; allein die zwingenden Gründe liegen für mich, wie ich wohl nach meinen Mit-theilungen über das Salamander- und Stegocephalenbecken nicht mehr des Näheren zu erörtern habe, ganz wo anders, und nicht in der ver-meintlichen homogenen Anlage der drei Beckentheile.

In seinen weiteren Ausführungen verweist B u n g e auf G e g e nb a u r (36), welcher, gestützt auf die Fensterbildung am Schultergürtel der Saurier, darauf aufmerksam machte, dass auch das zuvor (d. h. bei den Urodelen) einheitliche Pubo-Ischium durch Erweiterung des „Foramen obturatum" in einen vorderen Schenkel, das Schambein, und in einen hinteren, das Sitzbein, gespalten worden sein könnte. Später aber gab G e g e n b a u r (40) diese Anschauung wieder auf, indem er in der selbständigen Ossification und selbständigen Anlage des Pubis bei Säugethieren eine Schwierigkeit fand, und dasselbe als einen secundär zum primären Hüftbein hinzugetretenen Bestandtheil betrachtete, „für dessen Herkunft noch keine sichere Vorstellung möglich" sei.

Wie sich heute G e g e n b a u r dazu stellt, weiss ich nicht; ich bezweifle aber stark, dass er nach Bekanntwerden jener wichtigen, paläontologischen Bindeglieder jenen Einwand auch jetzt noch aufrecht erhalten würde. Auch B u n g e verweist mit Recht auf das Dactylethra-Becken, auf den Labyrinthodon Rütimeyeri (100), sowie endlich auf die H u x l e y 'schen Mittheilungen (60) über das Salamanderbecken. Er wirft unter Anderem auch die wohlberechtigte Frage auf, an welcher Stelle des Pubo-Ischium wir uns die Fensterung zu Stande gekommen denken sollen. Er sagt: „wenn wir annehmen, dass dieselbe einfach in einer Vergrösserung des Foramen obturatorium bestanden habe, so liesse sich dadurch wohl das Verhalten der Landschildkröten, nicht aber das der Saurier erklären. Der Nervus obturatorius tritt bei diesen durch ein besonderes Foramen obturatorium aus der Beckenhöhle, das Foramen cordiforme ist durch eine Brücke von ihm getrennt; wir müssten denn eine secundäre Einschliessung der Nerven annehmen, zu der kein Grund vorliegt. Denken wir uns andererseits, dass von dem mittleren Theil des medialen Randes eines einheitlichen Pubo-Ischium her eine Reduction des Skelettheiles sich eingeleitet habe, die eine immer tiefer werdende Incisur zu Wege brachte, so liesse sich das Verhalten der Saurier, nicht aber das der Landschildkröten erklären. Eine dritte Annahme wäre, dass man die Fensterung neben dem Foramen obturatorium, jedoch so, dass der mediale Rand der Platte intact bleibt, beginnen lässt. Vergrössert sich nun das Fenster nach der medialen Seite hin und durchbricht den Rand, so haben wir ein Becken, wie es die Saurier besitzen; nimmt es vorher das Foramen obturatorium in sich auf, ohne den medialen Rand zu durchbrechen, so ist das Becken der Landschildkröten hergestellt; erreicht und durchbricht es hierauf auch den medialen Rand, so erhalten wir die Verhältnisse, die uns das Becken der Seeschildkröten darbietet. Auf diese Weise könnten wir uns die verschiedenen bei den Sauriern und Cheloniern vorkommenden Formen des Beckengürtels entstanden denken. — Sehen wir nun zu, ob diese Annahme durch irgend ein Moment bei der Entwicklung des Beckengürtels von Lacerta vivipara unterstützt wird, so können wir in der starken Annäherung der medialen Enden des Pubis und des Ischium bei ganz jungen Embryonen in der That ein solches finden."

Bunge spricht die Vermuthung aus, dass sich bei andern Sauriern, wie z. B. bei Monitor oder Uromastix, wo ein knorpelig bleibender Fortsatz beider Ischia nahe an das Pubis heranreicht, in embryonaler Zeit noch eine vollkommene Umschliessung des Foramen cordiforme werde nachweisen lassen. Am vielversprechendsten aber zur Lösung dieser Frage, meint Bunge, wäre wohl die Untersuchung von Embryonen der Chelonier; solche standen ihm aber nicht zu Gebot. Er betont mit Recht, dass in dem vom Scham- und Sitzbein umschlossenen Loch der Chelonier nicht einfach ein Foramen obturatorium zu sehen sei (wie Hoffmann annimmt), sondern bei den Seeschildkröten ein Foramen cordiforme, mit welchem beide Foramina obturatoria verschmolzen sind, bei den Landschildkröten aber jederseits eine Hälfte des Foramen cordiforme, in welches das Foramen obturatorium der Saurier aufgegangen ist. Bunge fährt dann wörtlich fort: „Ein Epipubis ist bei den Sauriern nicht nachweisbar; die kleinen Knochenstücke, die Hoffmann bei Gecko für „epipubica" hält, scheinen eher als eine epiphysenartige Bildung gedeutet werden zu müssen. Die Duplicität derselben widerspricht durchaus dem Begriff des Epipubis, das, wie früher gezeigt worden, bei den Amphibien sich vollkommen einheitlich anlegt. Ob das bei Cheloniern vor der Vereinigung der Ossa pubis liegende Knorpelstück ein Epipubis ist, kann nur die Entwicklung desselben lehren."

Bunge bezeichnet es als sehr wünschenswerth, dass noch jüngere Lacerta-Embryonen, als sie ihm zu Gebote standen, auf den Punkt geprüft würden, ob sich nicht ein Entwicklungsstadium nachweisen lasse, in welchem der Nervus obturatorius, an dessen Homologie mit dem gleichnamigen Nerv der Urodelen übrigens nicht zu zweifeln sei, noch nicht von Knorpel umschlossen ist. Der Nachweis einer secundären Umschliessung, wie sie bei den Amphibien zu constatiren war, würde, meint er, die Homologie des vorderen Theiles der ventralen Beckenplatte der Amphibien mit dem Pubis der Saurier über allen Zweifel erheben.

Diesen Nachweis vermochte er nicht zu erbringen; allein trotzdem hält er sich, unter ausdrücklicher Betonung des Umstandes, dass keine einzige paläontologische Thatsache dagegen spreche, für berechtigt, jene Homologie aufrecht zu halten.

Dass Bunge mit seinen Erklärungsversuchen der Entstehung des Foramen pubo-ischiadicum resp. obturatorium nicht das Richtige getroffen hat, sondern dass dasselbe durch Verwachsung der lateralen und medialen Enden des Pubis und des Ischium zu Stande kommt, geht aus meinen und Mehnert's Schilderungen des embryonalen

Chelonierbeckens hervor. Auch bezüglich des Epipubis hat er sich geirrt, insofern dasselbe, — und ich kann Mehnert (75) hierin bestätigen — ganz wie bei Cheloniern, paarig entsteht. Dasselbe gilt für das Hypo-Ischium. Hier wie dort handelt es sich um Verschmelzung zweier, ursprünglich mit den medialen Enden der Scham- resp. Sitzbeine continuirlich verbundener Zellhöcker. Später wird dieser Zusammenhang durch Ausbildung einer trennenden Bindegewebszone gelöst. Beim individuellen Fehlen eines Os hypo-ischium vertritt bei Sauriern seine Stelle ein Band, das Lig. hypo-ischium (Mehnert).

Dem Ligamentum medianum pelvis kommt nach Mehnert bei Lacerta vivipara keine „skeleto-vicarirende" Bedeutung zu. Es entsteht in loco nach Art eines intermuskulären Bindegewebsseptum. Seine Beziehungen zum Beckengürtel fasst Mehnert daher als secundär erworben auf, und auch das Epipubis und Hypo-Ischium sollen durch ihr spätes Erscheinen in der Ontogenese das unverkennbare Gepräge von Secundärbildungen an sich tragen, deren Urgeschichte noch dunkel ist. Ich muss gestehen, dass mich diese Aeusserung einigermassen überrascht hat, da Mehnert ein Jahr zuvor durch seine schönen Studien an Emys taurica zu der, wie ich durch meine eigenen Befunde bei Anamnia nachgewiesen zu haben glaube, ganz richtigen Ansicht gelangt war, dass jene Skeletstücke bei niederen Vertebraten früher offenbar eine grössere Rolle gespielt haben müssen, als dies heutzutage der Fall ist. Nun werden dieselben plötzlich, ohne dass ein triftiger Grund dafür angegeben wird, als secundäre Erwerbungen proclamirt und es wird dem Ligamentum medianum sogar jede skeleto-vicarirende Bedeutung abgesprochen. Beides halte ich für unrichtig, und was jenes Band anbetrifft, so war es ebenso gut früher durch Hyalinknorpel repräsentirt, als dies für das Becken gewisser Schildkröten gilt, wo man, wie z. B. bei Chelone, die betreffende Gewebsformation sogar ontogenetisch noch nachweisen kann. Letzteres ist auch bei jungen Exemplaren von Lacerta muralis, bei den Agamen (vergl. mein Lehrbuch der vergl. Anatomie der Wirbelthiere), bei Uromastix und andern Sauriern noch deutlich zu erkennen. Kurz, es handelt sich eben um den letzten Rest einer schon von den Amphibien her datirenden, und auch bei Hatteria und den meisten Cheloniern persistirenden, medianen Verschmelzung der ventralen Beckenplatte. In jener medianen Zone kann es auch zur Verkalkung, bezw. zu einer richtigen Ossification kommen. Dies gilt z. B. nicht selten für die zwischen die beiden Vorderenden des Pubis pflockartig sich einkeilende Portio epipubica; allein darin liegt nichts Specifisches für die Saurier, da Aehnliches auch schon bei Protopterus, bei Salamandrinen (z. B. beim Brillensalamander) und auch, wie oben erwähnt, bei Cheloniern vorkommt.

In Textfigur 19, **A** bilde ich einen Flächenschnitt durch die ventrale Partie des Beckens eines 32 Millimeter langen Embryos von Lacerta agilis ab. Man sieht darauf die Abgliederung des paarigen Hypo-Ischium. Schon im nächsten Schnitt bildet das Hypo-Ischium jeder Seite mit dem zugehörigen Ischium noch eine einheitliche Masse. Proximalwärts sind die Ischia bereits verschmolzen und werden durch ein dichtes, kleinzelliges Blastem mit den Schambeinen verbunden.

Die Verwachsung der letzteren erfolgt stets früher als diejenige der Sitzbeine, so dass also der Beckenverschluss zeitlich genau so wie

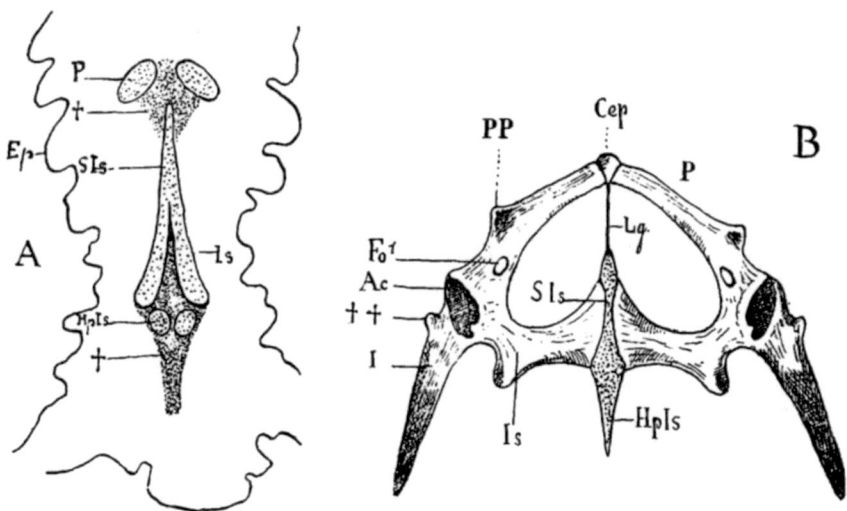

Textfigur 19. **A** Flächenschnitt durch die ventrale Partie des Beckens eines Embryo von Lacerta agilis von 32 mm Länge, **B** das Becken von Lacerta vivipara von der Ventralseite gesehen. *Ep* Epidermisrand, *P* Pubis, *PP* Praepubis, ventralwärts etwas überhängend, *Is* Ischium, welches bei *SIs* eine Symphyse bildet, *HpIs* Hypoischium, welches im Embryo als paarige Masse von den Hinterenden der Ischia sich abgliedert, † dichtzelliges embryonales Zwischengewebe, *I* Ilium mit einem Fortsatz ††, der bei Crocodiliern, Dinosauriern und Vögeln zu der mächtigen Pars praeacetabularis ossis ilei wird, *Ac* Acetabulum, in welchem die drei Beckenknochen ohne sichtbare Nahtbildungen zu einer Masse verschmelzen, *Fo¹* Foramen obturatorium, *Cep* kalkknorpeliges Epipubis, *Lg* fibröses Band.

bei den Urodelen, d. h. in caudaler Richtung fortschreitend, geschieht. Dies ist aus den Querschnitten auf Fig. 72, **a, b, c,** deutlich zu ersehen. Hier sind alle drei, von reichlichem Perichondrium umgebenen Beckentheile in der Acetabulargegend noch von einander getrennt, und man sieht, wie die in Figur **a** noch rein transversell liegenden Pubica in der Mittellinie bereits nahe zusammengetreten sind, und wie sie seitlich vom Nervus obturatorius durchbohrt werden. In Fig. **c** sind die Ischia von einer medianen Vereinigung noch viel mehr entfernt, als dies weiter vorne für die Pubica gilt. In Fig. 73 ist die Vereinigung an beiden Stellen bereits erfolgt, und die Ischia formiren,

ventralwärts keilartig vorspringend, das reine „Schnabelbecken". Auf
ein noch älteres Stadium bezieht sich die Figur 74, und man sieht
hier an der Innenseite der eine einzige Knorpelmasse bildenden Pars
iliaca und ischiadica bereits eine perichondrische Ossification auftreten.
Dorsalwärts ist die Vereinigung mit einem Sacralwirbel schon erreicht,
und zwar geschieht dies, indem der Querfortsatz (resp. die Sacralrippe)
weit ventralwärts abgebogen und an seiner lateralen Seite eine Hohl-
kehle für das Ilium erzeugt wird.

In der Reihe der übrigen Saurier handelt es sich, je mehr wir
uns von den Crassilinguia zu den Fissilinguia[1]) wenden, um
eine immer grössere Schlankheit und Zartheit der Knochen, eine gleich-
zeitige Erweiterung des Foramen obturatorium und endlich um eine
immer steilere Aufrichtung der Schambeine nach vorne gegen die
Medianlinie zu. Zugleich geht das Ilium in Anpassung an die in der
Reptilien-Reihe neu erworbenen mechanischen Verhältnisse aus einer
annähernd senkrechten Stellung allmählich in eine schiefe, nach hinten
und dorsalwärts gerichtete über. Vorgebildet sehen wir dies schon
bei Holocephalen und gewissen Urodelen, wenn auch die dortigen Verhältnisse nicht direct auf die Saurier übertragbar sind[2]).

3) Crocodile.

Wenn sich eine gewisse Verwandtschaft zwischen dem Saurier-
und Chelonierbecken nicht verkennen lässt, so begegnen wir bei
Crocodiliern Verhältnissen, welche auf eine ganz eigenartige Entwicklungsrichtung hinweisen. Aus diesem Grunde und auch wegen seiner
wichtigen Beziehungen zu ausgestorbenen Reptilienformen hat das
Crocodilierbecken das Interesse der Morphologen von jeher in ganz
besonderem Masse erregt und eine grosse Literatur hervorgerufen,
ohne dass bis jetzt eine Einigung in der Auffassung gewisser Abschnitte desselben zu erzielen gewesen wäre. Vor Allem bezieht sich

---

[1]) Das Os hypoischium hat in der Reihe der eigentlichen Saurier (Iguana,
Monitor, Urotrops etc.) eine weite Verbreitung. Bei Crocodilen und Chamaeleonten fehlt es.

[2]) Beim Chamaeleon (7 cm langes Exemplar) steigt das Ilium senkrecht
gegen die Wirbelsäule empor und ragt mit seiner Spitze bis in die Höhe der Dornfortsätze der synostotisch verschmelzenden Sacralwirbel empor, so dass jene in
eine Höhe mit den obersten Rückenkante zu liegen kommt. Dabei liegt der
Knochen sehr oberflächlich, dicht unter der äusseren Haut, wie in einer Art von
fibröser Tasche, und ist mit seiner medialen Wand nur sehr lose durch Band-
massen an das Sacrum befestigt, während, wie schon erwähnt, das eigentliche
Ende daran vorbeiläuft und höher hinaufsteigt. — Offenbar handelt es sich hierbei um secundäre, in Anpassung an die Lebensweise erworbene Charaktere. Ueber
die eigenthümlichen Verhältnisse des Epipubis der Chamaeleonten vgl. meine
Schrift: Die Phylogenie der Beutelknochen (113).

dies auf die steil nach vorne und medianwärts gerichteten Skelettheile, die von einigen Autoren für eine „Cartilago pyramidalis" erklärt werden [1]). Im letzteren Fall — und ich nenne als Vertreter dieser Ansicht Leydig, Fürbringer, Seeley und Baur — ist der sonst als Ischium bezeichnete Beckenabschnitt als ein Ischio-Pubis aufzufassen.

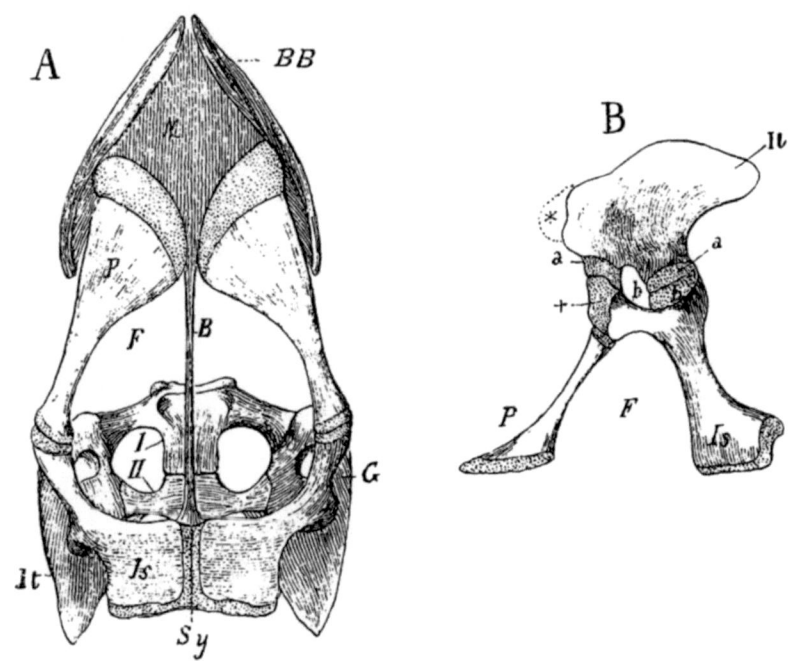

Textfigur 20. Becken von einem jungen Alligator lucius. A ventrale, B seitliche Ansicht. Il Ilium, Is Ischium, P Pubicum, Sy Symphysis ossis ischii, F Foramen cordiforme + obturatum, B fibröses Band zwischen Symphysis pubis und ischii, † Pars acetabularis, welche sich zwischen den Fortsatz a des Ileums und das Pubicum einschiebt, b Loch in der Pfanne, nach rückwärts von den beiden zusammenstossenden Fortsätzen a und b des Ileums und Ischiums begrenzt, * Andeutung des an dieser Stelle bei Dinosauriern und Vögeln nach vorne auswachsenden Ileums, G Gelenkpfanne für den Oberschenkel, I, II erster und zweiter Sacralwirbel, M fibröse Membran zwischen den Vorderenden der beiden Schambeine und dem letzten Bauchrippenpaar (BB).

Baur fusst dabei auf dem Verhalten des Beckens der Pterosauria, welche in ihrem „Ischium" ein Loch (Foramen obturatorium nach Baur) besitzen sollen. Ich selbst kenne diese Verhältnisse nicht aus

---

[1]) C. K. Hoffmann fasst das „Pubis" als ein Epipubis im Sinne der Salamander auf. Nach S. Haughton würden die gewöhnlich als Ossa pubis bezeichneten Knochen den Ossa marsupialia der Monotremen und Marsupialier, das Ischium aber einem Pubis entsprechen, während das wirkliche Ischium (im Sinne Haughton's) mit dem hinteren Abschnitt des Ileum zusammengeflossen sein soll. — Ich habe diese abenteuerliche Auffassung Haughton's durch das Manuscript D'Arcy Thompson's kennen gelernt.

eigener Anschauung, jedenfalls aber kann ich mich so wenig auf die Seite jener Autoren, als auf diejenige D'Arcy Thompson's stellen. Dieser erklärt das „Pubis" für ein Praepubis und nimmt dies auch für die Chamaeleonten, Amphisbaenen, den Moro- und Atlantosaurus sowie für die übrigen Sauropoda in Anspruch [1]). Er fusst dabei auf folgenden, nach seiner Ansicht für jenes Skeletstück der Crocodile spezifischen Eigenschaften: Ausschluss vom Acetabulum, die von dem Lacertilierpubis gänzlich abweichende Form mit der spatelförmigen Knorpelapophyse am proximalen Ende, welche durch fibröses Gewebe mit ihrem Gegenstück in der Medianlinie verbunden ist, gänzlicher Mangel eines Processus praepubicus, eigenthümliche und sehr bemerkenswerthe Beziehungen zur Muskulatur.

Ich führe den betreffenden Passus aus D'Arcy Thompson's Manuscript wörtlich an. „There is nothing in the Development of the Crocodiles pelvis to render it unlikely that its „pubis" is really a prepubis: though at the same time if it be so, there is no evident trace remaining of the true pubis. Though there is a sort of rupture or fissure in the subacetabular cartilage which may indicate that here is the boundary between pubis and ischium; in which case a very distinct part of the pubis would be really left. There is not the slightest trace at any time of an anterior process upon the „pubis"."

Aus diesen z. Th. mit grossem Scharfsinn angestellten Versuchen, zu einer klaren Einsicht zu gelangen, ist jedenfalls eines mit Sicherheit zu entnehmen, nämlich, dass ohne einen Einblick in die Entwicklungsgeschichte kein sicheres Urtheil möglich ist.

In dieser Beziehung ist seit den Zeiten Rathke's (86) so gut wie kein Fortschritt zu verzeichnen. Rathke selbst aber untersuchte nur Stadien, in welchen Darm-, Sitz- und Schambeine jederseits bereits eine zusammenhängende und nirgends unterbrochene Knorpelmasse bildeten. Noch sehr kurz waren die Schambeine, im Verhältniss viel kürzer als später; sie waren noch nicht nach vorne gerichtet, sondern standen quer, parallel zum Sitzbein. Beide waren nur durch einen schmalen Zwischenraum getrennt. Erst später wachsen sie mächtig in die Länge aus, nach vorne, und zugleich beginnt sich das Schambein aus seiner Knorpelverbindung zu lösen und bleibt nur noch durch Syndesmose mit dem Sitzbein verbunden.

Diese Beobachtungen Rathke's kann ich bestätigen, aber auch noch insofern erweitern, als mir eine Reihe gut conservirter, jüngerer

---

[1]) D'Arcy Thompson sagt hierüber: „The „pubis" of the Chamaeleon is not homologous with that of the Lacertilia or of birds, but with that of the Crocodile: in other words, it is a prepubis. And the Chamaeleon is not a true lizard, but has very close affinities with the Sauropoda and Stegosauria, — reptiles classed by Marsh with the Dinosaurs."

Embryonen des ceylonesischen Crocodilus biporcatus zur Verfügung stand.

Bei 17 mm langen Exemplaren ist, wie ich dies auch von Chelone berichten konnte, die Vorderextremität bereits im Vorknorpelstadium angelangt, während die hintere noch wesentlich von indifferentem Mesoblastgewebe aufgebaut wird. Dasselbe zeigt sich im Innern der noch paddelartigen, ventral- und lateralwärts gerichteten Gliedmasse in zwei Zonen, einer helleren, peripheren und einer compacteren, centralen, angeordnet. Aus ersterer entstehen später die Muskeln, z. Th. aber erstreckt sich jene helle Zone auch bereits in zwei, kaum von einander zu trennenden, ganz parallel laufenden Zügen, einem mehr proximal und einem mehr distal liegenden, in die ventrale Bauchwand herein. Dies sind die ersten Andeutungen eines Pubis und eines Ischium, beziehungsweise der mit denselben später in Verbindung stehenden Muskulatur (Fig. 77, **b, c**). Eine Verbindung dieser ziemlich lockeren Gewebsmassen mit den Somiten (So) — Myomeren sind noch nicht differenzirt — vermochte ich in diesem Stadium noch nicht nachzuweisen; dagegen sah ich bereits dicht an der lateralen Seite der Arteria iliaca gut entwickelte, gewaltige Nerven, wovon einer als Obturatorius deutlich zu erkennen war, in die Extremität einstrahlen (Fig. 77, **a, c**) [1]).

Jenes dunklere, compacte, in der freien Gliedmassenknospe liegende Gewebe ist der Vorläufer des Ober- und Unterschenkels, welche beide (vergl. Fig. 77, **d**) eine discrete Anlage zeigen und auch hier, wie bei allen bis jetzt geschilderten Wirbelthier-Embryonen, dem zugehörigen Gürtel in der Entwicklung voraus sind. — Die ganze Anlage der hinteren Extremität erstreckt sich zu dieser Zeit über drei Interspinalsegmente hinweg, und von einer „Fensterbildung" zwischen Pubis und Ischium kann man in diesem, wie auch in den beiden nächsten Stadien (Vorknorpel- und beginnenden Knorpel-Stadium), noch nicht reden. Eine Continuitätstrennung des noch fast ganz einheitlichen, breiten Mesoblastgürtels wird, ähnlich wie im Urodelenbecken, einzig und allein durch den Nervus obturatorius bewirkt.

Das Entwicklungsstadium, welches ich in Fig. 75 und 76 abgebildet habe, schliesst sich fast unmittelbar an dasjenige der Fig. 77 an. Der Verknorpelungsprozess ist im Femur bereits in vollem Gang, und hat auch schon das Becken in allen seinen drei noch gänzlich getrennten Abschnitten, in der späteren Regio acetabularis ergriffen, allein die Intercellularsubstanz ist hier vor der Hand nur spärlich entwickelt. Eine Vereinigung des Pubis mit seinem Gegenstücke

---

[1]) Bezüglich der übrigen topographischen Verhältnisse verweise ich auf die Figurenerklärung.

wird aber noch durch den die Somatopleura durchsetzenden voluminösen Dottergang verhindert; eine Symphysenbildung ist also zu dieser Zeit schon aus mechanischen Gründen unmöglich, und darin liegt für das weiter auswachsende Pubis der erste Anstoss, sich mit seinem distalen Ende allmählich nach vorwärts zu wenden. Die weitere Folge ist, dass der Nervus obturatorius der noch fast ganz senkrecht stehenden Beckenwand medianwärts eng angepresst liegt (Fig. 75). In Fig. 76, welche einen um 10 Schnitte weiter caudalwärts liegenden Querschnitt darstellt, ist der Durchbruch jenes Nerven bereits erfolgt, und man sieht ihn in die allmählich sich differenzirende Adductorenmasse sich einsenken. Auf demselben Schnitt, welcher nicht mehr in den Bereich des Dotterganges fällt, zieht sich das noch nicht verknorpelte Blastem des Ischiums als eine scharf begrenzte Bandmasse in die ventrale Bauchwand herein und greift über die Mittellinie hinüber.

Fig. 78 und 79, **a** und **b** stellen Flächenschnitte durch einen 22 mm langen Embryo dar und dringen dabei in dorso-ventraler Richtung vor. Der erste (Fig. 78) hat der starken Körperkrümmung wegen die Wirbelsäule zweimal getroffen (vergl. die Erklärung von Fig. 68—71). Er geht gerade durch die Ebene der Hüftgelenkspfanne, welche zu dieser Zeit noch nicht durchbrochen, sondern noch aus Vorknorpelgewebe gebildet ist. Der Durchbruch erfolgt erst später.

In einem weiter ventralwärts vordringenden Schnitt (Fig. 79, **a**) sieht man den Durchbruch des Nervus obturatorius, welcher durch den engen, nahe dem Acetabulum liegenden Schlitz zwischen Pubis und Ischium hindurchgeht. Auf der rechten Seite der Figur ist dies, da der Schnitt nicht rein senkrecht zur Körperlängsachse verläuft, bereits geschehen, und von dieser Stelle an sieht man jene beiden Knorpelspangen ihre dicht beim Acetabulum noch parallele Richtung aufgeben und ventralwärts genau so divergiren, wie ich dies vom Chelonier-Becken in Fig. 69 und 70 dargestellt habe. Zwischen ihnen liegt eine dichtzellige Verbindungszone, das Pubis ist durch reichliche Abscheidung von hyaliner Intercellularsubstanz in seiner Entwicklung vor dem Ischium anfangs voraus, und grenzt sich deutlicher von seiner Umgebung ab als letzteres.

Zu einem ventralen Zusammenfluss des Pubis und Ischium beider Seiten kommt es in diesem Stadium noch nicht, und auch bei 25 mm langen Embryonen ist die betreffende Verbindung nur eine bindegewebige; später aber fliesst das Ischium und (des lange persistirenden Dotterganges wegen) erst nachträglich auch das Pubis mit seinem Gegenstück medianwärts zusammen, so dass man jetzt von einer Symphysis pubica und ischiadica sprechen kann.

Letztere persistirt, erstere löst sich wieder[1]), und indem sich die allmählich verknöchernden Schambeine nach vorn ausstrecken, kommt
es, ganz wie bei Chelonia und unter Umständen auch bei Lacerta, in der Medianlinie zu einem schmalen, fibrösen Band, welches
die ursprünglich knorpelig zu denkende Verbindung zwischen der
Symphysis pubis und ischiadica ersetzt. Diese scheidet nun die
extrem weiten Foramina ischio-pubica, in welchen auch das Foramen
obturatorium aufgegangen ist, von einander. (Textfigur 20, A.)

Während dieser Vorgänge bahnen sich noch weitere Veränderungen an, welche das Crocodilierbecken seiner definitiven Gestalt
entgegenführen. Die Durchbrechung des Fundus acetabuli wurde bereits erwähnt; gleichzeitig aber kommt es in jener Gegend, in welcher,
wie dies schon Rathke ganz richtig beobachtet und beschrieben hat,
der hyalinknorpelige Dreistrahl jeder Beckenhälfte zu einer einheitlichen Masse zusammenschiesst, insofern wieder zu einer Continuitätstrennung, als sich das Pubis davon ablöst und sich gleichsam seine
ursprünglich selbstständige Stellung wieder zurückerobert. Damit
aber hat der Differenzirungsprozess an jener Stelle noch nicht sein
Ende erreicht, sondern es schnürt sich vom Processus acetabularis ilei
ein Abschnitt los und wird zu der sogenannten Pars acetabularis
des Crocodilierbeckens. Es handelt sich dabei also um kein primitives,
etwa von niederen Reptilien oder gar von den Amphibien her ver-
erbtes Skeletstück, d. h. um kein rudimentäres Organ, sondern um
eine neue, secundäre Erwerbung, welche auch bei Vögeln und Säugethieren eine grosse Rolle zu spielen berufen ist.

Schliesslich sei noch erwähnt, dass die Pars iliaca pelvis des
Crocodilbeckens dorsalwärts immer mehr auswächst und sich nach
Erreichung der Wirbelsäule so stark in proximo-distaler Richtung verbreitert, wie dies bekanntlich bei keinem anderen recenten Reptil
oder Amphibium der Fall ist. In weiterer Fortbildung begegnen wir
diesem Bestreben der Darmbeine, eine immer grössere Zahl von
Wirbeln in ihren Bereich zu ziehen, bei Dinosauriern und Vögeln,
und hier wie dort ist die Ursache dafür in statischen und mechanischen Momenten zu suchen, welche die hintere Extremität befähigen,
das Gewicht des Rumpfes, unter gleichzeitiger Entlastung seines
vorderen Abschnittes, auf sich zu übertragen.

Bezüglich des Dinosaurier-Beckens getraue ich mir so lange
noch kein bestimmtes Urtheil zu, bis es mir vergönnt ist, mich von den
dortigen Verhältnissen am Präparat selbst zu unterrichten. Wie sich

---

[1]) In den auch beim erwachsenen Becken persistirenden Knorpelapophysen
am Vorderende der Schambeine erblickt Huxley (60) mit Recht das Homologon
der Epipubica. Dieselben bleiben aber, wie ich hinzufügen möchte, gewissermassen latent. Diesen Ausdruck halte ich deshalb für berechtigt, da ich keine
Abschnürung derselben vom Pubis in der Ontogonese constatiren konnte.

D'Arcy Thompson dazu stellt, theile ich ohne jeglichen Commentar von meiner Seite im Folgenden mit: „Marsh is therefore wrong in saying that Dinosaurs possess (as a new development) a post-pubis which is persistent in birds, but did not occur in other Reptiles. The facts are probably these: that in the Dinosaurs and their precursors the prepubis became very greatly developed (just as it does in certain Chelonians): that while in birds the parts resumed their normal proportions, there were other descendants in which the true pubis dwindled away, and only the prepubis remained. These included the Sauropoda and the Crocodiles, and (probably as the descendants of the former) the Chamaeleon. Marsh therefore inverted the ordre of things: and instead of saying that the pubis of birds was a different structure from that of living reptiles, he should have said that the Crocodile's pubis was a different structure from that of other reptiles and birds and mammals."

Nach dem, was ich über die Ontogenese des Crocodilierbeckens ermittelt und im Vorstehenden mitgetheilt habe, ist es wohl kaum nöthig, die principielle Uebereinstimmung desselben in allen seinen Hauptpunkten mit demjenigen der übrigen Reptilien noch besonders hervorzuheben. Alle jene Spitzfindigkeiten und Deuteleien, wie sie von vielen, oben schon erwähnten Seiten an das „Pubis" verschwendet wurden, fallen, wie leicht ersichtlich, als bedeutungslos in sich selbst zusammen, und es ist kaum zu begreifen, dass man, nachdem Rathke für eine richtige Erkenntniss bereits die Wege geebnet hatte, hierin so weit davon abirren konnte.

G. Vögel.

Hierüber liegen die entwicklungsgeschichtlichen Arbeiten von A. Bunge, W. K. Parker, A. Johnson, V. Menzbier und E. Mehnert vor; was speciell das Hühnchen anbelangt, so findet sich Manches auch in den verschiedenen Lehrbüchern über Entwicklungsgeschichte.

Ich selbst habe eigene Untersuchungen an Enten- und Sperlings-Embryonen angestellt, bin aber dabei Mehnert gegenüber, der diesen Stoff an einem viel grösseren Vogelmaterial in ausgezeichneter Weise und erschöpfend durchgearbeitet hat, zu keinen wesentlich neuen Resultaten gelangt.

Schon Bunge hat ganz richtig beobachtet, wenn er das Becken bei Sperling und Huhn im Vorknorpelstadium als eine einheitliche Masse bezeichnet. Ischium und Pubis laufen noch nicht parallel zur Längsaxe des Ilium, sondern stehen senkrecht zu derselben. Im Knorpelstadium erscheint nach Bunge das Becken nicht mehr einheitlich, indem das Pubis sich selbständig anlegt.

Später wächst das Ilium weiter proximalwärts aus, das Pubis verschmilzt mit dem Ilium und Ischium; alle drei Abschnitte betheiligen sich am Aufbau des Acetabulums.

Bei der Ente zeigt nicht nur das Pubis, sondern auch das Ischium eine vom Ilium getrennte, knorpelige Anlage. Später erfolgt der Zusammenfluss. Bunge bemerkt hierüber: „Diese Erscheinung ist so paradox, dass ich mich jeder Deutung enthalte und die Thatsache hier nur mittheile in der Hoffnung, dass sie nach Beschaffung weiteren Materiales vielleicht Verwerthung finden könnte."

Die selbständige Anlage des Pubis lässt sich nach Bunge, der sich dabei auf die frühere Arbeit von Gegenbaur (138) stützt, aus den Verhältnissen des Crocodilierbeckens herleiten. „Hier ist das Pubis bekanntlich ein selbständiger, beweglich dem Ischium angefügter Bestandtheil des Beckengürtels geworden; während es hier aber seine Selbständigkeit bewahrt, giebt es dieselbe beim Vogelbecken durch nachträgliche Verbindung mit dem Ilium und Ischium wieder auf und betheiligt sich an der Bildung des Acetabulum."

Was die Stellung des Pubis und Ischium betrifft, so verweist Bunge auf die Verhältnisse gewisser Dinosaurier und betont, dass dieselbe im Laufe der Vogelentwicklung alle Phasen durchlaufe, „die wir uns zwischen der Stellung beim Embryo von Lacerta vivipara und dem erwachsenen Vogel denken können".

Nach W. K. Parker entsteht der Beckengürtel aus drei ursprünglich ganz getrennten Knorpelstücken, welche nach vorausgegangener selbständiger Verknöcherung zu einer Masse zusammenfliessen. Jene drei Stücke sind das Ilium, Ischium und Pubis. Die Pars acetabularis soll ein Theil des Ilium sein, an welchem man wieder eine prae- und postacetabulare Partie unterscheiden kann.

Ich selbst und Mehnert, der seine Untersuchungen an Embryonen von Larus ridibundus, Podiceps, Sterna, Anas, Corvus u. a. angestellt hat, sind, wie schon angedeutet, zu ganz ähnlichen Resultaten gekommen. Stets geht auch bei den Vögeln der Femur in seiner histologischen Differenzirung dem Becken voraus, und nie legt sich derselbe, wie dies A. Johnson behauptet hat, mit dem Beckenknorpel als einheitliche Masse an. Dieser, wie alle drei Haupttheile des Vogelbeckens, entstehen also getrennt, später aber, nach vorausgegangener selbständiger Verknöcherung, fliessen sie zu einer Masse zusammen[1]). Dabei nimmt jener Theil, den man als eine „Pars acetabularis" zu bezeichnen pflegt, allmählich an Grösse zu,

---

[1]) Dies gilt für alle wildlebenden Vögel. Beim Huhn dagegen sind Ilium und Ischium, wie Bunge schon constatirt hat, vom ersten Auftreten der Knorpelsubstanz an ohne jede Trennungsspur verbunden; während sich das Pubis in der Mehrzahl der Fälle noch selbständig anlegt (Mehnert).

bestätigt also die Erwartung, ihn als ein rudimentäres Organ auffassen zu dürfen, nicht. Genetisch gehört jener Theil zu dem in die
Pfannenbildung eintretenden Abschnitt des Darmbeines und ossificirt
auch von letzterem aus. Es handelt sich also um keine vierte Com-
ponente des Os pelvis (Mehnert).

Genetisch gehört die Pars acetabularis, wie Bunge ganz richtig
bemerkt, und wie ich dies auch für die Crocodilier nachgewiesen habe,
zum Processus ilei acetabularis pubicus und ist als Spina iliaca zu
deuten. Letztere ossificirt vom Ileum aus, während ein „Post-
pubis" im Sinne von Marsh bei Vögeln nicht zur Entwicklung
kommt.

Dass das zur Körperlängsaxe, resp. zum Ilium ursprünglich senkrecht gestellte Pubis und Ischium der Vögel auf ihren in den Reptilien wurzelnden Ursprung zurückweist, ist selbstverständlich. In
der Embryonalzeit findet dann eine ganz allmählich sich vollziehende
Drehung der distalen Enden jener Theile statt, bis sie endlich eine
Lage einnehmen, wie sie das Dinosaurier- und Vogelbecken charakterisirt.

H. Säugethiere.

Bezüglich der anatomischen Verhältnisse des Säugethierbeckens,
das in seinem ursprünglichen Typus bekanntlich noch durch eine Sitz-
und Schambein-Symphyse charakterisirt ist, verweise ich auf mein
Lehrbuch und meinen Grundriss der vergleichenden Anatomie. Dort
habe ich auch die wichtigste Literatur zusammengetragen und dabei
namentlich auf die schönen Untersuchungen von W. Leche (66) ver-
wiesen. In diesen wird auch der stets später als die übrigen Beckentheile entstehenden Pars acetabularis eine ausführliche Betrachtung
gewidmet, auf die ich aber hier nicht zurückkommen will, nachdem ich
im Vorstehenden ihre Genese bei Crocodiliern und Vögeln geschildert
und sie als ein Gebilde von secundärer Bedeutung bezeichnet habe.
Dasselbe gilt für den Ausschluss des Schambeins von der Hüftgelenkspfanne. Für ungleich wichtiger erachte ich die Frage nach dem Verbleib des uralten, schon von den Anamnia her datirenden Epipubis
bei Säugern. Hierüber habe ich in den letzten drei Jahren eingehende
Untersuchungen angestellt, und diese haben mir folgende, wie ich
glaube, nicht uninteressante Resultate ergeben. Erstens konnte
ich bei jungen Beutlern einen directen Zusammenhang
der noch knorpeligen Ossa marsupialia mit dem Symphysenknorpel des Beckens constatiren und dadurch die
später zu erwähnenden Befunde Leche's (68) bestätigen, sowie die
Continuität des Epipubis von Polypterus bis zu den
Säugethieren erweisen. Zweitens aber erkannte ich in jenem
theils paarigen, theils unpaaren Skeletstück, welches sich in der

Schambeinsymphyse bei Edentaten, Insectivoren, Chiropteren u. A. findet, ein letztes Rudiment des Epipubis-Sockels. In dem gleichen Sinne fasse ich die Puncta ossificationis am Symphysenende des menschlichen Schambeines auf. — Es würde mich zu weit führen, auf alle die betreffenden Details hier näher einzugehen, und ich verweise deshalb auf meinen, bereits oben citirten Aufsatz (113), wo man über all dies genauen Aufschluss finden wird.

D'Arcy Thompson (97) bemerkt über die Ossa marsupialia wörtlich folgendes: „I believe at present, that they are truly prepubes and not epipubes: that is to say that they are not primarily in relation to the middle line at all, but are segmented off from the region of the pectineal tubercle. It is only where they have become much reduced (as in the Kangaroos and above all in the Thylacine) that they become approximated in the middle line. In all the more primitive forms and especially in the Monotremes they are triangular bones, with a very broad base, whose external angle is in connection with the pectineal tubercle. On this theory they are homologous (as Haughton long ago suggested) with the „pubis" of the Crocodile. The development of this subject would raise the question of the reptilian connections of the mammalian pedigree".

Was die Entwicklung des Säugethierbeckens betrifft, so legen sich, wie mich meine Untersuchungen am Maus- und Kaninchenbecken belehrt haben, das Ilium, Ischium und Pubis getrennt an, und stets verwächst dann das Ilium zuerst mit dem Ischium, während das schlanke Pubis am längsten selbständig bleibt. Letzteres erzeugt, wie Mehnert (73) ganz richtig bemerkt, keine Acetabularfortsätze, dagegen schiebt sich das Ischium, welches einen Processus iliacus (aber keinen pubicus[1])) aussendet, allmählich zwischen diejenigen des Ilium, d. h. zwischen den Processus ilei acetabularis pubicus und ischiadicus, hinein und verbindet sich mit der „Acetabularbodenplatte des Ilium" (Mehnert). So wird also der Boden des Acetabulums, theils vom Ilium, theils vom Ischium aus gebildet, von welch letzterem sich eine Masse zwischen den Processus ischii acetabularis iliacus und das dorsale Ende des Pubis einschiebt.

Werfen wir nun auf Grund dieser Erfahrungen einen Blick rückwärts, so können wir die Resultate über das Amphibien- und Reptilienbecken folgendermassen zusammenfassen.

Jede Beckenhälfte legt sich bei Amphibien im Vorknorpelstadium

---

[1]) Somit bleibt bei Säugethieren, bei denen das Pubis an der Pfannenbildung Theil nimmt, zwischen Ischium und Pubis, in andern Fällen, wo jene Betheiligung nicht stattfindet, zwischen Ischium und dem cranialen Acetabularfortsatz des Ilium eine Lücke in der Umrandung des Acetabulum (Incisura acetabuli) (Mehnert).

als ein zusammenhängendes Blastem an, welches später in zwei getrennten Zonen zur Verknorpelung gelangt. Zuerst ergreift diese die ventrale Partie, welche das Ischium und das Pubis in sich vereinigt, und später erst die dorsalwärts auswachsende Pars iliaca. Letztere ist also phyletisch jünger. Sie gelangte erst zur Verbindung mit der Wirbelsäule, als das schwimmende Leben aufgegeben und der für die terrestrische Bewegung nothwendige Festigkeitsgrad des Beckengürtels erreicht wurde, beziehungsweise als bei der durch den starken Ruderschwanz resp. durch die Schlängelung des Rumpfes bewirkten Locomotion die Extremitäten (Proteus, Amphiuma) nicht mehr an den Körper angelegt, sondern als mehrarmige Hebel auf dem Boden aufgesetzt und zu Schreitbewegungen verwendet wurden (Menobranchus, Cryptobranchus, Menopoma, Salamandrinen, Anuren).

Beide Seitenhälften der ventralen Beckenplatte haben die von den Selachiern, Ganoiden und Dipnoërn her vererbte Tendenz, in der Medianlinie zu einer unpaaren Knorpelplatte zusammenzufliessen und proximalwärts in einen ursprünglich ebenfalls paarig sich anlegenden Fortsatz auszuwachsen. Dieser Processus epipubicus, welcher ebenfalls als ein altes Erbstück von den Selachiern, Ganoiden und Dipnoërn her zu betrachten ist, bleibt bei höheren Amphibien nicht mehr im Verband mit seinem Mutterboden, dem Ischio-Pubis, sondern schnürt sich allmählich davon los, indem die ganze ventrale Beckenplatte bei Salamandrinen in proximo-distaler Richtung eine Reduction erfährt. Dabei wächst er, neue Verbindungen mit der ventralen Bauchwand gewinnend, an seinem Vorderende secundär in zwei Zinken aus.

In einem sehr frühen Stadium schon verschmelzen das Ilium und das Ischio-Pubis in der Regio acetabularis zu einer Masse, und nachdem dies geschehen ist, kommt es zu einem Verknöcherungsprozess. Dieser erstreckt sich in der Regel nur auf die Pars ischiadica und das Ilium, kann aber von jener aus auch auf die Pars pubica übergreifen, und von hier aus ist es nur noch ein kleiner Schritt zu einem selbstständigen Ossificationsherd in der Pars pubica. Dieser ist schon dann und wann bei Salamandra angebahnt und bei gewissen fossilen Formen, sowie bei Dactylethra bereits regelmässig durchgeführt. Dadurch erscheint die zuvor einheitliche ventrale Beckenplatte gewissermassen doppelt centrirt, und dies findet bei Amnioten schon ontogenetisch seinen Ausdruck in einer getrennten Anlage von Ischium und Pubis. Da aber eine solche auch für das Ilium fortdauert, so ist der in seinen Einzelgliedern ursprünglich getrennte, knorpelige Dreistrahl als typisch für alle Amnioten zu betrachten. Ischium und Pubis weisen hier (Reptilien) durch ihre engen gegenseitigen Lagebeziehungen in der Ontogenese noch auf die Anamnia zurück, ja, sie können auch hier noch

in dieser Lage zeitlebens verharren (Palaeohatteria, Plesiosaurus u. A.). Wenn sie später unter Erzeugung eines mehr oder
weniger geräumigen Foramen ischio-pubicum, resp. obturatorium, aus-
einanderrücken, so ist hierfür die in der Phylogenese vor sich
gegangene Aenderung der statischen und mechanischen Verhältnisse
des Körpers, wobei die Muskulatur eine Hauptrolle gespielt haben
muss, in Anschlag zu bringen. Jene Verhältnisse bedürfen einer
genaueren Prüfung, und es eröffnet sich hier noch ein weites und
dankbares Feld für die Untersuchung.

Auch in der Reihe der Amnioten erhält sich die Neigung der
ventralen Beckenplatten, in der Mittellinie zu verschmelzen und ein
Epipubis zu erzeugen (Chelonier, Saurier), von welchem sich auch
noch bei gewissen Säugethiergruppen Spuren nachweisen lassen, und
aus welchem die Ossa marsupialia der Schnabel- und Beutelthiere hervorgegangen sein müssen [1]).

Der am hinteren Beckenrand der Dipnoër und gewisser Urodelen
in der Mittellinie ausspringende Knorpelzapfen tritt auch noch bei Reptilien auf, allein er kommt hier genau so, wie dies da und dort für
das Epipubis gilt, zur Abgliederung, wodurch das in seiner Anlage
paarige Hypo-Ischium entsteht. Epipubis und Hypo-Ischium, beides
Erbstücke aus einer grauen Vorzeit, fallen also unter einen und denselben morphologischen Gesichtspunkt; beide sind zwei ursprünglich
der Hauptmasse der ventralen Beckenplatte angehörige und erst
secundär von ihr abgelöste Skelettheile. Während sich aber das
Epipubis bis auf die Säugethiere fortsetzt, scheint das Hypo-Ischium
schon in der Reihe der Reptilien zu erlöschen. Spuren davon fand ich
(l. c.) übrigens auch noch bei gewissen Arten der Beutelthiere (Pera-
meles sp?).

---

[1]) Diese Auffassung habe ich früher (105) schon vertreten, und auch Leche
(68) ist in neuester Zeit zu demselben Ergebnisse gelangt. In der betr. Schrift,
die mir soeben durch die Güte des Verfassers zugeht, finden sich die an jungen
Beutlern gewonnenen Resultate folgendermassen zusammengestellt:
  1. „Die Beutelknochen verknöchern in derselben Weise wie die übrigen
     Beckenknochen.“
  2. Die Beutelknochen bilden im knorpeligen Zustand ein Continuum mit
     einander und mit der Symphysalgegend der Schambeine.
  Aus diesen Thatsachen lassen sich wiederum folgende Schlüsse ziehen:
  1. Die Beutelknochen gehören bei den Säugethieren ursprünglich dem
     Becken an und sind den übrigen Beckenknochen gleichwerthig. Die
     Abgliederung der Beutelknochen vom Pubis, welche beim erwachsenen
     Thier erfolgt, ist somit als ein secundärer Zustand aufzufassen.
  2. Zugleich wird durch diese Thatsachen auch die Auffassung der Beutel-
     knochen als Sehnenossificationen im Musc. obliquus abd. internus oder
     pyramidalis entschieden widerlegt.
  Darnach steht der Ableitung der Beutelknochen vom Epipubis der niederen
Wirbelthiere kein Hinderniss mehr im Wege.“

Die Processus praepubici vererben sich von den Amphibien auf die Reptilien und gelangen hier in der Reihe der Chelonier zur stärksten Entfaltung. Bei vielen Säugethieren entspricht ihnen die Gegend des Tuberculum pectineum, bei anderen liegen sie ganz im Bereich des Pubis.

Während das Vogelbecken unschwer auf dasjenige der Reptilien zurückgeführt werden kann, liegt die Urgeschichte des Säugethierbeckens noch nickt klar. Baur (14[1]) leitet dasselbe von einer Form ab, wie sie Eryops besass, aber nicht so stark verknöchert, und fügt die Bemerkung bei, das Säugethierbecken verhalte sich zu dem von Eryops, wie dasjenige von Hatteria zu Palaeohatteria.

II. Vordere Extremität mit besonderer Berücksichtigung des Schultergürtels. [2]

A. Selachier.

Bei ausgewachsenen Selachiern besteht der Schultergürtel bekanntlich aus einer einheitlichen, knorpeligen, in der ventralen Mittellinie in der Regel verschmolzenen Knorpelspange. Dieselbe hat von Gegenbaur (33) schon vor 36 Jahren eine eingehende Schilderung erfahren, deren Hauptpunkte im Folgenden mitgetheilt werden sollen.

Jene Knorpelspange[3]) läuft bei den Haien dorsalwärts frei aus

---

[1]) Baur nimmt auch die von ihm, wie von Mehnert, aufgestellte dreistrahlige Grundform des Amnioten-Beckens im Allgemeinen an, schliesst aber die ältesten Amnioten davon aus, indem er es für wahrscheinlich hält, dass sie eine „continous gastral cartilage as in Necturus for instance" besessen haben, in welcher ein Pubis und ein Ischium zur Verknöcherung kamen. Er fasst seine Resultate folgendermassen zusammen:

1. Continous gastral cartilage, extending between the femora. Dipnoa, Selachia part.
2. Continous gastral cartilage, in which the ischium developed a separate ossification. Proteida.
3. Continous gastral cartilage, in which pubis and ischium appeared as separate ossifications. Batrachia part, Proganosauria part.
4. a) Pubic and ischiadic ossifications, extending over whole gastral cartilage, Theromorpha, permian Batrachia part. Crocodilia Pterosauria? b) Gastral cartilage between pubis anc ischium disappearing; appearence of foramina pubo-ischiadica; all other Amniota.

[2]) Ueber den Schultergürtel liegt das grosse Werk W. K. Parker's (79) vor. Dasselbe erstreckt sich so ziemlich über alle Hauptgruppen der Wirbelthiere, so dass ich hier an dieser Stelle ein- für allemal darauf hinweisen will. Es besitzt einen rein descriptiven (zootomischen) Charakter.

[3]) Ihre ventrale Verbindung besteht in der Regel aus viel weicherem Knorpelgewebe als die übrige Skeletmasse; bei Chlamydoselachus und Hexanchus

während sie bei den Rochen mit der Wirbelsäule in Verbindung ist. A c a n t h i a s — und ähnlich verhalten sich auch die R o c h e n — hat an der Verbindungsstelle des Schultergürtels mit der Brustflosse drei halbkugelige Hervorragungen, die bereits anno 1846 von O w e n beschrieben worden sind; überhaupt unterliegt jene Stelle des Schultergürtels bei verschiedenen Haien sehr verschiedenen Formverhältnissen. „In der Nähe dieser Anfügungsstelle der Brustflosse finden sich immer besondere Gruben, die in Canäle führen." Nur bei wenigen, wie z. B. bei C h l a m y d o s e l a c h u s, handelt es sich dort um einen gelenkköpfigen Vorsprung, bei den meisten um eine einfache Leiste. Jene Canäle sind z. Th. ganz regelmässig angeordnet und dienen Nerven zum Durchtritt, z. Th. aber lässt sich eine „Beziehung zu ein- und austretenden Theilen nicht feststellen". Jene Canäle ergeben wichtige Anknüpfungspunkte in Bezug auf den Schultergürtel der Ganoiden und Teleostier. „Das Verhalten der Canäle und der dazu gehörigen Oeffnungen ist im Ganzen sehr einfach. Der Canal, durch welchen das Nervenstämmchen in den Schulterknorpel eintritt, beginnt (im Grund einer Grube) an der Innenseite des Knorpels und theilt sich regelmässig in zwei Canäle, wovon der eine über, der andere unter der Anfügestelle der Flosse austritt. Diesem Verlauf gemäss theilt sich auch der Nerv in zwei Aeste, einen oberen für die Hebemuskeln, einen unteren für die Senker der Flosse."

„Falls sich die Ausmündungen jener Canäle erweitern, so zeigen sich in den buchtigen Räumen Muskeln eingelagert[1]). Die so sich ergebende reichere Sculptur des Schulterknorpels, Leisten- und Fortsatzbildungen setzen sich auch auf die Verhältnisse des durch Spangenbildungen ausgezeichneten Schulterknorpels der Rochen und weiterhin auf Ganoiden und Teleostier fort." — Soweit G e g e n b a u r. —

Typisch für den Schulterbogen nicht nur der Selachier, sondern aller Fische, sowie der Dipnoër ist jene Stelle, wo die Flosse articulirt. Was dorsal davon liegt, fasse ich als P a r s s c a p u l a r i s auf, während ich im ventralen Abschnitt des Schulterbogens das C o r a c o i d resp. das noch latente P r o c o r a c o i d resp. die C l a v i c u l a der Amphibien und Amnioten erblicke.

Wie das Becken in seiner primitiven Form bei Selachiern nur

geschieht die Verbindung nur durch fibröses Gewebe. Bei A c a n t h i a s erscheint die Pars scapularis mit dem übrigen Schultergürtel ebenfalls nur durch Bandmasse vereinigt, auch bei Chlamydoselachus (Garman) ist das dorsale Ende beweglich von der Hauptmasse abgesetzt.

[1]) „Die Bildung dieser weiten Räume im Schulterknorpel will ich nicht geradezu durch die Entwicklung der Musculatur bedingt aufstellen, sondern nur damit als im Causalnexus stehend bezeichnen. Mit der Dicke der durchtretenden Nervenstämme hat aber die Weite der Canäle keinen Zusammenhang" (G e g e n b a u r).

eine einfache, von Nervenlöchern durchbohrte Platte darstellt, so gilt dies auch für das infraglenoidale (ventrale) Stück der vereinigten Schultergürtelhälften. Gleichwohl aber lässt der Schultergürtel in diesem Bezirk bereits einen höheren Differenzirungsgrad, der sich durch jene oft ziemlich complizirte Sculpturirung ausspricht, nicht verkennen, und darin, meine ich, liegt der bereits bei den Sturionen sich anbahnende und dann bei den Urodelen typisch werdende Dreistrahl des Schultergürtels der höheren Wirbelthiere schon vorgebildet, während das Becken auch hier wie dort das conservativere Verhalten erkennen lässt, indem es bei den Amphibien bekanntlich noch als eine einfache, den Fisch- und Dipnoër-Typus im Grossen und Ganzen bewahrende Knorpelspange angelegt wird.

Kurz, der Schultergürtel zeigt schon bei niederen Formen der recenten Vertebraten ein höheres, dem primitiveren Verhalten des Beckens entfernteres Gepräge, was auch darin seinen Ausdruck findet, dass er hoch dorsalwärts auswachsend und den ganzen Rumpf umspannend, einen ungleich festeren Aufhängeapparat für die Brustflosse abgiebt, als dies seitens des Beckens für die Bauchflosse gilt. —

Dass jener Unterschied erst secundär entstanden ist, kann keinem Zweifel unterliegen, und die Frage nach seiner Ursache ist um so berechtigter, als ja hier wie dort die Entwicklungsgeschichte auf eine und dieselbe metamerische Anläge beider Extremitäten-Paare zurückweist. —

Die Antwort darauf ist meines Erachtens in erster Linie in den topographischen Verhältnissen, d. h. in den Lagebeziehungen der Brustflosse zum Rumpfe zu suchen. An dessen Vorderende, dicht hinter dem Kopf und dem Kiemenraum liegend, war sie im Kampf um's Dasein gleich bei ihrem ersten Auftreten ungleich exponirter und äusseren Einflüssen viel mehr ausgesetzt, als die ab origine schon ungleich weniger aus der Rumpfwand hervortretende, weiter ventralwärts liegende Bauchflosse. Dazu kam noch der Umstand, dass jene auch schon in mechanischer Beziehung mit einer wichtigeren Aufgabe betraut war, als die Bauchflosse, in deren Region der musculöse Schwanz als wichtigstes Propulsionsorgan des Thieres seine Herrschaft auch noch in stärkster Weise geltend macht.

Alle diese Umstände wirkten zusammen, und auf sie reagirte der Organismus in der Weise, dass zur Bildung der Brustflosse eine grössere Zahl jener metameren Knorpelstrahlen zusammenschoss, mehr Myomeren und mehr Nerven herbeigezogen wurden, als dies bei dem Zustandekommen der Bauchflosse der Fall war. Die weitere Folge war ein ungleich reicher ausgestaltetes Knorpelskelet, das Auftreten dreier mit dem Schulterbogen in Verbindung tretender Basalglieder, eines Pro-, Meso- und Metapterygium, und daraus ging mit Nothwendigkeit auch ein starker, als wohl gefestigter Aufhängeapparat fungirender Schulterbogen hervor.

Auf eine Schilderung der complicirten Architektur des Knorpelskelets der Brustflosse einzutreten, halte ich nicht für nothwendig, und es mag genügen, zu betonen, dass ich jenen Basalia, die man bisher für so hochwichtige und typische Gebilde aufgefasst hat, nur einen secundären Werth beimesse. Dieselben schwanken in ihren Grössen- und Formverhältnissen sehr stark, und dies ist erst neuerdings wieder durch Howes (57) dadurch recht deutlich gezeigt

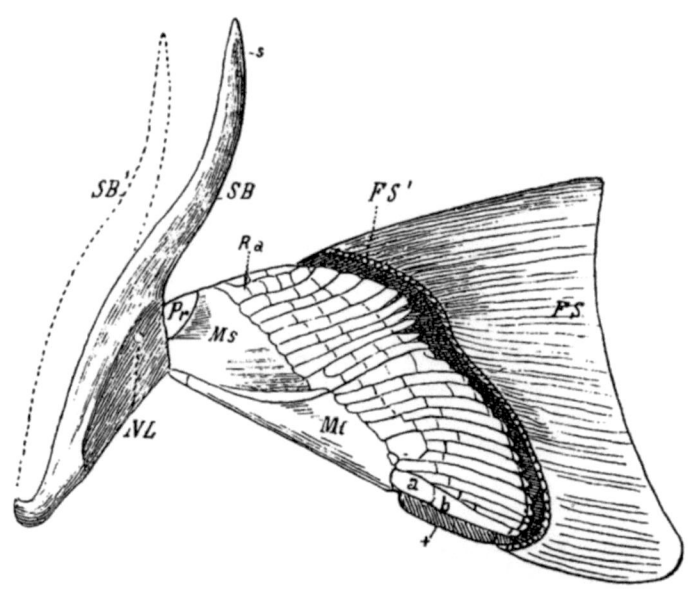

Textfigur 21. Schultergürtel und Brustflosse von Heptanchus. *SB, SB*¹ Schultergürtel, bei *NL* von einem Nervenloch durchbohrt, *Pr, Ms, Mt* die drei Basalstücke der Flosse, das Pro-, Meso- und Metapterygium. *Ra* knorpelige Flossenstrahlen (Radien), **a, b** in der Achse des Metapterygiums liegende Radien, † jenseits der letzteren liegender Strahl (Andeutung eines biserialen Typus), *FS* durchschnittene Hornfäden.

worden, dass nicht einmal die Dreizahl der Basalia für die Brustflosse constant ist, sondern dass (bei Pteroplatea) sich noch ein viertes Stück („Neopterygium" Howes) zwischen Meso- und Metapterygium einschieben und mit demselben gelenkig verbinden kann. — Man kann jene grosse Variationsbreite auch sehr wohl verstehen, wenn man erwägt, dass, wie ich hier im Voraus schon bemerken will, sämmtliche Basalstücke, ganz so wie ich dies bei der Bauchflosse bereits des Näheren erörtert habe, durch Connascenz einer wechselnden Zahl von Einzel-Radien entstehen.

Chlamydoselachus (Garman), welcher, wie ich oben gezeigt habe, ein durch ein ausserordentlich primitives Verhalten ausgezeichnetes Becken besitzt, zeigt, wie es scheint, in der Brustflosse den übrigen Selachiern gegenüber kein besonderes Verhalten[1]).

In neuerer Zeit wurde durch eine Notiz Haswell's (52), T. J. Parker's (80) und Howes' (58) die Aufmerksamkeit auf die ventrale Verbindungszone des Selachier-Schultergürtels gelenkt. So sagt der erstgenannte Autor von Heptanchus indicus:

„The shoulder-girdle is remarkable for the presence in the middle ventral line of a distinct four-sided lozenge-shaped cartilage let in to the arch, as it were, in front. This is a condition which I have not observed or seen described in any other form: it does not seem to occur either in Heptanchus cinereus or Hexanchus griseus. The intercepted cartilage is temptingly like a presternal, but the absence of such an element in the skeleton of any group nearer than the Amphibia seems to preclude this explanation."

An diesen Befund, sowie an die damit sich deckende und denselben noch erweiternde Schilderung T. J. Parker's knüpft Howes einige Betrachtungen, welche darauf hinauslaufen, dass es sich im vorliegenden Fall um ein Skeletstück handle, welches mit dem „Sternum" der Amphibien homologisirt werden müsse, denn, sagt er „that the Amphibian sternum is for the most part, if not wholly, a derivative of the shoulder-girdle, there can no longer be a question" etc.

Ich kenne die Verhältnisse von Notidanus indicus nicht durch eigene Anschauung; allein Allem nach handelt es sich doch wirklich um eine secundäre, in der ventralen Mittellinie erfolgende Abgliederung des Schultergürtels; was aber die Parker'sche und Howes'sche Interpretation desselben anbelangt, so werde ich erst bei den Amphibien darauf eingehen können.

Ich wende mich nun zu der Entwicklungsgeschichte des Selachier-Schultergürtels.

Oben habe ich bereits erwähnt, dass Balfour für die Entstehung der Bauch- und der Brustflosse einen und denselben Bildungsmodus statuirt. Auf die Entwicklung des Schultergürtels geht Balfour auch in seinem Lehrbuch der Entwicklungsgeschichte näher ein und lässt sich folgendermassen vernehmen:

---

[1]) An der Flosse unterscheidet man ein langgestrecktes, zweigliederiges, dem ganzen Flossenrand folgendes Metapterygium, welches nur an einer sehr beschränkten Stelle mit dem Schultergürtel articulirt, während dies von Seiten des breiten, dreieckigen Mesopterygium in gewaltiger Ausdehnung geschieht. Das Mesopterygium ist in den von den Radien und dem Propterygium gebildeten Winkel eingeschoben. Es articulirt nicht nur mit einem Fortsatz des Schulterbogens, sondern auch mit dem kleinen Propterygium, welches seinerseits ebenfalls mit dem Schultergürtel in Gelenkverbindung steht. — Die Knorpelradien der Brustflosse sind dreigliedrig; zehn davon sitzen der Seite des Metapterygium, zwei dessen Endfläche auf. Im Bereich des Mesopterygiums fliesst eine gewisse Anzahl zu einer unregelmässigen Platte zusammen.

„Bei Scyllium unter den Elasmobranchiern finde ich, dass jede Hälfte des Brustgürtels sich selbständig als verticaler Knorpelstreif am Vorderrande der Flossenanlage und ausserhalb der Muskel- platten entwickelt. Bevor das den Brustgürtel bildende Gewebe den Charakter eigentlichen Knorpels erlangt hat, stossen die Streifen der beiden Seiten ventral zusammen, vermöge einer Differenzirung der Mesoblastzellen in situ, so dass, wenn der Gürtel in Knorpel umge- wandelt ist, derselbe bereits einen ungetheilten Bogen bildet, welcher die Ventralseite des Körpers umgürtet. In Zusammenhang mit dem hinteren Rande dieses Bogens entwickelt sich in der Höhe der Flosse ein horizontaler Knorpelstreif, welcher sich längs der Anheftungsstelle der Flosse nach hinten fortsetzt, und, wie im Folgenden gezeigt wird, zum Metapterygium des Erwachsenen wird. Mit diesem Streifen hängen auch die übrigen Skeletelemente der Flosse zusammen. Die Löcher im Brustgürtel enstehen zuerst nicht etwa durch Resorption, sondern durch Nichtentwicklung des Knorpels an den Stellen, wo bereits Nerven und Gefässe vorhanden sind.“

Im Gegensatz dazu weist Dohrn (21), wie ich ebenfalls schon mitgetheilt habe, auf gewisse Unterschiede hin, welche sich in der Anlage der vorderen und hinteren Extremität bemerklich machen. Dieselben bestehen vor Allem darin, dass der Schultergürtel von Hause aus nichts mit der Schulterflosse zu thun haben, dass es sich vielmehr um eine Angliederung, nicht aber um eine Abgliederung handeln soll. Der Bauchflosse, sagt Dohrn, fehlt ein dem Schulter- gürtel homodynamer Knorpel. Im Uebrigen aber vermochte Dohrn bekanntlich in Bezug auf die metamerische Entstehung der Extremitäten- Muskeln, — -Knorpelstrahlen und — -Nerven ein ganz übereinstimmen- des Verhalten zwischen Brust- und Bauchflosse zu constatiren.

Meine eigenen entwicklungsgeschichtlichen Studien habe ich an Embryonen von Pristiurus, Acanthias, Scyllium und Tor- pedo angestellt, und sie haben mich zu folgenden Ergebnissen geführt.

Die vordere Extremität, welche der hinteren in der Anlage stets voraus ist, entsteht als eine lappige, ursprünglich nach vorne, später aber nach hinten, aussen und abwärts gerichtete Verbreiterung im vordersten Bezirk jener früher schon erwähnten, längs der seitlichen Rumpfwand sich hinziehenden Epidermisfalte. An der betreffenden Stelle strecken sich die Epidermiszellen ausserordentlich in die Länge und grenzen sich dadurch von dem mehr dorsal- und ventralwärts liegenden Hautgebiet deutlich ab (Fig. 80). Im Innern jenes lappigen Auswuchses, welcher bei verschiedenen Gruppen der Selachier ver- schiedene Formverhältnisse zeigt, liegt anfangs nur ein lockeres Meso- blastgewebe, welches von dem benachbarten Cölomepithel seine Entstehung zu nehmen scheint; bald aber verdichtet es sich, und gleichzeitig beginnen zahlreiche Gefässe und Nerven einzuwuchern. Während dieses Vorganges senken sich auch die Myotome, welche bei 9 mm langen Pristiurus-Embryonen noch gehöhlt erscheinen, in jenes Gewebe ein, schnüren sich allmählich ab und bilden die von D o h r n u. A. beschriebenen „Knospen".

Von der Anlage der freien Extremität aus zieht sich jenes Blastem, der Epidermis dicht anliegend (Fig. 81, **A, B**), in die Körperwand hinein, und dies geschieht (lateralwärts von den Myomeren) in dorsaler Richtung rascher als in ventraler, da hier der abgehende Dottersack anfangs ein Hinderniss in den Weg legt (Fig. 81, **C**).

Das nächste Stadium kann man als das des Vorknorpels bezeichnen, und auch dieses tritt zuerst in der freien Gliedmasse auf, und schlägt, in die Gürtelzone einwachsend, ganz denselben Weg ein, wie ich ihn für das indifferente Mesoblastgewebe bereits geschildert habe. — Alles dies gilt ebenso für die zeitliche Entwicklung des Knorpelgewebes, so dass also zuerst die fächerartig gegen das spätere Schultergelenk convergirenden, und anfangs vollständig von einander getrennten Knorpelstäbchen entstehen. Diese vereinigen sich proximalwärts zu einer Basalplatte. Letztere wächst genau so, wie ich es von der hinteren Gliedmasse beschrieben habe, in die Somatopleura ein, zieht sich aber innerhalb derselben, zunächst nicht, wie man nach Analogie mit dem Becken erwarten könnte, sehr weit in die ventrale Rumpfwand hinein, sondern wächst, wie schon erwähnt, zuerst rasch dorsalwärts aus und bildet so die P a r s s c a p u l a r i s. Dies ist aber nicht so zu verstehen, als ob es sich geradezu um ein wirkliches Sicheinschieben des Knorpels in die Rumpfwand handele; ich wollte damit nur den Etappengang bezeichnen, welchen der Verknorpelungsprozess einhält. Bald beginnt derselbe sich unter Bildung der Pars coracoidea auch ventralwärts auszudehnen, wobei er sich aufs Engste an das Epithel des Pericardiums hält, ohne dass ich jedoch genetische Beziehungen zwischen beiden hierbei hätte direct nachweisen können. Der pericardiale Raum, welcher dorsalwärts bereits durch das Visceralskelet des Cavum branchiale geschützt ist, erhält dadurch auch ventralwärts eine schützende und stützende Hülle, welche zunächst in der Richtung gegen den Kopf[1]) von beiden Seiten in der Mittellinie zusammenfliesst, während weiter caudalwärts längere Zeit noch das Vorknorpelstadium persistirt (vergl. Fig. 82—84). — Jener Zusammenfluss ist also der letzte Act in der Anlage des Schultergürtels, und es‘existirt

---

[1]) Es muss hier daran erinnert werden, dass der Schultergürtel derart in einer schiefen Ebene zur Körperlängsachse liegt, dass die freien Enden der Scapulae nach hinten, oben und aussen, die Zusammenflussstelle der Coracoide nach vorne und ventralwärts gerichtet sind.

somit auch bei der vorderen Extremität ein Entwicklungsstadium, wo dieselbe mit ihrem zugehörigen Gürtel eine einheitliche, nur von Nerven-löchern unterbrochene [1]) Knorpelmasse bildet, so dass also das Schulter-wie das Hüft-Gelenk durch einen Resorptionsprozess zu Stande kommt.

Zum Schluss soll hier noch eine Betrachtung über die Lage-Beziehungen der Extremitäten-Anlage zum Kiemenraum folgen.

In Fig. 82 ist letzterer (*KR*) lateralwärts noch ganz geschlossen. Auf weiter nach hinten liegenden Schnitten öffnet er sich in der be-zeichneten Richtung zunächst ventral (bei † auf Fig. 82), bald aber liegt er gänzlich frei und wird von der Dorsalseite her nur noch durch einen dünnen Hautlappen (* auf Fig. 83) überragt. Ventral dagegen ist die freie Extremität (Fig. 83, *VE*) aufgetreten und bildet so für den hintersten Abschnitt des Kiemenraumes gleichsam den Boden, ohne dass man jedoch von irgend welchen genetischen Be-ziehungen zum Kiemenskelet reden könnte. Gegen solche sprechen ja auch schon die gänzlich verschiedenen Muskelverhältnisse, die ich als bekannt voraussetzen darf, da sie von verschiedenen Seiten, wie z. B. von J. W. van Wijhe, genugsam betont und in das rechte Licht gerückt worden sind.

So handelt es sich also bei der Entwicklung des Schultergürtels und des Beckens der Selachier um prinzipiell gleiche Vorgänge. Hier wie dort geht der Anstoss von der freien Extremität aus, während die Gürtelbildung nachfolgt. Der einzige Unterschied beruht nur auf dem zeitlichen Auftreten der einzelnen Theile, resp. darin, dass das im Beckengürtel der Selachier eben erst sich anbahnende dorsale Gürtelstück (das Ilium) am Schulterbogen (Pars scapularis) aus Gründen, die ich früher schon dargelegt habe, nicht nur bereits florirt, sondern offenbar auch den zuerst nothwendig werdenden, und deshalb zuerst sich anlegenden Abschnitt desselben repräsentirt.

B. Dipnoër.

Wie ich schon früher bemerkt habe, fehlte mir für die Dipnoër jegliches entwicklungsgeschichtliche Material, und so kann ich nur die späteren Verhältnisse schildern. Dabei handelt es sich, da ich die freie Brustflosse bereits mit der Bauchflosse zusammen besprochen habe, nur noch um den Schultergürtel.

Wollte man nun etwa aus der Gleichartigkeit der freien Glied-massen auf gleiche oder auch nur ähnliche Gürtelverhältnisse derselben

---

[1]) Die Nervenlöcher fallen nicht in die Schnittebene der Fig. 84. Das hier-bei in Betracht kommende Loch liegt ähnlich wie das Foramen obtura to-rium des Beckens, ventral von der Stelle des späteren Gelenkes.

schliessen, so würde man bald eine starke Enttäuschung erfahren, da beide ausserordentlich verschieden sind.

Der erste, der eine genauere Beschreibung des Protopterus-Schultergürtels geliefert hat, ist Gegenbaur (33). Im Folgenden referire ich kurz seine wichtigsten Ergebnisse, ohne mich dabei auf Einzelheiten weiter einzulassen.

Der Schultergürtel besteht aus knorpelig-knöchernen Theilen. Beide Hälften sind in der ventralen Mittellinie durch Hyalinknorpel zu einer einheitlichen Masse verbunden. Der Knochen ist nicht aus dem Knorpel hervorgegangen, sondern beide sind als von einander unabhängige Gebilde zu betrachten, d. h. es handelt sich nicht um einen knorpelig präformirten, sondern um einen erst secundär hinzukommenden Deck- oder Belegknochen. Kurz, derselbe ist im Sinne einer „Clavicula" aufzufassen, wie Gegenbaur eine solche für Anuren und einen Theil der Fische statuirt.

Die Ausführungen Gegenbaur's machen, wenn man sie im Einzelnen auf S. 72—77 seines Werkes verfolgt, den Eindruck, als würden die an und für sich schon verwickelten Verhältnisse durch den grossen Apparat, der in's Feld geführt wird, künstlich in noch complicirtere Formen gepresst. Der Grund davon liegt wohl in der Schwierigkeit, die sich auch Gegenbaur bei der Beurtheilung derselben fühlbar machte, allein ich glaube nicht, dass er dabei den richtigen Weg eingeschlagen hat.

In der im Jahr 1880 von mir veröffentlichten Arbeit über das Skelet- und Nervensystem von Lepidosiren annectens (Protopterus ang.) schenkte ich auch dem Schultergürtel eine eingehende Berücksichtigung. Seit jener Zeit habe ich denselben noch öfters, und zwar auch an Querschnitten zu untersuchen Gelegenheit gehabt, und ich kann nun meine Resultate folgendermassen zusammenfassen.

Der Schultergürtel von Protopterus liegt mit Ausnahme seines oberen (dorsalen) Endes tief in das Fleisch der Rumpfwand eingebettet und besteht jederseits aus zwei Abschnitten, welche sich an der Articulationsstelle der freien Extremität scharf von einander abgrenzen. Der eine[1]) stellt eine dünne, von einer fibrösen Hülle umgebene Knochenlamelle dar, die sich von der betreffenden Stelle aus zur Schädelbasis herüber erstreckt, und die in ihrer Umgebung nirgends Knorpel führt. Ich betrachte sie als ein reines Homologon der obersten Portion der Pars scapularis der Selachier und Ganoiden, welche aber ihre ursprüngliche Knorpelnatur bei Protopterus gänzlich eingebüsst hat und jetzt nur noch durch den im Laufe der Phylogenese einst im

---

[1]) Gegenbaur scheint diesen Abschnitt des Schultergürtels bei Protopterus ganz übersehen zu haben. Owen und Günther (49) bezeichnen ihn als „Suprascapula".

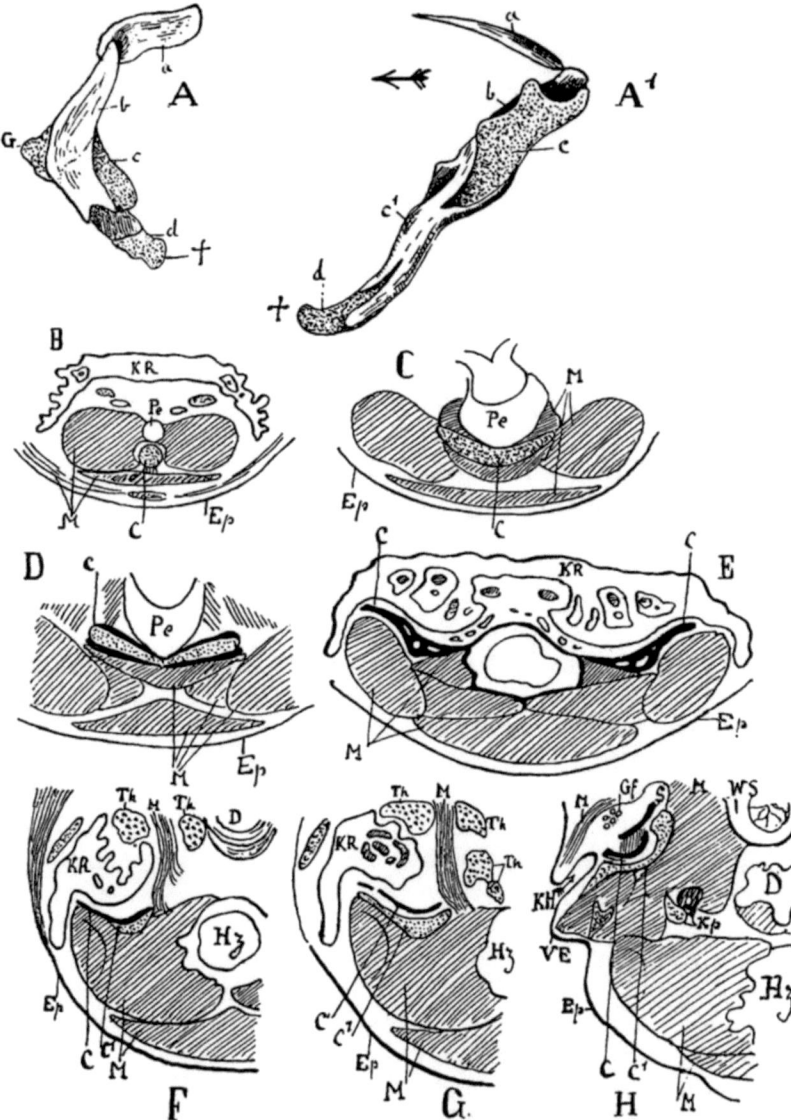

Textfigur 22. **A** Schultergürtel von Ceratodus von innen und von vorne, **A¹** Schultergürtel von Protopterus. Sehr junges Exemplar. Linke Seite von aussen. Der Pfeil giebt die Richtung nach dem Kopfe an. **a** Scapula resp. „Suprascapula", **b** innere (medianwärts liegende), **c¹** laterale Lamelle der Knochenscheide, **c** obere Abtheilung des primären Schulterknorpels, **d** untere Abtheilung desselben, welche bei † mit ihrem Gegenstück ventralwärts zusammenfliesst, *G* Gelenkkopf für die Flosse. **B—H** stellt eine Serie von Querschnitten durch die ventrale Kopf- resp. Rumpfpartie von Protopterus dar, welche vom Kopf her beginnend unter verschiedenen Intervallen caudalwärts fortschreiten. *Ep* äussere Haut, *M* Muskeln, *KR* Kiemenraum, *Pe* Pericard, *Hz* Herz, *C* Pars coracoidea des Schultergürtels, welche von Figur *D* an eine knöcherne Scheide erhält. In Figur **E** besteht sie nur aus Knochen, während in den drei folgenden Figuren auch wieder Knorpelgewebe auftritt (bei *C¹*), *Th, Th* Glandula thymus in verschiedenen Portionen angeordnet, *D* Darm, *WS* Wirbelsäule, *Kp* „Kopfrippe". In Figur **H** bezeichnet *VE* den Anfang der Flosse, *S* Scapula, *Gf* Gefässe der äusseren Kiemen.

Perichondrium entstandenen Knochen ersetzt wird. Bei Ceratodus ist die Rückbildung noch nicht so weit fortgeschritten und dies lässt sich auch in Anbetracht der Organisation der Flosse gar nicht anders erwarten; gleichwohl kommt aber auch hier keine Knorpelgrundlage mehr zur Entwicklung.

Der zweite, ungleich mächtigere Abschnitt des Schulterbogens stellt bei 11 cm langen Exemplaren noch eine continuirliche Knorpelspange dar, welche, von den gewaltigen Muskeln der Rumpfwand umgeben, nach unten und vorne strebt, bis sie schliesslich mit ihrem Gegenstück zu einer Masse zusammenfliesst. An ihrer Peripherie hat der Verknöcherungsprozess zum Theil schon begonnen. Die ventrale Verbindungszone, welche von Knochengewebe auch bei älteren Thieren gänzlich frei bleibt, springt kopfwärts schnabelartig vor (Textfigur 22, B), verbreitert sich aber nach rückwärts aufwärts und umfasst dabei, ähnlich wie bei Selachiern, den Pericardialraum schalenartig von seiner ventralen Seite her (Textfigur 22, C). Geht man mit den Querschnitten noch weiter caudalwärts, so sieht man, dass bei 18 cm langen Exemplaren die von der inneren (dorsalen) und äusseren (ventralen) Seite ausgehende, perichondrale Verknöcherung schon bedeutende Fortschritte gemacht hat (Textfigur 22, D). Der Knorpel kommt dadurch nicht nur zum Theil in eine Knochenscheide zu liegen, sondern wird in seiner mittleren Zone (Textfigur 22, A und E) bereits zum völligen Schwund gebracht und an der betreffenden Stelle durch markhaltiges Knochengewebe ersetzt. Dies ändert sich jedoch wieder weiter nach hinten und oben, insofern die äussere (ventrale) Lamelle jener Knochenscheide jetzt aufhört, während die innere (dorsale) Lamelle den Knorpel nicht nur bis zu seinem obersten Ende begleitet, sondern denselben sogar noch überschreitet, um sich endlich durch kurzes straffes Bindegewebe mit der knöchernen Pars scapularis zu verbinden (Textfigur 22, A und H).

Der Schulterbogen ist an seiner ganzen vorderen inneren Fläche, wie ein Blick auf die Textfigur 22, E und H, zeigt, von der Kiemenschleimhaut dicht überzogen, und da er mit seinem Gegenstück durch eine fibröse, mit den Muskel-Interstitien zusammenhängende, und den Herzbeutel zwischen sich fassende Haut verbunden ist, so wird dadurch, ähnlich wie bei Fischen, für den hintersten Blindsack des Cavum branchiale ein fester Abschluss gebildet. Daran betheiligt sich auch jenes räthselhafte Skeletstück, welches von Huxley als „Kopfrippe" bezeichnet worden ist.

Was die Verknöcherung des primären, hyalinknorpeligen Gürtels betrifft, so hat sie selbstverständlich mit dem Integument nichts zu schaffen, sondern ist rein exo-perichondraler Natur. Von einer „Clavicula" kann also weder im Gegenbaur'schen, noch in dem Sinne die Rede sein, in welchem ich selbst mit Götte dieselbe auffasse, und worüber ich später noch ausführlicher zu berichten haben werde.

Alles in Allem genommen ist also — und ich verweise hierbei auf die ganz correcte Schilderung Günther's (40) — der Schultergürtel von Protopterus von demjenigen des Ceratodus principiell nicht verschieden. Die Differenzen sind nur graduelle und beruhen, wie bereits angedeutet, im Wesentlichen einerseits auf einer Rückbildung des supraglenoidalen Abschnittes bei Protopterus, andererseits auf einer ungleich stärkeren Entwicklung der lateralen, viel weiter dorsalwärts ragenden Knochenscheide bei Ceratodus. Dieselbe zerfällt hier durch eine Naht in zwei Abschnitte, einen oberen und einen unteren. Was den primären Knorpel anbelangt, so würde er bei jungen Stadien des Ceratodus wahrscheinlich noch in derselben Continuität sich erhalten zeigen, wie ich dies für Protopterus nachweisen konnte [1]). Charakteristisch für beide ist die Verbindung des Gürtels mit dem Schädel, und darin liegen Anklänge an Ganoiden und Teleostier. Ebenso handelt es sich bei beiden an der Verbindungsstelle mit der Flosse um ein echtes Fischgelenk, d. h. um einen Scapularkopf und eine Humerus-Pfanne. Schwer zu erklären ist die tiefe Einbettung des Schultergürtels in die Körperwand, und hierüber lässt sich ohne Kenntniss der Entwicklungsgeschichte nichts Sicheres aussagen, auch wäre nur durch letztere die Antwort auf die Frage möglich, warum sich im Gegensatz zu den Selachiern im Dipnoër-Schultergürtel gar keine Nervenlöcher nachweisen lassen. — Trotz dieser Differenzen aber sind Anknüpfungspunkte an die Selachier leicht zu erkennen, und der Dipnoër-Schultergürtel kann geradezu als ein Zwischenglied zwischen demjenigen der Selachier und der Knorpelganoiden bezeichnet werden.

Der Schultergürtel von Xenacanthus und Pleuracanthus ähnelt nach den Mittheilungen von A. Fritsch (28) sehr demjenigen von Ceratodus. Er scheint bei Xenacanthus weniger deutlich gegliedert und gedrungener gewesen zu sein, als bei Pleuracanthus. Fritsch zeigt sich übrigens nicht abgeneigt, den Schultergürtel von Pleuracanthus auf Grund seiner Gliederung in ein mittleres langes und in ein kurzes oberes und unteres Stück mit den Kiemenbogen zu homologisiren. — Dass ich mich hierin nicht auf seine Seite stellen kann, brauche ich wohl kaum mehr zu versichern.

Auch Döderlein (20) macht auf die Uebereinstimmung des Pleuracanthus-Schultergürtels mit demjenigen von Ceratodus aufmerksam (vergl. oben).

---

[1]) Günther bezeichnet die obere, die Articulationsstelle für die Flosse bildende Knorpelpartie als „humeral cartilage".

C. Ganoiden und Teleostier.

Bei den Knorpelganoiden, und von hier an bei allen übrigen Fischen, tritt, ähnlich wie bei den Dipnoërn, zu dem primären Knorpelskelet des Schulterbogens, welches ganz oder theilweise ossifiziren kann, noch ein aus mehreren Knochen bestehendes Stützskelet. Gegenbaur (33) sagt hierüber:

„Bei allen Ganoiden und Teleostiern ist der Schultergürtel aus paarigen Seitentheilen zusammengesetzt, die meist aus einem knöchernen Bogenstücke als einem Hauptabschnitte bestehen, dem nach innen und hinten zwei bis drei andere Stücke angefügt sind. Die letzteren können auch aus einem Knorpel bestehen oder durch ein einziges Knochenstück vertreten werden. Gelenkverbindungen dieser Theile unter einander sind nicht bekannt. Mit dem hinteren Abschnitt ist die Brustflosse beweglich verbunden. Diese Stelle bildet zugleich die Grenze des aus fester mit einander vereinigten Theilen bestehenden Schultergürtels gegen die eigentliche vordere Extremität."

Was speziell die Sturionen betrifft, so handelt es sich in deren Schultergürtel bekanntlich um ein kräftiges Knorpelstück, von dessen Hauptmasse drei Fortsätze, ein oberer, mittlerer und unterer, ausgehen. Der erstere entspricht der Scapula, der letztere dem Coracoid, der mittlere Fortsatz aber einer Clavicula (Procoracoid, Gegenbaur).

Jener ganze Knorpelcomplex lehnt sich nach aussen an einen Knochen an, welcher die Kiemenhöhle von hinten her begrenzt und ventralwärts von einem zweiten ähnlichen Knochen überlagert wird, der mit dem der ventralen Mittellinie zusammentrifft; die nach hinten und aussen gerichtete, die Flosse tragende Fläche des Mittelstückes ist mit fünf in einer Querreihe angeordneten Vertiefungen versehen, von denen die fünfte nach aussen hin die ansehnlichste ist. Lateralwärts sitzt ein stark gewölbter Vorsprung, mit welchem der äussere massive Strahl der Brustflosse articulirt. Oberhalb dieser Stelle ist der Knorpel in der Richtung gegen den Knochen hinaus von einer mächtigen Oeffnung durchbohrt, und auch unterhalb davon liegt ein weiter Canal. Beide sind von Muskeln erfüllt, und dieser Umstand sowohl wie auch der Nervenverlauf, resp. die hierfür bestimmten Oeffnungen lassen einen Vergleich zu mit dem Schulterbogen der Haie; es stellt sich heraus, „dass zwischen beiden Bildungen eine klare Homologie besteht" (Gegenbaur).

Ein Belegknochen findet sich am obersten discreten Knorpelstück, drei weitere am Hauptstück des Knorpels („Supra-, Infraclaviculare und Clavicula").

Spatularia verhält sich prinzipiell ebenso wie Sturio, doch ist hier der Knorpel weniger reich skulpturirt[1]), während der aus drei Stücken bestehende Knochenbelag schon bedeutend vorschlägt. Die Gelenkfacetten sind weniger zahlreich.

Bei den Knochenganoiden tritt der Knorpel immer mehr zurück, während das Knochenskelet florirt; auch der primäre Knorpel selbst ossifizirt mehr oder weniger stark. „Am einfachsten unter allen Ganoiden verhält sich am Schultergürtel von Polypterus der Theil, welcher als Flossenträger dem grossen Knorpel der Störe entspricht. Es wird dieser Theil aus einer grösseren, durch einen mittleren Knorpelrest in zwei Hälften zerfallende Knochenmasse gebildet, die auch da, wo sie dem sie tragenden Knochen aufsitzt, noch knorpelige Partieen aufweist.“ Der äussere Knochen besteht aus mehreren Stücken, wovon zwei in der Mittellinie zusammentreffen (Gegenbaur).

Seine Resultate über den Schultergürtel der Ganoiden zusammenfassend sagt Gegenbaur: „Die Beziehungen dieses knöchernen Gürtels zu dem knorpeligen (welch letzterer von Acipenser bis zu Polypterus immer mehr reduzirt erscheint) sind sehr eigenthümlich, denn es ist bei den Stören (bei Acipenser wie bei Polyodon) nicht zu verkennen, dass alle Stücke des knöchernen Gürtels — wir haben deren jederseits vier unterschieden — keine selbständigen Skeletbildungen sind, sondern eine knorpelige Unterlage besitzen, auf der sie als Deck- oder Belegknochen entstehen[2]). Es sind bei den Stören drei solcher Knochen vorhanden, die jederseits den eigentlichen Gürtel bilden. Ein vierter Knochen erscheint in Bezug auf den Gürtel accessorisch, indem er sich nicht in die Reihe, sondern mehr nach hinten anschliesst.“ Gegenbaur vertritt die Ansicht, „dass auch den Stören ein ventral abgeschlossener knorpeliger Schultergürtel ursprünglich zugekommen sein muss“.

Dass diese Meinung ihre volle Berechtigung hat, beweist nicht nur ein Vergleich mit den Selachiern, sondern auch die Entwicklungsgeschichte der Sturionen, wo jener Abschluss nahezu oder vielleicht sogar ganz erreicht wird.

Man beobachtet also in der Reihe der Ganoiden ein immer stärkeres Hervortreten der knöchernen Elemente des Schultergürtels, und zwar sind dieselben, sofern es sich dabei um das sogenannte Supra- und Infraclaviculare, sowie um die Clavicula handelt, nicht, wie dies früher geschehen ist, einfach nur als Deckknochen zu bezeichnen. Nur die äussere, an der Körperoberfläche befindliche Lamelle ist ein Product des Integumentes, worauf auch schon Göldi (42) hingewiesen hat.

---

[1]) Es lassen sich übrigens die Muskelbuchten und Nervencanäle ohne Schwierigkeit auf diejenige von Sturio zurückführen.

[2]) Man sieht also ein ursprünglich dem Integument angehöriges Element „allmählich aus seinen Beziehungen zum Integument heraustreten und in die Reihe der Bestandtheile des inneren Skeletes sich einfügen“.

„Die innere, dem Knorpel aufliegende Lamelle dagegen ist im Anschluss an den Knorpel als exo-perichondrale Ossification entstanden.
So wird denn die Clavicula der Teleostier und höheren Vertebraten
nicht mehr als ein Derivat von Dermal-Verknöcherungen, sondern als
aus dem Perichondrium entstanden zu betrachten sein." Aehnliche
Gesichtspunkte ergeben sich wahrscheinlich auch für die Teleostier;
auch hier sind die Claviculartheile als exo-perichondrale Verknöche-
rungen aufzufassen, welche sich im Anschluss an den Schulterknorpel
gebildet haben. Göldi kommt also bezüglich der morphologischen
Auffassung der Clavicula in der Reihe der Wirbelthiere zu demselben
Resultat, wie ich und Götte.

Ich möchte dazu noch Folgendes bemerken. Den ursprünglichen
Zustand des Schultergürtels, wie er die Vorfahren der heutigen Sturionen charakterisirte, haben wir uns so zu denken, wie er bei Selachiern
heute noch existirt. Zunächst trat dann, wie ich dies an der Hand
der Entwicklungsgeschichte von Acipenser sturio zeigen werde,
ein Reductionsprozess der dorsalen Partie des knorpeligen Schulterbogens ein, indem hier das Vorknorpelstadium nicht mehr überschritten
wird. Zugleich findet aber ein mit dieser Ausschaltung Hand in
Hand gehender Ersatz durch das ursprünglich (phylogenetisch) perichondral entstandene Knochengewebe statt, und letzteres dehnt sich dann
sekundär sowohl ontogenetisch wie phylogenetisch ventralwärts aus,
ergreift schliesslich die Gegend des Schultergelenks und endlich auch
die Pars coracoidea. Diesen Etappengang des Verknöcherungsprozesses
kann man nicht nur bei Sturionen, sondern auch bei Dipnoërn und
Teleostiern deutlich verfolgen. Besonders instructiv aber erweisen sich
Stör-Embryonen, weil man hier nachweisen kann, wie das oberste Stück
des knorpeligen Schulterbogens mit der übrigen Knorpelmasse ursprünglich noch eine continuirliche Masse bildet, und wie es sich im Laufe
der Ontogenese erst sekundär davon emanzipirt, um dann nur noch
durch ein Ligament mit dem Schultergürtel in Verbindung zu bleiben.

So entfremdet sich der Schultergürtel der Fische, von Acipenser
angefangen, durch die Reihe der übrigen Ganoiden hindurch bis zu
den Teleostiern, immer mehr den ursprünglichen Verhältnissen, s o
dass man bezüglich der Amphibien in der Phylogenese
wieder sehr weit zurückzugehen und an Formen anzu-
knüpfen hat, aus welchen sich einst auch die Ganoiden
und Dipnoër herausentwickelt haben müssen. Ein Vergleich der Entwicklungsgeschichte des Stör- und Urodelen-Schulter-
gürtels wird dies später erweisen.

Ich kann mich daher mit den Ausführungen Gegenbaur's[1],

---

[1] Gegenbaur sagt: „Das primäre Schulterstück ist hier, d. h. bei den
Urodelen, von einer einzigen Oeffnung durchbohrt, welche den für die ventralen

welcher den Amphibienschultergürtel auf die Verhältnisse von P o l y -
p t e r u s zurückzuführen geneigt ist, nicht einverstanden erklären, denn
es ist nicht einzusehen, wie das bei Polypterus schon sehr stark reducirte Knorpelskelet sekundär wieder eine Entfaltung gewinnen sollte,
wie sie bei Amphibien thatsächlich in die Erscheinung tritt, und wie
sie ihr getreues Ebenbild bereits bei Selachiern und ebenso bei Stör-
Embryonen besitzt, schon ehe es durch einwachsende Muskeln und
Nerven zu der oben erwähnten Skulpturirung kommt. Wenn G e g e n-
b a u r in letzterer etwas für den Sturionen-Schultergürtel Spezifisches
erblickt, so kann ich ihm hierin nicht widersprechen; allein es ist
wohl zu beachten, dass es sich, wie schon angedeutet, dabei um sekun-
däre Verhältnisse handelt, mit deren Erwerbung die Störe sich von
den Stammformen bereits entfernen und eine eigene gegen die Knochenganoiden gerichtete Entwicklung einschlagen. Eine derartige, auf höhere
Wirbelthiere sich nicht vererbende Eigenthümlichkeit stellt auch jene
bereits von G e g e n b a u r ausführlich gewürdigte Knorpelspange dar,
welche am Schultergürtel von Amia und Lepidosteus den Muskelcanal
überbrückt, und welche bei den Teleostiern eine immer selbständigere
Bildung erlangt („S p a n g e n s t ü c k" Gegenbaur).

Ich brauche nach dem, was ich oben über den Ossificationsprozess
und die Deutung der einzelnen Theile des Ganoiden-Schultergürtels
im Sinne der terrestrischen Vertebraten bemerkt habe, kaum noch
besonders zu betonen, dass ich mich G e g e n b a u r nicht anschliessen
kann, wenn er den den mittleren Theil des Schulterknorpels von aussen
deckenden Knochen für eine C l a v i c u l a im Sinne der A m p h i b i a
a n u r a und der höheren Vertebraten erklärt[1]). Diese Deutung ist

---

Schultermuskeln bestimmten Nerven durchtreten lässt. Es ergibt sich dadurch
ein Anschluss an Scyllium, noch mehr an Scymnus unter den Selachiern. Dieselbe Oeffnung für die gleichen Nerven findet sich im Schultergürtel der Amphibien, sie fehlt auch bei den Reptilien nicht. Da in der vergleichenden Anatomie die Grössenverhältnisse der Theile von untergeordnetem Werthe sind,
kann das reducirte Volum des primären Schulterstückes bei Polypterus nicht
abhalten, es als Homologon des Schulterstückes der Amphibien anzusehen, aus
dem Scapula und Coracoid nebst Procoracoid sich herausbilden."

G e g e n b a u r fügt hinzu, dass er die Zurückführung der betr. Verhältnisse
der Amphibien auf diejenigen der übrigen Ganoiden und Selachier nicht deswegen
für unthunlich halte, weil es sich dort um „ganz andere, fremde Bildungen"
handle, sondern „w e i l s i e m e h r e n t h a l t e n als nöthig ist, um die Vergleichung
in die höheren Wirbelthiere fortzuführen".

[1]) „Derselbe wird (von Acipenser ausgehend) schon bei Polyodon aus-
gedehnter und weit mehr noch bei Polypterus, wo er schon eine Symphyse
bildet .... Es ist derselbe Knochen, welcher auch bei den Knochenfischen
den bei Weitem umfangreichsten Theil des gesammten Schultergürtels bildet und
daselbst seit G o u a n von Vielen als Clavicula angesehen wird. Die Clavicula
von Acipenser und Polyodon hat daher noch nicht den gleichen Werth, wie jene
von Lepidosteus, Amia und den Teleostiern, denn sie bringt für sich noch keinen

schon deshalb eine gänzlich verfehlte, weil es sich dabei bezüglich des jenem Knochen ursprünglich zu Grunde liegenden Knorpels nicht um eine Pars procoracoidea im Gegenbaur'schen Sinne, sondern nur um eine Pars coracoidea handeln kann. Damit aber fällt jede Möglichkeit der von Gegenbaur angestrebten Homologisirung, und ich kann es mir füglich ersparen, noch weitere Gründe, deren es allerdings noch manche gibt, in's Feld zu führen. Dies gilt natürlich ebenso für die Teleostier, an deren Schultergürtel wir den allerwechselndsten, wesentlich auf den knorpeligen Theilen beruhenden Formverhältnissen begegnen. Dieselben sind von Gegenbaur bereits genau geschildert worden, und ich hebe Einiges, was mir von besonderem Interesse scheint, daraus hervor. Erstens fehlt jenes Stück, welches bei Ganoiden als Infraclaviculare figurirt; ferner entsteht die „Clavicula ohne alle Betheiligung von Knorpel, aber dicht an der Anlage des knorpeligen Schulterstückes." An der Symphyse beider „Claviculae" findet sich zuweilen hyaliner Knorpel vor, ja, er kann sich sogar in's Innere der Clavicula hineinerstrecken, wodurch Verhältnisse sich ergeben, welche an Protopterus erinnern.

Der Schultergürtel der Siluroiden kommt demjenigen von Acipenser am nächsten. „Bei anderen Teleostiern erreicht der dem unteren Fortsatz der Störe entsprechende Theil nicht mehr die Clavicula, und es treten drei Ossificationen auf, davon die eine den oberen, einem Scapulare entsprechenden, die andere den unteren, einem Procoracoid (mit einem Theil des Coracoid) entsprechenden Theil, die dritte endlich das Spangenstück ergreift" (letzteres findet sich bei Cyprinoiden, Salmoniden, Scopelinen, Clupeiden und Characinen; bei allen übrigen existirt nur ein oberes laterales Stück, das Scapulare, und ein medianes unteres, das Procoracoid). Beide verknöchern selbständig. „Modificationen des primären Schultergürtels finden sich bei Cataphracten und Gobioïden. Das ossifizirte Scapulare ist durch einen Knorpelrest vom Procoracoid entfernt, und zwischen beide schieben sich vier Basalstücke der Brustflosse ein, die in demselben Masse als Scapulare und Procoracoid auseinanderweichen und sich der Clavicula nähern. Bei Gobius sind sie endlich nur durch einen dünnen Knorpelstreif davon geschieden. Damit verkümmert das Scapulare, und die Brustflosse tritt mit ihren Basalstücken nahe an die Clavicula. Eine andere Modification ist bei Orthagoriscus gegeben; hier fehlt gleichfalls das Scapulare vollständig, aber die Basalstücke der Brustflosse sind dem oberen Rande des Procoracoid angeheftet."

Es wäre von hohem Interesse, die Entwicklungsgeschichte der

---

ventralen Abschluss des Gürtels zu Stande. Dazu bedarf es noch jenes andern Knochens („accessorische Clavicula"). Beide zusammen sind Analoga der Clavicula der übrigen Fische, jedoch nur einer ist das Homologon" (Gegenbaur).

Cataphracten, der Gobioïden und von Orthagoriscus bezüglich dieses Punktes zu studiren. Bevor dies geschehen ist, lassen
diese Verhältnisse meines Erachtens keine sichere Beurtheilung zu.
Bemerkenswerth ist jedenfalls die Trennung aller Radien, deren Zahl
in maximo fünf beträgt. Der fünfte Strahl wird jedoch in den „Randstrahl" aufgenommen, und diesem dadurch die Articulation mit dem
Schultergürtel ermöglicht. Es handelt sich also um ganz ähnliche
Verhältnisse wie bei Acipenser sturio, ruthenus und rhynchaeus. Auch
hier erreichen fünf Knorpelstücke den Schultergürtel, bei Spatularia vier.

Sie convergiren proximalwärts, und dies steigert sich bei Amia
derart, dass ausser dem inneren und äusseren Strahl nur noch ein einziger zur Articulation mit dem Schultergürtel gelangt. Noch weiter
gediehen ist dies bei Polypterus, wo die beiden Hauptstrahlen bekanntlich mit ihren proximalen Knorpelapophysen zusammenstossen.
(Ueber alles dieses vergl. Textfigur 9, e—g.) Wie die von den letzteren
eingeschlossene Mittelpartie zu deuten ist, liegt klar, und ich habe
darauf früher schon hingewiesen. Ob sich aber der derselben phylogenetisch zu Grunde liegende polymere Charakter auch in der Ontogenese noch ausspricht, kann ich nicht entscheiden, doch dünkt mir
dies nicht wahrscheinlich, da ich auch auf Flächenschnitten durch die
Brustflosse von 22 Centimeter langen Exemplaren keine Spur einer
Gliederung zu erkennen vermochte [1]). Ich werde in dieser meiner
Auffassung der Verwischung der primitiven Verhältnisse auch durch
meine Erfahrungen an Stör-Embryonen (siehe später) unterstützt.

1) Entwicklungsgeschichte des Schultergürtels und der Brustflosse von Acipenser sturio.

Soviel ich in Erfahrung bringen konnte, liegt bis jetzt nur eine
einzige Arbeit, nämlich diejenige von Salensky (90), über die Entwicklung der Brustflosse des Sterlet vor. Abgesehen von den von
Rautenfeld'schen Mittheilungen über die Bauchflosse desselben
Ganoiden sowie von einigen Notizen über gewisse Punkte von Lepidosteus (Balfour und W. N. Parker) ist dies überhaupt der einzige, auf die Embryogenese der Ganoiden sich beziehende Bericht.
Wie schon früher erwähnt wurde, stand mir eine Reihe von Stör-
Embryonen zur Verfügung, und da wesentliche Unterschiede in der

---

[1]) Jedenfalls kann man bei den Ganoiden nur von einem metapterygialen
Stammstrahl, dem Einzelradien angereiht sind, nicht aber von einem Pro- und
Mesopterygium sprechen. Letztere Stücke sind da, wo sie auftreten (Selachier),
wie ich aus der Entwicklungsgeschichte erkannt habe (s. oben), stets Abgliederungen
des metapterygialen Stammstrahles selbst; von einer derartigen Abgliederung ist
aber, wie die Entwicklungsgeschichte lehrt, bei den Sturionen keine Rede, und
darauf hat auch schon Salensky (90) hingewiesen.

Entwicklung zwischen Acipenser sturio und ruthenus kaum existiren dürften, so werde ich im Folgenden zunächst die Salensky'schen Ergebnisse einer Betrachtung unterziehen.

Die ersten Anlagen der vorderen Extremität des Sterlets erscheinen wenige Tage nach dem Ausschlüpfen in Form von zwei halbmondförmigen Hervorragungen, welche ziemlich weit hinter dem Kopfe zu beiden Seiten des Rumpfes liegen. An der Anwachsungsstelle sind sie verdickt und besitzen einen dünnen, zugeschärften Rand. Es handelt sich um Falten der Epidermis, die auf dem Durchschnitt eine aus mesodermalem Gewebe bestehende Innenmasse erkennen lassen. Letztere legt sich mit ihrem vorderen Abschnitt unmittelbar dem sich entwickelnden Schultergürtel an, während weiter nach hinten zu das Metapterygium, die Knorpelstrahlen und die Muskeln entstehen. Bald wächst die Flosse stärker aus, und in ihrer anfangs nur aus einer Ektodermfalte bestehenden peripheren Partie bilden sich die Hornstrahlen. Man kann nun die Strahlen in ihrer spitzwinkeligen Lage zum Metapterygium mit denjenigen des zweireihigen Archipterygiums von Ceratodus oder des einreihigen von Protopterus vergleichen. — Der Schultergürtel hebt sich allmählich, etwa in Form eines Henkels, deutlicher von seiner Umgebung ab und zeichnet sich an der Anheftungsstelle an die Flosse durch dunklere Färbung aus. Dies beruht auf der beginnenden Verknorpelung, welche sich gleichzeitig auch in dem Flossenskelet vollzieht. Die bis jetzt aufgetretenen vier Strahlen verlängern sich und nehmen dabei eine von der früheren etwas verschiedene Richtung an, d. h. sie stellen sich immer spitzwinkliger zum Metapterygium und streben allmählich unmittelbar dem Schultergürtel zu, welchen sie endlich direct berühren, ohne dass man vor der Hand von einer gelenkigen Verbindung reden kann. Letztere erfolgt erst etwas später, und zugleich tritt zu den vier Einzelstrahlen noch ein fünfter hinzu, welcher sich zwischen dem vierten Strahl und dem Metapterygium einkeilt. Die Strahlenbildung dauert auch später wahrscheinlich während der ganzen Wachsthumszeit des Sterlets an der genannten Stelle noch fort, so dass z. B. bei dem drei Monate alten Thier ausser dem Metapterygium bereits sechs Strahlen vorhanden sind, wovon die vier hinteren mit dem Schultergürtel articuliren, während die zwei vorderen sich dem Metapterygium anlagern, ohne dass es vor der Hand zu einer Articulation mit letzterem kommt. Eine solche bildet sich erst später aus, während die Zahl der secundären Strahlen gleichzeitig auf drei steigt. In diesem Stadium (3. Monat) trennt sich an der Peripherie aller, anfangs gänzlich ungegliederten Strahlen eine zweite kleinere Strahlenreihe ab; ob sich aber dieser Prozess auch am Metapterygium abspielt, wagt Salensky nicht sicher zu entscheiden; er hält es aber für unwahrscheinlich und scheint geneigter, die am Ende des Metapterygiums auftretenden kleinen

Knorpelchen für unentwickelte, secundäre Strahlen in dem oben genannten Sinne aufzufassen. Die Schlussworte Salensky's lauten:
„Aus dem Vorstehenden ist ersichtlich, 1) dass die vorderen Extremitäten viel früher als der Schultergürtel zum Vorschein kommen, unabhängig von ihm sich bilden und erst später mit ihm articuliren;
2) dass das Skelet der vorderen Extremitäten aus einem basalen
Theile besteht, welcher in der Basis der Flossenanlage gebildet wird,
d. h. aus dem Metapterygium, den vier Strahlen und einem Abschnitt,
welcher später die Anzahl der Strahlen vermehrt; 3) dass die zuerst
gebildeten Strahlen in ihrer Lagerung zum Metapterygium den Typus
des einreihigen Archipterygiums zeigen, und dass sie erst später mit
dem Schultergürtel articuliren, und 4) endlich, dass diejenigen Strahlen,
welche unmittelbar mit dem Metapterygium sich verbinden, später entstehen und deshalb als secundäre Strahlen bezeichnet werden müssen.

Diese Beobachtungen Salensky's sind zum grossen Theil correct,
allein sie bilden doch nur Bruchstücke und sind von sehr wenigen
Abbildungen begleitet. So erachte ich es in Anbetracht des wichtigen
Untersuchungsobjectes für angezeigt, meine eigenen Erfahrungen in
extenso wiederzugeben und dieselben durch eine grosse Zahl von
Figuren zu erläutern.

In den jüngsten mir zu Gebot stehenden Stadien (6—7 Mill.) ist
die Vorniere bereits angelegt. In ihrer vordersten, dicht an die ventralen Myotom-Enden heranziehenden Partie besteht sie aus zwei bis
drei blindgeschlossenen Schläuchen, welche, in der Körperlängsachse
verlaufend, durch ein von den Myotomen ausgehendes schmales
Blastem von der äusseren Haut getrennt werden (Fig. 85, VN, †).
Jenes lockere Blastem zieht sich also in die Rumpfwand hinein und
zeigt sich an der Stelle, wo die dorsale, fast ganz horizontal verlaufende Rumpfwand allmählich seitlich herunterbiegt, in stärkerer
Ansammlung. Hier tritt zwei Tage später, d. h. bei 8 mm langen
Embryonen, die Brustflosse in die Erscheinung, was unter Erhebung
einer paarigen, scharfrandigen Hautfalte geschieht (Fig. 85, VE), in
deren Bereich sich die Epidermis verdickt. Jene Falte beginnt vorne
gegen den Kopf zu sehr niedrig, erhöht sich dann, indem sie sich
dorsal — und etwas medianwärts richtet, und verflacht sich allmählich
wieder; sie erstreckt sich über 42 Schnitte hinweg, und erlischt dann
spurlos, d. h. ohne, wie ich dies eigentlich erwartet hatte, an der seitlichen Rumpfwand weiter zu laufen und sich mit der erst viel später
auftretenden Bauchflossen-Anlage zu verbinden. Weder in früheren,
noch in späteren Stadien ist etwas Derartiges nachzuweisen, so dass
sich also die Sturionen durch dieses negative Verhalten von den
Selachiern ebenso sehr entfernen, als sie sich den Teleostiern nähern.

Medianwärts von der Brustflossenfalte liegt nun nach wie vor die
Vorniere (Fig. 85, VN), und weit von ihr getrennt, d. h. da, wo die

ventrale Dottermasse nach hinten zu bereits zu verstreichen beginnt,
sind am dorsalen Umfang des Vornieren-Ganges, rechts und links von
der Aorta, schon die ersten Urnierenbläschen aufgetreten, welche aber
um diese Zeit noch kein Lumen erkennen lassen. Ein solches erscheint erst viel später, wobei dann die anfangs kugeligen Organe
zugleich zu kleinen, gewundenen Schläuchen auswachsen.

Das Innere der Brustflosse ist in diesem Stadium von lockerem
Mesoblastgewebe erfüllt (Fig. 85 *), das an ihrer Abgangsstelle vom
Rumpfe am meisten entwickelt ist und sich auch eine Strecke
weit in die noch sehr dünne Rumpfwand hereinzieht. In dieser
existirt noch nirgends differenzirte Muskelsubstanz, und von ein-
wuchernden, den Myotomen der Stammzone entsprossen-
den Muskelknospen in der Weise, wie sie bei Selachiern
zur Beobachtung kommen, ist bei der Stör-Brustflosse
weder in diesem noch in irgend einem späteren Entwicklungsstadium die Rede. Im Gegensatz dazu finden sie sich an
der Basis der Rückenflosse und, wie bekannt, auch an der Bauchflosse
in typischer Ausbildung. Gleichwohl aber hängt das Mesoblastgewebe
im Innern der Flosse durch jenen schon erwähnten, schmalen Zug
lockerer Zellen mit dem lateralen Ende des Myotomen-Sockels zusammen, und dies wird, wie ich gleich zeigen werde, an gewissen
Stellen später noch deutlicher (Fig. 85, 86, †).

Ein weiterer Fortschritt bethätigt sich darin, dass sich die Mesoblastzellen rechtwinklig zur Längsachse der Flosse zu stellen und sich
zugleich, fast nach Art von Epithelien, am Rand derselben anzuordnen
beginnen, während das Innere heller bleibt und von lockerem Gewebe
eingenommen wird. Dies gilt aber nur für den freien Theil der Flosse,
da an der Stelle, wo dieselbe dem Rumpf ansitzt, dichtere Zellballen,
die hie und da ein Lumen einschliessen können, auftreten. Meistens
liegen sie in zwei Abtheilungen, doch kann es auch zu einem Zusammenfluss kommen (Fig. 86, ZB); überall aber bestehen sie aus
dicht zusammenliegenden, rundlichen, begierig Farbstoff (Alauncarmin)
aufnehmenden Zellen. Nahe dem jetzt deutlicher differenzirten Cölom-
Epithel liegt eine scharf umschriebene Gewebsplatte, welche sich über
eine grosse Strecke des Rumpfes, d. h. auch noch weit caudalwärts
von der eigentlichen Brustflossenanlage erstreckt. Dieselbe besteht
zum grossen Theil aus quergestellten, länglichen Zellen (Fig. 86, †),
ist an ihrem ventralen Ende etwas aufgetrieben (††) und nach
hinten zu an verschiedenen Stellen unterbrochen. Ihr dorsales Ende
steht mit dem lateralen Ende des Myotom-Sockels in lockerer Verbindung, und letztere wird weiter caudalwärts eine immer innigere.
40 bis 50 Schnitte nach rückwärts von der Flosse rückt jene Gewebsplatte dorsalwärts sehr weit empor und fliesst mit dem ventralen
Myotomende schliesslich zu einer Masse zusammen. Noch weiter nach

hinten beginnt da, wo die ventrale Dottermasse sich allmählich verjüngt, die schon erwähnte typische Knorpelbildung, und stets bildet
dann das ventrale Myotomende die Proliferationszone für die sich
successive abgliedernden, ihrer histologischen Differenzirung secundär
entgegengehenden Muskelmassen. — Worauf beruhen nun die Differenzen zwischen den Sturionen und den Selachiern? — Mit anderen
Worten: wie kommt es, dass die primitive Art der Muskelbildung in
der Brustflossenanlage der letzteren verwischt ist? — Der Grund davon beruht auf der mächtigen Dotteransammlung in der vorderen
Rumpfgegend, wodurch die zarten Rumpfwände einer ganz ausser-
ordentlichen Dehnung und Spannung unterworfen sind. Dieselben Gesichtspunkte gelten meiner Meinung nach auch für die Teleostier
Dazu kommen noch die Lageverhältnisse der Vorniere, welche den
Weg von den Myotomen zu den Extremitäten gleichsam verlegt oder
denselben doch auf jenen schmalen, zwischen Vorniere und Integument
sich hinziehenden Spaltraum beschränkt (Fig. 85, †).

Jene Gewebsplatte stellt also die noch auf indifferenter Stufe
stehende ventrale Rumpfmusculatur dar, und was die Extremität anbelangt, so sind hier die früher schon erwähnte dunkle Randzone,
sowie die mehr rumpfwärts liegenden Zellballen als Vorläufer von
Muskeln zu deuten. Von einstrahlenden Nerven war in diesem Stadium
noch nichts nachzuweisen. Jedenfalls kann ich sie nicht übersehen
haben, da sie, wenn vorhanden, in dem hellen, zellarmen, im Uebrigen
nur von spärlichen Spindelzellen durchsetzten Gewebe der Rumpfwand
deutlich hätten sichtbar sein müssen. Dorsale und ventrale Wurzeln
der Spinalnerven, resp. Spinalganglien sind übrigens bereits gut entwickelt.

In dieses Stadium (8—9 mm) fällt das erste Auftreten der hinteren Extremität, deren Entwicklung früher schon ausführlich geschildert wurde. 24 Stunden später besteht die einzige Veränderung darin,
dass die der Extremitäten-Muskulatur vorausgehenden Zellmassen an
der Basis und an den Rändern der Flosse sich regelmässig in compacte Einzelballen zu gliedern beginnen. An der Basis zählte ich deren
fünf, an den Rändern 6—7 solche Complexe, und letztere bauchen da
und dort sogar die Haut buckelig nach aussen vor.

Nach weiteren 48 Stunden wird das Centrum der Flosse von
einer hellen, durchaus einheitlichen Zellplatte eingenommen, deren
einzelne Elemente ziemlich weit auseinander liegen und sich zum
grössten Theil rechtwinklig zur Längsachse gruppiren. An der Flossenbasis zeigen sie sich besonders stark angehäuft und zugleich concentrisch
geordnet. Ventralwärts in der Rumpfwand hinab erstreckt sich von der
Flossenbasis an ein dichtes Blastem, an dessen medialer Seite jetzt ein
starker, dem Cölomepithel dicht angelagerter Längsmuskel in deutlicher
Differenzirung begriffen ist. Derselbe steht oralwärts jederseits mit

der medialen Partie des Visceralskelets in Verbindung (Fig. 87, M^1). Weiter caudalwärts mit den Serienschnitten fortschreitend, sieht man diesen Muskel allmählich dünner werden, mehr gegen die Flossenbasis heraufrücken und dieselbe schliesslich sogar überschreiten, bis er endlich ganz dorsalwärts mit den ventralen Ausläufern des betreffenden Myotoms zusammentrifft. Dabei verliert er da und dort seine einheitliche Natur und erscheint unterbrochen. Zugleich wachsen auch Muskelmassen und Nervenstränge durch das in der Flossenbasis befindliche Blastem hindurch, und auch in den Randzonen der Flosse selbst taucht Muskelgewebe auf. Kurz, es ist jetzt die histologische Differenzirung in jenen auf Fig. 86 mit ZB, ZB bezeichneten und dort noch indifferenten Gewebsmassen in vollem Gang, und man versteht, wie jene durch eingelagerte Muskeltheile am ausgebildeten Schultergürtel verursachte Sculptur ganz allmählich zu Stande kommt, d. h. wie die betreffenden Stellen in der skeletogenen Grundlage gleichsam ausgespart werden.

Von Hyalinknorpel ist noch nichts zu sehen, und jene helle, durch die ganze Lichtung der Flossenfalte hindurch sich erstreckende Zellplatte (Fig. 87, *) muss als Vorknorpel bezeichnet werden. Es ist noch zu bemerken, dass die Flosse jetzt nicht mehr senkrecht emporgerichtet ist, sondern dass sie eine etwas lateralwärts geneigte Lage angenommen hat.

Die Vorniere ist um diese Zeit kräftiger entwickelt und ähnelt nach Form, Lage und Ausdehnung vollkommen derjenigen von Tritonen- und Salamander-Larven. Die Urnierenschläuche beginnen sich zu winden und zeigen ein schwaches Lumen.

Nach weiteren 24 Stunden misst der Embryo 11 mm, und dieses Stadium ist vor Allem dadurch charakterisirt, dass das erste deutlich differenzirte Knorpelgewebe auftritt. Der Verknorpelungsprozess ergreift gleichzeitig den proximalen (basalen) Abschnitt der im vorigen Stadium geschilderten und auf der Fig. 87 mit * * bezeichneten Vorknorpelplatte, sowie den zunächst liegenden Theil des Schulterbogens; beide zusammen bilden eine gänzlich ungegliederte, hyalinknorpelige Masse (vergl. hierüber Fig. 91, 92, Kn und Textfigur 23, **B** bei Kn).

Aus Fig. 88 und 89 ersieht man, wie die Rumpfwand im Bereich des Schulterbogens leistenartig vorspringt, und wie nach vorne und einwärts davon die Vorniere (VN) in einem besonderen Raum vom Cölom abgekammert ist. Die Kammerwände sind, wie die ganze Serosa, ungemein dünn und tief schwarz pigmentirt. Die specielleren Verhältnisse gestalten sich wie folgt:

Vom Rücken her mit den Flächen-Schnitten vordringend trifft man zunächst auf eine lateralwärts von der Vorniere liegende Ansammlung von runden Zellen, welche die Rumpfwand vorbauchen. Dies ist die

Stelle, wo später der oberste Theil des „suprascapularen" Abschnittes des Schultergürtels entsteht, und wo in keinem Embryonalstadium Knorpelgewebe getroffen wird (Fig. 88, *S*). Geht man mit den Schnitten tiefer ventralwärts, so taucht im hinteren Abschnitt ein circumscripter Hyalinknorpel auf, während die Zellen der nach vorne davon liegenden vorknorpeligen Gewebsmasse vorerst nur eine concentrische Schichtung zeigen. Hier tritt der Verknorpelungsprozess erst später auf (Fig. 89, bei *S*, *); im Uebrigen zeigen sich auf diesem Schnitt die topographischen Verhältnisse kaum verändert. — Geräth man nun mit den Schnitten in den Bereich der freien Extremität, so sieht man, wie die breite einheitliche Vorknorpelmasse der freien Flosse an ihrem proximalen Ende medianwärts umbiegt, mit jener vorderen, concentrisch geschichteten Masse des Schultergürtels zusammenfliesst, und wie zwischen diesem und dem knorpeligen Abschnitt Muskeln hindurchtreten. So bleiben die Verhältnisse sieben Schnitte hindurch (Fig. 90). Endlich wird das Vorderende jener Vorknorpelplatte der Flosse wieder frei, biegt medianwärts herüber zum knorpeligen Schultergürtel, verknorpelt und fliesst mit letzterem zu e i n e r Masse zusammen. Von nun an bildet der ganze proximale (basale) Abschnitt der Flosse mit dem Schultergürtel zusammen jene schon erwähnte einheitliche hyaline Knorpelmasse. — Geht man mit den Schnitten noch weiter ventralwärts, so sieht man, wie dieselbe sich immer schlanker auszieht (Fig. 91), und wie jetzt im distalen Abschnitte der zuvor einheitlichen Vorknorpelplatte neue Knorpelcentren in Bildung begriffen sind (Fig. 92, *Rad*[1]).

Das später infraglenoidal liegende Stück des Schultergürtels, die Pars coracoidea, ist um diese Zeit kaum erst in die Verknorpelung eingetreten; es besteht der Hauptmasse nach noch aus Vorknorpel. Der Schultergürtel besitzt also noch keine grosse Ausdehnung und überschreitet die Contactstelle mit der Brustflosse dorsalwärts nur wenig, ventralwärts fast gar nicht.

Schon nach 24 Stunden ändert sich dies, indem die Pars coracoidea stark auswächst; dasselbe gilt in noch höherem Grad für die Pars scapularis, welche ihre Richtung nach oben und hinten nimmt. Am oberen und unteren Ende des Schulterbogens, wie auch am lateralen Ende der Basalplatte liegt eine starke, in Proliferation begriffene Vorknorpelzone (Textfigur 23, **A, B**, ††). Dringt man mit den Querschnitten vom Kopf her caudalwärts vor, so sieht man, wie die Pars scapularis, welche hier noch vorknorpelig ist, durch Muskeln und einstrahlende Nerven von der übrigen Skeletmasse getrennt wird; allein zwei Schnitte weiter nach hinten stellt der ganze Complex einen gänzlich einheitlichen, hyalinknorpeligen Dreistrahl dar (Textfigur 23, **B**). Die Lage- und Formverhältnisse des Schultergürtels, seine nahen Beziehungen zur Vorniere etc. erinnern jetzt wieder sehr an diejenigen der Urodelen-Larven (vergl. Textfigur 23 mit Fig. 138).

Um zwei Schnitte weiter caudalwärts wird nun auch die Pars coracoidea von einem Nerven (und von einem Gefäss?) durchbohrt, wie dies durch den Pfeil in Textfigur 23, **B** angedeutet ist. Weiter nach hinten sieht man nur noch die proximalwärts verdickte Basalplatte (***Kn***), welche nun viele Schnitte hindurch einheitlich bleibt, bis schliesslich eine Vorknorpelzone auftritt, welche den peripheren Abschnitt gegen den proximalen abgrenzt. Letzterer bleibt noch eine Strecke weit einheitlich. Endlich zeigt sich hier eine Theilung, so dass man jetzt im hinteren Abschnitt der Flosse drei durch Vorknorpelgewebe mit einander verbundene, kurze Knorpelstrahlen, wovon einer dem Basale entspricht, zu Gesicht bekommt (Textfigur 23, **D**, bei ***Kn***, *Rad*[1]).

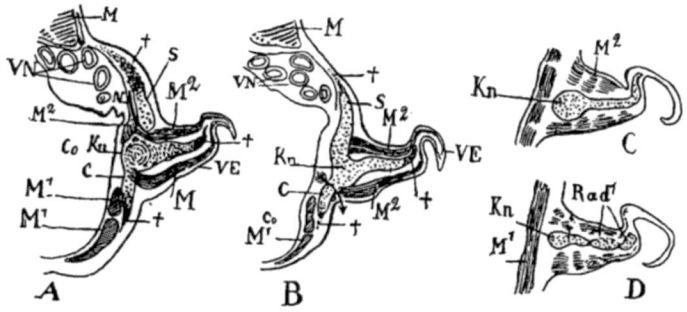

Textfigur 23, **A—D**. Querschnitte durch die rechte Körperhälfte eines Embryos von Acipenser sturio. Die Schnitte beginnen bei **A** kopfwärts und schreiten bis **D** caudalwärts fort. *VE* Vorder-Extremität. *Kn* Gemeinschaftliche Knorpelplatte für den Schultergürtel und die Basalplatte der Flosse, *S* Pars scapularis, *C* Pars coracoidea, *Rad*[1] Radien, *M* Myotom in seiner Basis getroffen, *M*[1] Muskeln der ventralen und seitlichen Körperwand, *M*[2] Muskeln der Flosse, *Co* Cölom, *VN* Vorniere, †† Proliferationszonen für Knorpelsubstanz, *N* Nerv. Der Pfeil in Fig. **B** bedeutet einen weiter caudalwärts den Schulterbogen durchbohrenden Nervenkanal. Man vergleiche bezüglich der übereinstimmenden Formverhältnisse die Fig. **B** der obigen Serie mit der Tafelfigur 84, welche einen Querschnitt durch den Schultergürtel eines Selachier-Embryos darstellt.

Noch weiter nach rückwärts wird das ganze Innere der Flosse von einem noch unsegmentirten Vorknorpelblastem erfüllt.

Um diese Zeit besteht also der ganze Skeletcomplex aus einem knorpeligen Dreistrahl, dessen Einzelglieder aus der Pars coracoidea, scapularis und dem Basalstück bestehen. Daran schliessen sich peripherwärts drei kleinere Knorpelstrahlen, die in directem Anschluss an das Basalstück in der anfangs einheitlichen Vorknorpelplatte entstanden sind. Es handelt sich also, was ich ausdrücklich hervorheben will, bezüglich dieser Knorpelstrahlen nicht um eine secundäre Abschnürung von der Basalplatte, sondern, wie ich dies schon bei dem vorhergehenden Stadium geschildert und abgebildet habe (Fig. 91, *Rad*[1]), um eine selbständige Entstehung neuer discreter Knorpelcentren in dem zuvor einheitlichen Vorknorpelblastem. Dies gilt genau ebenso für den inner-

halb der nächsten 48 Stunden auftretenden, in der Achsenverlängerung
des Basale liegenden, peripheren Knorpelstrahls. Der Embryo hat nun
eine Länge von 14—15 mm erreicht (Textfigur 24, **A**—**N**).

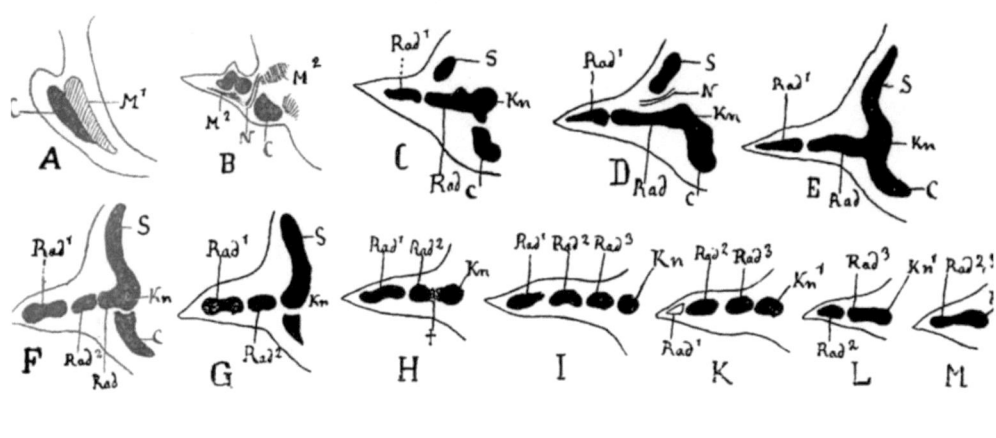

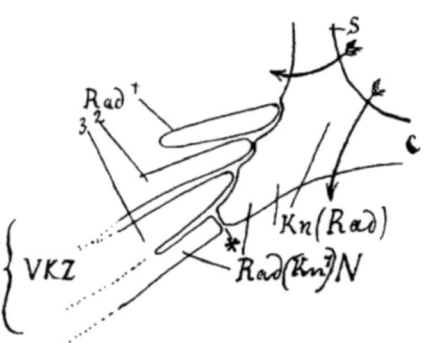

Textfigur 24, **A**—**M**. Querschnitte durch die Brustflosse eines 14—15 mm langen
Embryos von Acipenser sturio. Die Schnitte schreiten von vorne her caudalwärts
fort. **N** Versuch einer Reconstruction, *C* Coracoid, *S* Scapula, *Kn* Stelle, wo das Basalstück (*Rad*) mit dem Schultergürtel zu einer Masse zusammenfliesst, *Rad*¹ — *Rad*³
secundäre Radien, welche in Fig. N peripherwärts in die Vorknorpelzone *VKZ* zusammenfliessen, bei † in Fig. **H** taucht das proximale Ende des *Rad*³ auf, *Kn* entspricht der Abgliederungsstelle * des Basale oder Hauptstrahles in Fig. N, *M*¹, *M*²
Muskeln *N* Nerv. Die Pfeile bedeuten Nervenkanäle.

Der Schultergürtel, welcher nach wie vor ober- und unterhalb
der Contactstelle mit dem Basalstück eine von Muskeln bezw. Nerven
eingenommene Durchbrechung zeigt, ist nun ganz knorpelig geworden,
und in seiner dorsalen Verlängerung sind die ersten Spuren eines
Knochenherdes erschienen. Dieselben liegen dicht unter dem Integument
in jenem Bereich, wo, wie schon früher erwähnt, eine Gewebsformation auftritt, welche das Vorknorpelstadium nie überschreitet. Die

Ossifications-Zonen sind durch 15 Flächenschnitte, welche vom Rücken her ventralwärts vordringen, nachzuweisen. Dabei handelt es sich nicht nur um eine, sondern um mehrere dünne, stark lichtbrechende Knochenlamellen, welche sich mit einander verbinden, da und dort Markräume einschliessen und namentlich auf der äusseren Seite des dorsalen knorpeligen Scapular-Endes scheidenartig herabgreifen. Sie liegen dicht dem Perichondrium an und sind von diesem nicht zu trennen.

Mit den Flächenschnitten in der genannten Richtung weiter vordringend, geräth man beim 16. Schnitt endlich auf das dorsale Ende der Pars scapularis des knorpeligen Schultergürtels, welcher als

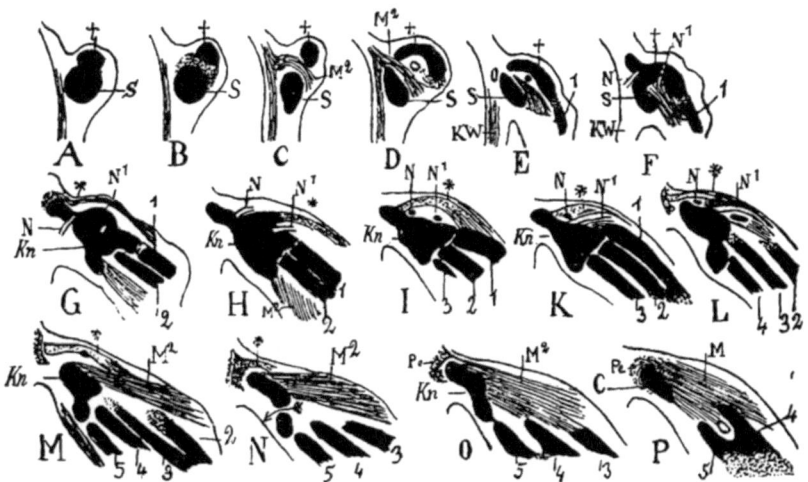

Textfigur 25. Flächenschnitte durch die Brustflossengegend eines 15—16 mm langen Embryos von Acipenser sturio. Rechte Seite. Die Schnitte A—P dringen dorsoventralwärts vor. S Scapula, von der sich bei † eine Spange ablebt, 1—5 Radien, Kn mit dem Schulterbogen zusammengeflossenes Basalstück, * fibröse Spange, Pe Periost, M² Muskeln, N, N¹ Nerven.

starke, der Vorniere[1]) dicht aufliegende Leiste lateralwärts vorspringt (Fig. 93, S). Diese Verhältnisse persistiren nun 20 weitere Schnitte hindurch, und während dieser ganzen Strecke ist der Schultergürtel von einem mächtigen Perichondrium umgeben. Weiter ventralwärts ist es aber an der Stelle, welche auf Fig. 89 mit † bezeichnet ist, zur Verknorpelung und zugleich zum Zusammenfluss mit der Hauptmasse des Schultergürtels gekommen. Letzterer erhält dadurch

---

[1]) Auch hier sieht man, wie die Vorniere vom Cölom abgekammert ist. Die trennende, tiefschwarz pigmentirte Lamelle springt wie ein Zwerchfell in's Cölom ein.

einen mit seiner Convexität kopfwärts schauenden, spangenartigen Anhang (Textfigur 25, **A**, †) oder eigentlich einen weiter ventralwärts wieder mit ihm sich vereinigenden Bügel (Textfigur 25, **E** und **F**, †), welcher von Nerven, Muskeln und Gefässen durchsetzt wird. Derselbe entspricht dem Procoracoid G e g e n b a u r ' s, resp. der Clavicula G ö t t e ' s. Nachdem jene Vereinigung geschehen ist, wird der median-wärts scharf vorspringende Rand des Schultergürtels noch einmal von einem Nervencanal durchsetzt (Textfigur 25, **F** und **G** bei *N*), und ein zweiter solcher Canal geht weiter lateralwärts durch die Skelet-masse hindurch (*N¹*). Nachdem dies geschehen ist, sieht man am Vorderrand des mit dem Schultergürtel einheitlichen Basalstückes einen theilweise von Nerven und Muskeln eingenommenen Hohlraum, welcher gegen den vorderen freien Flossenrand zu von einer später ossifiziren-den Masse überbrückt wird (Textfigur 25, **H**, **I**, *). Die Zahl der peripheren Knorpelstrahlen ist jetzt auf fünf gestiegen, während aber alle proximalwärts scharf differenzirt und hyalinknorpelig sind, fliessen sie auch in diesem Stadium noch mit ihren peripheren Enden in eine vorknorpelige Masse zusammen. Dies gilt namentlich für die beiden am tiefsten ventral- und medianwärts liegenden Strahlen, welche sich schliesslich zu einer sehr langen, dünnen Platte vereinigen (Text-figur 24, **P**).

Nachdem man mit den Schnitten ausser den Bereich der Flosse gekommen ist, sieht man, wie der jetzt rings von dickem Perichon-drium umgebene Schultergürtel mit der Pars coracoidea sich der Rumpfwand immer enger anlegt und medianwärts leistenartig gegen dieselbe vorspringt. Er zieht sich dabei auch auf eine gewisse Strecke kopfwärts aus, doch wage ich nicht zu entscheiden, ob man darin die erste Andeutung einer Clavicula im Sinne der Amphibien erblicken darf. Ventralwärts schliessen jetzt beide Coracoidspangen an der Pericardwand beinahe zusammen und werden nur durch spärliches fibröses Gewebe von einander getrennt[1]).

In den nächsten 10 Tagen macht der Schultergürtel nur insofern noch weitere Fortschritte, als der Knorpel sich immer mehr solidificirt, d. h. an Intercellular-Substanz gewinnt, und das Vorknorpelgewebe

---

[1]) Bei einem etwas älteren Embryo sah ich auf Schnitten, die schief, und zwar in einer von vorne und oben nach hinten und unten geneigten Querebene, durch den Körper hindurchgegangen waren, den auf Textfigur 24 mit *Rad¹* be-zeichneten Knorpelstrahl in einen oberen vorderen und einen hinteren unteren Schenkel g e s p a l t e n. Zwischen beiden verliefen ein Nerv und ein Gefäss. Zwei Schnitte weiter caudalwärts flossen die beiden Knorpel proximalwärts zu einer von der Scapula abgegliederten, einheitlichen Masse zusammen, an der Peripherie derselben blieb aber jene Spaltung noch 5—6 Schnitte weiter nach hinten sicht-bar. — Ob dies nicht als eine Andeutung eines b i s e r i a l e n F l o s s e n t y p u s aufzufassen ist? —

ganz auf das äusserste Ende der nun sehr gut differenzirten fünf Knorpelstrahlen beschränkt ist. Zugleich hat sich die Verknöcherungszone dorsalwärts von der Scapula bis gegen den Schädel emporgezogen, während
sich gleichzeitig die Abschnürung des obersten Endes der knorpeligen
Pars scapularis sowie des Basalstückes vom Schulterbogen anbahnt.
Auch in diesem Stadium fliessen die ventralen Enden der beiden Coracoide nicht knorpelig zusammen, wenn sie auch allerdings nur durch
einen minimalen Zwischenraum getrennt sind. Ob der Zusammenfluss
später erfolgt, weiss ich nicht, da ich keine älteren Stadien untersucht habe.

Auf eine weitere Schilderung dieses Entwicklungsstadiums brauche
ich nicht einzugehen, da die beiden letzten Textfiguren zur Erklärung
genügen. Ich will übrigens bemerken, dass jetzt erst die Rückbildung
der Vorniere beginnt, während die mit ihren bewimperten Nephrostomen

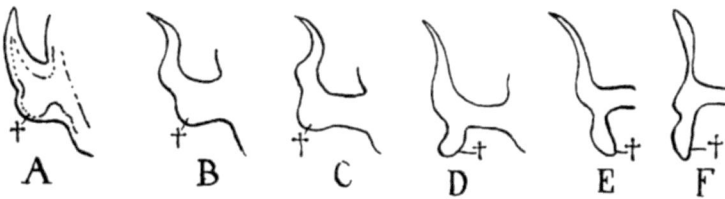

Textfigur 26, A—F. Querschnitte durch die linke Brustflosse eines Stör-Embryos von 11 mm Länge. Dieselben schreiten, bei A angefangen, caudalwärts fort.
† Seitenspross der Brustflosse.

in die Bauchhöhle mündende Urniere bereits stattlich herangewachsen
ist. Beide Nierensysteme sind nach wie vor durch einen weiten Inter-
vall getrennt.

Bevor ich nun die über die Entwicklung der Brustflosse von
Acipenser sturio gewonnenen Resultate zusammenfasse, muss ich
noch eines Befundes Erwähnung thun, den ich an einem 11 mm
langen Embryo gemacht habe.

Auf der rechten Seite ist die Brustflossenentwicklung eine ganz
normale, und ich verweise dabei auf Textfigur 26. Auf der linken
Seite ist die ganze Anlage eine voluminösere. Das Vorknorpelblastem
zieht sich in eine ventral der Flossenbasis ansitzende, wulstartige Verdickung hinein und ist nahe daran, zu verknorpeln (A bei †). Dieser
Wulst, welcher auf der rechten Seite gar nicht zu bemerken ist, rückt
nun, wenn man mit den Schnitten caudalwärts fortschreitet, immer
weiter peripherwärts, so dass die Flosse nach hinten zu allmählich
eine rechtwinkelige Knickung erfährt. Noch weiter caudalwärts vordringend, bemerkt man endlich, wie sich an der Stelle jener Knickung

die Flosse spaltet und in dieser Spaltung bis an ihre äusserte (hinterste) Peripherie verharrt (Textfigur 26, **A—F**).

Dieser Befund scheint mir im Hinblick auf die Betrachtungen, welche ich an die muthmassliche Genese der Dipnoërflosse, sowie an den von P. Albrecht bei Protopterus beobachteten Fall geknüpft habe, nicht ohne Interesse. Zu bedauern ist nur, dass die peripheren Flossenpartieen in dem betreffenden Entwicklungsstadium noch nicht so weit fortgeschritten waren, um über den Verknorpelungsprozess und die Anordnung der Radien etwas aussagen zu können.

Vorstehende über die Entwicklung der Brustflosse des Störs gemachten Befunde lassen sich folgendermassen zusammenfassen:

Die bei den Selachiern und zum Theil auch noch bei Amphibien auftretende, der Extremitätenanlage vorausgehende Epidermisleiste lässt sich beim Stör nicht mehr nachweisen; auch handelt es sich im ersten Stadium der Brustflossenentwicklung nicht mehr um jene getrennt auftretenden Knorpelstäbchen und die typische Entwicklung von Muskelknospen.

Letztere werden durch mechanische Ursachen unterdrückt, und was die ersteren anbelangt, so ist es auch hierin zur Verwischung der ursprünglichen Verhältnisse insofern gekommen, als die knorpelige Anlage des Schultergürtels und des Basale der Flosse wie aus einem Gusse erfolgt. Durch dieses Verhalten, welches im Sinne einer abgekürzten Entwicklung aufzufassen ist, nähert sich der Stör — und zweifellos gilt dies für alle Knorpelganoiden — den Knochenfischen. Die erst nachträgliche Entstehung der im Lauf der Entwicklung in ihrer Zahl fortschreitenden Knorpelstrahlen ist eine auffallende Erscheinung; es handelt sich hier um eine zeitliche Verschiebung der entwicklungsgeschichtlichen Vorgänge, ja geradezu um eine Umkehrung derselben. Mit dem Auftreten der kleinen Stückchen an den peripheren Enden der Knorpelstrahlen, sowie mit der Abgliederung des Basalstrahles vom Schultergürtel schliesst die Entwicklung des Knorpelskeletes ab, und ich will dabei noch einmal an die eigenthümliche, durch Muskeln und Nerven bedingte Sculptur erinnern. Der Verknöcherungsprozess tritt verhältnissmässig erst spät auf; er geht vom Integument und vom Perichondrium aus, und da er zugleich in seiner dorsalen Partie noch auf einer mit dem übrigen Schultergürtel untrennbar zusammenhängenden, vorknorpeligen Grundlage erfolgt, so lässt sich daraus mit Sicherheit auf eine Zeit zurückschliessen, in welcher einst der ganze Schulterbogen bis hoch zum Schädel hinauf knorpelig präformirt war, d. h. wo es sich um ein Verhalten handelte, das bei den Selachiern heute noch besteht.

2) Entwicklungsgeschichte des Schultergürtels und der Brustflosse der Teleostier.

Bei K. E. von Bär (3) findet sich folgende Bemerkung: „Nach einer zusammenhängenden wuchernden Leiste, die der Entwicklung beider Extremitäten voranginge, habe ich vergeblich mich umgesehen. Auch ist die vordere Extremität sehr viel früher sichtbar, als die hintere. Sie erscheint als eine längliche Erhabenheit, die sich bald in ein breites ungestieltes Blatt ausdehnt, welches auf einer geringen Erhebung aufsitzt, so dass hier nur die Scheidung in Wurzelglied und Endglied kenntlich ist. Das Endglied hat, so lange keine Flossenstrahlen in ihm sind, viel Aehnlichkeit mit dem Endgliede in der Extremität der Landthiere im Embryonen-Zustande.“

Von älteren Autoren sind noch H. Rathke (82) und K. Vogt (99) zu erwähnen; allein sie befassten sich fast ausschliesslich nur mit einer Schilderung der Anlage der „Clavicula“ im Sinne Gegenbaur's, ohne sich auf Weiteres einzulassen.

Die von Kupffer über das Laichen und die Entwicklung des Herings in der westlichen Ostsee angestellten Beobachtungen erstrecken sich im Wesentlichen nur auf die äusseren Formverhältnisse. So wird z. B. die primordiale Medianflosse geschildert, welche, den Körper in der Mittelebene umsäumend, dicht hinter den Gehörblasen beginnt und sich von hier in gleichmässiger Höhe längs des Rückens um das Schwanzende herum erstreckt. Hierauf erreicht sie die Bauchseite und läuft, nur vom After unterbrochen, nach vorne bis an das hintere Ende des Nahrungsdotters. Im Innern bemerkt man die feinnadelförmigen, dichtgestellten primordialen Hornstrahlen. Von den paarigen Flossen sind zuerst die fächerförmig gestalteten, senkrecht vom Körper abstehenden Brustflossen vorhanden. Um diese Zeit (7. Tag) beginnt der Hering auszuschlüpfen und misst 5,2—5,3 mm. Schon bei 9—10 mm langen Fischen erscheint die „Clavicula“ als ein schmaler, glänzender Bogen, der mit dem der anderen Seite in der ventralen Mittellinie in Berührung tritt. Knorpelige Stücke des Schultergürtels fehlen noch vollständig. Im äussersten Schwanztheil der Primordialflosse zeigt sich der Anfang der Bildung definitiver Strahlen.

Selbst bei 18 mm langen Exemplaren ist von einer Bauchflosse „noch keine Spur zu sehen“.

Im Jahre 1880 erschien die Arbeit von G. 'Swirski (94), und darin finden sich die ersten genaueren Angaben über die Entwicklungsgeschichte des Schultergürtels und des Brustflossenskeletes von Esox lucius. 'Swirski verneint zunächst das Vorkommen einer Epidermisleiste im Sinne der Selachier und beschreibt dann eine paarige „Hautpapille“, in welcher sich eine centrale Zellsäule differenzirt. Diese besteht aus mesoblastischen Elementen und bildet den Vorläufer der Schulterspange zusammt der freien Extremität. Das umgebende Oberhaut-Epithel besitzt eine cubische Form und hebt sich von der Umgebung ab. Die spätere Verknorpelung soll an der Basis jener Zellsäule, d. h. in der Gegend des späteren Schultergürtels beginnen und von hier auf die freie Extremität fortschreiten. Schultergürtel und Flosse sollen also aus einer ursprünglich einheitlichen Knorpelmasse hervorgehen. Bis zu diesem Entwicklungsstadium ist 'Swirski's Darstellung eine durchaus klare, dies ändert sich aber auf S. 19, wo er plötzlich von zwei getrennten Knorpeln, einem grösseren distalen und einem kleineren proximalen spricht. Ersterer stellt die Scapula dar, welche in ein Coracoidstück ausläuft; der proximale Knorpel, von dem eine getrennte Entstehung angenommen wird, und der, wie es scheint, secundär mit der Scapular- resp. Coracoidspange verwächst, soll ein Procoracoid vorstellen. Durch jenen Verwachsungsprozess, über dessen Verlauf 'Swirski nicht recht in's Klare gekommen zu sein scheint, wird die zwischen beiden Knorpelstücken ursprünglich vorhandene Bucht zu einem Loch abgeschlossen. Trotz der ausführlichen Figuren-erklärung fällt es dem Leser doch sehr schwer, sich in die Form- und Lageverhältnisse der auf Taf. II abgebildeten Objecte hineinzufinden, und es war ein grosser Fehler 'Swirski's, die einzelnen Theile so ganz aus ihrem Verband mit der anstossenden Körpergegend dargestellt zu haben. Es ist dies im Interesse der an und für sich lobenswerthen Arbeit ebenso sehr zu bedauern, wie der nicht immer correcte Gebrauch von „proximal" und „distal". —

Die „Clavicula" tritt schon sehr früh auf und zwar als ein auf beiden Seiten mit Osteoblasten besetzter Strang, welcher „etwas medial-wärts vom knorpeligen Schultergürtel" seine Lage hat. Bindegewebe und ein Gefäss trennen beide von einander.

Bei den Benennungen der drei Gürteltheile legt 'Swirski die von Gegenbaur vom Wels gegebene Schilderung zu Grunde. —

Die Procoracoide sollen mehr gegen die Medianlinie convergiren als die Coracoide. Letztere bleiben im Wachsthum gegen die Pro-coracoide allmählich zurück, und während beide anfangs schlank aus-gezogen erscheinen, treten sie später mehr zurück, so dass sich nach und nach eine medianwärts convexe Platte herausbildet, in welcher sich die drei Löcher, wovon je eines in der Pars scapularis, coracoidea und procoracoidea liegt, immer mehr ausweiten. Ueber ihre Ent-stehung giebt 'Swirski keine nähere Auskunft.

Die dorsale Spitze der Pars scapularis krümmt sich medianwärts; ventral liegt die Pars procoracoidea und coracoidea, erstere „proximal", letztere „distal" und zugleich dicht unter der Cutis mit ihrem Gegen-stück in „disto-ventraler" Richtung convergirend.

Später, wenn der Dotter allmählich schwindet, rücken die anfangs

weit aus einander liegenden Schultergürtelhälften weiter nach abwärts
gegen die Mittellinie des Bauches, und während die „Coracoide" sich
nach und nach rückbilden, legen sich die „Procoracoide" unterhalb
des Pericardium an einander, ohne jedoch mit einander zu verschmelzen.
Ganz dasselbe gilt für die Vorderenden der „Claviculae". 'Swirski
macht bei dieser Gelegenheit darauf aufmerksam, dass die phyletisch
jüngeren Procoracoide zum erstenmal bei Sturionen auftreten, dass sie
aber schon bei Teleostiern zu viel mächtigerer Entwicklung gelangen
und, indem sie in der ventralen Mittellinie einander entgegenwachsen,
das rudimentär werdende Coracoid allmählich ersetzen.

Man merkt es der ganzen Ausdrucksweise 'Swirski's an,
dass er sich hier auf nicht ganz sicherem Boden bewegt und noch
vollständig im Banne der Gegenbaur'schen Lehre steht. Ich bemerke jetzt schon dazu, dass das 'Swirski'sche Coracoid kein
solches sein kann, und dass auch die Schilderungen des Procoracoids
und der „Clavicula" eine Einschränkung erfahren müssen. Ich komme
später darauf zurück.

Vom Spangenstück, wie es z. B. bei Cyprinoiden auftritt, vermochte 'Swirski beim Hecht nichts nachzuweisen. Dasselbe legt
sich bei jenen „ontogenetisch später" an, als die übrigen Theile des
Schultergürtels. Es handelt sich dabei um eine allmähliche Verwachsung zweier Knorpelfortsätze, wovon der eine von der Spitze der
Scapula, der andere von der ventralen Umgebung des Scapularloches
her entsteht.

Die anfangs einheitliche[1]) „Extremitätenplatte" zeigt an einer bestimmten Stelle einen Einschmelzungsprozess des Knorpelgewebes.
Dadurch zerfällt sie in eine proximale und eine distale Zone. Letztere wird durch weitere Theilungen zu den Basalia der freien Extremität, und diese vermehren sich wieder durch secundäre Theilung.

Weiteres vermag ich über die 'Swirski'sche Arbeit nicht zu
referiren, da es mir trotz alles redlichen Bemühens nicht gelungen
ist, aus der Darstellung überall klug zu werden, und ich muss deshalb auf S. 39—46 der Originalarbeit verweisen; vielleicht dass Andere glücklicher sind als ich und in den dort herrschenden Wirrwarr
Ordnung hineinzubringen vermögen.

Dass die Angaben, welche 'Swirski über die Entwicklung der
Selachier-Flosse beibringt, auf ganz falschen Beobachtungen beruhen,
habe ich schon in einem früheren Capitel auseinandergesetzt. Ebendaselbst sah ich mich auch veranlasst, seiner freudigen Erregung über
die von ihm aus der Hecht-Entwicklung zu Ungunsten der Thacher-
Mivart-Balfour'schen Theorie gezogenen Consequenzen einen
Dämpfer aufzusetzen.

---

[1]) Rathke, Vogt und Mettenheimer haben an den Embryonen anderer
Fische jene einheitliche Platte auch schon gesehen.

Ich wende mich nun zu meinen eigenen Untersuchungen, welche ich an Embryonen von dem Hecht, Labrax, dem amerikanischen Saibling, dem Lachs, der Forelle, Aesche und Ellritze angestellt habe. Alle diese Teleostier stimmen, abgesehen von dem inconstanten Gegenbaur'schen „Spangenstück", in allen wesentlichen Punkten mit einander überein.

Ganz ähnlich wie bei Acipenser bildet sich zunächst eine senkrecht stehende, paarige, an ihrem freien Rande zugeschärfte und medianwärts eingebauchte Epidermisfalte, deren Inneres durch mesoblastisches, rundzelliges Gewebe ausgefüllt wird. In letzterem differenzirt sich nach und nach eine aus abgeplatteten Zellen bestehende, die äussere Form der Falte im Kleinen wiederholende, dunkle Platte, die bald die charakteristischen Eigenschaften des Vorknorpels gewinnt. An ihrer erweiterten Basis hängt sie mit dem Cölom-Epithel untrennbar zusammen, während sie gegen den freien Faltenrand zu ohne scharfe Grenze mit dem umgebenden Gewebe verschmilzt. Man vergleiche hierüber Fig. 96, b bei *, welche einen Querschnitt durch einen Hechtembryo wenige Tage nach dem Ausschlüpfen darstellt. Einen Zusammenhang jener Extremitätenfalte mit der Anlage der Bauchflosse vermochte ich, wie schon erwähnt, bei keinem einzigen der von mir untersuchten Teleostier nachzuweisen.

In dem betreffenden Entwicklungsstadium konnte ich eine eigentliche Proliferationszone am ventralen Abschnitt der erst in histologischer Differenzirung begriffenen Myotome nicht deutlich erkennen, und jedenfalls ist eine eigentliche Knospenbildung für die Teleostier aus denselben mechanischen Gründen auszuschliessen, wie ich dieselben bereits S. 164 für die Sturionen auseinandergesetzt habe, und wie sie auch für die Stellung der primitiven Brustflosse bestimmend sind (vergl. Fig. 85 und 96). Von einer Bauchflosse ist um diese Zeit noch nichts zu sehen.

In einem nur wenig älteren Stadium ist jene Zellplatte bereits in Verknorpelung begriffen. Letztere beginnt an der Peripherie und schreitet von hier aus gegen den Rumpf fort; bevor aber letzteres geschieht, sieht man dicht unter dem Corium, etwas oberhalb von der späteren Verbindungsstelle mit der freien Extremität, bereits einen Ossificationsprozess eingeleitet. Noch deutlicher erkennt man dies bei Lachsembryonen, wovon ich in Fig. 109 und 110 zwei vom Rücken her vordringende Flächenschnitte dargestellt habe. Ersterer liegt dorsal, letzterer weiter ventral. Die Achse der Flosse durchzieht bei * eine dünne Knorpelplatte, an deren Vorder- und Hinterrand (Proliferations-Zone) in sagittaler Richtung ein starkes Blutgefäss verläuft (Gf, Gf¹). Das ganze Flosseninnere wird im Uebrigen aus einem rundzelligen Gewebe erfüllt, dessen Elemente sich sowohl an den Rändern, als auch auf der medialen und lateralen Fläche jener Knorpel-

platte nach Art von Epithelien anordnen. Es handelt sich hierbei um
die frühesten Entwicklungsstufen der Flossenmuskulatur (vergl. hierüber die späteren Stadien: Fig. 111—116, ebenso Fig. 87, die einem
ähnlichen Stadium von Acipenser sturio entspricht).

Wie schon in dem auf Fig. 96 dargestellten jüngeren Stadium, so
sieht man, und zwar noch deutlicher beim Lachs, auch hier die Oberhaut
an der betreffenden Körperstelle höckerig werden. Unmittelbar dar-
unter liegen die Ossificationscentren desjenigen (dorsalen) Abschnittes der
Pars scapularis, welche sich nicht mehr knorpelig präformirt (Fig. 109 bei
** und **[1]). Es handelt sich dabei um zwei hinter einander liegende, von
regelmässig angeordneten, concentrischen Zellmassen (Osteoblasten) umgebene Knochenherde, in deren Nachbarschaft stets mehrere grosse Blutgefässe verlaufen (*Gf, Gf*). In dem auf Fig. 110 dargestellten Flächenschnitt senkt sich der proximale Rand der Extremitätenplatte in jenes
osteoblastische Zelllager ein, welches, wie man erkennt, weiter ventralwärts nur noch einfach vorhanden ist, und verschmilzt damit (vergl. darüber auch Fig. 99—105). Noch ein Schnitt weiter ventralwärts —, und
jede Verknöcherungszone ist verschwunden, während der proximale Rand
der knorpeligen Extremitätenplatte mit einer Auftreibung endigt, welche
noch nicht weiter in den Rumpf einragt, als dies in Figur 111 von
L a b r a x dargestellt ist. — Der Zwischenraum zwischen jenen grossen
Gefässen und der knöchernen Schulterblattanlage wird von grossen
Spindelzellen (Fig. 109, 110, *Sp*) eingenommen, welche als Vorstufen
der auf den Rumpf beschränkten Flossenmuskeln zu betrachten sind.

Erst wenn der Dottersack sich zu verkleinern beginnt, schiebt
sich der Knorpel lateralwärts von der Vorniere weiter in den Rumpf
ein, und zwar richtet er sich zunächst ventralwärts, wobei er hinten
die Leber und weiter nach vorne das Herz seitlich und von unten
her umwächst; zu einem Zusammenfluss von beiden Seiten in der ventralen Mittellinie kommt es aber nicht. Der Ausdehnung des Knorpels in dorsaler Richtung setzt die sich immer weiter heraberstreckende
knöcherne Pars scapularis ein Ziel; doch sieht man auf Fig. 99 und
104 bei *S*, sowie auf Fig. 121—124 bei *Kn*[1] noch deutliche Spuren
einer Pars cartilaginea der Scapula[1]).

Die Reduction dieses Knorpels ist bekanntlich schon bei Acipenser
angebahnt, bei Spatularia und den Knochenganoiden aber schon bedeutend fortgeschritten. Gleichzeitig ist hier zu constatiren, wie Knochen
und Knorpel stets in reciprokem Verhältniss zu einander stehen, dass
also das, was an letzterem schwindet, stets durch ersteren ersetzt wird.
Auf allen den diese Vorgänge erläuternden Abbildungen ist die Pars

---

[1]) In Fig. 104 sieht man, wie die Pars cartilaginea der Scapula nicht nur dorsal-
(bei *S*), sondern auch noch eine Strecke weit ventralwärts in das Osteoblasten-
Gewebe eintaucht (bei ††).

ossea der Scapula in tief schwarzem Ton gehalten und mit * * und
* * * bezeichnet. Man sieht dort, wie dieselbe z. Th. auch medianwärts enge dem Knorpel angeschmiegt liegt, und, ihn stellenweise auch
ganz unterbrechend (Fig. 102, 106—108), weit ventralwärts herabreicht,
wodurch sie wesentlich zur Festigung beiträgt. In manchen Fällen,
wie z. B. beim Hecht, handelt es sich sogar um zwei, durch ein dichtzelliges (osteoblastisches) Gewebe verbundene Knochenlamellen, welche
später noch weiter nach oben (Fig. 104 bei * *) und nach unten auswachsen. In letztgenannter Richtung halten sie sich enge an das
Perichondrium.

Um nun wieder zu dem in die Rumpfwand einwachsenden Knorpel
zurückzukehren, so sieht man, wie sich derselbe zwischen der Haut
und der Rumpfmuskulatur in einen langen, stabförmigen Fortsatz auszieht, und dass er gleichzeitig auch nach vorne von der Stelle, wo
später die freie Extremität eingelenkt ist, einen kürzeren, aber kräftigen Auswuchs, das „Procoracoid" 'Swirski's, erzeugt. Die Folge
davon ist, dass jener lange stabförmige Fortsatz (das „Coracoid"
'Swirski's) auf Querschnitten, welche von der Schwanzseite her
kopfwärts vordringen, lange schon sichtbar wird, bevor man in den
Bereich der eigentlichen Schulterplatte und die später sich abgliedernden
Flossenstrahlen geräth (Fig. 97, 103, 117—120 bei †). Man vergleiche
hierüber auch die Flächenschnitte, welche ich auf Fig. 103, 113—118
abgebildet habe, und wo die beiden Fortsätze mit † und * bezeichnet
sind.

Das Procoracoid entsteht also nicht selbständig, sondern genau
so, wie bei Acipenser, nämlich als ein kopfwärts gerichteter Auswuchs der Extremitätenplatte. An seiner Ursprungsstelle liegt hier
wie dort ein und derselbe Gefäss- und Nervencanal, welcher bei der
Entwicklung vom Knorpel ausgespart wird (vergl. Textfigur 25, **A—F**
bei † und Fig. 113—115 bei *[1]).

Genau genommen handelt es sich eigentlich an der betreffenden
Stelle anfangs, d. h. bei jungen Embryonalstadien, nur um eine von
der Kopfseite her einschneidende Bucht, welche erst später, wenn
der Procoracoid-Bügel ventralwärts mit der Hauptmasse der Schulterplatte secundär verwächst, zum Canal abgeschlossen wird (vergl. die
Textfigur 25 bei †).

Ueber die völlige Homologie der Verhältnisse zwischen Sturio und
den Teleostiern kann bezüglich dieses Punktes kein Zweifel bestehen,
und 'Swirski hat dies auch richtig erkannt; allein wenn er später
von einem ventralen Auswachsen des „Procoracoids" und von einer
Umschliessung des Pericardiums durch dasselbe spricht, so kann ich
ihm hierin nicht folgen, wenigstens nicht unbedingt. Es handelt sich
nämlich später um ein Auswachsen nicht allein jenes Fortsatzes,
sondern mit demselben erstreckt sich zugleich die ganze, schlank sich

ausziehende Schulterplatte nach vorne und ventralwärts. Sie wechselt dabei derart ihre Lage, dass sie allmählich medianwärts von den Rumpfmuskeln verläuft und sich, ganz wie bei Selachiern, Sturionen und Urodelen, zwischen letztere und das Cölom-Epithel, resp. den Sinus venosus cordis und das Pericard einbohrt. Die so verlaufende Spange (Fig. 101, 102, 106—108, 128 bei * †) ist somit nichts Anderes, als eine richtige Pars coracoidea; denn sie erfüllt sowohl im topographischen als im morphologischen Sinne alle Bedingungen einer solchen (vergl. die Textfigur 27, bei C). Dass procoracoidale Elemente zugleich in ihr stecken, will ich nicht in Abrede stellen; allein es handelt sich, wenn der Ausdruck erlaubt ist, gleichsam noch um ein Latenzstadium derselben. Man wird dadurch auf's Lebhafteste an das Verhalten der Pars pubica im Selachier-, Dipnoër- und Amphibienbecken erinnert, und der Gedanke liegt nahe, dass es sich dabei nicht nur um ähnliche, sondern geradezu um homologe Verhältnisse handeln könne. Hier wie dort hat man einen hervorbrechenden Nerven, und wie das Pubis am Becken, so ist das Procoracoid resp. die Clavicula am Schultergürtel der phyletisch jüngste, erst secundär sich differenzirende Skelettheil.

Was nun jenen sehr früh schon auftretenden, caudalwärts von der Extremitätenplatte sich erstreckenden Fortsatz betrifft, so kann ich nicht verstehen, wie ihn 'Swirski schlechtweg als „Coracoid" bezeichnen konnte. Mir ist kein Fall bekannt, wo ein Coracoid bei irgend einem Wirbelthier durch einen genau in der Körperlängsachse verlaufenden und zugleich schwanzwärts gerichteten Skelettheil dargestellt würde. Offenbar hat jener Fortsatz weder bei Sturionen, noch bei Amphibien ein Homologon, und ich möchte ihn deshalb als eine neue Erwerbung in der Reihe der Teleostier betrachten, die wahrscheinlich dazu dient, die Leibeswand zu festigen und zu stützen. Dieser Gedanke liegt um so näher, als die ungemein weit nach vorne gerückte Leber ein derartiges Festigungsmittel als zweckdienlich erscheinen lässt (Fig. 113—116).

Ueber all diese complicirten Verhältnisse vergleiche man die Textfigur 27, welche ein Reconstructionsbild darstellt. Man sieht, wie die Extremitätenplatte, in welcher die ursprünglich unter dem Processus coracoideus liegende Incisur bei † bereits zu einem Canal abgeschlossen ist, ausser diesem noch zwei andere Canäle besitzt, einen dorsalen und einen ventralen. Durch den ersteren, welcher auch auf den Querschnitten und Flächenschnitten, Fig. 100, 114 und 126 bei $Nerv^1$, sichtbar ist, geht ein kräftiger Nerv, durch den letzteren (Fig. 99 und 105, bei Gf^1 und Fig. 122—124 bei $Nerv$) ausserdem noch ein Gefäss hindurch. In der in der Pars clavicularis (procoracoidea) liegenden Oeffnung konnte ich nur ein Gefäss wahrnehmen; vielleicht handelt es sich aber auch dort noch um einen Nerven (Fig. 101 und 127 bei *GC*).

Ueber die Homologie dieser Nervenlöcher mit denjenigen bei Sturio kann kein Zweifel existiren, und ich verweise zum Vergleich auf die Textfiguren 22, 23, 24, 26, aus welchen zu ersehen ist, dass auch hier eine Oeffnung weit kopfwärts, die beiden andern aber ventral- und dorsalwärts von der Articulationsstelle der Brustflosse den Schultergürtel durchbrechen.

Bis jetzt habe ich nach dem Vorgange Bunge's nur von einer

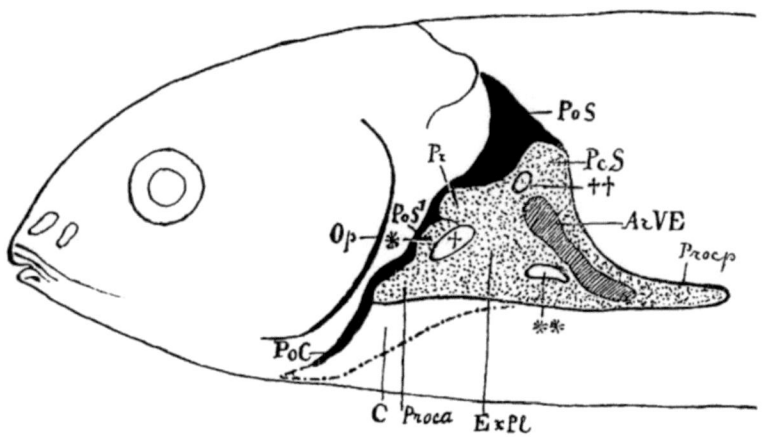

Textfigur 27, welche ein Reconstructionsbild der Schulter- und Brust-flossen-Entwicklung der Teleostier darstellt. Linke Seite von aussen. *ExPl* Extremitäten-Platte, von welcher sich später bei *ArVE* (= Articulationsstelle der vorderen Extremität) die Flosseuradien abgliedern, *PoS* Processus cartilagineus scapulae, *PoS* Pars ossea scapulae, welche sich bei *PoS¹* und *PoC* als Pars ossea des Procoracoids und Coracoids allmählich ventralwärts herabzieht, *Pr* Processus procoracoideus der Extremitätenplatte. Derselbe wächst erst secundär bei ✳ nach vorne und unten, und schliesst die zuvor unter ihm liegende Incisur zu einem Canal ab. Zwei andere Canäle liegen bei †† und ✳✳. Bei *Procp* und *Proca* liegt der stabartige Processus posticus und anticus der Extremitätenplatte. Bei *C* im Bereich der punktirten Linie wächst in einem späteren Entwicklungsstadium die Extremitätenplatte zu einem Processus coracoideus ventralwärts gegen das Pericard hinab, *Op* Operculum.

„Extremitätenplatte" gesprochen, womit ich ausdrücken wollte, dass, wie dies auch bereits von 'Swirski richtig angegeben ist, das Ske-let des Schultergürtels und der freien Extremität ursprünglich eine einheitliche Masse ausmachen, von welcher sich die Flosse erst secundär in Folge eines im Knorpel platzgreifenden Einschmelzungsprozesses abgliedert. Es handelt sich dabei um den peripheren, resp. distalen Abschnitt der Extremitätenplatte, welcher in den Querschnitten 103 und 104 eben jenen Prozess angebahnt zeigt. Das umgebende Muskel-gewebe ist um diese Zeit sehr kernreich und lässt eine kammartige Anordnung erkennen. Die obere der an der Knorpelplatte ✳ in den beiden genannten Figuren sichtbaren Auftreibung wird zu einem mächtigen, dorsal und lateral liegenden Randstrahl, während die übrige Masse in kleinere Radien zerfällt. Von einem Basale, welches bei den Sturionen noch so deutlich in die Erscheinung trat, kann man hier nicht sprechen; es handelt sich vielmehr um eine gleichmässig aufgereihte Strahlenserie, welche sich später mit dem Schulterstück gelenkig verbindet.

Ich verweise hierbei auf die Flächenschnitte 113—116, welche einem noch sehr jungen Stadium entnommen sind, insofern hier die Abgliederung des eigentlichen Flossenskelets (*) noch nicht stattgefunden hat. In Fig. 103 und 104 beginnt nun, wie schon erwähnt, dieser Prozess, und in Fig. 117—124 ist er in vollem Gang. Die Schnitte beginnen caudalwärts und schreiten kopfwärts fort. In Fig. 117 sieht man bei Rad^1 den grossen Randstrahl, der aber in diesem seinem distalen Abschnitte noch keine perichondrische Knochenhülle zeigt; ventral davon liegen bei Rad drei kleinere Strahlen. In der ventralen Rumpfwand erscheint bei † der Processus posterior der Extremitätenplatte, welcher auch in den nächsten Schnitten noch nicht viel an Höhe gewonnen hat. In Fig. 118 gliedert sich der Randstrahl (Rad^1) dreimal ab, wodurch die Serie der kleinen Strahlen dorsal- und lateralwärts um ein Glied vermehrt wird. Dies zeigt Fig. 119, woselbst das zweite Abschnürungsproduct des Randstrahles bei α noch sichtbar ist; schon im nächsten Schnitt aber (Fig. 120 bei α^1) ist es mit jenem wieder verschmolzen, und zugleich befinden wir uns hier bereits in der Zone, wo im starken und blutreichen Perichondrium des Randstrahles (bei *) Knochengewebe aufgetreten ist. Dieser Schnitt, und dies gilt auch für die drei nächsten (Fig. 120—123), ist aber namentlich deshalb von Interesse, weil man hier in einer zellreichen Zone (ZZ) des Hyalinknorpels den Abschnürungsprozess vom Schulterstück (Kn^1) geradezu ad oculos demonstriren kann. Man erkennt also, dass die Differenzirung der knorpeligen Flossenstrahlen an der Peripherie früher erfolgt, als proximalwärts, und dass die kleineren, mehr ventral- und medianwärts liegenden Strahlen, deren jetzt vier vorhanden sind (Fig. 117—124 Rad), sich früher in voller Ausdehnung differenziren, als der Randstrahl.

Schon in Fig. 120 bei † sieht man, wie der hintere Fortsatz der Extremitätenplatte sich allmählich erhebt und sich gegen die dorsale Abtheilung der Extremitätenplatte emporstreckt (Fig. 120—123, Kn, Kn^1). In Fig. 122 haben sich beide nahezu erreicht, und in der nächsten Figur ist dies bereits geschehen. Jetzt liegen nur noch z w e i, und in Fig. 124 gar nur noch e i n Strahl basalwärts im Perichondrium des Schulterbogens. In Fig. 125 ist keiner mehr zu erblicken.

In Fig. 122 erscheint medianwärts ein starkes, fibröses, dicht am Cölom - Epithel hinstreichendes Band (BqZ), welches von der obersten

Spitze des Schulterbogens ausgeht, und schief nach ein- und abwärts zieht; weiter gegen den Kopf zu wird dasselbe durch Knorpel ersetzt, welch letzterer schliesslich basalwärts mit dem Schultergürtel zusammenfliesst, während er dorsalwärts sich nur enge an denselben anlegt (Fig. 124 bei * †). Noch weiter nach vorne ist der betreffende Knorpel, welcher das „Spangenstück" (Gegenbaur) darstellt, wieder gefenstert, doch wird die Lücke durch fibröses Gewebe ausgefüllt (Fig. 125, bei BgZ^1). Wie ich schon früher auf Grund der Gegenbaur'schen Untersuchungen mitgetheilt habe, ist das „Spangenstück" in seinen ersten Spuren schon bei Ganoiden nachzuweisen und kommt durchaus nicht allen Teleostiern zu. Im gegebenen Fall tritt es ontogenetisch verhältnissmässig spät auf und bewirkt eine Abkammerung der Muskulatur (MM^2). Jedenfalls ist diesem Skeletstück, welches in der Reihe der Knochenfische zu seiner höchsten Entfaltung gelangt und mit ihnen wieder erlischt, nur eine secundäre Bedeutung beizumessen.

Noch weiter kopfwärts verflacht sich der Schulterbogen immer mehr und wird von den oben schon erwähnten Oeffnungen durchsetzt; zugleich neigt er sich stärker gegen die Horizontale und lagert sich an der Ventralseite des Herzbeutels an, bis schliesslich beide Hälften in der ventralen Mittellinie auf's Engste zusammenstossen [1]).

Aus dem Vorstehenden erhellt, dass das Knorpelskelet der vorderen Extremität der Teleostier zuerst in der freien Flosse entsteht, dass es hierauf in die Rumpfwand einrückt, diese eine gewisse Strecke, und zwar am meisten ventralwärts, umwächst und dabei ursprünglich jederseits einen völlig einheitlichen Knorpelcomplex („Extremitätenplatte") darstellt, an welchem man eine central und eine peripher liegende Zone unterscheiden kann. Aus ersterer, welche in typischer Weise von drei Oeffnungen für Nerven und Gefässe durchbohrt ist, und womit sich der knöcherne Schultergürtel eng verlöthet zeigt, geht der eigentliche Schulterbogen hervor. Die peripherische Partie glie-

---

[1]) Ich will das Capitel über die Knochenfische nicht abschliessen, ohne zuvor noch einer Arbeit von Emery und Simon (24) zu gedenken. Dieselbe war mir im Original nicht zugänglich, und ich kenne sie nur aus dem Schwalbe'schen Jahresbericht. Darnach haben sich die beiden Autoren hauptsächlich mit dem Spangenstück und mit Untersuchungen über die Bedeutung der Nervencanäle des Schultergürtels befasst. Ersteres erklären sie für ein rudimentäres, nur auf Grund der Selachier-Anatomie erklärbares Gebilde. Die Nervencanäle, welche, wie 'Swirski auch annimmt, durch Umwachsen der Nerven seitens der Knorpelsubstanz entstanden zu denken sind, sollen in ihrer Zahl derjenigen der Körpersegmente entsprechen, welche am Aufbau des Schultergürtels Theil nehmen. „Aus dem Verhalten der Nerven ergibt sich, dass die Dorsoventrale des Schultergürtels keine primitive sein kann, sondern eine von einem Zustand abzuleitende, in welchem der Schultergürtel der Achse des Körpers parallel verlief. Dabei fand sich das Foramen coracoideum hinter dem Foramen scapulare. Die primitive Form erhielt sich bei den Selachiern."

dert sich ab, zerfällt in Radien und wird zum Skelet der freien
Flosse. — Von einer Clavicula im Gegenbaur'schen Sinne kann
man bei Teleostiern so wenig reden, wie bei Ganoiden; hier wie dort
handelt es sich um einen Knorpelcomplex, welcher ursprünglich (phylogenetisch) in allen seinen Theilen im Perichondrium, d. h. auf knorpeliger Grundlage entstanden zu denken ist. Ein grosser Theil des
Knochens entsteht jetzt noch so, ein anderer aber, der dorsalwärts
vom Schultergelenk zu suchen ist, besitzt jene knorpelige Scapula
cartilaginea heute nicht mehr und bildet sich in seiner grösseren Ausdehnung als Hautknochen. Enge verwandtschaftliche Beziehungen mit
den Ganoiden sind nicht zu verkennen.

D. Amphibien.

Der Schultergürtel aller Amphibien unterscheidet sich durch zwei
wesentliche Punkte von demjenigen der Fische und Dipnoër: 1) durch
das wohl ausgebildete und typisch gewordene Procoracoid, oder, wie
ich es jetzt nur noch nennen will, die Clavicula, und 2) durch gewisse, in der ventralen Mittellinie auftretende Skeletstücke, die, wie
ich beweisen werde, mit den früher erwähnten ventralen Elementen
des Schultergürtels der Selachier genetisch nichts zu schaffen haben.

Man pflegt dieselben als Sternal- und Episternalgebilde
zu bezeichnen.

Die Schultergürtelhälfte jeder Seite bildet ursprünglich einen
knorpeligen Dreistrahl, an dem man ein dorsales Stück als Scapula,
resp. als Suprascapula, und zwei ventrale als Coracoid und Clavicula (Götte) unterscheidet. Da, wo diese drei Aeste zusammenstossen, liegt das Schultergelenk, und zwar handelt es sich dabei nicht
mehr, wie dies bei vielen Fischen und den Dipnoërn der Fall ist,
um eine Protuberanz, sondern um eine Pfanne der Scapula.

Die geschwänzten Amphibien zeigen, wie nicht anders zu erwarten, die ursprünglicheren Verhältnisse des Schultergürtels. Die
Claviculae sind nach vorne (kopfwärts) gerichtet, während sich die
Coracoide als zwei mächtige Knorpelschilder brustwärts über einander
schieben. In den dadurch gebildeten, caudalwärts offenen Winkel
schiebt sich ein Knorpelplättchen („Sternum" aut.) ein.

Eine derartige Lagerung der Coracoidplatten und des „Sternums"
findet sich auch bei vielen Anuren, wie z. B. bei Bombinator,
Hyla, Pelobates etc.; allein es besteht hier — und dies gilt für
die ungeschwänzten Amphibien im Allgemeinen — insofern ein bemerkenswerther Unterschied gegenüber den Molchen[1]), als die Clavicula

---

[1]) Bei Siren lacertina finde ich einen Zusammenfluss der Clavicula mit
dem Coracoid, wodurch ein nicht sehr geräumiges, ringsum von Knorpel be-
grenztes Fenster zwischen beiden zu Stande kommt. Aehnliches hat auch Götte
(44) bei Menopoma beobachtet, und ich kann diesen seinen Befund bestätigen.

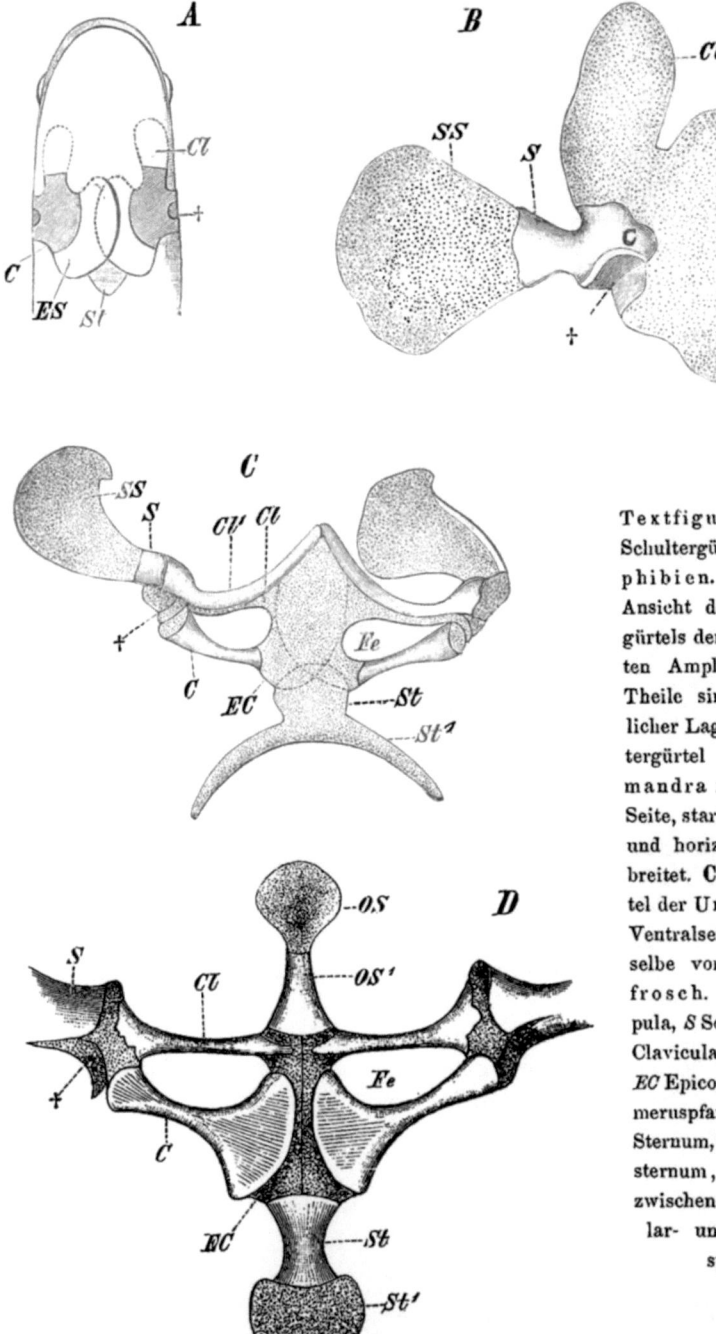

Textfigur 28, **A—D**. Schultergürtel von Amphibien. **A** ventrale Ansicht des Schultergürtels der geschwänzten Amphibien. Die Theile sind in natürlicher Lage. **B** Schultergürtel von Salamandra mac. Rechte Seite, stark vergrössert und horizontal ausgebreitet. **C** Schultergürtel der Unke, von der Ventralseite. **D** Derselbe vom Wasserfrosch. *SS* Suprascapula, *S* Scapula, *Cl, Cl*[1] Clavicula, *C* Coracoid, *EC* Epicoracoid, † Humeruspfanne, *St, St*[1] Sternum, *OS, OS,*[1] Omosternum, *Fe* Fenster zwischen der Clavicular- und Coracoidspange.

zur Körperlängsachse eine quere Richtung angenommen hat und ihr freies Ende mit demjenigen des Coracoids unter Erzeugung eines Rahmens verschmolzen ist (Textfigur 28). — Bei anderen Anuren, wie z. B. bei Rana, erhält der Schultergürtel dadurch ein festeres Gefüge, dass hier nicht nur die Claviculae, sondern auch die Coracoide in der Mittellinie sich treffen, an einander legen und gewisse Verwachsungsverhältnisse eingehen, worüber ich später noch Genaueres zu berichten haben werde. Dadurch wechseln auch die Lagebeziehungen des „Sternums" oder „Xiphisternums" zu den Partes coracoideae, und dazu tritt proximalwärts von der Vereinigungsstelle der Claviculae noch ein weiteres Skeletelément, das man als „Episternum" oder auch als „Omosternum" zu bezeichnen pflegt (Textfigur 28).

Der Verknöcherungsprozess erfolgt in jeder Spange des ursprünglichen Dreistrahles selbständig, doch kann es — und dies bildet bei den Urodelen die Regel — zum nachträglichen Zusammenfluss der einzelnen Knochenherde kommen. Gleichwohl spielt aber gerade hier (und dies gilt auch für die meisten Anuren) der Knorpel nach wie vor die Hauptrolle; man pflegt dann den übrig bleibenden grossen Knorpelrest des Coracoids als Epicoracoid und den der Scapula als Suprascapula zu bezeichnen (Textfigur 28).

Das Mitgetheilte mag genügen, um dem Leser die betreffenden Verhältnisse in so weit wieder in Erinnerung zu rufen, als dies zu einem Verständniss der Entwicklungsgeschichte, auf die ich hier den Hauptnachdruck zu legen beabsichtige, nothwendig ist. Ich werde dabei im Interesse einer klaren Darstellung die Urodelen und Anuren getrennt behandeln, zuvor aber noch die fossilen Formen, wie sie namentlich durch Credner (16, 17)[1]) bekannt geworden sind, einer kurzen Betrachtung unterziehen.

1) Urodelen.

In welchem geologischen Horizonte die directen Vorfahren der heutigen Molche zu suchen sind, ist noch unbekannt, da man jenseits des Tertiärs bis jetzt keine sicheren Spuren derselben aufgefunden hat. Jedenfalls sind sie nicht unmittelbar aus den Stegocephalen der Perm- und Kohlenformation hervorgegangen. Wenn auch beide in ihrem allgemeinen Habitus mit einander übereinstimmen, so besitzen die Stegocephalen doch in ihrem Schädelbau, in ihrem Hautpanzer und namentlich auch in der Formation ihres Schultergürtels so viel Besonderes und Abweichendes, dass man sie in gewissen Be-

---

[1]) Die von Fritsch beschriebenen Stegocephalen zeigen sich in ihrem Schulter- und Beckengürtel weit weniger gut erhalten, so dass ich dieselben hier füglich übergehen kann.

ziehungen viel eher den primitiven Formen der Reptilien (Palaeohatteria, Hatteria), als den heutigen Amphibien anreihen kann.
Es waren Mischtypen, die sich in dieser Form auf die recenten Vertebraten nicht vererbt haben.

Was speciell den Schultergürtel der Stegocephalen anbelangt, so
hat derselbe mit den übrigen anatomischen Merkmalen dieser alten
Thiergruppe von H. Credner eine sehr eingehende und lichtvolle
Darstellung erfahren, an die ich mich im Folgenden z. gr. Th. an-
lehnen werde.

Während der Schultergürtel der recenten Urodelen wesentlich
aus Knorpellamellen besteht, und das Knochengewebe in der Regel
nur eine untergeordnete Rolle spielt, tritt dasselbe bei den Stegocephalen weit mehr in den Vordergrund und verleiht dem ganzen
Apparat einerseits eine grössere Solidität, andererseits aber zugleich
auch den Habitus eines Reptilien-Schultergürtels. Das Sternum
blieb fast ausnahmslos knorpelig; dagegen tritt ventralwärts von ihm
eine desto ausgedehntere, unpaarige Knochenplatte, das Episternum,
auf, welches in dieser seiner beträchtlichen Entwicklung das auf-
fälligste Element des Schultergürtels aller Schuppenlurche bildet. Bezüglich seiner sehr wechselnden Formverhältnisse (bald rundlich, bald
rautenförmig oder stielartig nach hinten ausgezogen) verweise ich auf
die Textfigur 29 A—E. Auf die vordere Hälfte der ventralen Epi-
sternalfläche legen sich beiderseits die ebenfalls vielgestaltigen, knieförmig gekrümmten „Claviculae" auf. Diese sind medianwärts in der
Regel stark verbreitert, während sie an ihrem mit der Scapula verbundenen Ende zugespitzt erscheinen. „Es ist kaum zweifelhaft, dass
bei einer Anzahl Stegocephalen das Episternum und die Claviculae
noch in ihrer ursprünglichen Anlage, nämlich als Hautknochen, vorhanden waren, bei anderen hingegen bereits in das innere Skelet aufgenommen worden sind[1]), ähnlich wie auch der ventrale Schuppen-
panzer bei einigen Stegocephalen schon zum Bauchrippensystem geworden ist. So weisen dieselben z. B. bei Archegosaurus eine
den Hautknochen des Schädels ganz entsprechende grubige Sculptur
der Aussenseite auf; auch schmiegen sich die nach vorn divergirenden
Schuppenreihen des Bauchpanzers genau der spitzen Hinterecke des
rhombischen Episternums an, ja legen sich auf dessen hier glatte, sich
schräg abdachende Ränder auf, so dass dasselbe augenscheinlich gleichfalls dem Hautskelete angehört hat."

„Die Coracoide sind meist halbmondförmig und liegen seitwärts,

---

[1]) Dies gilt z. B. für Branchiosaurus, Melanerpeton, Discosaurus
und Hylonomus, wo Episternum und Schlüsselbeine, wie die übrigen Knorpel-
knochen, eine ganz glatte Oberfläche besitzen, über welche sich die Reihen des
Schuppenpanzers ununterbrochen hinwegerstrecken.

bezw. nach hinten vom Episternum. Die Scapulae sind schwach gebogene stab-, oder löffelförmige Gebilde, welche sich bei einigermassen günstigem Erhaltungszustande des Schultergürtels thatsächlich

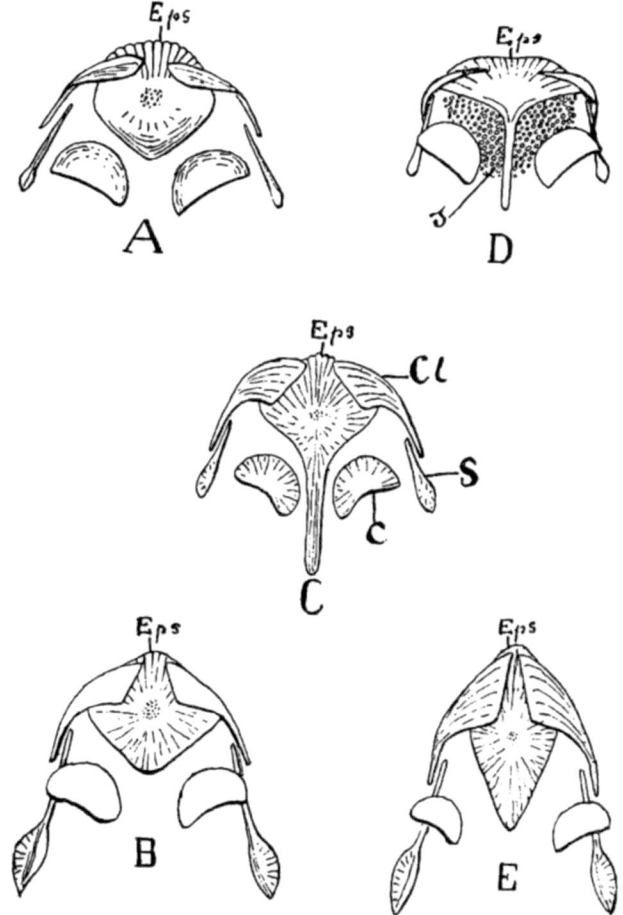

Textfigur 29, **A—E.** Schultergürtel von Stegocephalen (Ventralseite). Nach H. Credner. **A** Branchiosaurus ³/₁, **B** Pelosaurus ²/₁, **C** Discosaurus ²/₁, **D** Hylonomus ²/₁, **E** Archegosaurus, circa ¹/₄ der natürl. Grösse. *Eps* Episternum, *Cl* Clavicula, *S* Scapula, *C* Coracoid. — Diese Bezeichnungen lassen sich von der Figur **C** leicht auf die übrigen übertragen. *s* Kalkpflaster im Sternum oder im Knorpel des Coracoids.

noch mit den nach oben gewandten stielförmigen Fortsätzen der Claviculae in Berührung befinden, mit denen sie bei Lebzeiten des Thieres in Verbindung gestanden haben."

Entwicklungsgeschichte des Schultergürtels bei
Tritonen, Salamandra maculata und atra, bei Proteus
und beim Axolotl.

Hierüber liegen, was die jüngeren Embryonalstadien betrifft,
meines Wissens noch keine Arbeiten vor, die eine besondere Berücksichtigung verdienen, und so kann ich mich gleich zu meinen eigenen
Untersuchungen wenden.

Wie bei Fischen, so ist auch bei den geschwänzten Amphibien
die vordere Extremität der hinteren in der Entwicklung stets voraus.
Ihre Anlage erfolgt dicht hinter dem Visceralapparat des Schädels,
aber nicht in gleicher Höhe mit diesem, sondern viel weiter ventralwärts. Ihr vorderster Abschnitt liegt noch z. Th. in dem ersten, die
Hauptmasse aber im zweiten und dritten Spinalsegment [1]).

Dass es sich bei Urodelenlarven, so wenig als bei Sturionen und
Teleostiern um eine, die Anlage der beiden Extremitätenpaare vollständig verbindende Epidermis-Leiste handelt, wurde oben schon erwähnt. Besonders weit sah ich dieselbe bei 8 mm langen Larven
von Salamandra maculata caudalwärts ziehen.

Die jüngsten Stadien von Tritonen, welche ich zu untersuchen
Gelegenheit hatte, massen 5—6 mm. Die Vorniere war bereits zu
erkennen. Lateralwärts von ihrem hinteren Bezirk und zugleich etwas
ventral von ihr macht sich unter der Haut der Rumpfwand eine
schwache Ansammlung von Mesoblast-Zellen bemerklich [2]), oberhalb
deren sich die zweite Lage der Epidermiszellen pallisadenartig zu
verlängern beginnt.

Wir begegnen also hier ganz demselben Vorgang, wie bei der
Anlage der hinteren Extremität, und auch der weitere Entwicklungs-
gang verhält sich sehr ähnlich (Figur 33, 34, 35, 54—58). Um diese
Zeit sind die Myotome der Stammzone bereits nahezu histologisch
differenzirt, worauf ich auch schon früher hingewiesen habe; bei
7—8 mm langen Larven ist dieser Prozess durchgeführt.

Bei 7½ mm langen Larven von Triton helveticus sieht man
jene Ansammlung von Mesoblastgewebe schon viel deutlicher werden

---

[1]) Unter erstem Spinalsegment verstehe ich den Zwischenraum zwischen
dem Ganglion vagi und dem ersten Spinalganglion, unter dem zweiten und dritten
denjenigen zwischen dem ersten und zweiten, bezw. zwischen dem zweiten und
dritten Spinalganglion.

[2]) Wenn man mit Flächenschnitten von der Dorsalseite her vordringt, so
liegt jene mesoblastische Zellmasse bei Triton helveticus zunächst nur im
Bereich des vierten Myotoms, seitlich von ihm. Weiter ventralwärts greift es
auch noch auf das fünfte über. Wenn dann später das Vorknorpel- und Knorpelstadium eintritt, so wird der Schultergürtel in seiner dorsalen Partie durch die
Vorniere von der Muskulatur theilweise wieder abgedrängt.

und die seitliche Rumpfwand stark vorbauchen. Die Figuren 129 und
131 erläutern dies. Beide stellen Querschnitte dar, ersterer aber
liegt weiter kopfwärts, d. h. im Bereiche der Anlage des Schultergürtels. Rechterseits weicht er von der transversellen Ebene etwas
caudalwärts ab, so dass man sich hier zugleich schon in der Gegend
des proximalen Humerus-Endes befindet, welches mit der Schulter-
bogenanlage eine einzige Masse bildet (Figur 129 *VE, HK*). Es
handelt sich bereits um das Vorknorpelstadium, und zwar geht
dabei der Humerus dem Schultergürtel etwas voraus, worauf auch
schon Strasser (93) hingewiesen hat. Dies ersieht man sehr deutlich
aus dem weiter caudalwärts liegenden Querschnitt (Fig. 131, bei †),
wo sich die Extremitäten weit vom Rumpfe abheben (*VE*) und ihre
Richtung ziemlich steil nach oben (dorsalwärts) und etwas nach hinten
nehmen. Ganz dieselbe Stellung zeigen sie auch beim Axolotl, bei
Salamandra und Proteus.

Wir befinden uns hier bereits ausserhalb des Bereiches der Vorniere, doch ist deren Ausführungsgang (*VNG*) an der Basis der Myotome deutlich zu erkennen. Im Centrum der Extremitätenknospe (*VE*)
zeigen die Elemente des Vorknorpels eine concentrische Anordnung
und werden von indifferentem, sehr gefässreichem Mesoblastgewebe
umgeben. Letzteres steht mit den Myotomen in Verbindung und
zieht sich als spätere Pars coracoidea des Schulterbogens weit ventralwärts in die Rumpfwand herab. In letzterer ist dicht nach aussen
vom Cölom-Epithel die Muskulatur [1] eben in der Differenzirung begriffen (*M¹*).

Eine passende Ergänzung für das Verständniss des Mitgetheilten
giebt Figur 132. Sie stellt einen Flächenschnitt dar durch die rechte
Extremität einer 8 mm langen Larve von Triton alpestris. Die
Knospe ist hier schon weiter ausgewachsen, und in ihrem Centrum
tritt der Humerus in seinen proximalen zwei Dritteln, sowie die damit verbundene Schulteranlage (*HK, SG*) klar hervor. Die Zellen
des Humerus nehmen distalwärts vom Kopf eine quere Stellung an
und gehen an der Peripherie, wo bei * ein starkes Blutgefäss erscheint, in das umgebende Gewebe über. Letzteres häuft sich unter
der Haut an und stellt den Vorläufer der Gliedmassen-Muskulatur
dar; medianwärts erscheint bei *M¹* der bilaterale Seitenrumpfmuskel,
nach einwärts von ihm bei *CoE* das Cölom-Epithel (vgl. auch das
entsprechende Stadium des Störs, Figur 87).

Wie langsam der Axolotl auch in der Anlage seiner vorderen
Extremität voranschreitet, und wie weit er dabei hinter den Tritonen
zurückbleibt, ersieht man aus Figur 130. Diese stellt einen Quer-

---

[1] Dieselbe hängt 4—5 Schnitte weiter caudalwärts mit den Myotomen der
Stammzone direct zusammen.

schnitt durch eine 12 mm lange Larve dar, und da das Messer durch die höchste Kuppe der Gliedmassen-Anlage ging, so tritt die Differenz der Verhältnisse durch einen Vergleich mit Figur 129, 131, 132 klar hervor. Man kann beim Axolotl zu dieser Zeit[1]) noch keine Schulterbogen- und Humerus-Anlage erkennen. Es handelt sich vielmehr nur erst um eine ganz diffuse, mehr oder weniger dichte, von zahlreichen Gefässen unterbrochene Gewebsmasse, über welcher sich die Epidermis ebenso wie bei Tritonen verdickt (Fig. 130, *VE*, *Ep*). Von den Myotomen wird sie durch die bereits stark entwickelte Vorniere (*VN*) getrennt, so dass man dadurch an die Verhältnisse der Sturionen erinnert wird (Figur 85)[2]).

Die bis jetzt geschilderten Vorgänge decken sich fast ganz mit denjenigen von Proteus, worüber ich bereits früher berichtet habe (112). Der einzige Unterschied beruht in der noch steiler nach oben gehenden Richtung der Extremitätenknospen, und dieses, noch mehr an die Ganoiden und Teleostier erinnernde Verhalten beruht offenbar gerade so wie bei letzteren auf einer stärkeren Ausdehnung des Dottersackes. Dadurch erscheint die Gliedmassen-Anlage auch weiter dorsalwärts emporgerückt, so dass ihre Basis mit den Myotom-Sockeln in einem frühen Entwicklungsstadium geradezu zusammenstösst [vergl. Fig. 2 und 8, *A* meiner früheren Arbeit (112)].

Was ich bezüglich der langsameren Entwicklung vom Axolotl gesagt habe, gilt in noch höherem Grade für den Proteus, wo man selbst bei 13 mm langen Exemplaren noch von keinem Vorknorpelstadium reden kann.

Ich wende mich nun wieder zu Triton helveticus zurück. Hier tritt zu einer Zeit, in welcher das Thier eine Länge von 9 mm erreicht, das erste Knorpelgewebe in der freien Extremität auf, und zwar in der Diaphysengegend des Humerus (Fig. 134, *H*). Kurz darauf, hie und da sogar gleichzeitig, verknorpelt die Stelle des Schulterbogens, wo sich später das Gelenk für die obere Extremität ausbildet. Um diese Zeit findet sich hier auch schon deutliches Muskelgewebe (M^2), welches mit der Rumpfmuskulatur in directer Verbindung steht. — Die Zellen des Humerusknorpels zeigen an der Peripherie, d. h. da, wo sie in das Vorknorpelblastem eintauchen (* *), dieselbe Querlage, wie ich sie oben geschildert habe.

Weiterhin schreitet nun der Verknorpelungsprozess proximalwärts fort, bis schliesslich Humerus und Schulterbogen gerade

---

[1]) Das Viseralskelet des Kopfes ist bereits verknorpelt.

[2]) Medianwärts von der Extremitätenknospe treten die Muskelanlagen der Rumpfwand bei Färbung mit Borax-Carmin als eine Reihe radiär gestellter, mit dem Cölomepithel auf's Engste verbundener, hellleuchtender Punkte hervor, eine Eigenthümlichkeit, auf die ich die Aufmerksamkeit der Fachgenossen lenken möchte.

so wieder eine einheitliche Masse bilden, wie dies bereits im Vorknorpelstadium der Fall war. Von einem Schultergelenk kann man also noch nicht reden, und Alles weist auf ein Verhalten zurück, wie es uns bereits von den Fischen her geläufig geworden ist. In diesem Punkt stimmt die vordere Extremität mit der hinteren überein (vergl. das betreffende Capitel, wo ich auch auf die morphologische Bedeutung des Ligamentum teres aufmerksam gemacht habe).

Nachdem jener Zusammenfluss vollständig geworden ist, wächst der rapid verknorpelnde und zugleich an seiner Peripherie sich verbreiternde Schulterbogen zunächst dorsalwärts bis zur Höhe der Wirbelsäule empor und begrenzt dabei direct die Vorniere lateralwärts[1]). So entsteht also die Pars scapularis ungleich früher[2]), als die Pars coracoidea (Fig. 135, 138 bei *S*), und darin liegt ein bemerkenswerther Unterschied gegenüber der hinteren Extremität, deren Pars dorsalis (Ilium), wie ich gezeigt habe, erst am Schluss der ganzen Beckenentwicklung die Wirbelsäule erreicht. Während es aber hier zu einem starken Bandapparat zwischen der Sacralrippe und dem oberen Ende des Ilium kommt, findet sich ein solcher an der vorderen Extremität, wie mein Schüler Iversen dargethan hat, unter allen Urodelen einzig uud allein bei Salamandra atra. Ich habe diesen Befund selbst nachgeprüft und gesehen, dass sich das stark verbreiterte, ganz nach Art einer Sacralrippe geformte, distale Ende der zweiten Rippe unter die der Rumpfwand zugekehrte Fläche Scapula resp. Suprascapula eine Strecke weit hinunterschiebt und sich durch ein lockeres fibröses Band an derselben befestigt. Die Lagebeziehungen stimmen also vollkommen mit denjenigen an der hinteren Extremität überein, und ich verweise dabei auf die Figur 51. — Bei allen übrigen ·Urodelen, wie so auch bei der nahe verwandten Salamandra maculata ist nichts Derartiges zu bemerken; überall werden Scapula und Suprascapula nur durch die umgebenden Muskeln und die äussere Haut an die Rumpfwand befestigt. Ihre Lagebeziehungen zur Vorniere erhellen aus Fig. 137.

Erst wann bei 12—13 mm langen Tritonenlarven der Schulterbogen auch ventralwärts in die Pars coracoidea auszuwachsen beginnt, sieht man in der Gegend des späteren Schultergelenks eine

---

[1]) Man sieht auf der Figur 138 bei *VN* sehr gut, wie sich die Vorniere genau zwischen die dorsal liegenden Myotome *M* und die ventrale Seitenrumpfmuskulatur *M¹* einschiebt. Beide erscheinen dadurch wie auseinandergesprengt.

[2]) Bei 18 mm langen Axolotln fand ich den Schultergürtel als zarte, weit dorsalwärts reichende Spange bereits angelegt, und bei solchen von 23 mm war auch schon die Pars coracoidea ziemlich weit ventralwärts ausgewachsen. Von einem „Sternum“ war noch nichts zu sehen. Der Humeruskopf war mit der Scapula zusammengeflossen.

Einschmelzung auftreten. Der Humeruskopf (HK auf Fig. 133, **B, C**) schnürt sich dabei förmlich aus der Knorpelmasse heraus, wobei die Verbindung am längsten am vorderen Umfang desselben persistirt. Während dieses Prozesses gewinnt man auf Querschnitten (Fig. 138) den Eindruck, als wolle es zur Herausbildung eines F i s c h g e l e n k e s kommen; dies ist aber nicht der Fall, denn es entsteht eine richtige scapulo-coracoidale Pfanne, in welcher der frei werdende Humeruskopf später articulirt.

In diesem Stadium ist von einem „Sternum" noch nichts zu erblicken, und die Clavicula hat sich eben erst als kleiner Auswuchs am Vorderrande des Schultergürtels angelegt. Sie liegt dicht unter der Haut am Uebergang der seitlichen Rumpfwand in die ventrale, ist direct gegen den Kopf zu gerichtet und besteht an ihrem vorderen Ende noch aus indifferentem, faserigem und zelligem Mesoblastgewebe. S i e i s t w i e b e i G a n o i d e n d a s o n t o g e n e t i s c h j ü n g s t e S t ü c k d e s S c h u l t e r g ü r t e l s und wächst unter langsam fortschreitender Verknorpelung erst viel später weiter kopfwärts aus.

Längst bevor dies geschehen ist, haben die unteren Enden der Coracoidplatten den Herzbeutel von seiner ventralen Seite her umwachsen und beginnen sich nun in der Mittellinie übereinanderzuschieben. Dies geschieht bei T r i t o n e n in der Regel schon bei Larven von 14—15 mm Länge; doch wechselt der Vorgang individuell sehr stark, so dass man oft bei 11 und 12 mm langen Thieren schon einen grösseren Fortschritt bemerkt, als bei viel älteren. Bei S a l a m a n d r a m a c u l a t a, welche im zeitlichen Verlauf ihrer Extremitäten-Entwicklung zwischen dem A x o l o t l und den T r i t o n e n etwa die Mitte hält, ist jenes Stadium erst mit 20 mm erreicht; doch bildet hier der Humeruskopf mit dem Schultergürtel gewöhnlich noch e i n e Masse.

Ich wende mich nun zum sogenannten S t e r n u m der Urodelen. Ueber dessen Entwicklung hat, soviel ich in Erfahrung bringen konnte, nur G ö t t e (44) Untersuchungen angestellt. Nach diesem Autor bildet sich das „Sternum" aus zwei nach vorne winklig zusammenstossenden und in den caudalwärts gerichteten Winkel der Coracoidplatten eintretenden Knorpelspangen. Sie entstehen in den Inscriptiones tendineae der Bauchmuskeln, dicht hinter dem Schultergürtel. An der daraus sich bildenden Knorpelplatte befestigt sich eine die Coracoide verbindende Membran, und diese verknorpelt da, wo sich ihre Ränder an die sternale Knorpelplatte anlegen. Letztere wird dadurch gewissermassen zweischichtig, erhält einen rechten und linken Falz und hat also einen doppelten Ursprung, d. h. sie ist theils Appendix des Schultergürtels, theils auf ein Myocomma der Rumpfmuskulatur zurückzuführen. — So weit G ö t t e. — Meine eigenen Untersuchungen haben Folgendes ergeben.

Das „Sternum" entsteht bei allen Amphibien im Bereich des

M. rectus abdominis, und zwar ursprünglich paarig, im engsten Anschluss an die medialen Ränder desselben. Diese sind durch zellreiches, wucherndes Mesoblastgewebe, welches ungemein stark vascu-
larisirt ist, und von welchem das ventrale Mesenterium der Leber ausgeht, anfangs noch weit von einander getrennt, so dass also eine sehr
breite fibröse Linea alba existirt. Am meisten gilt dies für den Axolotl,
etwas weniger für Salamandra. Da beide ein sehr primitives Verhalten
zeigen, so sollen sie vor den bezüglich dieses Punktes schon etwas
modificirten Tritonen besprochen werden.

Was zunächst den Axolotl betrifft, so kann hier über die
paarige Anlage des „Sternums" kein Zweifel bestehen. Wie bei allen
Amphibien, so setzt auch hier die Entwicklung beider Sternalhälften
mit ihrem hintersten (am weitesten caudalwärts gelegenen) Abschnitt
ein und schreitet unter allmählichem Zusammenfluss derselben in der
ventralen Mittellinie kopfwärts fort. — Mit jener oben erwähnten
sternalen Wucherungszone an den inneren Rändern der geraden
Bauchmuskeln treten die medialen Enden der Coracoide in nahe Berührung; allein in keinem Entwicklungsstadium kommt
es zu einem Zusammenfluss zwischen beiden, und nichts
weist darauf hin, dass das „Sternum" der Urodelen
genetisch, bezw. phylogenetisch auf die Pars coracoidea
des Schultergürtels zurückzuführen sei. Da sich mir
hierfür weder bei den geschwänzten noch bei den ungeschwänzten
Amphibien irgend welche Anhaltspunkte ergeben haben, so kann ich
mich mit der Ansicht von T. J. Parker (80) und Howes (58),
sowie den von Letzterem daran geknüpften Consequenzen, die ich hiermit wörtlich folgen lasse, keineswegs einverstanden erklären: „That
the Amphibian sternum is for the most part, if not wholly, a derivative
of the shoulder-girdle, there can no longer be a question; and, although
the researches of Goette leave us in doubt concerning the hypo- (post-
omo) sternum, they show that that can be no derivative of the costal
apparatus. Working anatomists will realize in Parker's application of
Albrecht's terminology the expression of a fundamental difference
between the sternal skeleton of the Ichthyopsida and Amniota. The
researches of Goette, Hoffmann, Ruge and others, show the sternum
of the higher Amniota to consist of a greater costal portion and of
lesser ones, chief among the latter being the episternum or interclavicle.
They suggest (especially if Hoffmann's assertion that the precoracoid
or clavicular bar is, in Mammals, primarily continuous with the spine
of the scapula) that the interclavicle may be, throughout, the vanishing
vestige of the coracoidal sternum of the Ichthyopsida. The latter would
appear, therefore, to have been replaced in time by the more familiar
costal sternum, derivative of the hæmal arches (ribs); and, this being

so, might we not boldly and with advantage, go a step further than Parker has done, and distinguish between a coracoidal *archisternum* of the Ichthyopsida, and a hæmocoracoidal *neosternum* of the Amniota? If this be conceded, the characters referred to must be incorporated in our diagnoses of the two great types named."

Ich möchte mich auch nicht für den von H o w es vorgeschlagenen Namen „Archisternum" erklären, sondern ausdrücklich die Bezeichnung S t e r n u m beibehalten, da es sich, wie ich noch des Weiteren erörtern werde, auch für das Amphibien-Sternum um einen c o s t a l e n M u t t e r - b o d e n handelt.

Ich kehre nun nach dieser Abschweifung zur Entwicklung des Sternums des A x o l o t l s zurück. Bei 51 mm langen Exemplaren zeigt sich also jene, einem verknorpelnden Myocomma, d. h. einer knorpeligen Bauchrippe ähnliche Wucherungszone, welche auf der Fig. 140 mit † bezeichnet ist. Der Querschnitt, welcher auf dieser Figur dargestellt ist, ging durch den caudalwärts gelegenen Abschnitt der betreffenden Anlage, d. h. durch jene Zone, wo der Verknorpelungs-prozess einzusetzen pflegt. Wenige Schnitte weiter gegen den Schwanz zu erlischt die hyaline Substanz, während sie kopfwärts in diesem Stadium noch durch zehn Schnitte hindurch zu verfolgen ist. Aller-dings wird sie dabei immer dünner und rückt etwas mehr ventralwärts herab, so dass sich zwischen ihr und dem M. rectus die freien Cora-coidränder mehr und mehr einschieben können (vergl. hierüber Text-figur 30, C und L). Bei jener Lageveränderung spielt der vom M. pectoralis major (Fig. 140, M^2) ausgehende Zug eine bedeutende Rolle, ja ich glaube nicht fehl zu gehen, wenn ich in jenem Muskel auch bezüglich der späteren lappigen Ausgestaltung des Sternums (in phylogenetischer Beziehung) ein wesentliches Causalmoment erblicke. Für diese Ansicht spricht das ungleich einfachere Verhalten, bezw. das gänzliche Fehlen des Sternums bei den Ichthyoden, wo jener Muskel-zug in Anpassung an das ausschliessliche Wasserleben offenbar nicht zur Bethätigung kommt.

Geht man nun bei der Betrachtung des betreffenden Axolotl-Stadiums noch weiter kopfwärts, so verschwindet, wie schon erwähnt, das Knorpelgewebe, allein die Wucherungszone am Rectus-Rand (Fig. 139, *MG*) ist noch durch 72 Schnitte hindurch vorhanden. Ferner sieht man, wie sich die Coracoidränder (c) weit über einander gescho-ben und das zwischenliegende Mesoblastgewebe (a, b, c, d) strang-artig mit ausgezogen haben. Diese Faserstränge verlöthen sich auf's Innigste mit den ebenfalls in Wucherung begriffenen, freien Coracoid-rändern. Durch jene fibrösen Züge erscheinen in diesem Stadium schon die Knorpeltaschen präformirt, in welche sich später die Cora-coidplatten einfalzen. Dies ist aus der Fig. 141, 144, sowie aus der Textfigur 30, A—F klar zu ersehen. Beide stellen ein älteres Stadium dar, in welchem der Axolotl bereits eine Länge von 68 mm erreicht hat, und auf Fig. 147 sehen wir den Schultergürtel eines ausgewachsenen Thieres. Die betreffenden Verhältnisse werden auf folgende Weise erreicht.

Die beiden Knorpelzonen wuchern gegen die Mittellinie vor und verwachsen dort allmählich mit einander. Zugleich kommt es, wie schon erwähnt, unter Beihilfe von Muskelzug zu zwei ventral- und lateralwärts ausspringenden Lamellen oder Lappen, die in der Richtung der auf Fig. 139 mit **a–d** bezeichneten Bindegewebsstränge fortwuchern, so dass die seitliche Verschiebung der dieselben mit der dorsalen Mutterlamelle (Textfigur 30, F bei † und *) verbindenden Knorpel-Commissur a priori schon gegeben ist.

Ganz denselben Vorgängen begegnet man bei Salamandra maculata, nur dass hier die Wucherungszonen des Sternums schon von Anfang an näher zusammenliegen und sich sehr bald mit einander vereinigen. Der Verknorpelungsprozess beginnt hier erst bei Larven, die 21—25 mm lang sind, und bald sieht man dann auch ventral- und lateralwärts jene zur Bildung der Coracoidtaschen bestimmten Lamellen auswachsen (vergl. Textfigur 30, K—M). — Von Salamandra zu Triton, wo die Bildung des Sternums in der Regel bei 21 mm grossen Thieren beginnt, ist es nur noch ein kleiner Schritt, und der ganze Unterschied beruht darauf, dass sich hier das Sternum gleich von Anfang an zwischen den viel weiter gegen die ventrale Mittellinie sich vorschiebenden Rectus-Hälften unpaar anlegt (Fig. 142 und 143). Es handelt sich also um eine Abkürzung des ganzen Prozesses; im Uebrigen aber verhält sich Alles wie beim Axolotl (vergl. Fig. 141 mit der Textfigur 30, A—F).

Auf eine eingehende Beschreibung der Formverhältnisse des Sternums erwachsener Urodelen kann ich füglich verzichten, da dies ja allbekannte Dinge sind. Es mag genügen, auf die je nach verschiedenen Familien ausserordentlich grossen Formschwankungen hinzuweisen [1]), und sicherlich handelt es sich auch um mehr oder weniger

---

[1]) Bei Siren lacertina folgt das sehr in die Breite entwickelte Sternum dem ganzen Hinterrand der knorpeligen Coracoide bezw. Epicoracoide. Es springt caudalwärts in der Mittellinie in einen schnabelartigen Fortsatz aus, während sich sein ganzer Vorderrand in eine breite und dünne Lamelle auszieht, welche die hinterste Partie der Epicoracoide ventralwärts überlagert. Eine zweite fibröse Lamelle liegt dorsalwärts, und in die auf diese Weise gebildete, knorpelig-fibröse Tasche sind die hinteren Epicoracoidränder eingefalzt. Es handelt sich also hier, wie ich dies schon oben angedeutet habe, um wesentlich einfachere Verhältnisse als bei den Salamandrinen.

Bei Menopoma besteht das Sternum aus einer sehr breiten und dünnen, seitlich in zwei Lappen sich gabelnden Knorpelplatte, welche dorsalwärts mit der Linea alba und den Myocommata auf's Engste verwachsen ist.

Amphiuma besitzt kein Sternum; beide, rein knorpelige Coracoide, bleiben

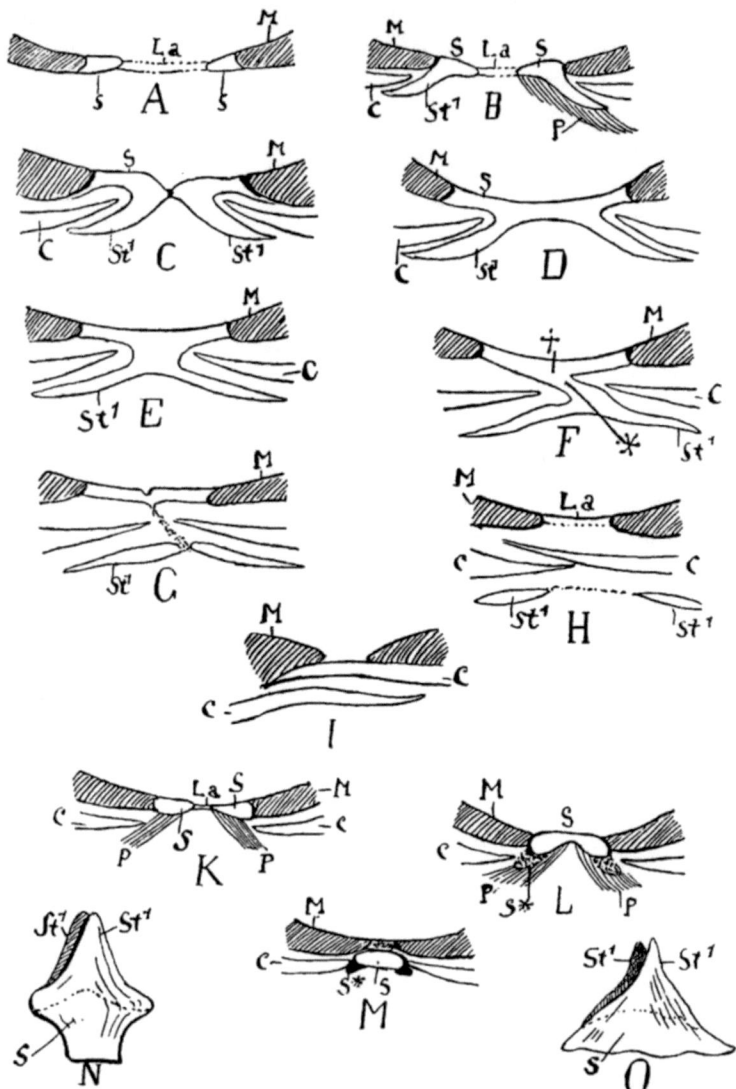

Textfigur 30 **A—I.** Querschnitte durch das Sternum und die angrenzenden Gebilde vom
Axolotl. **K—M** Ebendieselben von Salamandra maculata (Larve 23 mm). Hier wie
dort schreiten die Schnitte von der caudalen Seite kopfwärts fort. *M* Musc. rectus abdominis,
an dessen medialen Rändern (Fig. **A** bei *S*) die Verknorpelung der Linea alba (*La*) beginnt.
In **B** und **C** sind die Knorpelzonen *SS* in der Mittellinie beinahe vereinigt, und zugleich
werden dieselben in der Richtung des Musc. pectoralis major (*P*) ventralwärts in die beiden
Lamellen *St¹* ausgezogen. In Fig. **L** und **M** ist dieser Prozess bei *S** erst im Anfang
begriffen. In die durch jene Lamellen gebildete Tasche falzen sich die Coracoidränder (*C*)
ein (vgl. Fig. **B—F**). In Fig. **F** hängen die Lamellen *St¹* durch ein schief gerichtetes
Verbindungsstück (*) mit der dorsalwärts liegenden Hauptplatte (†) zusammen. In Fig. **G**
ist jenes Verbindungsstück nur noch durch fibröses Gewebe angedeutet, und in Fig. **H**
ist auch dieses geschwunden; die Coracoide schieben sich nun allmählich immer mehr
übereinander. — Fig. **N** Sternum von Ranodon sibiricus, und **O** von Salamandra
naevia (Ventralseite). Bei *St¹*, *St¹* Gabelung in die beiden kopfwärts schauenden
Lamellen, welche bei den punktirten Linien vom Hauptstück (*S*) abgehen.

grosse individuelle Verschiedenheiten. Auf der Textfigur 30, **N** und **O** gebe ich eine Skizze des Sternums zweier in ihrem ganzen Habitus sehr primitiver Salamandrinen, des R a n o d o n s i b i r i c u s und der S a l a m a n d r a n a e v i a.

Ehe ich die Schilderung des Schultergürtels der Urodelen abschliesse, muss ich noch zwei Punkte zur Sprache bringen. Der eine bezieht sich auf einen fast regelmässig vorhandenen Nervencanal, der nicht weit unterhalb der Pfannengegend das Coracoid durchbricht. Ich erachte denselben für homolog mit dem an derselben Stelle liegenden Nervencanal des Sturionen-Coracoids, und wahrscheinlich entspricht demselben auch der caudal- und zugleich basalwärts liegende Canal in der Coracoidplatte der Teleostier. Das Homologon des bei Sturio und den Teleostiern unter, bezw. hinter dem „Procoracoid" (Clavicula) befindlichen Canales (resp. der Incisur) erblicke ich in der auf Fig. 147 bei † sichtbaren Oeffnung. Bei manchen Urodelen besteht an deren Stelle nur die Incisura coraco-clavicularis (A m p h i u m a), die sich, wie schon erwähnt, bei M e n o p o m a, S i r e n l a c e r t i n a und den A n u r e n zu einem Fenster abschliessen kann.

Der zweite Punkt betrifft M e n o b r a n c h u s und P r o t e u s. Bei ersterem fand ich in der Höhe des Schultergürtels in vier Myocommata Verknorpelungen[1]), wovon die vorletzte, in deren Bereich das kleine Sternum liegt, und die mit der nächstvorderen fast zusammenfliesst, die stärkste, die vorderste aber die schwächste ist. Die Knorpelzonen sah ich unter fünf Exemplaren nur einmal (Fig. 146). Sie lagen ventral und erstreckten sich wenig oder gar nicht an der Seite des Rumpfes empor. Ich habe sonst bei keinem Urodelen etwas Derartiges angetroffen, auch bei Siren lacertina, Cryptobranchus und Menopoma nicht, obgleich G ö t t e (44) von letzterem drei verknorpelte Myocommata ausdrücklich erwähnt. Es ist mir deshalb der Gedanke aufgestiegen, ob es sich bei G ö t t e nicht um einen lapsus calami gehandelt haben könnte. Sicher wage ich dies allerdings nicht zu behaupten, da mir nur ein einziges, und dazuhin noch sehr junges Exemplar von Menopoma zur Verfügung stand, und die Möglichkeit nicht ausgeschlossen scheint, dass der Verknorpelungsprozess erst bei älteren Thieren Platz greift.

Jedenfalls ist der Befund bei M e n o b r a n c h u s ein sehr bemerkenswerther, da auch der Schädelbau sowie das Becken auf eine sehr primitive Stufe zurückweist, und es ist vielleicht die Frage erlaubt, ob sich das Episternum der carbonischen und permischen Stego-

---

in der Mittellinie weit voneinander getrennt. Die von einem stark vorspringenden Knorpelrand umgebene Humeruspfanne ist durchbohrt, resp. nur durch Bindegewebe geschlossen.

[1]) Bei Menobranchus sind also p o t e n t i e l l 3—4 Sternalanlagen vorhanden.

cephalen nicht ursprünglich auf einer, durch einen Zusammenfluss mehrerer derartigen hyalinknorpeligen Myocommata oder Bauchrippen gebildeten Knorpelgrundlage entwickelt haben könnte.

Wohlbekannt mit den nahen verwandtschaftlichen Beziehungen, die zwischen Menobranchus und Proteus bestehen, war ich nicht wenig erstaunt, bei letzterem keine Spur jener verknorpelten Myocommata aufzufinden. Uebersehen kann ich sie nicht haben, da ich die ganze vordere Hälfte des Rumpfes eines jüngeren und eines älteren Thieres auch auf Serienschnitten studirte.

Proteus besitzt in der That keine Spur eines knorpeligen Sternums; dagegen strahlt der hier viel stärker als bei Salamandrinen entwickelte, innerste Bauchmuskel (Fig. 145, **m**[1]) von jeder Seite her ventralwärts in eine derbe, sehnige Platte aus (* †), welche in der Längsrichtung des Rumpfes eine grosse Ausdehnung hat. Mit ihr verschmilzt auch die bindegewebige Kapsel der Leber zu einer untrennbaren, selbst bei mikroskopischer Analyse gänzlich einheitlichen Masse. Diese Sehnenhaut liegt nun, worauf ich wohl kaum besonders hinzuweisen habe, genau an derselben Stelle, wo bei Menobranchus und bei den übrigen Urodelen ein Verknorpelungsprozess Platz greift, welcher bei letzteren zur Sternalbildung führt. Topographisch stimmen die Verhältnisse um so mehr überein, als auch bei Proteus der M. pectoralis major (Fig. 145, M^2) von jener sehnigen Haut (bei †) entspringt, wobei er dieselbe durch seine Ursprungssehne (*Sh*) noch wesentlich verstärkt[1]).

Weiter kopfwärts fliesst die Sehnenplatte mit dem Herzbeutel auf's Innigste zusammen, ja das Herz erscheint geradezu in dieselbe eingesprengt. Da die Coracoidplatten bei Proteus in der ventralen Mittellinie bekanntlich nicht zusammenstossen und somit hier die engen, schützenden Lagebeziehungen zum Pericard nicht gewinnen, so bildet jene fibröse Membran gewissermassen eine Compensation.

Es kann, wenn man die Verhältnisse der übrigen Amphibien sowie der Selachier, Dipnoër und Sturionen in Betracht zieht, keinem Zweifel unterliegen, dass man bei Proteus mit Rückbildungen zu rechnen hat, und darauf weist ja, wie ich später noch weiter ausführen werde, auch die freie Extremität zurück, von der wohl der erste Anstoss zu jener regressiven Metamorphose ausging.

* * *

Da es sich bei den geschwänzten Amphibien um die ersten recenten Wirbelthiere handelt, bei welchen an die Stelle der Fischflossen Glied-

---

[1]) Eine weitere Verstärkung erhält die Sehnenplatte durch eine an der betreffenden Stelle auftretende, starke Wucherung des Unterhautbindegewebes, welches ebenso mit der Ursprungssehne des grossen Brustmuskels zu einer Masse verschmilzt (vergl. hierüber Fig. 145 bei *Cor* und *Sh*).

massen getreten sind, deren Organisationsplan allen übrigen höheren Vertebraten zu Grunde liegt, so habe ich bei meinen Untersuchungen hier auch auf die Entwicklung der **freien Extremität** mein ganz besonderes Augenmerk gerichtet. Dabei konnte ich bis in's Einzelne die Befunde Strasser's (93) und nach vielen Richtungen auch diejenigen Götte's (45) bestätigen; überhaupt ist die Differenz zwischen diesen beiden Autoren keine so grosse, wie es durch die s. Z. zwischen ihnen herrschende Polemik den Anschein gewann. Auf letztere zurückzukommen, liegt für mich kein Grund vor, und ich verweise deshalb auf S. 45—47 und 50—51 der Strasser'schen Arbeit. Diese referire ich im Folgenden nach ihren wichtigsten Resultaten und bemerke zugleich, dass ich denselben von meiner Seite an neuen Ergebnissen nur meine Befunde an Proteus-Embryonen beizufügen habe; im Uebrigen stimme ich mit Strasser, wie schon erwähnt, vollkommen überein.

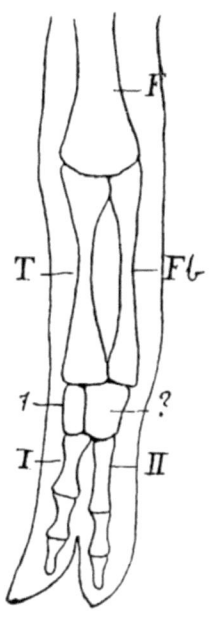

Textfigur 31. Rechte Hinterextremität von Proteus ang. Dorsalseite. *F* Femur, *T* Tibia, welche mit zwei Carpal-Elementen articulirt, *Fb* Fibula, 1 Tibiale und Carpale 1, I, II erster und zweiter Fingerstrahl, ? Carpal-Element, dessen Bedeutung dunkel ist. Erste und zweite Carpalreihe ist verwachsen zu denken.

Die Extremität ragt ursprünglich als flacher Höcker hervor, wird bald zapfenartig und spaltet sich an der Peripherie in zwei Höcker, welche den zwei inneren (tibialen resp. radialen) Zehen resp. Fingern entsprechen. Genauer präcisirt entsprechen jene eigentlich anfangs dem unteren und sogar etwas nach aussen sehenden Rand der nach hinten und aussen versprossenden Extremität. Später erst wird jener Rand durch Ausbildung der Ellenbeuge zum vorderen und inneren. Die übrigen Zehen und Finger entstehen erst secundär ulnar- und fibularwärts von den schon gebildeten.

Proteus stellt eine Form dar, welche, wie ich schon vor einigen Jahren (112) festzustellen vermochte, in der Ausbildung ihrer Extremitäten auf jener niederen Stufe, wie sie die Salamandrinen ontogenetisch durchlaufen, sozusagen stehen geblieben ist. An der hinteren Extremität kommt es nur zur Spaltung in die beiden tibialwärts liegenden, d. h. in die I und II Finger, an der vorderen dagegen tritt in späterer Embryonalzeit noch ein dritter (III) Finger hinzu. In keinem Entwicklungsstadium sah ich eine Andeutung, welche dafür sprach, dass ursprünglich eine grössere Zahl von Fingern vorhanden war. Gleichwohl aber bin ich weit davon entfernt, Proteus als eine typische Urform zu betrachten; ich bin

vielmehr auf Grund einer Vergleichung mit Menobranchus sowie meiner Erfahrungen am Schultergürtel überzeugt, dass es sich
um Verhältnisse handelt, bei welchen sich schon vor so langer Zeit
eine regressive Richtung geltend machte, dass auch die Ontogenese
davon in negativem Sinne beeinflusst wurde. — Ich komme später
ausführlicher darauf zu sprechen und wende mich jetzt zu den Salamandrinen zurück.

Wie ich selbst, so sahen auch Strasser und Götte in der
proximalen Partie des Extremitätenzapfens als besonderes Centrum
zunächst den Humerus, resp. den Femur sich differenziren. Distalwärts davon findet sich anfangs nur eine unregelmässige, von Lücken
unterbrochene Zellmasse, wie ich dies auf Fig. 132 und 134 abgebildet
habe; bald aber ordnet sich dieselbe in zwei, durch Gefässlücken
getrennte Gewebssäulen, welche der Vorderarm- bezw. Unterschenkel-
gegend entsprechen, und die sich an der Peripherie in den Rand einer
Platte einfügen, welche die axiale Anlage des Carpus (Tarsus) und
der Zehen darstellt. Jene Zellsäulen entsprechen dem radialen (tibialen) und ulnaren (fibularen) Strahl, und ihrer charakteristischen
Anordnung wegen hat Götte die von ihnen gebildete Figur ganz
passend mit einer Leier verglichen. Dieses Blastem, das sich frühe
schon peripherwärts in die bereits erwähnten zwei Zinken (I und II
Zehenstrahl) gabelt, stellt meinen Erfahrungen nach um diese Zeit eine
gänzlich einheitliche Masse dar, wenn dasselbe auch noch nicht überall auf der Stufe des Vorknorpels angelangt ist. Letztere Reserve muss
ich Götte gegenüber machen[1].

Die Mitte der Carpal-(Tarsal-)Platte durchbohrt, wie Strasser
ganz richtig gesehen hat, ein starkes Gefäss, und ein solches wird bekanntlich später allgemein bei den Urodelen zwischen Intermedium
und Ulnare (Fibulare) getroffen (vergl. meine früheren, auf den Carpus
und Tarsus der Urodelen bezüglichen Arbeiten).

Von jener Carpal-(Tarsal-)Platte meldet Strasser weiterhin
wörtlich Folgendes: „Ihr ulnarer (fibularer) Rand lockert sich auf;
durch mehrere durchbohrende Gefässe sind die Anlagen der ulnaren
Zehen nur undeutlich, an ihrer Basis, von einander gesondert. Distalwärts erscheint das axiale Blastem der zwei ersten radialen (tibialen)
Zehen stärker entwickelt und bildet zwei an der Basis durch Gefässlücken begrenzte, distale Fortsätze der axialen Anlage. Die ersten
Spuren der Vorderarm- oder Unterschenkelknorpel ent-

---

[1] Strasser lässt sich hierüber folgendermassen vernehmen: „Das axiale
Blastem stellt also im Ganzen eine von Gefässlücken durchbohrte, dadurch netz-
artige, wenig scharf umgrenzte Platte dar, welche basal aus einem Stiel, weiter
distal aus einer Masche, endlich aus mehreren Maschen besteht und aus deren
distalem Rande einzelne Balken isolirt vorragen; — dies zu einer Zeit, wo der
Unterschenkel nur Spuren von Knorpel zeigt.“

stehen nun in den beiden Gewebssäulen nach vorhergegangener Auf-
hellung des Gewebes vollständig unabhängig von dem
Knorpel des Humerus oder des Femur[1]). Ungefähr gleichzeitig damit, aber wieder ohne Zusammenhang mit dem Knorpel des
Vorderarms oder Unterschenkels, entstehen in den basalen Theilen der
zwei stärker entwickelten distalen Zehenachsen und in der Zellmasse
unmittelbar proximal davon die ersten knorpeligen Scheidewände."

Diese Beobachtungen sind vollkommen correct, und was die discrete Anlage der einzelnen Skelettheile im Knorpelstadium anbelangt, so ist auch Götte bekanntlich für dieselbe energisch eingetreten. Dabei betont er mit Recht, und auch Strasser ist zu ähnlichen Ergebnissen gelangt, dass die Knorpelbildung nicht regelmässig
in proximo-distaler Richtung fortschreite. Gleichwohl aber, fügt jener
hinzu, dürfe man nicht für die erste knorpelige Anlage eines jeden
Skelettheiles eine dauernde Selbständigkeit annehmen, denn auch die
anfänglich isolirt entstehenden Knorpel confluiren früher oder später
fast ausnahmslos mit ihren Nachbarn bald mehr, bald weniger deutlich.
Am schönsten sieht man dies in der Carpal- und Tarsalgegend, wo
sich säulenartige, in longitudinaler und transverseller Richtung laufende
Verbindungszonen einerseits über den Mittelfuss und ihre Zehen,
andererseits gegen die Unterarm-(Unterschenkel-)Knorpel (letztere auch
unter sich an ihrem distalen Ende verbindend) hin erstrecken; ja sogar auch am Knie und an der Hüfte tritt nachträglich ein continuirliches
Verbindungsnetz von Knorpelgrundsubstanz auf.

Man sieht, dass Strasser bezüglich dieses Punktes zu ganz denselben Ergebnissen gelangt ist, wie ich sie vom Hüft- und Schultergelenk im Vorstehenden bereits auf's Genaueste geschildert habe. In
beiden Fällen handelt es sich bekanntlich um eine theilweise spätere
Einschmelzung des Knorpelgewebes, bezw. um eine Umwandlung desselben in fibröses Gewebe, und ganz dasselbe gilt auch für weiter
peripher liegende Synchondrosen. Es hat sich also, wie Strasser
sich ausdrückt, gezeigt, dass die Bildung einer Gelenkspalte mitten
im schönsten Knorpel bei Tritonen und — wie ich hinzufügen
kann — auch bei Salamandra und beim Axolotl etwas ganz
Gewöhnliches ist[2]).

Einen Versuch, diese eigenthümlichen Verhältnisse zu erklären,
macht Strasser nicht, und der Grund davon liegt wohl darin, dass

---

[1]) Der Radius hat stets einen Vorsprung vor der Ulna, während nach
Strasser Tibia und Fibula gleichzeitig verknorpeln. Letzteres ist, wie ich bemerken will, nicht immer der Fall, indem auch hier (so wenigstens bei Triton
helveticus) die Tibia zuweilen etwas voraus ist.

[2]) Bei der Regeneration verläuft, wie Götte gezeigt hat, die Skelet-
bildung im Wesentlichen wie bei der primären Entwicklung, weshalb sie als eine
Wiederholung der letzteren bezeichnet werden kann.

es ihm an reicheren, auch über die Fische sich erstreckenden, entwicklungsgeschichtlichen Erfahrungen gebrach. Da mir selbst nun letztere in ausgedehntestem Masse zur Verfügung stehen, so möchte ich jene Lücke ergänzen.

Bei allen Fischembryonen konnte ich nachweisen, dass das Blastem der freien Gliedmasse mitsammt dem zugehörigen Gürtel in einem gewissen Entwicklungsstadium eine einheitliche, mesodermale Masse darstellt. In dieser differenzirt sich bei Selachiern an der vorderen und hinteren Extremität, bei den Sturionen aber nur noch an der letzteren eine Reihe von getrennten Knorpelstäbchen, welche, später mit ihren proximalen Enden mehr oder weniger vollständig zusammenfliessend, den Extremitätengürtel, bezw. die mit demselben verbundenen Basalia der freien Extremität formiren.

Bereits an der Brustflosse der Sturionen begegneten wir einer bemerkenswerthen Modification jenes primitiven Verhaltens. Es handelt sich dort insofern um eine Abkürzung der Entwicklung, als der Schulterbogen zusammt dem Basale der Flosse direct aus einem Guss, d. h. als ein knorpeliges Continuum sich anlegt, ohne dass der ursprünglich polymere Charakter dieser beiden ontogenetisch noch nachweisbar wäre. Dieses Verhalten repetirt sich nun insofern bei den Urodelen, als auch bei ihnen das Basalstück der vorderen und hinteren Gliedmasse, d. h. der Humerus und Femur, sich gleich als gänzlich einheitliche Masse anlegt, welche aber sofort die Tendenz zur Verwachsung mit ihrem genetisch zugehörigen Gürtelstück erkennen lässt. Aehnliche Prozesse spielen sich auch an der Peripherie ab; kurz, wir vermögen auch noch bei Amphibien Wachsthumsrichtungen zu constatiren, wie sie bereits bei Fischen (Aufnahme und Wiederausschaltung von Radien) angebahnt sind. Wie weit es aber bei letzteren bezüglich jener Concrescenzen kommen kann, dafür dienen die Teleostier als prägnantestes Beispiel.

Da ich später auf alle diese Punkte noch einmal zurückzukommen Gelegenheit haben werde, so will ich jetzt nicht weiter darauf eingehen, sondern mich zur Betrachtung der vorderen Extremität der Anuren wenden.

2) Anuren.

Die vorderen Gliedmassen der Anuren — und dies gilt namentlich hinsichtlich der Entwicklungsgeschichte des Schultergürtels — haben von den verschiedensten Autoren eine viel eingehendere Berücksichtigung erfahren, als diejenigen der Urodelen.

Schon Dugès (23) lieferte, soweit es bei den damaligen technischen Hilfsmitteln möglich war, eine im Ganzen richtige Schilderung der knopf- oder knospenförmigen, ursprünglich im Kiemensack liegenden Anlagen und verfolgte dabei auch die daran sich schliessenden weiteren Formveränderungen.

Unter einem ungleich weiteren Gesichtspunkt bearbeitete 30 Jahre später G e g e n b a u r (33) dieses Capitel und zwar wesentlich vom Standpunkte der vergleichenden Anatomie; doch stellte er auch entwicklungsgeschichtliche Untersuchungen an. Da die von ihm erzielten Resultate für die Auffassung des Schultergürtels aller terrestrischen Vertebraten auf eine lange Reihe von Jahren hinaus von sehr bedeutendem Einfluss waren, so will ich etwas genauer darauf eingehen.

Was die P a r s s c a p u l a r i s und c o r a c o i d e a anbelangt, so nimmt G e g e n b a u r keinen von den übrigen Autoren abweichenden Standpunkt ein; wohl aber thut er dies insofern für die kopfwärts gelegene Spange des Anuren-Schultergürtels, als er die Pars cartilaginea und ossea derselben scharf von einander trennt. Erstere nennt er P r o c o r a c o i d, letztere C l a v i c u l a; denn, sagt er, „der Knochen wirkt nicht verändernd auf den Knorpel ein, und wenn dieser auch verkalkt, so ist er ersterem (d. h. dem Knochen) dadurch noch nicht enger verbunden, als er vorher es war". Aus diesem Grunde homologisirt G e g e n b a u r diesen K n o c h e n a l l e i n mit der Clavicula der Eidechsen, und statuirt ihn, wie ich früher des Näheren erörtert habe, auch schon für die Ganoiden und Teleostier. Dass letztere Ansicht eine irrthümliche ist, brauche ich jetzt nicht noch einmal zu betonen; dagegen wird es sich darum handeln, diese Frage bei den höheren Wirbelthieren einer genauen Prüfung zu unterwerfen. Um jedoch zunächst bei den Anuren zu bleiben, so sieht G e g e n b a u r in dem Verhalten ihrer „Clavicula", den Sauriern gegenüber, nur den Unterschied, dass sich bei den ersteren der Knochen „von dem knorpelig angelegten Schultergürtel noch nicht frei gemacht habe, vielmehr diesen auch da, wo er ganz unabhängig entsteht, halbrinnenartig umwächst. Darin liegt die Eigenthümlichkeit der Schlüsselbeinbildungen der ungeschwänzten Amphibien, wodurch zugleich die Bedeutung dieses Knochens am ausgebildeten Skelete verhüllt wird".

Den Grund, warum sich G e g e n b a u r zur Anerkennung der Pars cartilaginea des betreffenden Spangenstückes als Clavicula ablehnend verhält, und warum er es ausdrücklich als P r o c o r a c o i d einer solchen gegenüberstellt, fasst er in die Worte zusammen: „es ist nicht bekannt, dass die Clavicula mit dem Coracoid eine gemeinsame knorpelige Grundlage besässe, es ist das sogar allen über das Verhältniss der Clavicula zum Schultergürtel bekannten Thatsachen zuwiderlaufend."

Wie weittragend die aus der G e g e n b a u r'schen Lehre sich ergebenden Schlüsse für die Auffassung des Schultergürtels der höheren Vertebraten, wie der Crocodile, Vögel und Säugethiere sind, welchen darnach ein „Procoracoid" abgesprochen werden muss, liegt auf der

Hand, und Gegenbaur hat sich auch nicht gescheut, dieselben zu ziehen und sie auf Grund eines sehr grossen Materials auf das Energischste zu verfechten.

Der erste Gegner, welcher dieser Auffassung erwuchs, war Götte (43), welcher, nachdem er zuvor den ersten Entwicklungsvorgängen der Bombinator-Gliedmassen eine kurze Besprechung [1]) gewidmet hatte, die ganze vordere Schulterspange zusammt ihrem Knochenbelag für eine Clavicula erklärte. In einer späteren, sehr umfassenden und gründlichen Arbeit hat Götte (44) dies weiter ausgeführt und des Näheren erörtert. Seine Ergebnisse waren für mich so überzeugende, dass ich, ohne dass mir damals eigene, auf dieses Gebiet sich erstreckende Erfahrungen zu Gebote standen, schon in der I. Auflage meines Lehrbuches (106) dafür eintrat. Nachdem ich mich nun in den letzten vier Jahren selbst vielfach mit der Entwicklungsgeschichte der Batrachier beschäftigt habe, kann ich dies um so mehr thun und stehe nicht an, den dadurch erreichten Fortschritt als einen der grössten zu bezeichnen, der auf diesem Gebiet der Skeletlehre gemacht worden ist.

Die betreffende claviculare Knorpelstange ist also von dem Knochen nicht zu trennen. Letzterer entsteht im Porichondrium, stellt also eine periostale Knochenauflagerung dar, welche den unterliegenden Knorpel rinnen- und bei einigen Arten auch vollständig, d. h. röhrenförmig, umwächst, wobei jener zeitlebens in Verbindung mit seinem Mutterboden, der eigentlichen Scapularspange, bleibt [2]).

Was nun jene unpaaren, im medialen Bezirk des Anuren-Schultergürtels liegenden Skeletstücke betrifft, die man als Sternum

---

[1]) Götte spricht von hügelartigen Vorragungen, welche unmittelbar unter der Oberhaut liegen, und in welche sehr frühe Blutgefässe von der Aorta einwachsen, als von Vorläufern der Extremitäten. Die hinteren und die vorderen sollen als „compacte Wucherungen der äusseren Segmentschicht im Allgemeinen gleichartig" sein und etwa zu derselben Zeit entstehen. Die vorderen liegen „ziemlich hoch am Eingange in die hinter den Kiemen befindliche Tasche und zur Seite der an der Innenfläche der Bauchwand gelegenen Urniere (Taf. XVI, Fig. 299, Taf. XVII. Fig. 319). Später erfolgt eine dorsale und ventrale Ausbreitung der Zellmassen".

Auf S. 469, 616 und 617 kommt Götte auf den morphologischen Werth der Vertebratengliedmassen im Allgemeinen zu sprechen; ich möchte aber schon deshalb nicht annehmen, dass er die dort geäusserten Ansichten heute, nach 16 Jahren, noch aufrecht hält und den „typischen Werth" der Extremitäten für einen „beschränkten" erklärt, weil er dieselben für würdig befunden hat, ihnen später eine Reihe vortrefflicher Untersuchungen zu widmen, die unsere Kenntnisse sehr bedeutend gefördert und erweitert haben.

[2]) Wie Götte meldet, gibt es auch Anuren, welchen eine Clavicula spurlos fehlt. Es wäre von hohem Interesse, die Entwicklungsgeschichte derselben (Hylaedactylus baleatus, Uperodon marmoratum, Diplopelma ornatum) zu studiren.

(Hypo - oder Xiphisternum) und Episternum (Omoster-
num) zu bezeichnen pflegt, so haben sie von jeher das Interesse der
Morphologen in hohem Masse erregt und dabei eine sehr verschiedene
Beurtheilung erfahren.

In früherer Zeit erblickte man in dem mittleren Verbindungs-
knorpel beider Schultergürtelhälften der Raniden das „Mittelstück des
Brustbeines". Gegenbaur wies, indem er den coracoidalen und pro-
coracoidalen Ursprung desselben betonte, die Unhaltbarkeit dieser Auffassung zurück, indem er hervorhob, dass Sternalbildungen nur kopf-
und caudalwärts davon gesucht werden können. Das „Xiphisternum"
ist für Gegenbaur ein echtes Sternum im Sinne der Sauropsiden,
und auch in seinen Grundzügen (II. Aufl.) und seinem Grundriss der
vergl. Anatomie hält er daran fest, indem er sagt: „Der rudimentäre
Zustand der Rippen bei den Amphibien lässt das Sternum nur mit
dem Schultergürtel in Verbindung stehen . . . . . . Dieses Lage-
rungsverhältniss des Sternum hat dessen wahre Bedeutung lange verkennen lassen, indem man es als Hyposternum auffasste und das
eigentliche Sternum in dem medianen Knorpel der Coracoide sah . . . . .
Das Vorkommen eines Brustbeins bei den Amphibien und der
Mangel von Beziehungen zu Rippen geben für die rückgebildete Natur
der letzteren einen Beweis ab."

Bezüglich des „Episternum" äussert Gegenbaur (33) keine
bestimmte Ansicht und beschränkt sich darauf, auf die Verschiedenheit dieses Skeletstückes bei Reptilien und Amphibien nach Lage und
Entwicklung (Dermalknochen resp. knorpelige Präformation) aufmerksam zu machen. Auch aus späteren Mittheilungen Gegenbaur's
(36, 41) geht hervor, dass er über die morphologische Bedeutung des
„Episternum" der Amphibien unschlüssig ist, denn er sagt sehr vorsichtig: „Unter den Amphibien besitzen ein (solches, d. h. knorpelig
präformirtes) Episternum viele Anuren als ein durch die median
vereinigten Coracoidstücke vom Sternum getrenntes und vor dem
Schultergürtel gelagertes Knochenstück. Wie durch die Trennung
vom Sternum bedeutende Veränderungen eines ursprünglichen Zu-
standes eingetreten sein müssen, so ergeben sich solche auch durch
die veränderten Beziehungen zu den Schlüsselbeinen, welche häufig
nur an sehr beschränkter Stelle das Episternum berühren oder sogar
alle Beziehungen zu ihm verloren haben."

In seiner Entwicklungsgeschichte der Unke berichtet Götte über
die ventralwärts allmählich sich über einander wegschiebenden Coracoide und schliesst daran eine kurze Notiz über die ursprünglich
paarige Anlage des „Sternums", welches erst später in eine unpaare
Platte umgewandelt wird. Diese verschmilzt dann mit der Spitze des
„Bauchrippenbogens", und dadurch gewinnt das Skeletstück seine nach
hinten und seitlich divergirenden Fortsätze. Im Gegensatz dazu soll

das Ranidensternum nur dem Mittelstück desjenigen der Unke entsprechen (d. h. nach Abzug des von der Bauchrippe gelieferten Abschnittes).

In der schon oben erwähnten, späteren Arbeit (44) Götte's nimmt dieser diese Frage wieder auf und kommt dabei zu folgendem Resultat: Ein costales Sternum besitzen die Amphibien nicht. Seine Stelle wird durch Skeletbildungen verschiedenen Ursprungs eingenommen: 1. Knorpelbildungen der Linea alba und der angrenzenden Sehnenstreifen des geraden Bauchmuskels, welche genau so wie die Cartilago ypsiloides[1]) als Homologa von Bauchrippen aufzufassen sind. 2. Unpaar entstehende Verknorpelung in der Verbindungsmembran der Epicoracoide längs ihres Ansatzes an das bauchrippenähnliche Stück, woraus die Falze für die Epicoracoidränder hervorgehen.

Aus diesen beiden Elementen zusammen baut sich das „Sternum" von Bombinator und den Urodelen auf, während das R a n i d e n - „Sternum" nach G ö t t e einzig und allein demjenigen Abschnitt des U n k e n - „Sternums" entspricht, welcher in der Verbindungsmembran der Coracoidränder entsteht. Es gehört also, wie G ö t t e meint, ganz zum Schultergürtel.

Das „Episternum" der Anuren entsteht nach G ö t t e aus Fortsetzungen der medialen Schlüsselbeinränder. Diese stossen in der Mittellinie zusammen und wachsen nach vorn und (bei gewissen Formen) auch nach hinten aus. Das nach vorn gerichtete Stück („Episternum") soll sich später abschnüren, während die caudal wachsende Partie bei den Raniden eine „kielförmige Verbindung" der medialen Epicoracoidränder darstellt. Bei Rana verkalkt dieser Kiel im Zusammenhang mit den zusammenstossenden Epicoracoidsäumen, und zwischen letzteren kommt es zu einer Gelenkverbindung mit richtiger Gelenkhöhle. Eine eigentliche Verschmelzung der Epicoracoide kommt nach G ö t t e nirgends vor. — B u f o , P i p a , B o m b i n a t o r besitzen so wenig einen Episternalapparat als die U r o d e l e n .

So weit G ö t t e . Auf eine Vergleichung seiner Resultate mit meinen eigenen werde ich erst später eingehen und dann auch die Differenzpunkte zur Sprache bringen.

Eine ganz vortreffliche und genaue Schilderung der Entwicklung der vorderen Extremität der Anuren gab in jüngster Zeit J o r d a n (62). Ich kann seine Resultate in allem Wesentlichen bestätigen und stelle dieselben kurz zusammen.

Die ersten Anlagen fallen mit der Bildung der Kiemenhöhle zusammen. Die vorderen Extremitäten entstehen gleichzeitig mit den hinteren. Bezüglich des Zeitpunktes, in dem sie auftreten, lässt sich nichts Sicheres bestimmen, denn es schwankt dies ausserordentlich

---

[1]) Letztere Auffassung theilte auch ich früher, bin aber, wie ich im Vorstehenden gezeigt habe, gründlich davon zurückgekommen.

nach Lebensalter, Temperatur, Nahrungsverhältnissen etc. Die Grösse der Larve ist dabei nicht zu verwerthen.

Die Anlagen erfolgen hinter dem letzten Kiemenbogen lateralwärts von den Wolff'schen Körpern[1]) und zwar in Form einer leichten Vorwölbung der Leibeswand, die später zu einer immer mehr sich verlängernden Papille auswächst. Im Innern bildet sich eine Zellenanhäufung, und schon ehe jener Zellcomplex sich differenzirt, wachsen Nerven und Gefässe an. Dann krümmt sich die Anlage „schräg nach unten", so dass an ihrer ventralen Seite, nahe der Basis, eine scharfe Knickung entsteht. Erst jetzt beginnt sich ihr Gewebe energischer zu differenziren, und an der Peripherie treten drei Höcker auf, wovon der längste der Anlage des dritten Fingers entspricht. Während der ganzen ersten Entwicklungszeit übt die Kiemenhöhle einen charakteristischen (mechanischen) Einfluss auf die Stellung der Vorderbeine aus.

Was das Knorpelskelet betrifft, so entsteht zuerst die Scapula; sie verliert sich dorsalwärts in einem lockeren Gewebsstrang, der sich der Wirbelsäule nähert. Also eilt die dorsale Hälfte des Schultergürtels der ventralen in der Entwicklung voraus, und „wir können uns — meint Jordan — darüber nicht wundern, da ja in der ganzen Wirbelthierreihe die Scapula am constantesten von allen Theilen des Schultergürtels auftritt, indem sie die nach dem Rücken zu drückende Vorderextremität stützt und zur Insertion der für die Bewegung wichtigsten Muskeln dient, also der wesentlichsten Voraussetzung für den Gebrauch der Vordergliedmasse entspricht, während Clavicula und Coracoid in hervorragender Weise nur da zu finden sind, wo sie durch eine besondere Lebensweise des betreffenden Thieres nothwendig werden".

Als zweiter Theil des Schultergürtels erscheint das Coracoid; „es verbindet sich früh mit der Scapula zu einem einheitlichen Knorpelstreifen, der nur dadurch eine zweitheilige Entstehung verräth, dass die Enden weiter in der Verknorpelung vorgeschritten sind, als die Mitte, das spätere Schultergelenk. Selbständig von diesen beiden Stücken entwickelt sich die knorpelige Clavicula und vereinigt sich bald mit Scapula und Coracoid"[2]).

Ventralwärts bleiben beide Schultergürtelhälften noch längere Zeit getrennt, d. h. es existirt nur ein verbindender Zug aus Bindegewebe. Später verwachsen die medialen Enden der Clavicula und

[1]) Soll wohl Vorniere heissen, W.

[2]) So soll die bekannte, ventralwärts gegabelte Form des Schultergürtels entstehen; ich begreife aber nicht, warum Jordan hinzufügt: „Die Aehnlichkeit dieses Schultergürtels mit dem der Teleostier fällt sofort in die Augen." Jeder andere Vergleich wäre mir passender erschienen. Sollte es nicht am Ende Urodelen statt Teleostier heissen?

des Coracoids mit einander und „verlieren sich in einer weichen Zellmasse". „Epi- und Hyposternum entwickeln sich erst, wenn das Thier schon seine definitive Lebensweise als carnivorer Landbewohner führt." Auf eine genaue Schilderung der hierbei sich abspielenden Vorgänge geht Jordan nicht ein, ebenso wenig wie auf eine morphologische Deutung dieser Skelettheile [1]).

Der Deckknochen auf der Clavicula entsteht erst, nachdem Coracoid und Clavicula an beiden Enden mit einander verschmolzen sind, und der dabei auftretende Verknöcherungsprozess beginnt am Schultergelenk, um von hier aus nach der Körpermitte fortzuschreiten.

In der freien Extremität entsteht zuerst der Humerus, und zugleich theilt sich der einstrahlende Nerv (II. Spinalnerv) unter der Humerusanlage in zwei Aeste, welche sich bis in das vordere Drittel des Gliedmassenzapfens verfolgen lassen.

In einem etwas späteren Stadium macht sich die Anlage des Radius und der Ulna bemerklich, und gleichzeitig tritt auch der Schultergürtel in die Erscheinung, wovon zuerst, wie schon erwähnt, die Scapula deutlich wird. Unterdessen sind auch distalwärts in der Extremität vier scharf von einander gesonderte Blastemstreifen aufgetreten, welche periphere Einkerbungen verursachen und so die vier Finger andeuten. Letztere legen sich im Gegensatz zu denjenigen der Urodelen „ziemlich gleichzeitig" an; doch finden sich, was den Verknorpelungsprozess anbelangt, zeitliche Unterschiede.

Die Anlage der einzelnen Skeletstücke erfolgt also in folgender Ordnung: Humerus, Scapula, Radius-Ulna, einzelne Carpalia, Coracoid, Clavicula, die übrigen Theile der Hand [2]). Alle diese Theile, also auch die Carpalia, entwickeln sich bei den anuren Batrachiern „aus gesonderten Knorpelcentren im axialen Blastem". Im Allgemeinen geht die Ulnarseite der Radialseite (im Gegensatz zu den Urodelen) in der Entwicklung voran.

Auf dieses Referat der Jordan'schen Arbeit lasse ich jetzt die Ergebnisse meiner eigenen Untersuchungen folgen, und ich werde namentlich bei den in der ventralen Mittellinie liegenden Skeletstücken etwas länger verweilen müssen, erstens weil ich hier mit Götte (44) nicht ganz einverstanden bin, und zweitens, weil in dem Jordan'schen Aufsatz, wie schon erwähnt, gerade an jener Stelle eine Lücke gelassen ist.

So wenig wie bei der hinteren Extremität ist auch bei der Anlage der vorderen irgend ein Verlass auf die jeweilige Grösse der

---

[1]) Bezüglich der histologischen Fragen schliesst sich Jordan im Allgemeinen an Strasser (93) an. Vergl. S. 28.

[2]) Was die Anlage der einzelnen Carpalia, Metacarpalia und Phalangen betrifft, so verweise ich auf die Originalarbeit, S. 43.

betreffenden Larve. Die Schwankungen sind ganz ausserordentliche,
wie leicht ersichtlich aus einer Vergleichung der Fig. 151, 156 und
157, welche sich auf eine 8 mm grosse Larve von Rana esculenta, resp. temporaria, mit den Fig. 147—150 bezw. 155 und 158,
wovon sich die ersteren auf eine Larve von 47 mm, letztere auf eine
solche von 50 und 25 mm der Geburtshelferkröte beziehen. Der
Grund dieser Differenzen liegt offenbar in verschiedenen Ernährungsbedingungen, Wetterverhältnissen, Temperatur des Wassers etc.

In Fig. 151, welche sich auf eine 8 mm lange Froschlarve bezieht, bei der ausser den dorsalen Myotomen noch kein weiteres
Muskelgewebe entwickelt ist, sieht man die mesoblastische Zellanhäufung ventral und lateral von der mächtig entwickelten Vorniere
die seitliche Körperwand linkerseits etwas vorbauchen. Von oben her
entwickelt sich bei *KD* eine Hautfalte, die laterale Wand des Kiemensackes. Rechterseits ist die Verwachsung mit der Rumpfwand bereits
geschehen, wodurch die Extremitätenanlage in den hintersten Raum des
Cavum branchiale (*KH*) zu liegen kommt. Sie ist auch schon bei
7 mm langen Froschlarven zu erkennen und liegt hier noch etwas
weiter nach vorne, nämlich ventral vom Vagus-Ganglion, bezw. der
Ohrkapsel, also noch ganz im Bereich des Kopfes. (Vergl.
hierüber auch Fig. 152, wo der Schnitt durch den Nervus vagus selbst
gegangen ist.) Hierin liegt ein bemerkenswerthes Verhalten den Urodelen gegenüber, da bei diesen die Vorderextremität, wie schon erwähnt,
eine ziemliche Strecke weiter hinten entsteht. Offenbar liegen also
bei Anuren auch hier, wie in andern Punkten, wieder primitivere
Verhältnisse vor, und ich wundere mich, dass von keinem der früheren
Autoren darauf hingewiesen worden ist. Wie bei Fischen und Urodelen existiren aber auch hier wieder die charakteristischen Lagebeziehungen zur Vorniere, die sich in einem etwas weiter vorgerückten
Stadium, wo bereits eine deutliche Knospe (Fig. 150, 152, *VE*) in
die Kiemenhöhle vorragt, zu noch innigeren gestalten.

Auf diese Verhältnisse ist meiner Ansicht nach bisher viel zu
wenig geachtet worden, und doch verdienen sie das allergrösste Interesse, weil sich daraus, wie ich glaube, sehr wichtige Schlüsse ziehen
lassen.

Nach den schönen Untersuchungen Boveri's (15) besteht die
Niere des Amphioxus aus segmentalen, zu den Kiemengefässen in
wichtigen Beziehungen stehenden Kanälchen, welche in den Peribran-
chial-Raum ausmünden. Dieselben liegen in jenem unsegmentirten
Leibesabschnitt, welcher sich dorsalwärts von den Kiemenspalten,
zwischen der Darmwand, der Rumpfmuskulatur und der dorsalen
Wand des Peribranchial-Raumes hinzieht. Von den dem ganzen
Kiemendarm entlang sich erstreckenden zahlreichen Segmentalröhrchen

vererben sich nun auf die über dem Amphioxus stehenden Vertebraten offenbar nur die am weitesten gegen den Kopf zu gelegenen, und hier blieb sicherlich auch der ursprüngliche Connex mit der äusseren Oberfläche, bezw. mit dem Peribranchial-Raum des Thieres, was ja dasselbe bedeutet, am längsten gewahrt. Nun liegt, wie ich meine, der Gedanke sehr nahe, dass in der ersten Anlage eines Schultergürtels, wenn auch nicht das einzige, so doch ein sehr wesentliches Causalmoment für die Unterbrechung jener Verbindung zu suchen ist, und ich möchte hierbei noch einmal auf Fig. 85, 88, 89, 93, 137, 138, 148—152, 155 und 158 hinweisen. — Man könnte mir entgegenhalten, dass sich diese Behauptung durch die Entwicklungsgeschichte der extremitätenlosen Cyclostomen bestätigen lassen müsste, worauf ich aber erwidere, dass hier, wie die Untersuchungen Götte's (46) gezeigt haben, sicherlich die ursprünglichen Verhältnisse bereits zum grossen Theil verwischt sind, und das bestärkt mich nur in meiner, auch von A. Dohrn getheilten Ansicht, dass es sich bei jener Fischgruppe um rückgebildete Formen handelt, welche der Gliedmassen längst verlustig gegangen sind. Wie sich die Myxinoiden bezüglich der Entwicklung ihres Harnsystems verhalten, ist bis jetzt noch nicht bekannt.

Nach dieser Abschweifung wende ich mich wieder zu den Anuren, welche wir in einem Stadium verlassen haben, wo sich die Extremitätenanlage knospenartig in die Kiemenhöhle vorzuwölben beginnt. Schon um diese Zeit sieht man den gewaltigen II. Spinalnerv in das noch ganz indifferente Blastem einstrahlen. Ich verweise dabei auf die Fig. 148—150, welche drei Querschnitte darstellen, wovon der erstere am meisten caudalwärts, der letztere am weitesten kopfwärts liegt. In jenem sieht man bereits eine spärliche, in der Rumpfwand und zwar dicht am Cölom-Epithel liegende Zellansammlung (VE), welche durch den schon genannten Nerven von den hintersten Schläuchen der Vorniere (VN) z. Th. getrennt wird. Bei L, L sind die Lungen, bei VNG die Vorierengänge getroffen, die Myotome (M) sind bereits viel besser entwickelt, als bei der 8 mm langen Froschlarve (Fig. 151); in der Rumpfwand ist aber noch keine Spur von Muskelsubstanz nachzuweisen, und dies lässt die starke Entwicklung jenes Nerven um so auffallender erscheinen. Offenbar ist derselbe für die nun im Innern des Gliedmassenblastems beginnende Differenzirung von irgend welchem Einfluss. Die Verknorpelung der Wirbelbogen (WB) ist bereits in vollem Gang. In einem weiter kopfwärts liegenden Schnitt (Fig. 149) ist ein reichlicheres und dichteres Blastem vorhanden, und in seinem ventralen Bezirk erscheint die hinterste Wand der Kiemenhöhle, welche caudalwärts einen Blindsack bildet, angeschnitten (KH^7). Erst im nächsten Schnitt ist das Lumen derselben (bei KH) getroffen, und zugleich sieht man ihre mediale Wand etwas vorgetrieben. In diesen beiden Schnitten ragt die Vorniere, von der man in Fig. 149

einen Schlauch (VN^1) medianwärts zum Vornierengang abschwenken sieht, weit in das Cölom hinein. Zwischen ihr und dem Kiemensack ist die Extremitätenanlage so weit differenzirt, dass man das proximale Stück des späteren Humerus, sowie den, durch jenen Nerven in ein dorsales und ein ventrales Stück zerspaltenen Schultergürtel bereits vorgebildet sieht.

Aehnlichen, aber etwas fortgeschritteneren Verhältnissen begegnet man auf Fig. 152—154. Hier (Fig. 152) erscheint im Centrum der bereits stark ausgewachsenen Knospe eine helle Zone, in welcher lang sich ausstreckende zellige Elemente sowie Nervenfasern und Gefässe liegen. Weiter nach vorne zu treten wieder, wie dies in der Fig. 153 bei starker Vergrösserung dargestellt ist, dunklere Massen in der Umgebung der zwei, im Querschnitt getroffenen Nerven (N) auf. Es handelt sich dabei sowohl um die Vorstufen des Muskel- als des Knorpelgewebes. Rings um den Kiemensack sind gewaltige Pigmentmassen entwickelt, und man sieht die allmählich zweischichtig werdende Schleimhaut desselben bei * und ** auf den Gliedmassenwulst sich umschlagen, so dass man gewissermassen ein parietales und viscerales Blatt unterscheiden kann[1]). Erst in diesem Stadium sieht man auch in der Rumpfwand (Fig. 152) Muskeln erscheinen; ich vermag aber über ihren Ursprung keine Auskunft zu geben.

Wenn man mit den Schnitten noch weiter nach vorne geht, so erkennt man, dass die Extremitätenknospe jetzt nicht mehr mit ihrer ganzen Breite der medialen Wand des Kiemensackes ansitzt, sondern sich auf den Boden desselben herabgezogen hat (Fig. 154, **A**) und mit jenem schliesslich nur noch durch eine Art von Mesenterium verbunden liegt. Endlich ist auch dieses geschwunden (Fig. 154, **B—D**), und die Extremität ragt nun als ein zapfenartiges, an seiner ventralen Seite (bei **) schwach eingeknicktes Organ nach vorne, in der Richtung gegen die Schnauze des Thieres. All dies hat Jordan (62) ganz richtig geschildert und dabei auch den mechanischen Einfluss der Kiemenhöhle auf die Wachsthumsrichtung der Extremität betont, wie ich dies schon im Jahr 1889 (109), bevor mir die Jordan'sche Arbeit bekannt war, gethan habe.

Bei der weiteren Entwicklung springt nun der in das Vorknorpelstadium tretende Humerus mit der damit eine Masse ausmachenden Gürtelzone immer deutlicher hervor, letztere zunächst in ihrem dorsalen Abschnitt; auch ist die oben schon erwähnte Ellbogenknickung jetzt mehr ausgesprochen. — Endlich erscheint im proximalen Abschnitt des Humerus das erste Knorpelgewebe. Dasselbe hängt mit dem Schultergürtel, an welchem gleich darauf ebenfalls der Ver-

---

[1]) Selbstverständlich handelt es sich dabei, auf Grund der Art und Weise, wie sich der Kiemensack entwickelt, ursprünglich um ein Stück der äusseren Haut.

knorpelungsprozess beginnt, aufs Engste zusammen; allein es kommt, genau so wie bei Urodelen, erst secundär zu einem eigentlichen, wenn auch nicht so deutlich wie bei diesen ausgesprochenen Zusammenfluss beider Knorpelgebiete. Anfänglich sind nämlich alle drei Zonen, d. h. die humerale, scapulare und coracoidale, in der Pfannengegend durch Vorknorpelgewebe noch voneinander getrennt. Der Zusammenfluss zwischen der coracoidalen und scapularen Knorpelzone erfolgt also ebenfalls erst nachträglich; nachdem dies geschehen ist, so wuchert die Scapula rasch dorsalwärts empor und erreicht (Fig. 158 bei S) die Höhe der Wirbelsäule schon zu einer Zeit, wo die ventralen Gürtelpartieen noch lange nicht in der Mittellinie zusammenschliessen (Parallele mit den Urodelen). Schnitte, welche weiter kopfwärts durchgelegt sind, als derjenige, welcher auf Fig. 155 dargestellt ist, zeigen auch bereits das Vorderarmskelet und einzelne Theile des Handskeletes knorpelig angelegt. Zur weiteren Belehrung mögen die beiden Flächenschnitte (Fig. 156 und 157) dienen. Ersterer liegt mehr dorsal, letzterer, welcher schief durchgegangen ist, namentlich rechterseits, tiefer ventral. In Fig. 156 sieht man auf der rechten Seite die Humeruspfanne durchbrochen [1]), weiter dorsal- und ventralwärts erscheint dieselbe knorpelig geschlossen und begrenzt seitlich die Pericardialhöhle. Auf der rechten Seite der Fig. 157 erscheinen bereits die zwei ventralen Schultergürtelspangen und das von ihnen eingerahmte Fenster; nach hinten zu liegt das Coracoid (C), nach vorne die Clavicula (Cl), welche auf ihrer medialen und ihrer proximalen Fläche bereits von einer perichondral sich bildenden Knochenrinne (†) umschient wird. Bezüglich der übrigen, auf den eben genannten Abbildungen sichtbaren, topographischen Verhältnisse verweise ich auf die Figurenerklärung.

Ich wende mich nun zu den in der ventralen Mittellinie des Schultergürtels liegenden Skeletgebilden, deren Genese ich bei Rana temporaria genau verfolgt habe.

Lange Zeit sind die Coracoid- und Clavicularplatten beider Seiten durch einen breiten, von fibrösem Gewebe erfüllten Zwischenraum von einander getrennt, nachträglich aber rücken sie näher zusammen, und gleichzeitig kommt es zwischen denselben auf jeder Seite zu der bekannten Fensterbildung. Später, wenn sie medianwärts schon näher zusammengetreten sind, bemerkt man die ersten Spuren des „Sternums“, und zwar entsteht dasselbe, genau wie bei Urodelen, an den reich vascularisirten Innenrändern des M. rectus abdominis, d. h. in Form einer theilweisen Verknorpelung der Linea alba resp. eines Myocommas, und da über die strenge Homologie zwischen geschwänzten und un-

---

[1]) Sie wird auch bei erwachsenen Thieren an dieser Stelle nur durch eine fibröse Haut verschlossen.

geschwänzten Amphibien bezüglich dieses Punktes nicht der geringste Zweifel bestehen kann, so will ich auch bei Anuren den Ausdruck Sternum beibehalten. Dass es sich wie beim Axolotl und Salamander, so auch bei Rana ursprünglich um eine paarige Anlage desselben gehandelt hat, beweist die Thatsache, dass sich eine solche heute noch im Vorknorpelstadium wiederholt, und dass auch nicht selten in der Mitte des noch jugendlichen knorpeligen Sternums eine in dorso-ventraler Richtung mehr oder weniger tief einschneidende Delle angetroffen wird.

Auf jene ursprünglich paarige Natur weist auch die in das ausgewachsene Sternum von der Caudalseite her eindringende Incisur zurück (vergl. Textfigur 28).

Fig. 159—161 stellen drei in proximaler Richtung (mit grossen Intervallen) vordringende Querschnitte durch ein 40 mm grosses Exemplar von Rana temporaria dar; der Ruderschwanz war noch in voller Ausdehnung erhalten, die vier Extremitäten aber zeigten sich bereits sehr weit entwickelt. Der in Fig. 159 abgebildete Schnitt geht ziemlich weit caudalwärts vom Schultergürtel hindurch, und das Sternum (†) füllt als eine im Querschnitt linsenförmig erscheinende Platte fast den ganzen, im Uebrigen von dichtfaserigem Bindegewebe resp. Perichondrium eingenommenen Raum zwischen den beiden Seitenhälften des M. rectus abdominis (M^1, M^1, m^2) aus. Bei MG und * liegen die eigentlichen Wucherungszonen, von denen die ganze Anlage ursprünglich ausging. Von einer paarigen Entstehung ist in dem vorliegenden Stadium nichts mehr zu erkennen.

Neun Schnitte weiter kopfwärts (Fig. 160) hat sich das Gewebe der Linea alba noch bedeutend verdickt; letztere ist aber, da die Rumpfmuskeln hier weiter medianwärts vorgerückt sind, zugleich schmäler geworden. Zu beiden Seiten sind bereits die hintersten Enden der freien Coracoidränder (bei C) erschienen, welche nun das proximalwärts stark verjüngte Sternum zwischen sich fassen, ohne jedoch damit zusammenzufliessen. Ueber die allgemeinen Formverhältnisse des letzteren gibt ein Flächenschnitt (Fig. 169 bei †), der sich übrigens auf ein etwas älteres Thier bezieht, eine klare Vorstellung. Man ersieht daraus, dass es sich um diese Zeit um ein flaches, etwa rautenförmiges Knorpelstück mit abgestumpftem hinterem und spitz auslaufendem seitlichem und einem ebensolchen vordern Winkel handelt. Dieser wuchert in das fibröse intercoracoidale Zwischengewebe hinein[1]), verdichtet sich dort zu einer Art von Strang, der kopfwärts in die Gewebszone eindringt, aus welcher sich weiter vorne der „Episternalapparat" bildet.

Dazu bemerke ich noch, dass der vordere, schnabelförmige Fortsatz

---

[1]) Somit ist die Behauptung Gegenbaur's (33): „niemals lagern sternale Theile zwischen den Coracoiden" nicht richtig.

des Sternums nicht mehr, wie dies für die caudalwärts liegende, lappig verbreiterte Partie desselben gilt, in das Zwischengewebe des M. rectus gleichsam eingegossen liegt, sondern dass er auf die Ventralseite dieses Muskels zu liegen kommt und dabei den Mm. pectorales zum Ursprung dient. Er liegt also hier in einem und demselben Niveau mit den Coracoidplatten und erscheint wie eine mediane Commissur derselben, ohne jedoch, was ich ausdrücklich bemerke, mit denselben genetisch irgend etwas zu schaffen zu haben. Im Uebrigen bildet jetzt das Perichondrium eine einzige, zusammenhängende Masse zwischen allen diesen Theilen.

Geht man mit den Querschnitten noch weiter kopfwärts, so ist vom Sternum nichts mehr zu erblicken, dagegen sind die beiden Epicoracoide sehr weit gegen die Mittellinie vorgerückt und lassen ihr starkes, perichondrales Gewebe zusammenfliessen (Fig. 161). Von dieser allmählich sich ausbildenden Verwachsungszone wird später wieder die Rede sein.

Nach alledem liegt für mich kein Grund vor, mich in der genetischen Beurtheilung des Sternums von Rana Götte anzuschliessen, der, wie oben gemeldet, darin nur denjenigen Abschnitt des Sternums der Unke erblicken will, welcher in der Verbindungsmembran beider Epicoracoidränder entsteht. Das Sternum gehört also nicht zum Schultergürtel; ja, es würde auch, wie aus der gleich folgenden ausführlichen Darstellung der betr. Verhältnisse bei Bombinator erhellt, nicht dazu gehören, selbst wenn es aus jener Verbindungsmembran hervorginge. Ich verweise dabei auch auf das, was ich über die Urodelen mitgetheilt habe.

Dass es bei Raniden, im Gegensatz zu Urodelen und Bombinator, nicht zu jenen Lamellen- bezw. Taschenbildungen kommt, beruht, wie klar ersichtlich, auf den in den Wachsthumsgesetzen der Coracoide begründeten, mechanischen Ursachen. Mit andern Worten: da es sich hier nichtum eine Uebereinanderschiebung der Coracoide handelt, so kann auch das fibröse und später verknorpelnde Zwischengewebe nicht jene Verziehung erfahren. Unter ganz denselben Gesichtspunkt fällt das taschenlose Sternum von Menobranchus, von dem ich schon im Jahr 1890 Mittheilung gemacht habe.

Ich lasse nun eine Beschreibung der Entwicklung des Sternums von Bombinator folgen, und zwar muss ich dabei ziemlich ausführlich verfahren, da es mir darauf ankommt, die prinzipielle Uebereinstimmung zwischen den hier und bei den Salamandrinen sich abspielenden Vorgängen zu erweisen. Der einzige Unterschied beruht auf einer zeitlich getrennten Anlage der Hauptplatte (Pars dorsalis) einerseits sowie der Seitenlamellen (Pars ventralis) des Sternums andrerseits, und dies hat auch Götte richtig beobachtet, aber falsche Consequenzen daraus gezogen.

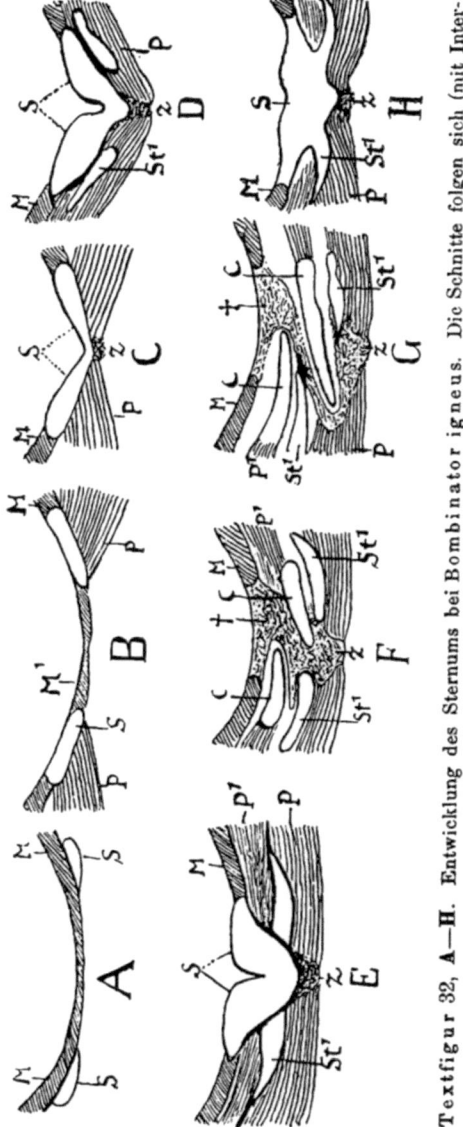

Bei den von mir untersuchten Larven (25 mm Gesammtlänge) war der Ruderschwanz bereits in Rückbildung begriffen. Ich beginne mit der Betrachtung der am weitesten caudalwärts liegenden Schnitte

Textfigur 32, A—H. Entwicklung des Sternums bei Bombinator igneus. Die Schnitte folgen sich (mit Intervallen) von der Caudalseite her gegen den Kopf. A—G gehört einer und derselben Serie (25 mm lange Larve) an, H entstammt einem älteren Entwicklungsstadium (16 mm Kopf-Steisslänge). Ueber die Figuren-Erklärung, bei der dieselben Bezeichnungen gewählt sind, wie in Textfigur 30, vgl. den Text.

und schreite dann mit denselben kopfwärts vor; dabei verweise ich auf Textfigur 32. In Textfigur **A** ist die verknorpelte Bauchrippe lateralwärts in ihren beiden äussersten Ausläufern (*S, S*) getroffen. Sie liegt hier ventral vom M. rectus (M), rückt aber schon wenige Schnitte weiter proximalwärts (**B**) in letzteren selbst hinein und ist nichts anderes als ein verknorpeltes Myocomma. Seitlich entspringt von ihr der Pectoralis major (P) und zieht sie (in **C** und **D**) in der ventralen Mittellinie (bei Z), wo sich zugleich in ihrem Perichondrium eine starke Ursprungssehne für jenen Muskel entwickelt, zu einer Leiste aus. Dies ist weiter kopfwärts (in **E**) noch deutlicher geworden. Bereits in Figur **D** sind in der seitlichen Ursprungssehne des grossen Brustmuskels zwei Knorpellappen (St^1) aufgetreten, welche von den in der Mittellinie längst zu einem Hauptstück mit deutlicher Crista sterni verschmolzenen Knorpeln (S) nur durch ein dünnes Perichondrium getrennt werden. Aehnlich verhält es sich in Figur **E**, doch ziehen sich hier die Knorpellamellen (St^1) schon viel weiter zwischen den Pectoralis major hinein, so dass dieser in eine dorsale und eine ventrale Schicht (P^1, P) zerspalten wird.

In Fig. **F** ist das Hauptstück des Sternums nicht mehr sichtbar; an seiner Stelle liegt jetzt ein dicht verfilztes, an Perichondrium erinnerndes Bindegewebe, welches bei † von der zwischen den M. recti liegenden Linea alba ausgeht, tief ventralwärts wuchert und (vergl. Fig. **G**) von den seitlich herandringenden Epicoracoidrändern genau so verzogen wird, wie ich dies in Fig. 139 vom Axolotl und (in verknorpeltem Zustand) auf Fig. 147 von Triton abgebildet habe.

In der Textfigur 32, **G** sind ventralwärts von den Epicoracoiden die seitlichen Knorpellamellen (St^1) noch sichtbar. Ihr Perichondrium geht unmittelbar in jenes fibröse Zwischengewebe (†) über, und in derselben Richtung schreitet auch bei älteren Thieren die Verknorpelung fort. Gleichzeitig fliessen die Knorpellamellen mit dem Hauptstück (S) zusammen, und dieser Vorgang ist bei Unken von 18 mm Kopfsteisslänge abgeschlossen (Textfigur 32, **H**). Die Uebereinstimmung des Sternums von Bombinator mit demjenigen der Salamandrinen (vergl. Fig. 144, sowie Textfigur 31, 32) ist nun eine vollständige, und man wird mir zugeben, dass bei der Entstehung desselben weder bei Anuren noch bei Urodelen der Schultergürtel in Betracht kommen kann, sondern dass sich der gesammte Prozess gänzlich unabhängig von diesem in, resp. zwischen den Muskelmassen der Leibesdecken abspielt. Insofern darf man also, wie ich wiederholt betone, auch bei Amphibien von einem costalen Sternum sprechen; denn ich sehe keinen Grund ein, warum man jene verknorpelnden Myocommata, welche, wie der primitive Menobranchus zeigt, früher offenbar noch eine ungleich grössere Rolle gespielt haben, unter einem andern morphologischen Gesichtspunkt auffassen sollte, als die längs der Wirbelsäule liegenden Rippen. Dass letztere bei den directen Vorfahren der heutigen Urodelen weiter ventralwärts herabgereicht haben, ist nicht anzunehmen, denn hierauf weist keine einzige paläontologische Thatsache hin, und diese Annahme ist auch schon aus dem Grunde nicht nöthig, weil sich der Verknorpelungsprozess der Myocommata bei Menobranchus in zwei getrennten Gebieten, nämlich dorsal und ventral abspielt, ohne dass die beiden serialen Knorpelherde irgendwo die Neigung zeigen, seitlich zusammenzufliessen. (Vergl. später die Crocodile.)

Ich kann nur wiederholen, was ich oben schon aussprach, dass nämlich meiner Ueberzeugung nach der im Allgemeinen durch einen grösseren Knochenreichthum sich auszeichnende Schultergürtel der Stegocephalen und anderer fossiler Amphibien und Reptilien ursprünglich ebenfalls ganz oder doch zum allergrössten Theil, jedenfalls aber in seiner episternalen Partie[1]) auf ähnlicher, knorpeliger Grundlage entstand, wie ich sie bei den recenten Amphibien geschildert habe und noch weiter zu schildern haben werde.

Ich bin mir dabei des Gegensatzes zu der Auffassung andrer Autoren wohl bewusst, besonders auch derjenigen der Paläontologen (z. B. Credner's), die, wie oben schon gemeldet wurde, das Episternum einfach vom Integument aus übernommen sein lassen. Ontogenetisch mag dies zuzugeben sein, phylogenetisch halte ich diese Annahme für so wenig zulässig, als die ursprünglich integumentale Entstehung der knöchernen Pars scapularis des Dipnoër-, Ganoiden- und Teleostier-Schulterbogens (vergl. das betr. Capitel).

Was nun die bei Rana allmählich erfolgende Vereinigung der Coracoid- und Clavicularplatten in der Mittellinie betrifft, so habe ich darüber Folgendes in Erfahrung gebracht.

Nach vorne von der Stelle, wo der interepicoracoidale, proximale Schnabel des Sternums (vergl. 161—163 und 169) allmählich aufhört, ist, wie bereits erwähnt, zwischen den beiden fast zusammenstossenden Knorpelplatten (C, C) nur noch ein zellreiches, perichondrales Gewebe vorhanden, welches ventralwärts, je weiter man mit den Schnitten nach vorne geht, wie ein scharfer Kiel immer mehr vorspringt (Fig. 162—163 bei *), wobei jedoch die äusserste, aus mehreren Lagen stark abgeplatteter Zellen bestehende Kante von dem seitlich entspringenden grossen Brustmuskel frei gelassen wird. Jenes fibröse Zwischengewebe, an welchem dorsalwärts der M. rectus abdominis sich inserirt, und welches sich dadurch als eine Fortsetzung der Linea alba documentirt, geht ohne scharfe Grenze in die freien Ränder der Epicoracoidea, resp. weiter hinten in das Sternum über. Die Zellen sind formell überall dieselben, nur fehlt in der fibrösen Zone die hyaline Untercellularsubstanz.

Geht man weiter proximalwärts, so trifft man hier bereits in

---

[1]) Auch Götte (44) hat sich bezüglich des Lacertilier-Episternums in ähnlicher Weise ausgesprochen.

diesem Entwicklungsstadium (Kopf-Steisslänge 24 mm) **einen vollständigen Zusammenfluss der beiderseitigen Epicoracoidränder zu einer einheitlichen hyalinen Knorpelmasse**; allein derselbe erfolgt nur in der ventralen Zone, während
von der dorsalen Seite her eine tiefe, von Perichondrium erfüllte
Spalte auf die frühere Trennung zurückweist (Fig. 165, **).

Ventralwärts springt jetzt eine Knorpelleiste ebenso, und weiter
kopfwärts sogar noch viel stärker vor, als dies hinten bei dem fibrösen
Zwischengewebe schon der Fall war. Auch hier aber bleibt die eigentliche Leistenkante vom Fleisch des M. pectoralis major, der im
übrigen selbstverständlich durch seine Zugskräfte als die mechanische
Ursache für die Entstehung derselben zu betrachten ist, frei. — Jene
Knorpelleiste zieht sich vom eigentlichen Epicoracoid weiter nach
vorne, d. h. dem ganzen zwischen diesem und der Clavicula befindlichen Knorpelrahmen entlang, und kommt endlich zur stärksten Entfaltung zwischen den in der Mittellinie ebenfalls verschmelzenden,
knorpeligen Clavicularplatten. An der Ventralseite derselben haben
sich einstweilen (wie auch an andern Stellen des Schultergürtels) die
Verknöcherungszonen (Fig. 164, *Cl*) weiter ausgedehnt, allein dieselben
schliessen in der Mittellinie nicht zusammen, so dass hier die oben
erwähnte Knorpelleiste auf dem Querschnitt schnabelartig vorspringt.
Ihre freie Kante wird nach wie vor von jenem perichondralen, aus
mehrschichtigen, platten Zellen bestehenden Gewebe eingenommen.
(Fig. 164, bei *).

Bei erwachsenen Exemplaren von Rana esculenta bleibt das oben
geschilderte Verhalten im Bereich der Vereinigungszone der Claviculae
so ziemlich bewahrt; im sternalen bezw. coracoidalen Abschnitt des
Schultergürtels aber greifen wesentliche histologische Veränderungen
Platz, auf die ich kurz noch eingehen will.

Wie die Textfigur 33, *A* zeigt, bleibt das zwischen die Epicoracoide wie ein Pflock eingekeilte Sternum (†), das jetzt rings von einer
Verkalkungszone umgeben ist, gut differenzirt, ohne, wie man vielleicht
erwarten könnte, mit den Epicoracoiden zu verschmelzen. Es ist von
einem ausserordentlich dichtzelligen Perichondrium (*) umgeben, welches
sich namentlich auf seiner ventralen Seite sehr verdickt. Während sich
dasselbe aber früher direct an die Epicoracoide anschloss (Fig. 160),
ist es an der Peripherie jederseits zu einer Einschmelzung und zur
Herausbildung einer Gelenkhöhle (*GH*) gekommen, so dass jetzt die
Epicoracoide (*C*) unter der Herrschaft des grossen Brustmuskels, an
welchem man mehrere Schichten (*M²*, *m²*) unterscheiden kann, einer
gewissen Bewegung fähig sind. Die Epicoracoide zusammt dem
sternalen Bezirk werden ringsum von einem dichtfaserigen, perichondralen Bindegewebe (*Bg*) wie von einer Kapsel umgeben, an welches
sich in der dorsalen Mittellinie der M. rectus abdominis (*M¹*) inserirt,

während es ventralwärts zu einer derben Leiste ausspringt (*Sh*), welche
seitlich mit den sehnigen Ursprungsfasern des M. pectoralis major
verschmilzt. Dies gilt ebenso für die weiter kopfwärts gelegene
Partie des Schultergürtels, welche in Textfigur 33, **B** dargestellt ist.
Wir befinden uns hier in dem Bereich des Zusammenflusses der Epicoracoide (vergl. Fig. 163) und können constatiren, dass die von der
Dorsalseite einschneidende, von fibrösem Gewebe erfüllte Incisur (******)

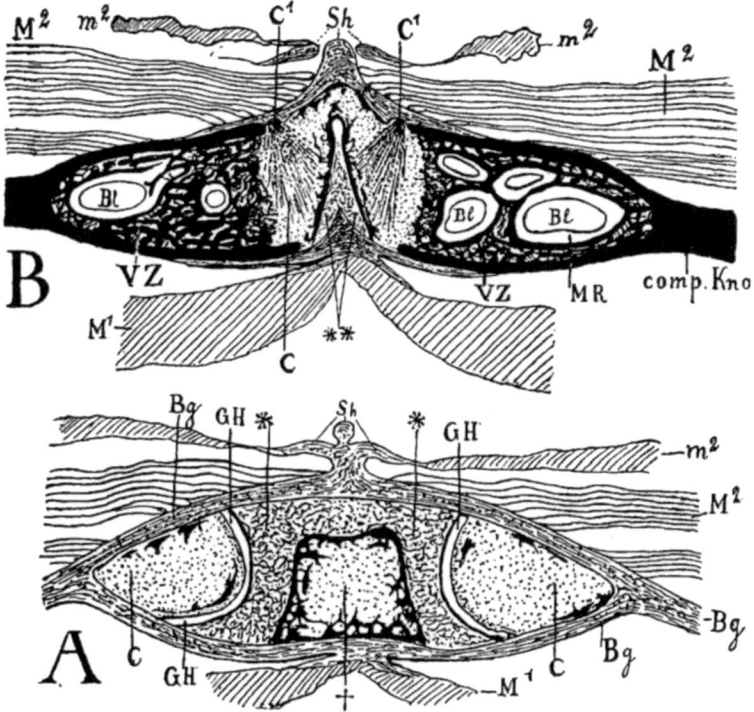

Textfigur 33, A und B. Querschnitt durch die ventrale Partie des Schultergürtels
einer erwachsenen Rana esculenta. A liegt weiter caudalwärts als B, so dass das
Sternum noch in den Bereich des Schnittes fällt. Ueber die Figuren-Erklärung vgl.
den Text.

auch jetzt noch besteht, dass aber an ihren Rändern, sowie in der
vor ihr liegenden Knorpelleiste ebenfalls Verkalkungen Platz gegriffen
haben. Lateralwärts davon ist der hyaline Knorpel (*C*) erhalten geblieben, allein eine von dem Punkte C^1 ausgehende, fächerartige Anordnung der Knorpelzellen deutet darauf hin, dass im späteren Alter
der Ossificationsprozess sowohl von der periostalen Knochenlamelle
K^1 als auch von dem centralen, filigranartigen, verknöcherten Bälk-
chennetz *VZ* noch weiter gegen die Medianlinie vorgedrungen sein
würde. In jenem Balkenwerk bemerkt man grössere und kleinere

Markräume (*MR*), in welche Blutgefässe (*Bl*) liegen, und welche von Knochenlamellen umscheidet sind. Letztere, wie auch die peripheren periostealen Knochenlamellen, habe ich auf den Abbildungen in tief-schwarzem Ton gehalten.

Wie man sieht, bleibt also in der Mittellinie die Vereinigungs-zone der Epicoracoide ventral- und dorsalwärts unverknöchert. Hier wie dort persitirt das schon oft erwähnte fibröse Gewebe, mit welchem sich dorsalwärts der M. rectus abdominis (*M¹*) verbindet, während dasselbe, in beharrlicher Anpassung an den grossen Brustmuskel (*M²*, *m²*), ventralwärts zu einer stetig sich vergrössernden Zugsleiste (*Sh*) auswächst. Ich habe aber von keinem Altersstadium die Ueber-zeugung gewinnen können, dass jene Leiste mit dem Gebilde, das man bei den Raniden bisher als Episternum zu bezeichnen gewohnt war, ohne weiteres verglichen werden könne. Ich kann mich hierin der Götte'schen Auf-fassung, wie ich dies später noch eingehender begründen werde, nicht anschliessen, sondern muss beide Gebilde für etwas Verschiedenes erklären. Ob also das „Episternum" der heutigen Anuren mit dem-jenigen der Reptilien und jener fossilen Formen etwas zu schaffen hat, betrachte ich noch als eine offene Frage, werde übrigens bei der Schilderung der Entwicklungsgeschichte der Reptilien darauf zurück-kommen. Beachtenswerth aber ist, dass bei den Stegocephalen die medialen Enden der Claviculae von dem vorderen Ende des Episternum entweder gar nicht, oder doch nur sehr wenig überragt werden. Man halte dagegen zum Vergleich das „Episternum" von Rana (Text-figur 28), und man wird den Unterschied der topographischen Verhält-nisse genügend zu würdigen wissen.

In letzterer Beziehung könnte man bei dem „Episternum" der Anuren viel eher an das ebenfalls knorpelig sich anlegende Episternum der Säugethiere denken. Leider aber fehlen uns dazu bis dato die verbindenden Zwischenformen, wobei nach abwärts selbstverständlich nicht an anure Batrachier, sondern zunächst an eine, diesen zu Grunde liegende urodelenartige Stammform zu denken ist. Ich erinnere hierbei an die Phylogenie der Beutelknochen (113).

Jene Verwachsung der beiden ventralen Schultergürtelspangen, des Coracoids und der Clavicula, erinnert an den Selachier- und Dipnoër-schultergürtel und findet andrerseits wieder eine Parallele im Becken-gürtel derselben, sowie in demjenigen aller Amphibien und gewisser Reptilien. Gerade bei Urodelen existiren da und dort Verhältnisse des Beckens, welche mit der betreffenden Schultergürtelzone von Rana zum Verwechseln ähnlich, und welche bei beiden unter denselben mechani-schen Bedingungen (Muskelzug) entstanden sind. Ich verweise hierbei auf Fig. 42—45 und 165.

Was nun noch einmal das sogenannte Episternum der Raniden betrifft, so entwickelt es sich nach Götte, wie schon oben erwähnt, aus den medialen Enden der Claviculae, und würde also, wie jener Autor dies in gewissem Sinne auch für das Sternum behauptet, genetisch dem Schultergürtel zuzurechnen sein. Dies ist nicht richtig. Es bildet sich vielmehr dicht vor, d. h. kopfwärts von den Claviculae, legt sich also, bevor sich diese vereinigen, in dem von den Bauchmuskeln in der ventralen Mittellinie freigelassenen, indifferenten Mesoblastgewebe an, d. h. in der jenseits des Schultergürtels sich noch fortsetzenden Linea alba abdominis. — Einen genauen Einblick in die ziemlich schwierig zu eruirenden Verhältnisse gewinnt man nur auf möglichst dünnen Flächenschnitten, welche von der dorsalen Seite des Thieres allmählich ventralwärts vordringen. Solche habe ich in Fig. 166—169 dargestellt, und zwar folgen sich dieselben in der angegebenen Richtung.

Die medialen Enden der knorpeligen Claviculae (*Cl*) erzeugen eine lateralwärts offene Bucht, und die dieselbe begrenzenden Lippen sind in dem am weitesten dorsalwärts liegenden Schnitt (Fig. 166) noch von einander getrennt. Erst im nächsten Schnitt vereinigt sich die vordere Lippe (∗) mit der hinteren (*Cl*). Offenbar hat sich Götte verführen lassen, jene für den Ursprungstheil des „Episternums" zu nehmen, und ich selbst habe mich anfangs dadurch täuschen lassen. Erst als ich mit den Schnitten weiter ventralwärts vordrang, erkannte ich nach vorne von jener Lippe, und zwar nur durch eine sehr dünne perichondrale Schicht von ihr getrennt, einen zweiten paarigen Knorpel (✕), welcher sich in dem mit ∗∗ bezeichneten und schon in den vorhergehenden Schnitten sichtbaren, dichtzelligen Mesoblastgewebe entwickelt[1]). Gleich bei seinem ersten Auftreten (Fig. 168) kann man erkennen, wie derselbe die Neigung hat, in jenes Gewebe weiter einzuwachsen und sich dabei nach vorwärts und zugleich medianwärts zu richten. Kurz, es handelt sich genau um dieselben Vorgänge, wie ich sie von der Anlage des Sternums der Amphibien geschildert habe. In beiden Fällen kommt es später zur Verwachsung der Seitentheile in der Medianlinie, zur theilweisen, perichondral erfolgenden Verknöcherung und vorher schon zu der Bildung jener breiten Apophyse, wie sie auf der Textfigur 28 zu sehen ist.

Es handelt sich also hierbei um eine dem Sternum durchaus homologe Bildung, und zugleich wird dadurch der Beweis erbracht, dass die urodelen Vorfahren der heutigen Anuren

---

[1]) Längere Zeit noch nach dem Zusammenfluss beider Hälften weist eine gegen das Cölom zu schauende Delle des breiten, basalen Knorpelabschnittes auf die paarige Entstehung zurück.

von Formen abstammen, bei welchen sich der Verknorpelungsprozess der Myocommata weiter proximal vom Schultergürtel erstreckt haben muss, wie dies heute noch bei Menobranchus (Fig. 146) der Fall ist. — Da nun, wie schon erörtert wurde, das Episternum der Stegocephalen und Reptilien bezüglich seiner Urgeschichte durchaus noch nicht klar liegt, und zwischen ihm und dem mit dem gleichen Namen belegten Skeletgebilde der Anuren immerhin bemerkenswerthe Unterschiede existiren, so möchte ich vorschlagen, die von W. K. Parker (79) dafür aufgestellte Bezeichnung vorderhand wenigstens beizubehalten.

E. Reptilien.

1) Chelonier.

Wie ich hinsichtlich des Beckens bereits näher ausgeführt habe, schliessen sich die Schildkröten auch in ihrem Schultergürtel am nächsten an die Amphibien an. Wie bei diesen, so muss auch hier früher eine knorpelige Sternalplatte, welche später durch die Hautverknöcherung des Plastrons allmählich verdrängt worden ist, vorhanden gewesen sein. Aehnliche Prozesse vollziehen sich heute noch bei den Rippen, worauf auch schon C. K. Hoffmann (55) hingewiesen hat.

Wie bei den anuren Batrachiern, so besteht auch bei den Cheloniern am ventralen Abschnitt des Schultergürtels jene Rahmenbildung; allein die medialen Enden werden hier nicht knorpelig, sondern nur durch ein Band (Lig. coraco-claviculare) mit einander verbunden. Letzteres ist aber, wie schon Gegenbaur (33) betont hat, als ein integrirender Bestandtheil des Skeletes zu betrachten. Darauf weisen ganz allmähliche gewebliche Uebergänge (Knochen — Knorpel — Bindegewebe) zwischen den beiden Knochen hin. Gegenbaur fasst aber den vorderen Schenkel nicht als Clavicula, sondern als „Procoracoid" auf und parallelisirt die betreffenden Verhältnisse der Chelonier direct mit denjenigen der ungeschwänzten Amphibien, wo jene Verbindungsbrücke noch rein knorpelig ist. Da bereits durch Rathke das Fehlen eines Sternum nachgewiesen und ein Schlüsselbein also auszuschliessen ist, so darf, meint Gegenbaur, es auch nicht Wunder nehmen, wenn von einem Episternum keine sichere Andeutung vorhanden ist. „Es entspricht dieser Defect vollständig den übrigen hier einschlagenden Skeletverhältnissen."

Auf eine Discussion hierüber einzugehen, ist nach dem, was ich bezüglich der Gegenbaur'schen Lehre bereits bei den Amphibien mitgetheilt habe, nicht mehr nothwendig.

Eine genaue Beschreibung des Chelonier-Schultergürtels hat Götte (44) geliefert, ebenso C. K. Hoffmann, der letzteren in allen wesentlichen Punkten bestätigt. Beide betonen, dass jede Hälfte ursprünglich, ganz wie bei Amphibien, aus einem homogenen, knorpeligen Dreistrahl bestehe, an welchem das dorsale Stück die Scapula, die beiden ventralen die Clavicula und das Coracoid darstellen. Wenn man will, so kann man auch hier nach erreichter Verknöcherung[1]) die mediale mehr oder weniger breite Knorpelapophyse des Coracoids als Epicoracoid bezeichnen. In dem das ganze Leben dauernden, continuirlichen Verband der Clavicula mit der Scapula erkennen wir den Fortbestand des allen Vertebraten zukommenden, ursprünglichen Verhaltens, und durch jenen bleibenden Verband der beiden Skeletstücke stehen die Schildkröten im Gegensatz zu den Sauriern, Vögeln und Säugethieren, in welchen es im erwachsenen Zustand zu einer Abgliederung kommt.

Junge Embryonalstadien scheinen weder R a t h k e (83) noch G ö t t e

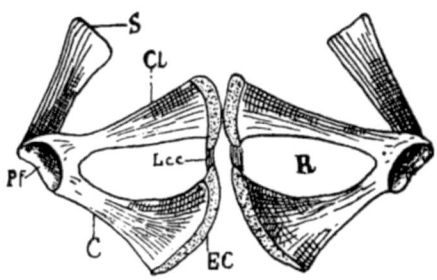

Textfigur 34. Typus des Schultergürtels der S c h i l d k r ö t e n, von der Ventralseite. *S* Scapula, *Cl* Clavicula, *C* Coracoid, *Lcc* Ligamentum coraco-claviculare, *E* Epicoracoid, *Pf* Pfanne, *R* die von dem Coraco-Clavicular-Rahmen umschlossene Oeffnung.

(44) zur Verfügung gestanden zu haben. Ich selbst war darin etwas günstiger gestellt, allein die Lösung der Hauptfrage, ob sich ontogenetisch etwa noch eine Sternalanlage nachweisen liesse, ist mir nicht gelungen.

Meine Ergebnisse an C h e l o n e v i r i d i s waren folgende.

Bei 15 mm langen Embryonen, bei welchen die Vorniere, der Darm und die Leber bereits gut entwickelt sind, stehen die von indifferentem Mesoblastgewebe erfüllten, paddelförmigen Extremitäten schon weit vom Rumpfe ab. Sie liegen sehr hoch dorsalwärts, unmittelbar unterhalb und seitlich von der Stammzone des Körpers. Von hier aus nehmen sie ihre Richtung, ähnlich, wenn auch nicht in gleich starker Weise wie bei U r o d e l e n, nach hinten und oben. Ich verweise dabei auf Fig. 170—172, welche drei Querschnitte darstellen,

---

[1]) Die primäre Verknöcherung entsteht in allen drei Theilen des Schultergürtels selbständig, und erst später kommt es zu einer Concrescenz. Darin prägt sich, wie G ö t t e richtig bemerkt, schon eine Abweichung vom ursprünglichen Verhalten aus.

die in caudaler Richtung auf einander folgen. Dabei liegen die Fig. 170 und 171 18, die Fig. 171 und 172 17 Schnitte aus einander. Der Extremitätenwulst erstreckt sich also ziemlich weit caudalwärts, und in diesem Stadium schon sprossen in das dichtzellige Gewebe, welches sich dorsal- und ventralwärts tief in die Rumpfwand hinein-zieht, gewaltige, sich gabelnde Nerven (*N*) und Gefässe ein. Von einem Vorknorpelstadium aber kann man erst später sprechen; allein auch in diesem stellt jede Schultergürtelhälfte noch einen einheitlichen Complex dar, in welchem sich die proximale Partie des Humerus histo-logisch am weitesten differenzirt zeigt. Hier tritt, wie dies bis jetzt bei allen übrigen Vertebraten zu constatiren war, bald auch die erste Knorpelsubstanz auf; bevor dies aber geschieht, ist bereits oben in der scapularen Gegend eine seitliche Hautfalte, die erste Anlage des Carapax, erschienen. Im Vorknorpelstadium sind auf Flächen-schnitten die späteren ventralen Schenkel des Schultergürtels noch nicht deutlich differenzirt, doch dauert dieser Zustand nicht lange.

Kurz nachdem die Verknorpelung des Humerus begonnen hat, tritt in engster Verbindung damit auch Knorpelgewebe in der späteren Pfannengegend auf, jedoch kommt es hier, soviel ich erkennen konnte, nicht mehr zu einem secundären Zusammenfluss. Sowohl die Scapula als auch die beiden ventralen Spangen verknorpeln für sich und fliesssen erst secundär in der Pfannengegend mit einander zusammen. In einem Stadium, in welchem der Embryo eine Länge von 22—23 mm erreicht hat, ist dieses bereits geschehen, und ich habe das betreffende Verhalten auf den Figuren 173 und 174 abgebildet. Beides sind Flächenschnitte, und zwar liegt der in Fig. 174 dargestellte 14 Schnitte weiter ventralwärts als der andere. In Folge davon erscheint auf letz-terem die Knorpelmasse bei *S* noch einfach, während dort die Gabe-lung in eine Clavicula und ein Coracoid bereits erfolgt ist; beide sind übrigens noch durch ein dichtes Mesoblastgewebe (†) verbunden. Nach der Peripherie zu erscheinen bereits Humerus (*H*), Vorderarm (*AB*) und Handskelet (*Ma*) in voller Verknorpelung begriffen. Die Muskeln sind gut differenzirt.

Die ventralen Theile des Schultergürtels, namentlich die das Coracoid an Volumen anfangs übertreffende Clavicula, wachsen rascher aus als die Scapula. Ueber das Verhalten ihres Endes bin ich nicht recht in's Klare gekommen; Alles, was ich darüber zu melden weiss, ist, dass sie in ein dichtzelliges, die ventrale Mittellinie erfüllendes Gewebe eintauchen, in welchem ich bei den mir zur Verfügung ge-wesenen Stadien weder die Andeutung eines Sternum noch eines Episternums gesehen habe. Ich kann also die Frage C. K. Hoff-mann's, ob letzteres nicht in dem unpaaren Stück des Plastrons aufgegangen sein könnte, nicht beantworten.

2) Saurier.

Auch hier ist wieder Hatteria und der primitive, rhyncho-
cephalenartige Urvierfüssler Palaeohatteria in den Vordergrund
zu stellen; denn beide, namentlich aber letztere Form, zeigen nach
Credner unzweifelhafte Anschlüsse an gewisse Stegocephalen,
wie namentlich an Discosaurus, Melanerpeton, Petrobates
und Hylonomus, ja, es handelt sich, wie man aus einer Vergleichung
von Textfigur 29 und 35 ersehen kann, um eine fast vollständige
Uebereinstimmung. Da aber Palaeohatteria durch die Form ihres
langgestielten, vorne zu einer querrhombischen Platte ausgedehnten Episternums, der schwach knieförmig
gebogenen, spangenartigen Claviculae, der platten Scapulae und
rundlichen, fensterlosen Coracoide
eine grosse Aehnlichkeit besitzt
mit den entsprechenden Knochen
von Hatteria und anderen recenten und fossilen Reptilien, so
wird sie, was Credner mit vollem Recht betont, und worauf ich
auch schon beim Becken aufmerksam gemacht habe, in eine Mittelstellung gedrängt zwischen den
Lurchen und Reptilien, wenn auch
die Aehnlichkeit mit den letzteren
eine ungleich grössere ist. Sehr
nahe verwandt war nach Cred-

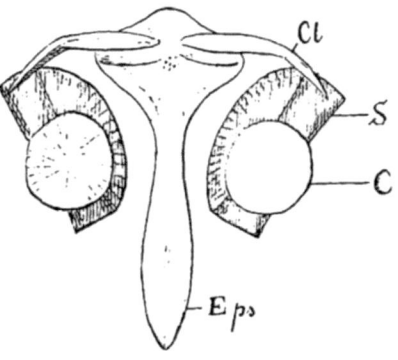

Textfigur 35. Schultergürtel von Palaeo-
hatteria, nach Credner. Ventralseite.
S Scapula, C Coracoid, Cl Clavicula, Eps
Episternum.

ner auch das aus denselben Schichten (Perm) stammende Reptil
Kadaliosaurus, sowie Homoeosaurus Maximiliani aus den
Solenhofener Schichten. v. Ammon (1) erklärt diesen Saurier geradezu für die „Hatteria der Jurazeit", doch existiren gewisse Unterschiede. So fehlen dem Homoeosaurus z. B. die Processus uncinati
der Rippen, und dies spricht doch gegen eine absolute Uebereinstimmung.

Was die Lacertilier betrifft, so hat ihr Schultergürtel von
Gegenbaur (33) seiner Zeit eine sehr genaue Beschreibung erfahren,
welcher ich Folgendes entnehme.

Scapula und Coracoid bilden auch hier in embryonaler Zeit eine
einzige Knorpelmasse, in welcher später ventral und dorsal Ossificationen
auftreten, so dass dann nur die Pfannengegend noch als knorpeliges
Verbindungsstück erscheint.

Hinsichtlich der Clavicula ist zu bemerken, dass sie gleich von Anfang an als knöchernes Gebilde auftritt. Gegenbaur sagt, dass bei

Vögeln die Clavicula theilweise noch eine knorpelige Grundlage besitze, eine Thatsache, die er für die Säugethiere noch in weit grösserem Umfange zu constatiren vermochte. Er meint, diese Verschiedenheiten müssten befremden, und er bemerkt ausdrücklich: „Es handelt sich hier um die Aenderung der Anlage eines Skelettheiles, durch welche ein in den unteren Abtheilungen nicht knorpelig vorgebildeter Knochen mit der Gewinnung einer knorpeligen Anlage in die Reihe der typischen Skeletstücke tritt."

Bezüglich des Episternums macht Gegenbaur auf seine verschiedenen Lagebeziehungen zum Brustbein aufmerksam. Während es bei den Sauriern eine grössere oder geringere Strecke weit auf der ventralen Fläche desselben liegt, trifft man es bei den Säugern stets vorne (d. h. halswärts) davon; dazu kommt, dass es sich bei den letzteren immer knorpelig anlegt, während es bei den Sauriern sofort als knöcherne Bildung auftritt. Gegenbaur fährt dann fort: „Will man in der genetischen Verschiedenheit einen Grund für die verschiedene Bedeutung finden, so kann man allerdings beiderlei Episternalbildungen nicht zusammenwerfen. Man hat in ihnen Einrichtungen zu erkennen, denen bei aller Aehnlichkeit ihres anatomischen Verhaltens doch eine bedeutende Verschiedenheit zu Grunde liegt. Ich nehme daher Anstand, jene Episternalbildungen ohne Weiteres an einander zu reihen, und wenn ich sie auch nicht für einander fremde Gebilde betrachte, so will ich doch constatiren, dass zwischen beiden eine grosse Reihe uns noch gänzlich unbekannter Uebergangsstufen eingeschaltet werden muss. Dabei halte ich es für eine gegenwärtig noch gar nicht zu beantwortende Frage, ob jene Uebergänge in's Episternum der Säugethiere überhaupt als fortlaufende gedacht werden können; denn es schliesst sich keineswegs die Möglichkeit ab, dass bei den Sauriern der Endpunkt einer Entwicklungsreihe vorliegt, die erst in weit zurückliegender Ferne an Bildungen anknüpft, aus welchen der Typus der Säugethiere allmählich hervorging."

Nach den Befunden Götte's (44), die ich auf Grund einer grossen Reihe von Untersuchungen eines vortrefflich conservirten Materiales von Lacerta agilis im Wesentlichen bestätigen kann, bestehen Schultergürtel und Brustbein in früher Embryonalzeit noch aus zwei getrennten Hälften. Jede Hälfte des Schultergürtels stellt eine längliche, schräg von vorne und oben nach hinten und unten gerichtete dünne Platte dar, deren weiches Gewebe aus indifferenten Bildungszellen besteht. Mittelst einer Einschnürung in der Längenmitte sondert sich eine dorsale (Suprascapula) und eine grössere ventrale Hälfte (Scapula und Coracoid) ab. Die Grenze zwischen den beiden letzten wird nur durch die Lage der Gelenkpfanne ausgedrückt. Parallel dem Vorderrand des Coracoids läuft eine lange, medianwärts frei auslaufende Spalte, wodurch ein vorderer, schmaler Streifen, die

Anlage des Schlüsselbeines vom hinteren, beilförmigen Hauptstück geschieden wird. Das kleine Nervenloch neben der Pfanne ist bereits vorhanden. Das dorsale Ende der Clavicula geht continuirlich in die Suprascapula über. Medianwärts verlieren sich alle Theile unmerklich in das umgebende Körpergewebe. Die Clavicula enthält zuerst Kalksalze und entwickelt sich bei Sauriern als sog. „secundärer" Knochen, aber durchaus nicht selbständig (Gegenbaur), sondern in vollster Continuität mit dem Schultergürtel überhaupt. Es ist ein Ast des Schulterblattes (Rathke), welcher aber nicht in Knorpel, sondern gleich in Knochen sich zu verwandeln beginnt. Das Coracoid und die Scapula sind in so jungen Stadien, wenn man absieht vom Nervenloch, noch gänzlich undurchbrochen. Das Sternum legt sich als dreieckige Platte und zwar zuerst nur mit einer Rippe verbunden, an der lateralen Hälfte des Hinterrandes vom Coracoid an und hängt mit seinem Gegenstück anfänglich nur durch die Membr. reuniens inf. zusammen. Wahrscheinlich stand das Sternum in noch jüngeren Stadien auch noch mit der letzten und vermuthlich auch noch mit der vorletzten Halsrippe in Berührung, wie ersteres bei Anguis thatsächlich der Fall ist. Somit wäre das erste Auftreten des anfangs dreieckigen Sternums das Resultat des Zusammenflusses resp. der Abschnürung der distalen Enden von drei Rippen.

Im Gegensatz dazu ist bei Anguis nur eine Rippe an der Sternalbildung betheiligt. — Später bilden sich im Coraco-Scapulare die drei bekannten (bindegewebigen) Fenster, und um diese Zeit stellt die Clavicula eine Rinne dar, mit einem weichen, nie verknöchernden Achsenstrang (späteres Mark).

Das Sternum ist einstweilen durch Verschmelzung mit zwei weiter caudalwärts liegenden Rippen grösser geworden, während die zwischen Coraco-Scapulare und Clavicula liegende Spalte auf ein Minimum reduzirt erscheint. — Endlich nähern sich die beiden Hälften des Schultergürtels immer mehr der queren Lage, und die medialen Enden der Claviculae stossen zusammen und lassen sich an dieser Stelle von dem sie umgebenden weichen Blastem nicht abgrenzen. In dieser weichen, nicht verknöchernden Brücke nun treten zwei längsverlaufende, caudalwärts gerichtete Bänder von Kalksalzen auf, welche lange Zeit in der Medianlinie von einander getrennt bleiben. Dies ist die erste Anlage des Episternum. Die eigentlichen Schlüsselbeine entstehen also nur in den lateralen Theilen der ursprünglich weichen „Clavicular-Anlagen". Bezüglich des Episternums ist die paarige Entstehung wohl zu beachten, es bildet sich aber nicht auf dem präformirten (geschlossenen) Sternum, sondern bevor sich dessen Seitentheile vereinigen.

In diesem Entwicklungsstadium ist die Clavicula noch nicht vom Suprascapulare abgegliedert, die Sternalhälften stehen einander gegenüber, haben sich aber einander mehr genähert, die Rippen sind noch nicht abgegliedert.

Später schieben sich die Coracoide medianwärts über einander, und an die Stelle der Markmasse der Claviculae tritt eine innere Knochen-

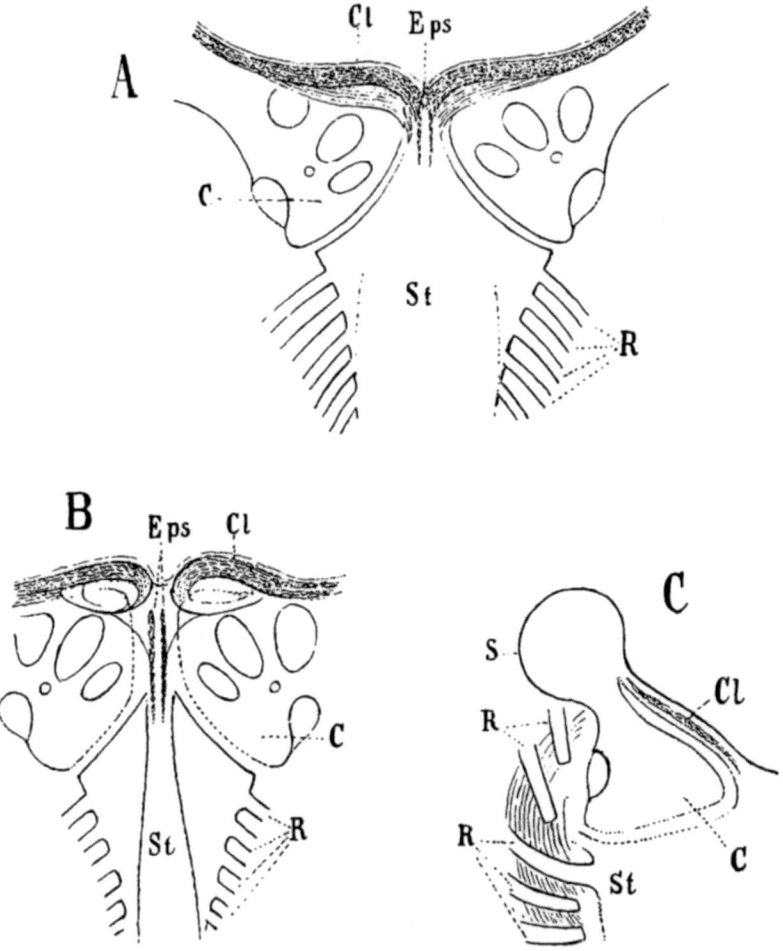

Textfigur 36. Drei Abbildungen nach Götte, welche die Anlage der Clavicula und des Episternums bei Cnemidophorus sp. versinnlichen. C stellt das jüngste, B das älteste Stadium dar. S Scapula, Cl Clavicula, C Coracoid (mehrfach durchbrochen), Eps Episternum, St Sternum in der Entstehung begriffen, R Rippen.

bildung (also ähnlich wie bei primären Knochen). Endlich löst sich das laterale Ende von der Suprascapula los und liegt nun frei in einer Delle am vorderen Rande derselben; doch kommt es nie zu einer eigentlichen Gelenkbildung. In ähnlicher Weise differenzirt sich allmählich das mediale Clavicular-Ende vom Episternum. Einstweilen haben sich die Episternalstreifen je in eine medianwärts offene Rinne umgebildet und rücken nun allmählich unter Bildung einer Röhre zusammen, wobei sie eine axiale Zellmasse einschliessen, die später zu Mark wird und ganz so wie dies für die Clavicula gilt, einer inneren Verknöcherung anheimfällt. Später stellt das auf der Bauchfläche des nunmehr verwachsenen Sternums liegende Episternum bekanntlich einen soliden, flachen Knochen dar.

In seiner Arbeit kommt G ö t t e auch auf die oben erwähnte Arbeit G e g e n b a u r 's zu sprechen und berichtigt die darin enthaltenen Irrthümer bezüglich des „Procoracoids" etc. Da ich hierin vollständig mit ihm einverstanden bin, so lasse ich den betreffenden Passus hiermit folgen.

Das von G e g e n b a u r als typischer Theil aufgefasste Procoracoid ist nichts Anderes, als eine dem Coracoideum angehörige, zwischen dem coracoidalen Haupt- und dem angrenzenden Scapular-Fenster ausgespannte Knochenbrücke und kann daher für den Vergleich mit anderen Schultergürtelformen, denen das Scapular- oder gar beide Fenster fehlen, nicht verwerthet werden. Die Clavicula erscheint also nicht in selbständiger Anlage, sondern sie entwickelt sich, wie auch das Episternum im Zusammenhang mit dem übrigen Schultergürtel; beide sind wahrscheinlich phyletisch ebenfalls auf eine rein knorpelige Anlage zurückzuführen. Alle „Fensterbildungen" sind secundäre Vorgänge in der ursprünglich undurchbrochenen Coraco-Scapular-Platte, und ebenso ist der ganze Complex des „Procoracoids, Epicoracoids und Coracoids" der Saurier als secundär entstandene Territorien homolog mit der einzigen, undurchbrochenen Coracoidplatte der H a t t e r i a, der C h e l o n i e r und A m p h i b i e n.

Ehe ich mich nun zu meinen eigenen entwicklungsgeschichtlichen Ergebnissen wende, will ich noch den Episternalapparat der E n a l i o - s a u r i e r, und zwar speciell denjenigen von I c h t h y o s a u r u s, kurz besprechen.

G e g e n b a u r (33) bemerkt darüber. Bei Ichthyosaurus ist ein Episternalapparat vorhanden, während ein Sternum fehlt, woraus die Unabhängigkeit beider Theile erhellt. Das Episternum ist lateralwärts mit der Clavicula verbunden, und letztere lagert bei Ichthyosaurus dem ganzen Vorderrand der Scapula breit auf, während bei Eidechsen jene Verbindung nie in grösserer Ausdehnung zu constatiren ist. G e g e n b a u r fügt hinzu: „damit sind (bei I c h t h y o s a u r u s) Verhältnisse gegeben, die durch ihr Vorkommen im Schultergürtel der Fische zum Verständniss des letzteren nicht wenig beizutragen im Stande sind."

Dieser Satz ist mir unverständlich, denn ich sehe nicht ein, warum nicht die Amphibien oder die Saurier zum Vergleich herbeigezogen werden. Dies hat G ö t t e (44) gethan und darauf hingewiesen, dass Ichthyosaurus im Bau seines Schultergürtels an denjenigen von Anguis-Embryonen erinnere, und dass Alles in Allem genommen, Ichthyosaurus ein vorzügliches Verbindungsglied zwischen den Sauriern und Amphibien darstelle.

Nach meinen Erfahrungen ragen die Extremitäten-Knospen von Lacerta agilis zu einer gewissen Zeit noch steiler nach oben und hinten, als dies bei Urodelen der Fall ist. Auf dem Flächenschnitt, welchen ich in Fig. 175 dargestellt habe, und welcher einem Embryo von 7 mm Rumpflänge entspricht, kommt dies natürlich nicht zum Ausdruck, allein er zeigt ein anderes bemerkenswerthes Verhalten. Trotz des ausserordentlich frühen Entwicklungsstadiums sieht man nämlich bereits den Humerus (*H*) und den Vorderarm (*AB*) in Verknorpelung begriffen; doch besteht die grössere Masse des skeletogenen Gewebes noch aus Vorknorpel. Die Schultergegend ist nur durch eine stärkere Zellanhäufung, welche von starken Nerven (*N*) durchbrochen wird, angedeutet. Die peripheren Zellschichten, welche sich aus der Extremität auch in den Rumpf hineinziehen, stellen die Vorläufer der späteren Muskeln vor. In der Leibeswand erscheinen bei *So* die serial liegenden Somitenhöhlen, und auf höher dorsal hindurchgelegten Serienschnitten erstrecken sie sich kopfwärts fortziehend auch über den Bereich der ventral davon sich anlegenden vorderen Extremitäten. Bei etwas jüngeren Stadien ist dies noch deutlicher zu sehen, und ich kann die Angaben van Bemmelen's (7), bestätigen, wonach etwa 7—8 Somiten mit ihren epithelialen, stielförmigen Verlängerungen, welche knopfförmig in jener dichten scapularen Zellmasse endigen, zur Anlage der Vordergliedmassen zusammentreten. Der Zusammenhang jener Knöpfe mit den Somiten wird jedoch sehr früh gelöst, so dass derselbe in dem durch die Fig. 175 repräsentirten Stadium schon nicht mehr besteht.

In Fig. 176 **A—F** habe ich sechs Flächenschnitte durch die bereits verknorpelte Scapula eines Embryos von 30 mm Gesammtlänge unter starker Vergrösserung dargestellt. Die Schnitte, welche, bei **A** anfangend, in dorso-ventraler Richtung auf einander folgen, zeigen auf das Allerüberzeugendste, wie richtig Götte beobachtet hat, wenn er die Clavicula gradezu als einen Ast oder Auswuchs der Scapula bezeichnet. In Fig. **A**, in welcher ich die Scapula allein in ihrer ganzen proximo-distalen Ausdehnung zusammt den umgebenden Muskeln abgebildet habe, erscheint die Clavicula (*Cl*) am Uebergang ihres vorderen in den medialen Rand in Form einer zellreicheren Zone, welche sich von dem Hyalinknorpel so wenig als von dem umgebenden Periost (*Per*) trennen lässt. In Figur **B** findet schon eine schärfere Abgrenzung statt, und dies steigert sich unter Auftreten einer Incisur in den nächsten Schnitten fortwährend, bis es schliesslich in Figur **F** zu einer vollkommenen Trennung der Clavicula von der Scapula resp. Suprascapula gekommen ist. Zugleich ist bereits im Centrum ein von zackigen

Rändern begrenzter und stark lichtbrechender Knochenherd (Fig. **E**
und **F** bei †) aufgetreten. — Nachdem nun also die Clavicula sich
von ihrem Mutterboden frei abgehoben hat, zieht sie, wie ich dies nach
Götte auf Textfigur 36 dargestellt habe, medianwärts gegen die
Bauchfläche des Rumpfes. Dies geht auch aus der Fig. 181 hervor,
welche einen etwas ungleich ausgefallenen Flächenschnitt desselben
Präparates wie Fig. 176 darstellt. Rechts ging das Messer tiefer ventral hindurch als links, und die Folge davon ist, dass man hier die
Clavicula (*Cl*) noch weit lateral und im Querschnitt, dort aber bereits
im Längsschnitt, und zugleich durch ein Ligament (*Lg*) in Verbindung
mit dem Vorderrand des Epicoracoids (*C*) zu sehen bekommt. Bei *H*
ist der Humerus getroffen, bei dem ich aber keine knorpelige Verbindung mit dem Schultergürtel nachzuweisen vermochte. Bei *R*¹
kommt es zum Zusammenfluss zweier Rippen, und in den proximalen
Rand der dadurch angebahnten Sternalplatte ist der hintere Rand des
Epicoracoids (*C*) eingelassen. Die Bildung des Sternums hat Götte
durchaus richtig beschrieben, so dass ich mich nicht länger damit auf-
halten will. Bezüglich der ganz wie bei Amphibien (vergl. Fig. 144) sich
verhaltenden Einfalzung der Epicoracoide in die Sternaltaschen verweise ich auf die Fig. 180. Ebendaselbst liegt ventralwärts vom Kiel
des in diesem Stadium (22 mm) von vier Rippenpaaren componirten
Sternums das bereits in Verknöcherung begriffene, aber in dieser
Gegend noch deutlich paarige Episternum (*Eps*). Dasselbe wird
von dem benachbarten perichondralen Gewebe umschlossen. Vierzig
Querschnitte weiter gegen den Kopf zu (Fig. 178) ist von einer paarigen
Anlage desselben nichts mehr zu sehen, im Innern findet sich das
gleiche grobwabige, knöcherne Balkenwerk, wie es für die Claviculae
(*Cl*) charakteristisch ist. Letztere liegen hier ziemlich weit
ventralwärts vom Episternum und werden in der Mittellinie durch eine dichtzellige Masse (†) sowohl von einander als vom Episternum (*Eps*) getrennt. Noch drei Schnitte
weiter kopfwärts (Fig. 177) fliesst das die Schlüsselbeine umgebende
Gewebe in der Mittellinie zu einer compacten, polsterartigen Masse (†)
zusammen, bei der aber (in diesem Entwicklungsstadium wenigstens)
nichts mehr auf eine paarige Entstehung hinweist. In ihrem Centrum
erkennt man eine dunklere Partie, und dies ist die vorderste Spitze
des Episternums. Die Entstehung des knöchernen Episternums findet
also — dies kann ich mit voller Sicherheit behaupten — in dem die
Claviculae umhüllenden, bezw. verbindenden, perichondriumartigen
Blastem statt. Eigentliche genetische Beziehungen zu der Clavi-
cularanlage selbst vermochte ich hier so wenig als bei Crocodilen zu
constatiren, wenn auch die dichtzelligen Anlagen der beiden Skeletstücke, was ich nicht bestreiten will, bei Lacerta ursprünglich in einer
und derselben indifferenten Gewebsmasse sozusagen verschwimmen.

Jedenfalls erfolgt erst mit der beginnenden Solidification eine scharfe Differenzirung.

Fig. 179 stellt einen Querschnitt durch einen Embryo dar, welcher nicht gemessen wurde; allein Alles spricht dafür, dass er nicht viel älter gewesen sein kann, als der zuletzt geschilderte. Das Episternum (*Eps*), welches, ganz wie jener ventrale Kiel am Anuren-schultergürtel, den umgebenden Muskeln zum Ursprung dient, ist hier durchweg unpaar. Der Schultergürtel stellt jederseits im Querschnitt eine zierlich gewundene, schlanke Knorpelschlange dar (*S* und *C*), welche gänzlich einheitlich ist und aus dem schönsten Hyalinknorpel besteht. In der Gegend der späteren Suprascapula ragt dieselbe bis zur Höhe der Gelenkfortsätze der bereits gut verknorpelten Wirbelsäule empor; ventralwärts schieben sich die beiden Seitenhälften etwas übereinander, und dies beweist, dass der Schnitt proximal vom Sternum hindurchgegangen ist.

3) Crocodile.

Ueber den Schultergürtel der Crocodile liegen Untersuchungen vor von Rathke (86), Gegenbaur (33), Götte (44), und C. K. Hoffmann (55). Jüngeres embryonales Material scheint keinem der genannten Autoren zur Verfügung gestanden zu haben, und auch Rathke hat offenbar nur ältere Stadien untersucht, von welchen er mittheilt, dass Scapula und Coracoid eine Masse bilden, und dass sie beim Embryo verhältnissmässig breiter seien als später. Das Coracoid berührte bereits das Sternum, und der Humerus sowie Radius und Ulna boten nichts Bemerkenswerthes.

Auch Gegenbaur betont, dass Coracoid und Scapula aus einer continuirlichen Knorpelanlage hervorgehen, und fügt hinzu: „Dem Mangel eines eigentlichen Schlüsselbeines correspondirt die Eigenthümlichkeit des Episternums, das bekanntlich nur durch ein langes, schmales, in eine Furche der Vorderfläche der Brustbeinplatte eingelassenes Stück vorgestellt wird, welches das Brustbein nach vorne zu überragt. Von den Säugethieren nach abwärts ist dies die erste Episternalbildung, welche, wie es scheint, nicht aus Knorpel hervorgeht, und darin müssen wir eine Kluft erkennen, die zwischen den homologen Theilen der Säugethiere und der Reptilien besteht. Sie wird noch erweitert durch den Modus der Verbindung mit dem Sternum, die in beiden Abtheilungen eine wesentlich verschiedene ist.“

Im Gegensatz zu Gegenbaur erblickt Götte in dem Coracoid der Crocodile nicht nur das „Coracoid“ der Saurier im Sinne Gegenbaur's, sondern stellt dasselbe mit vollem Recht der ganzen Coracoid-platte der letzteren gleich. Chamaeleonten und Crocodile stimmen durch den Mangel einer Clavicula überein; da aber bei den Crocodilen ein Episternum existirt, so berechtigt dies nach Götte (vergl. Lacerta) zu dem Schluss, dass in früher embryonaler Zeit Claviculae bestehen müssen, welche dann später wieder verschwinden.

Hoffmann erblickt in dem vorderen verdickten Rand jener Membran, welche sich zwischen dem proximalen Rand des Coracoids und dem Episternum ausspannt, die Spur einer Clavicula. Das Episternum soll nach Hoffmann eine paarige Anlage zeigen, und er meint, dass es sich hierbei wohl um denselben Entwicklungsprozess handle, wie bei dem Episternum von Lacerta; auch vermuthet er, nach dem Vorgange Götte's, eine in früher Embryonalzeit auftretende und später wieder verschwindende Clavicula. Beweise bringt er keine bei.

Ich war insofern glücklicher als meine Vorgänger, als mir ziemlich zahlreiche Entwicklungsstadien von Crocodilus biporcatus zur Verfügung standen. Die jüngsten hatten ein Längenmass von 17 mm. Die Extremitätenknospen mit dem dichten mesoblastischen Gewebe im Innern, welches sich auch noch dorsal und ventral in die Rumpfwand hineinzieht, sind bereits gut entwickelt, schauen jetzt aber hier nicht mehr dorsalwärts, sondern sind mit der Spitze schwach abwärts geneigt (Fig. 182, 183). In ihrer Achse sieht man den Humerus (Fig. 183, H) bereits im Vorknorpelstadium und von einer mächtigen Nervengabel umgriffen, welche auf dem betr. Querschnitt bis zum Rückenmark hinauf verfolgt werden kann (n, n^1). An der Peripherie deutet die dunkle Zone auf die späteren Muskeln hin. Letztere sind um diese Zeit noch nicht einmal in den Somiten differenzirt. Die Präparate sind auch lehrreich für die Entwicklung der Harndrüse, der Lunge (VN, Lg), der Leber etc. Das Vorderarmskelet ist in weiter caudalwärts liegenden Schnitten bereits in Form eines grobzelligen, einheitlichen Blastems sichtbar.

Die nächsten Stadien habe ich des ausserordentlich stark gekrümmten Körpers wegen nicht in der Länge, sondern nur in der Breite gemessen. Es mag sich um etwa 21—23 mm lange Thiere gehandelt haben; der Querdurchmesser ihres Rumpfes in Schulterhöhe betrug 3 mm. — Der dorsale Abschnitt der Scapula war hier nur durch einen sehr schmalen, lang sich ausziehenden lockeren Zellhaufen angedeutet. Gegen das Humerusgelenk zu verdichtet sich derselbe mehr und mehr und erscheint dann im Flächenschnitt (Fig. 184) als eine compacte runde Masse (S), welche bereits das charakteristische Aussehen des Vorknorpels zeigt. Hyalinknorpel besteht um diese Zeit noch nirgends am Schultergürtel, dagegen ist Humerus und Antibrachium, namentlich aber ersterer, bereits verknorpelt. Das Handskelet befindet sich noch im Vorknorpelstadium (H, AB, Ma).

Die vordere, an der Peripherie sehr scharfkantige Extremität des Crocodilembryos sieht in ihren äusseren Formverhältnissen jetzt noch gar nicht so aus, als ob sie für ein terrestrisches Leben bestimmt wäre; sie ist paddelartig und verspricht viel eher, eine Flosse zu werden, ähnlich wie diejenige von Chelonia..

An der Peripherie ist sie gegen die Körperseite stark abgeplattet und besitzt einen zugeschärften dorsalen und ventralen Rand (Fig. 184, *Ma*). Auf dieser Figur sieht man bei *UN* die Urniere, worüber [sowie auch über die Vorniere] ich an anderer Stelle ausführlich berichtet habe (109), in mächtiger Entwicklung. In der Körperwand (*M*¹) beginnen sich eben die Muskeln zu differenziren; in der freien Extremität sind dieselben an der Peripherie als dunkle Zone (*M*²) erkennbar, histologisch aber noch nicht differenzirt.

Ehe ich mich zu einem etwas älteren Entwicklungsstadium wende, will ich noch auf das in Fig. 184 sichtbare, erste Auftreten der Clavicula (*Cl*) hinweisen. Diese besteht um diese Zeit nur aus einem scharf umschriebenen, medianwärts gerichteten Vorsprung der noch im Vorknorpelstadium befindlichen Scapula (*S*).

Bei Embryonen, die 4 mm Schulterbreite besitzen, ist die Scapula schon gut verknorpelt. Ich habe das betreffende Entwicklungsstadium in vier Flächenschnitten der rechten Körperhälfte dargestellt, welche in Fig. 187, **A—D** in dorso-ventraler Richtung aufeinanderfolgen, und in welchen ich nur die Skelettheile eingezeichnet habe. In *Ep* ist die äussere Körperwand durch eine einfache Linie dargestellt, bei *W* ist eben noch die Wirbelsäule zu sehen; bei *R, R* sind einige Rippen getroffen. Bei † in Fig. **A** sieht man, wie das vordere Ende der Scapula (*S*) sich abzuschnüren beginnt, was in Fig. **B** schon weiter gediehen und in Fig. **C** bereits durchgeführt ist. An den beiden letztgenannten Figuren besteht aber der Fig. **A** gegenüber der Unterschied, dass die proximale Partie des abgeschnürten Stückes, welches nichts Anderes ist als die Clavicula, nicht mehr hyalinknorpelig erscheint. Man wird vielmehr an jenes dichtzellige Gewebe erinnert, welches den Vorläufer der Clavicula bei Lacerta bildet. Weiter ventralwärts besteht dieselbe auch beim Crocodil überhaupt nur aus solchem Gewebe, und jede Knorpelspur ist verschwunden. Sechs Schnitte weiter ventralwärts ist von der Clavicula nichts mehr zu sehen, sondern sie verstreicht im umgebenden Mesoblastgewebe. Dagegen trifft man auf das auch bei Lacerta schon erwähnte Nervenloch im Coracoid und sieht die vier vordersten Rippen jederseits zu einer Sternalleiste zusammenfliessen. Die vorderste Rippe, welche sich an der Sternalanlage betheiligt, entsteht ganz ventral, dicht neben dem Sternum, wächst also nicht etwa erst von der dorsalen und lateralen Seite nach vorne ventral- und medianwärts (vergl. Menobranchus). Von einem Episternum ist in diesem Stadium noch nichts zu sehen.

Um noch einmal auf die Clavicula zurückzukommen, so stehen

also die Crocodile bezüglich ihrer theilweise knorpeligen Anlage auf einem noch primitiveren, an die Chelonier und Amphibien sich anschliessenden Standpunkt, als die Saurier, und man kann mit voller Sicherheit behaupten, dass die Rückbildung des Knorpels im Laufe der Stammesgeschichte von der medialen nach der lateralen Seite hin erfolgt sein muss. Ich kann also die Vermuthung früherer Autoren, dass den Crocodilen ontogenetisch eine Schlüsselbeinanlage zukomme, sowie die vollkommen richtige Auffassung Göttes bezüglich des Lacertilier-Schlüsselbeines bestätigen.

In Fig. 185 habe ich den Querschnitt eines Embryos abgebildet, welcher seinem Alter nach zwischen den beiden zuletzt beschriebenen etwa die Mitte hält. Links ging der Schnitt weiter kopf-, rechts weiter caudalwärts durch, und deshalb ist hier ausser der Scapula (S) auch schon ein grösserer Theil des Coracoids (C) getroffen. Linkerseits berühren sich Scapula und Coracoid beinahe, doch weist noch eine schmale, unverknorpelte Zwischenzone auf die ursprünglich getrennte Anlage der beiden Knorpel zurück. Auf der rechten Seite, wo der Humerus in grosser Ausdehnung getroffen ist, sind die umgebenden Muskeln (M^2) eben in Differenzirung begriffen. Die Scapula ist um diese Zeit nur in dem der späteren Pfanne zunächst liegenden Bereich verknorpelt und erscheint dorsalwärts durch einen Streifen von Mesoblastgewebe fortgesetzt. Auch ventralwärts ist die Ausdehnung des Schultergürtels noch eine sehr beschränkte, da ihm durch den breiten Stiel des Dottersackes (Do) vor der Hand Halt geboten ist. Auf weiter caudalwärts liegenden Schnitten zeigt sich die Verknorpelung des Vorderarmskeletes bereits etwas fortgeschritten, und auch in der Hand treten die ersten Knorpelspuren auf.

In der Medianlinie liegt der Oesophagus (Oes) und die Trachea (Tra), beide in einem dichtzelligen, das Cölom (Co, Co) in sagittaler Richtung ganz durchsetzenden Gewebsstrang, wie in einem compacten Mesenterium. Dorsalwärts vom Oesophagus liegen die Aortenwurzeln; sie sind in der Figur nicht besonders bezeichnet. Am Rückenmark sind, wie in Fig. 182, 183 und 188, bei $Sp G$ die Spinalganglien getroffen.

Von einer Episternalanlage habe ich erst bei 60—65 mm langen Embryonen etwas wahrgenommen. Es handelt sich um eine deutlich paarige, ventral von der Trachea liegende Ansammlung von Mesoblastzellen. Sehr früh schon findet aber ein Zusammenfluss statt, wie dies auf Fig. 188 bei * dargestellt ist. Seitlich entspringen die Muskeln M^1, M^1, und wenn es sich auch hier nie um Knorpel handelt, so bekommt man doch, wie bei Anuren, ganz den Eindruck eines genau in der Linea alba abdominis, zwischen den ventralen Rumpfmuskeln sich abspielenden Bildungsprozesses. Dieser Eindruck steigert sich noch, wenn man wenige

Schnitte weiter caudalwärts das hier sehr breit werdende Episternum in voller Verknöcherung trifft (Fig. 189, *Eps*). Die schmale Knochenplatte, von reichlichem Mesoblastgewebe umgeben, zeigt die Neigung, in zwei ungleich grosse Stücke zu zerfallen; doch möchte ich bezweifeln, dass dies auf die ursprünglich paarige Anlage zurückweist.

Fünf Schnitte weiter caudalwärts tritt an der ventralen Fläche des einstweilen wieder einheitlich gewordenen Episternums ein starker Kiel (Zugsleiste) auf· (bei † unterhalb der Fig. 189), welcher nach weiteren 6 Schnitten wieder ganz allmählich verschwindet. Die Episternalplatte ist nun wieder ganz flach geworden und hat sich bedeutend verschmälert. Endlich hört sie feinzugespitzt auf (Fig. 186 *Eps*) und wird dann eine grosse Strecke caudalwärts nur noch durch indifferentes Mesoblastgewebe fortgesetzt.

Da, wo das knöcherne Episternum zugespitzt endigt, haben sich die Coracoide, welche mit ihrer proximalen Partie in den früheren Schnitten (Fig. 188, 189) noch sehr weit dorsal- und lateralwärts lagen, einstweilen viel weiter gegen die Mittellinie vorgeschoben, und zugleich ist ventralwärts von ihrem medialen Rand jederseits die Sternal-Leiste (*StL* in Fig. 186) aufgetreten. Beide Hälften werden durch einen breiten Zug mesoblastischen Gewebes (†) verbunden, und man erkennt jetzt schon die Form des späteren, mit den seitlichen Taschen versehenen Sternums (vergl. Fig. 186 und 191). Einem Zusammenfluss desselben steht in dieser Periode, wie ich dies auch für die Coracoide bereits ausgeführt habe, noch die breite Dotterpforte entgegen.

Aus dem Mitgetheilten lässt sich Dreierlei entnehmen. Erstens entwickelt sich das Episternum in der Richtung von vorne nach hinten, zweitens ähnelt es während der Embryonalzeit formell viel mehr demjenigen der Saurier, als dies später der Fall ist, und drittens endlich erreicht es schon eine hohe Entwicklung, so lange das Sternum in seiner Anlage noch sehr weit zurück ist, d. h. lange bevor dasselbe in der Mittellinie abgeschlossen wird. Auch dies erinnert wieder an Lacerta.

Ist letzteres, was erst bei 10—12 cm langen Thieren eintritt, erreicht, so schiebt sich das nach wie vor mit weitaus seiner grösseren Masse prästernal, d. h. kopfwärts vom Sternum liegende Episternum mit seinem hinteren, zugespitzten Ende auf die ventrale Seite desselben hin. In Fig. 190 sind die beiden Sternalleisten (*StL*) in der Mittellinie noch nicht vereinigt, und es erweckt geradezu den Eindruck, als würde diese Vereinigung durch das sich dazwischen einkeilende Episternum (*Eps*) verhindert. Alle zusammenstossenden Theile sind von einem mächtigen Perichondrium umgeben, und man begreift jetzt schon, wie leicht vom Manubrium sterni der Säuger episternale Elemente assimilirt werden können.

Weiter caudalwärts erscheint das Episternum immer mehr auf die Ventralseite der Sternalplatte verdrängt, und kommt hier in eine Rinne derselben zu liegen (Fig. 191). Auf Fig. 192 ist letztere verschwunden, und das Episternum endigt mit feinster Spitze auf der sternalen Knorpelplatte, in deren seitliche Taschen sich die Coracoid- resp. Epicoracoidränder einfalzen, wie dies auch schon in Fig. 191 zu sehen war.

Bevor ich die Reptilien verlasse, möchte ich noch gewisse Punkte ihres Humerus, sowie desjenigen der Vögel und Säugethiere einer Betrachtung unterziehen. Ich meine die am distalen Ende dieses Knochens oberhalb des Condylus externus und internus, bezw. über diesen beiden vorkommenden Canäle. Dieselben haben im Laufe der letzten Jahre von Seiten Ruge's (88) Dollo's (22), Fürbringer's (31) und Baur's (11) eine eingehende Schilderung erfahren, und ich werde versuchen, die betr. Ergebnisse zu einem Gesammtbilde zu vereinigen, ohne jedoch damit eine Aufzählung aller der mit jenen Canälen ausgerüsteten Reptilien und Säuger verbinden zu wollen. Wer sich hierfür interessirt, findet bei Dollo und Baur reichlich Gelegenheit, sich auf's Eingehendste zu unterrichten.

Die primitivsten Wirbelthiere, bei welchen sich ein Canalis ektepicondyloideus entwickelt zeigt, sind die aus dem Perm stammende Palaeohatteria und der demselben geologischen Horizont angehörige Kadaliosaurus; ferner gehört hierher der jurassische Homoeosaurus Maximiliani[1]), sowie der ebenfalls in Solenhofen gefundene Saphaeosaurus. Nach dem Berichte von von Ammon (1) befindet sich bei Homoeosaurus Max. das „kräftige Loch nahe beim Condylus radialis, in einer Entfernung von 2 mm vom distalen Rande".

Bei Hatteria sind beide Canäle vorhanden, wie ich mich durch eine genaue Präparation selbst überzeugt habe (Textfigur 37, A). Der auf der Volarseite in einer Bucht beginnende Canalis entepicondyloideus, durch welchen nach Baur der Nervus medianus und die Arteria brachialis hindurchläuft, mündet, wie ich finde, genau auf der Crista epicondyloidea interna (Textfigur 37, A bei a); der äussere Canal dagegen öffnet sich etwas weiter nach hinten von der entsprechenden Crista der radialen Seite. In Folge dessen ist er auch von der Dorsalseite des Humerus sichtbar, was für den inneren Canal nicht gilt. Durch den äusseren Canalis epicondyloideus geht überall, wo er vor-

---

[1]) Nach Baur (11) soll Homoeosaurus Max. sowie Brithopus, ein theoriodontes Reptil aus dem uralischen Perm, sowohl ein äusseres als ein inneres epicondyles Loch besitzen. Dadurch würden dieselben also mit Hatteria übereinstimmen.

kommt — und seine Verbreitung ist, wie ich gleich zeigen werde, eine ungemein grosse — der Nervus radialis resp. der Ramus profundus dieses Nerven hindurch. Es handelt sich also in beiden Fällen im Wesentlichen um Nervencanäle.

Der Canalis ektepicondyloideus allein findet sich[1]) wahr-

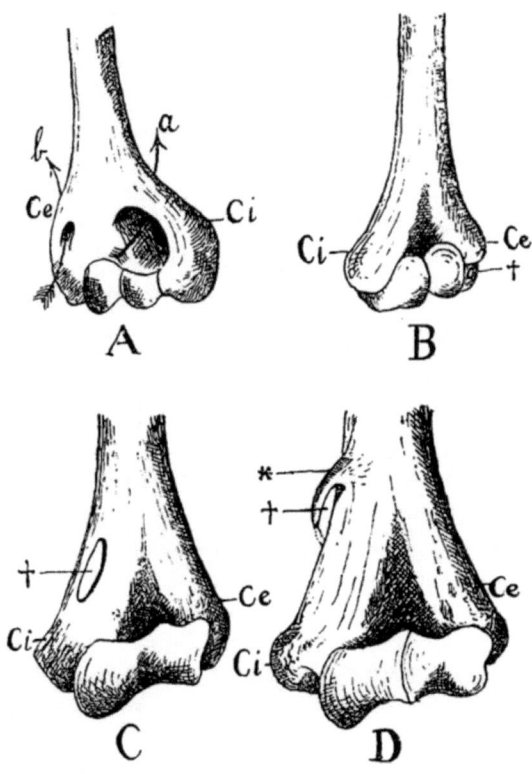

Textfigur 37. Humerus-Canäle. A von Hatteria, B von Lacerta ocellata, C von der Hauskatze, D vom Menschen. *Ce* Condylus externus, *Ci* Condylus internus. Bei Hatteria sind beide Canäle, ein C. entepicondyloideus (Pfeil bei *a*) und ein C. ektepicondyloideus (Pfeil bei *b*) entwickelt. Bei Lacerta ocellata liegt der allein vorhandene äussere Canal (†) auf der Volarseite noch in der distalen Knorpelapophyse des Humerus. In D ist ein Processus entepicondyloideus (∗) entwickelt, welcher durch ein fibröses Band fortgesetzt wird. Dadurch entsteht der betr. Canal (†).

scheinlich bei allen lebenden Lacerten und Schildkröten. Auch bei fossilen Reptilien trifft man ihn vielfach an. Dabei liegt er aber, wie ich an Lacerta ocellata finde (Textfigur 37, **B**. †) nicht immer ganz im Bereich des Knochens. So beginnt er z. B. bei dem eben

---

[1]) Zuweilen ist er, wie es scheint, nur durch eine Rinne oder einen Ausschnitt angedeutet.

genannten Saurier ventral noch in der distalen Knorpelapophyse
radialwärts von der Gelenkrolle des Humerus, während er auf der
dorsalen Seite im Bereich des Knochens, wenn auch dicht über dem
Knorpel, ausmündet.

Der Canalis entepicondyloideus allein scheint ursprünglich bei allen Säugethieren und deren Ahnen vorhanden; bei
einigen aber, bei welchen die Extremitäten stark modificirt worden
sind, ist er verloren gegangen[1]). Er kommt auch den anomodonten
und theriodonten Reptilien, sowie den Pelycosauriern
(*Cope*) zu[2]).

Bei Beutlern und gewissen Edentaten liegt an der Stelle des
äusseren Condylus, wo sich bei Reptilien ein Canal findet, ein Ausschnitt.

Früher wurden diese Canäle, so wenigstens der C. entepicondyloideus als Schutzmittel für den N. medianus und die Art. brachialis
bei kletternden, grabenden, greifenden etc. Thieren aufgefasst (Home
und Tiedemann); bald aber sah man ein, dass diese Erklärung keine
stichhaltige war. — W. Gruber, der in 38 Fällen beim Menschen
den M. pronator teres von dem „Processus supracondyloideus humeri",
welch letzterer beim Menschen in 2,7% der Fälle vorkommt, entspringen sah, glaubte seine Entstehung damit in Verbindung bringen
zu können. Mit Recht wurde aber diese Ansicht von G. Ruge bekämpft und jener für eine secundäre Erscheinung erklärt, da sich derartige Verhältnisse nur beim Menschen constatiren lassen.

Dollo schliesst mit den Worten: „En resumé, la véritable utilité
des canaux epicondyliens nous est actuellement inconnue".

Einen der Gründe des allmählichen Schwindens jenes Canales
erblickt Ruge in den Pulsationen der Arterie, wodurch der betreffende
Knochenfortsatz usurirt wurde. Als Beispiele werden die Sulci meningei
des Schädels und die unter dem Einfluss eines Aorta-Aneurysmas
stehende Wirbelsäule angeführt. — Will man dies auch zugeben, so
ist doch damit noch keine Erklärung für den Canalis ektepicondyloideus
gegeben. H. Ruge erblickt in dem Processus entepicondyloideus eine
atavistische, von den Reptilien vererbte Einrichtung. Bei letzteren
ist seine Entstehung „sehr wahrscheinlich durch die Muskulatur angebahnt und ausgebildet worden".

Wie man aus Vorstehendem ersieht, fehlt es bis jetzt an irgend

---

[1]) Nach Fürbringer findet sich, wie schon Meckel 1832 nachgewiesen
hat, auch beim Casuar ein letzter Rest des Canalis ektepicondyloideus. „Die
bei den carinaten Vögeln und den Säugethieren zu beobachtenden Incisuren
stehen zu diesem Canal nicht im Verhältniss einer directen Verwandtschaft,
sondern sind als analoge (homomorphe), aber zugleich sehr entfernte generelle
Beziehungen andeutende Bildungen zu beurtheilen."

[2]) Der Canal liegt immer im Apophysen-Theil des Humerus.

einer plausiblen Erklärung für das Zustandekommen jener Canäle. Dass sie bei Säugethieren als ein uraltes Erbstück von Reptilien, ja selbst von solchen Formen, welche noch amphibien- und reptilienartige Charaktere in ihrem Skeletbau vereinigen (Palaeohatteria, Homoeosaurus, Hatteria), betrachtet werden müssen, kann keinem Zweifel unterliegen. Darin stimme ich auch mit Ruge überein; ich kann ihm aber nicht folgen, wenn er meint, dass die Canäle erst in der Reihe der Reptilien entstanden und dabei die Muskelverhältnisse von bestimmendem Einflusse gewesen seien. Ganz abgesehen davon, dass ich mir von letzterem Vorgange keine Vorstellung zu machen vermag, bin ich auch der Ueberzeugung, dass jene Canäle eine viel längere Stammesgeschichte hinter sich haben, und dass ihr Ursprung in der polymeren, auf die Concrescenz von Radien zurückzuführenden Anlage des Basale beruht, wie wir eine solche bei der Selachier- bezw. Ganoiden-Flosse constatiren konnten. Wie hier die Nerven- und Gefässcanäle (Textfigur 11, b und d) zum grossen Theil offenbar als letzte Reste der früheren Intervalle zwischen den primären Radien zu deuten sind, so spricht sich dies am distalen Humerusende in ähnlicher Weise, und zwar, wie nicht anders zu erwarten, gerade bei dem primitivsten Reptil (Hatteria) am deutlichsten, nämlich durch die Existenz von zwei Canälen aus. —

Man wird mir entgegnen, dass, wenn sich dies wirklich so verhalte, kein Grund vorliege, warum sich nicht auch am Femur Spuren jener Canäle erhalten haben sollten, und zweitens wird man mir einwerfen, dass einerseits der Abstand zwischen Hatteria und den Knorpelganoiden ein allzu grosser sei, um zwischen beiden an directe Anknüpfungen denken zu können, und dass andrerseits die verbindenden Zwischenformen, wie z. B. die Stegocephalen, nichts Derartiges aufweisen. Diese Einwände, welche, wie ich zugeben muss, sehr schwer in die Wagschale fallen, habe ich mir selbst gemacht, und was den ersten betrifft, so muss ich die Antwort darauf vorläufig schuldig bleiben. Ich denke mir eben, dass aus irgend einem Grund, der wahrscheinlich in den Gefäss- und Nervenverhältnissen lag, uralte Einrichtungen in der vorderen Extremität als nützlich beibehalten, von der hinteren aber, die sonst im allgemeinen einen primitiveren Charakter zu bewahren pflegt, aufgegeben wurden.

Der zweite Einwand ist leichter zu entkräften, da es nicht unmöglich erscheint, dass jene Canäle bei den alten Lurchen des Carbons und Perms nicht den Knochen selbst, sondern die augenscheinlich sehr stark entwickelte, distale Knorpelapophyse des Humerus durchsetzten. Beweisen kann ich dies natürlich nicht, allein wenn man sich an das, was ich über die Lage der Kanäle bei Homoeosaurus und Lacerta ocellata mitgetheilt habe, erinnert, so gewinnt jene

Annahme immerhin an Wahrscheinlichkeit. Aehnliches gilt wohl auch für Archegosaurus, und vielleicht lässt sich der von E. Fraas (26) an dem schaufelartig verbreiterten Humerus-Ende von Mastodonsaurus giganteus beschriebene „wellige Rand" in gleichem Sinne deuten, ja, möglicherweise gehört auch Metopias hierher. Bei den recenten Amphibien — und ich habe deren, namentlich was die Urodelen betrifft, eine so grosse Zahl zu untersuchen Gelegenheit gehabt, dass mir keine einzige wichtige Form entgangen sein dürfte — konnte ich weder im Femur noch im Humerus jene Löcher nachweisen. Allein trotz dieses negativen Befundes halte ich nicht nur an jener oben geäusserten Auffassung fest, sondern möchte dieselbe vielmehr noch erweitern, indem ich die Frage aufwerfe, ob nicht auch die durch eine typische Lage charakterisirten, wichtigsten Foramina nutritia an den langen Knochen des Extremitäten-Skelets auf ähnliche Verhältnisse zurückdatiren? Hier eröffnet sich der Forschung noch ein weites Feld, und dabei wird die Paläontologie ein gewichtiges Wort mitzureden haben.

Da ich über den Schultergürtel der Vögel und Säugethiere früheren Untersuchungen gegenüber zu keinen wesentlich neuen Resultaten gelangt bin, so verweise ich auf die Arbeiten Gegenbaur's, Ruge's, Götte's, Hoffmann's und Fürbringer's.

RÜCKBLICK UND SCHLUSSFOLGERUNGEN.

Die Lehre, dass die Extremitäten der Wirbelthiere ursprünglich dem ganzen Rumpfe angehörten, hat durch das Studium der Entwicklungsgeschichte niederer Vertebraten eine Bestätigung erfahren. Vor Allem waren es die Selachier, welche gezeigt haben, dass es sich bei ihren Vorfahren um eine seriale, in der Zahl den Leibessegmenten entsprechende Anordnung der Gliedmassen gehandelt haben muss. Dieselben waren charakterisirt durch ein sehr primitives, aus getrennten Knorpelstäbchen bestehendes Stützskelet, das sich unabhängig vom Achsenskelet in der Peripherie einer bilateral symmetrischen Hautfalte entwickelte. Spuren dieser Falte treten in embryonaler Zeit auch noch bei Teleostiern und Amphibien auf.

In Verbindung mit jenen Urgliedmassen standen ebenfalls serial angeordnete Nerven und Muskeln, welch' letztere von den Somiten aus einsprossten. Ein Becken- und Schultergürtel existirte damals noch nicht.

Beziehungen zum Kiemenapparat lassen sich ontogenetisch nirgends nachweisen, wenn auch das vordere Ende der Extremitäten-Anlage in engster Nachbarschaft dazu steht.

Ein derartiges primitives Flossenskelet gelangt bei keinem der heute lebenden Vertebraten mehr zu definitiver Ausbildung, sondern stellt nur eine Durchgangsstufe dar, welche noch während der Ontogenese eine Rückbildung bezw. eine Modification erfährt, während gleichzeitig neue Verhältnisse angebahnt werden. Was den Anstoss dazu gab, ist schwer zu sagen; es erscheint aber nicht unmöglich, dass eine Verkürzung des Cöloms, wie sie thatsächlich nachweisbar ist, und eine in Folge davon sich herausbildende caudale Körperzone eine grosse Rolle dabei spielte. Dadurch wurde unter gleichzeitiger Entstehung einer Schwanzflosse ein neues, kräftigeres Bewegungsorgan ins Leben gerufen, welchem sich die früheren, serialen Gliedmassen unterordnen und wodurch sie successive an mechanischer Bedeutung verlieren mussten. Ein grosser Theil von ihnen schied deshalb als unnützer Ballast aus, und was übrig blieb, sank von der Stufe ursprünglich in der Längsachse des Körpers wirkender Locomotionsorgane zu solchen herab, welche zunächst wesentlich mit der Aequilibrirung und Steuerung des langgestreckten Körpers beauftragt wurden, kurz, der Rest wurde zur Bauch- und Brustflosse. Aus diesen einarmigen Hebeln ging später ein mehrarmiges Hebelsystem hervor.

In jenen paarigen Extremitäten der Fische spricht sich heute noch der ursprüngliche Bildungsmodus entweder in der allerreinsten Weise (Brust- und Bauchflosse der Selachier, Bauchflosse der Knorpelganoiden) aus, oder ist derselbe mehr oder weniger verwischt, ohne jedoch dadurch ganz zu verschwinden. (Brustflosse der Knorpelganoiden, und eine weitere Etappe repräsentirend: Brust- und Bauchflosse der Teleostier.)

Bei allen Wirbelthieren setzt die Anlage der Extremität mit Bildung einer mehr oder weniger ausgedehnten Hautfalte ein, in deren Bereich das Epithel des Hornblattes eine Erhöhung und eine regelmässige, palissadenartige Anordnung der tieferen Zellen erfährt. Jene Falte wächst später zu einem lappigen Organ aus, dessen Stellung zum Rumpfe eine wechselnde und bei den über den Selachiern stehenden Vertebraten offenbar eine von den Verhältnissen des Dotters abhängige ist. So kann man z. B. eine dorsale Richtung der Extremitätenknospe in gleicher Weise an der Brustflosse der Ganoiden und Teleostier constatiren, und auch bei vielen Amphibien und den meisten Reptilien stehen die Gliedmassen anfangs noch steil nach hinten und dorsalwärts vom Rumpfe ab. Bei Anuren wirkt der Kiemensack auf die Stellung der vorderen Extremität modificirend ein.

Allen Wirbelthieren gemeinsam ist in einem weiteren Entwicklungsstadium das Einwuchern von mesodermalem Gewebe in jene primitive Extremitätenknospe, und es ist nicht unwahrscheinlich, dass die Proliferationszone der betreffenden zelligen Elemente in dem nahe angrenzenden Cölom-Epithel zu suchen ist. Sehr frühe schon wachsen auch Nerven und Gefässe ein, darauf erscheinen Muskeln, und die Skeletogenese kommt in Gang.

Dies ist das Bild, wie es sich bei der Entwicklung der Gliedmassen aller Vertebraten entrollt, und nachdem ich dasselbe hiermit in seinen Grundlinien skizzirt habe, wende ich mich zu den Selachiern zurück, um bei diesen den ursprünglichen Modus jener Bildungsvorgänge näher zu präcisiren.

Nachdem die Einwucherung mesoblastischer Elemente in die ursprünglich lateral und ventral gerichteten Extremitätenanlagen bereits stattgefunden hat, tauchen in jenem Blastem kleine, gegen den Rumpf zu mehr oder weniger convergirende Knorpelstäbchen („Radien") auf, welche mit ihren proximalen Enden successive in der Richtung von vorne nach hinten untereinander verschmelzen, und so schliesslich zu einem Basale (Basipterygium) verbunden werden (Textfigur 38, **A**, **B** bei *Bas*). Dieser Basalstrahl wächst mit seinem Vorderende allmählich immer tiefer in die Rumpfwand ein, fliesst endlich mit seinem Gegenstück zusammen und erzeugt so den ersten primitiven, von Nervenlöchern durchsetzten Becken- und Schultergürtel. —

Beide Extremitätengürtel der Selachier sind also streng homologe Bildungen, beide sind phyletisch und ontogenetisch jünger, als die freien Gliedmassen. Letztere sind das treibende Prinzip, unter dessen formativem Einfluss jene Fixationsapparate in der Rumpfwand entstehen. Becken- und Schultergürtel sind somit geradezu als Producte des Skelets der freien Gliedmassen zu bezeichnen, und da sie aus dem von einer Summe von primitiven Radien gebildeten Stammstrahl entstehen, so besitzen sie, wie letzterer, ab origine einen polymeren Charakter.

Diese ursprüngliche Art der Extremitätenbildung ist nun, wie oben schon bemerkt, bei gewissen Gruppen der Fische bereits verwischt und zugleich insofern ontogenetisch abgekürzt, als entweder der Stammstrahl zusammen mit der Gürtelzone (Brustflosse der Sturionen), oder indem die ganze Gliedmasse sofort als einheitliche Knorpelmasse sich anlegt. In beiden Fällen handelt es sich später um secundäre, phyletisch unter Muskelwirkung zu Stande kommende Abgliederungen der freien Gliedmasse und ihrer Componenten von dem betreffenden Gürtelstück. Letzteres gilt auch für die Selachier und für die Bauchflosse der Sturionen. In diesen sämmtlichen Fällen, also bei allen Fischen, entsteht das Schulter- bezw. das Hüftgelenk secundär, d. h. in Folge eines im Knorpel platzgreifenden Einschmelzungsprozesses[1]). Um ähnliche Vorgänge handelt es sich auch in der ganzen Reihe der Amphibien, d. h. auch hier besteht noch in ausgesprochenstem Masse die Neigung zum Zusammenfluss des Basale der freien Extremität mit der zugehörigen Gürtelzone; ja, die Knorpelverbindung kann sogar die Embryonalzeit überdauern und das ganze Leben persistiren. Auch im Bereich anderer, in der freien Gliedmasse gelegener, knor-

---

[1]) Derselbe Prozess spielt sich auch ab bei der secundären Abgliederung der Einzelradien, sowie jener Stücke am proximalen Ende des Stammstrahles, welche man als Pro- und Mesopterygium zu bezeichnen pflegt, und in diesem Falle ist dann der Stammstrahl als Metapterygium zu benennen. Erstere besitzen einen durchaus atypischen und schwankenden Charakter, und sind dem Metapterygium gegenüber deshalb nur von untergeordneter Bedeutung.

peliger Skelettheile kommt es bei Amphibien während
der Ontogenese zu Synchondrosen, welche sich erst
später wieder lösen (Textfigur 39, **B**).

In diesen Verhältnissen liegt der Schlüssel zum
Verständniss aller jener, in der Reihe der Wirbelthiere
in so reichem Masse auftretenden, intraarticulären
Bänder- und Bandscheiben. Der ontogenetisch sich

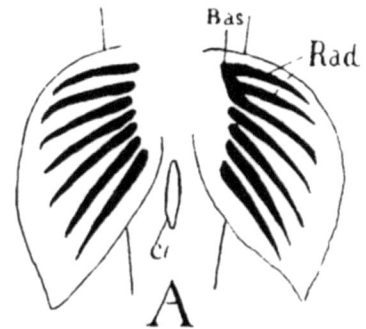 

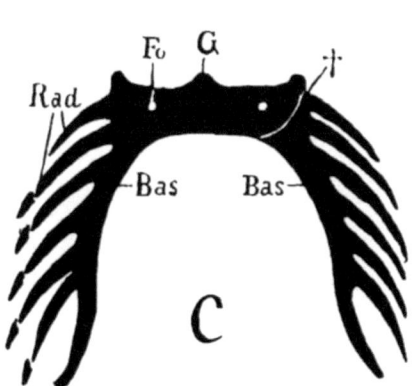

Textfigur 38, **A**, **B**, **C**. Schematische Darstellung dreier auf einander folgender Entwicklungsstufen der paarigen Extremitäten der Selachier. Zu Grunde gelegt ist die hintere Extremität. *Rad* primitive Radien, welche in **A** bei *Bas* zu
einem Basalstrahl zu verwachsen beginnen. In **B** ist dies bei *Bas* beiderseits
geschehen, und die proximalen Enden des
Basalstrahles neigen sich bei * bereits
zur Gürtelbildung gegen einander. In **C**
ist letztere vollendet (bei *G*), und bei †
bahnt sich die Abschnürung der freien
Gliedmasse an. Zugleich sieht man auf der
linken Seite dieser Figur, wie sich an der
Peripherie secundäre Radien abgliedern.
Fo Foramen obturatorium, *Cl* Cloake.

vollziehende Uebergang von der Syndesmosis zur Ar-
ticulatio hat somit eine phylogenetische Parallele.

Den an der Urodelengliedmasse sich abspielenden, zum
vorübergehenden Zusammenfluss führenden Prozessen liegt aber
meines Erachtens noch eine tiefere Bedeutung zu Grunde. Wie
sich nämlich in dem secundären Zusammenfluss des Femur und
Humerus mit den zugehörigen Gürtelstücken die unverkennbare
Tendenz ausspricht, die ontogenetisch schon vorbereitete Abgliederung
des Basalstrahles wieder aufzuheben und das Gliedmassenskelet in
seiner proximalen Partie wieder auf den weniger gegliederten, mehr
einheitlichen Typus der Fischflosse zurückzuführen, so gilt dies genau

ebenso für die periphere Zone der Extremität. Auch hier macht sich das Bestreben geltend, die bereits angebahnte Quergliederung wieder zu verwischen und die in der Längsrichtung parallel laufenden Radien der Flosse sozusagen wieder zu reconstruiren (Textfigur 39, **B**). Kurzum, es handelt sich um einen in der Ontogenese der geschwänzten Amphibien auftretenden Rückschlag, denn anders wüsste ich jene Erscheinung nicht zu bezeichnen.

Uebrigens komme ich auf diese interessanten Verhältnisse später noch einmal zurück.

Es wird sich nun die Frage erheben: wie und wo ist die Umwandlung einer Fischflosse in die Extremität eines Urlurches vor sich gegangen? — Darauf vermag ich so wenig als Andere eine sichere Auskunft zu geben, und nach wie vor bin ich der Ueberzeugung, dass die Lösung jenes cardinalen Problems wesentlich von künftigen paläontologischen Forschungen zu erwarten ist. Gleichwohl aber glaube ich auf Grund meiner, jetzt über alle Hauptgruppen der Vertebraten sich erstreckenden, embryologischen Erfahrungen mittheilen zu sollen, zu welcher Auffassung ich über jenen Punkt gelangt bin.

Da es mir bei keiner Selachierform gelungen ist, in der Entwicklungsgeschichte eine Andeutung eines biserialen Flossentypus nachzuweisen, so betrachte ich, wie ich dies auch früher schon ausgesprochen habe, die Selachier als eine Grundform, welche in ihrer Phylogenie kein Dipnoërstadium durchlaufen haben können. Wie bekannt, kommen Selachier neben Dipnoërn und Ganoiden bereits im Devon vor, ja vielleicht reichen alle drei noch bis in den Silur; Dipnoër und Ganoiden sind aber offenbar bereits modificirte Formen, welche beide in den Urselachiern, aus welchen auch Pleuracanthus und Xenacanthus hervorgegangen sein müssen, wurzeln. Diese beiden letzteren, noch sehr primitiven Typen liegen auf jener Etappenstrasse, welche sich einerseits in der Richtung gegen die Crossopterygier mit dem recenten Polypterus und den Sturionen, andererseits gegen die recenten Dipnoër abzweigt. Es sind noch, um mich so auszudrücken, Mischformen, welche in der Beckenflosse den Ganoiden- und Selachier-, in der Brustflosse aber schon den Dipnoër-Typus in sich vereinigen.

Ich habe im Laufe meiner Mittheilungen darauf hingewiesen, dass die Beckenflosse stets das conservative Prinzip repräsentirt, dass sie ursprünglicher, einfacher gestaltet ist und verhältnissmässig weniger starken Schwankungen unterliegt, als die Brustflosse. Auf die Gründe hierfür will ich vorderhand nicht mehr zurückkommen und nur noch einmal betonen, dass der doppelstrahlige, biseriale Typus zuerst in der Brustflosse angebahnt, durchgeführt wurde, und dann erst in der Beckenflosse auftrat.

Spuren dieses Entwicklungsganges liegen ja auch noch in dem recenten Ceratodus vor, worauf ich ebenfalls früher schon aufmerksam gemacht habe.

Bei der Frage nun, wo sich die terrestrischen Wirbelthiere abgezweigt haben, kann es sich meiner Ueberzeugung nach um keine Formen von einem besonders radienreichen Flossentypus handeln. Gegen einen solchen sprechen die mechanischen, die entwicklungsgeschichtlichen sowie die Organisations-Verhältnisse der Urodelengliedmassen überhaupt; wir werden uns also nach einer Fischform umsehen müssen, wo eine Reduction der Flossenstrahlen bereits angebahnt war. Eine solche aber kann nur auf jenem Seitenwege der oben bezeichneten Etappenstrasse liegen, welcher sich zu den Ganoiden abzweigt. Hier finden wir die gesuchte Reduction im Flossenskelet, und zugleich sehen wir das charakteristische Basalstück (vergl. Textfigur 6 und 7 bei *Bas*[1]) von Pleuracanthus in seiner typischen Lage und Form auf die Beckenflosse der Knorpel- und Knochenganoiden fortvererbt (vergl. Textfigur 11, 13 und 40).

Im Folgenden halte ich es nun im Interesse einer klareren Darstellung für gerathen, die freie Extremität getrennt von der Stammesentwicklung des Beckens zu besprechen.

Bei Zugrundelegung einer ganoidenartigen Urform erscheint es mir ziemlich einerlei, ob man sich bezüglich ihrer Beckenflosse mehr an diejenige der Sturionen oder an die solcher Ganoiden halten will, aus welchen sich die Polypteriden herausentwickelt haben. Zwischen beiden bestehen keine prinzipiellen, sondern nur graduelle Unterschiede, welche sich auf die mehr oder weniger starke Reduction gewisser Flossenstrahlen und auf gewisse Punkte des Beckens beziehen. Immerhin liegen die Verhältnisse bei Polypterus so, dass, wie ich später zeigen werde, eine Anknüpfungsmöglichkeit an terrestrische Formen einer-, sowie an die recenten Dipnoër andererseits von hier aus plausibler erscheint, als von den noch primitiver und deshalb indifferenter sich verhaltenden Knorpelganoiden aus.

Dass das Basale der freien Flosse, in welchem vielleicht einige propterygiale, im Wesentlichen aber metapterygiale Elemente stecken mögen, zum Femur resp. Humerus wird, kann keinem Zweifel unterliegen. Für ebenso berechtigt halte ich es, einige der peripher sich anschliessenden, getrennt bleibenden Knorpelstrahlen als die späteren Bau-Elemente des Unterschenkel- bezw. des Vorderarmskelets, d. h. der Tibia und Fibula (Radius und Ulna), in Anspruch zu nehmen. Welche derselben es sein mögen, ob diejenigen, welche am Basale der Sturionen mehr kopf- oder mehr caudalwärts aufgereiht liegen, wage ich nicht zu entscheiden, denn dazu müsste man vor Allem wissen, in welcher Weise die betreffende Zwischenform ihre Flosse zuerst als primitives Stütz- und Hebelorgan auf den festen Untergrund aufsetzte.

Bei Polypterus möchte ich mich in dieser Beziehung für die beiden, medianwärts liegenden Strahlen (Textfigur 39, A^1 *Rad*) entscheiden, erstens, weil diese, resp. die distal sich anschliessenden Skeletstücke bei einem künstlichen Versuch, die Flosse auf eine Unterlage zu setzen, zunächst mit letzterer in Berührung kommen, und zweitens, weil die lateralen Radien (*Rad*[2]) schon ihrer ganzen Configuration nach auf den Aussterbe-Etat gesetzt erscheinen.

Vor Allem aber ist dabei ausdrücklich zu betonen, dass jene Strahlen, mögen sie nun aus dieser oder jener Abtheilung der ursprünglichen Gruppe stammen, einander coordinirt sind. Darauf weist ja auch die gleichmässige Entwicklung des bei Urodelen aus ihnen hervorgehenden Unterschenkel- und Vorderarmskelets zurück.

Distalwärts vom Basale kann man also bei terrestrischen Wirbelthieren von keinem Hauptstrahl mehr reden, und auch bei Fischen ist dies nur in bedingter Weise möglich, da ein solcher nur ein secundäres Gebilde bedeutet, das, wie wir wissen, einer Summe von primitiven, ursprünglich ebenfalls einander coordinirten Strahlen seine Entstehung verdankt. Aus diesem Grunde dürfte es sich empfehlen, den Namen Hauptstrahl ein für allemal fallen zu lassen, und dafür den passenderen Ausdruck Basale zu gebrauchen.

Dass es mit der Aufstellung eines Hauptstrahles und mit dem Versuch, denselben in seiner Fortsetzung auch am Unterschenkel und Vorderarm der über den Fischen und Dipnoërn stehenden Wirbelthiere nachzuweisen, von jeher etwas Missliches hatte, beweist schon die Thatsache, dass keiner der zahlreichen Forscher hierin zu einem allseitig befriedigenden Resultat gelangen konnte.

Der Grundfehler aber lag darin, dass man auch für die terrestrischen Vertebraten stets direct von den primitiven Verhältnissen der Selachier ausgehen und ihren langen, als Collector für alle Seitenstrahlen dienenden Hauptstrahl in toto auch auf jene übertragen zu müssen glaubte. Dazu kam, dass die Ganoiden, weil sie einmal im Geruch der „Rückbildung" standen, geradezu in Verruf und für untauglich erklärt wurden, ihrerseits zum Ausbau der Stammesgeschichte der Wirbelthiergliedmassen etwas Erhebliches beizutragen. Damit befand man sich, wie ich immer deutlicher erkenne, in einem grossen und beklagenswerthen Irrthum.

Was nun die Entstehung des Fuss-Skeletes betrifft, so sieht es bezüglich einer Erklärung, d. h. hinsichtlich einer Ableitung desselben von einer Fischflosse viel schlimmer aus, als dies, wie ich zu zeigen versucht habe, für die beiden, proximal sich anschliessenden Segmente der terrestrischen Extremität der Fall ist. Immerhin aber ergeben sich einige, wenn auch nur geringe Anhaltspunkte, und diese bestehen darin, dass sich an der Peripherie der Knorpelstrahlen jedes Flossenskelets das Bestreben einer Abgliederung und Spaltung von Knorpelelementen zweiter, dritter etc. Ordnung kund giebt.

Es beruht dies unter Anderem auf einer ausgezeichneten Ernährung jener distalen Zone und prägt sich schon in früher Embryonalzeit durch das Auftreten eines starken Randgefässes daselbst aus.

Stellt man sich nun vor, dass unter gleichzeitiger Drehung der Extremität durch das Aufsetzen und Anstemmen des Flossenrandes auf einer festen Unterlage ein Reizzustand gesetzt wurde, so ist es nicht undenkbar, dass jene distale Zone des Knorpelskeletes mit einem kräftigen Sprossungsprozess, welcher zur Bildung eines Fuss-Skeletes führte, darauf reagirte.

Insofern würde also letzteres zum grössten Theil eine neue Erwerbung darstellen; ob sich dies aber thatsächlich so verhält, ist schwer zu erweisen, und hierbei muss eben wieder die Lösung des Problems von paläontologischer Seite erhofft werden. Gleichwohl aber möchte ich dabei auf die E n o l i o s a u r i e r - F l o s s e mit ihren sicherlich erst secundär angebildeten Phalangen sowie auf die Ontogenie der C e t a c e e n, wo sich bekanntlich ebenfalls noch eine Neubildung von Fingerstrahlen am ulnaren Rand bei B e l u g a zeigt, hinweisen. Auch gehört hierher die schon vor langer Zeit von mir beobachtete Vermehrung des O s c e n t r a l e beim Axolotl. Meine Worte lauteten damals: „Die Thatsache, dass die Häufigkeit eines doppelten Centrale mit dem Alter des Thieres stetig zunimmt, während wir demselben bei jungen Thieren nur ausnahmsweise begegnen, alles dies kann die oben als typisch hingestellte, ursprüngliche Doppelnatur jenes Stückes als zweifelhaft und eine Art secundärer Abspaltung in mehrere Stücke vielleicht als plausibler erscheinen lassen" [1]. — In neuester Zeit hatte ich Gelegenheit, ein junges, nur 12,2 cm messendes Exemplar von M e n o p o m a, das ich der „Smithsonian - Institution" zu Washington verdanke, auf diesen Punkt zu untersuchen. Dasselbe besass sowohl im Carpus wie im Tarsus nur ein einziges Centrale! —

Für alle diese Ausführungen verweise ich auf Textfigur 39. **A, A¹—C**, auf welcher ich die ausscheidenden Radien schraffirt, die blei-

---

[1] Schon G. B a u r (12) hat darauf aufmerksam gemacht, und ich selbst habe im speciellen Theil meiner Arbeit darauf hingewiesen, dass sich bei U r o - d e l e n - L a r v e n nicht gleich von Anfang an eine fünfstrahlige, sondern zunächst nur eine z w e i s t r a h l i g e, auf die beiden ersten Finger bezügliche Anlage zeigt. Erst allmählich kommt es gegen die ulnare Seite hin zur Herausbildung weiterer Finger. Auf Grund dieser Thatsache und des biogenetischen Grundgesetzes könnte man annehmen, dass jene auf der Ulnarseite sich anbildenden Finger vielleicht erst in der Reihe der Urodelen erworben wurden.

benden hell dargestellt habe. Ebendaselbst findet sich auch eine ausführliche Figuren-Erklärung.

Was die Zeit der Entstehung der ersten, auf ein terrestrisches Leben berechneten Gliedmasse betrifft, so handelt es sich jedenfalls um eine Erdperiode, die der carbonischen lange vorherging; denn wie die paläontologischen Funde beweisen, war das amphibische Geschlecht der Stegocephalen in den Sümpfen der Kohlenformation bereits zu völliger Ausbildung gediehen. Während jenes Umbildungsprozesses der Gliedmassen, des allmählichen Durchbruches der blindgeschossenen Riechgruben, der Entstehung einer Lunge und der Veränderung der Kreislaufverhältnisse muss eine ungezählte Reihe von Jahrtausenden verflossen sein, eine Zeit, in der man noch keinen eigentlichen Fuss, sondern die Mischform eines solchen und einer Flosse anzunehmen hat.

Um nun noch einmal auf die bei Urodelenlarven sich ausbildenden, knorpeligen Tarsal- bezw. Carpalsäulen zurückzukommen (Textfigur 39, B, C), so erscheint es mir nicht unmöglich, dass die mittlere derselben als distaler Rest eines Strahles gedeutet werden darf, der einst vom Os intermedium an proximalwärts zwischen Tibia und Fibula, resp. zwischen Radius und Ulna lag, und an dessen Stelle später das Ligamentum interosseum getreten ist.

Darauf scheinen mir auch folgende Enaliosaurier hinzuweisen: Sauranodon (Baptanodon, Marsh), Ichthyosaurus und Pliosaurus portlandicus (Owen) (Plesiosaurus Manseli (Hulke). Bei allen diesen stossen bekanntlich drei Stücke an den Humerus. Gleichwohl ist aber bei einer Beurtheilung dieser Verhältnisse Vorsicht geboten, da es sich auch um secundäre Erwerbungen handeln kann.

Zu Gunsten der genetischen Zusammengehörigkeit der freien Extremität und der betreffenden Gürtelzone spricht auch noch bei Amphibien und Amnioten der Umstand, dass sich beide ursprünglich als eine einheitliche Mesoblastmasse anlegen, in welcher erst später die einzelnen Knorpelherde auftauchen. Der erste liegt stets im Femur bezw. Humerus, d. h. die Skeletogenese erfolgt, genau wie bei Fischen, regelmässig von der Peripherie her, um dann erst [zuweilen oft unter gleichzeitiger Verknorpelung des Unterschenkels (Vorderarmes)] die central liegenden Gürteltheile zu ergreifen. Somit bethätigen sich letztere bis zu den höchsten Vertebraten empor als spätere Erwerbungen.

Indem ich mich nun speziell zur Phylogenese des Beckengürtels wende, wird es sich zeigen müssen, ob dieselbe mit derjenigen der freien Gliedmasse gleichen Schritt hält, und ob sich dabei etwa schon von Anfang an Verhältnisse angebahnt zeigen, welche in einer ununterbrochenen Reihe ebenfalls zu den Amphibien hinführen.

Als eines der wichtigsten Ergebnisse meiner Untersuchungen be-

trachte ich den sicheren Nachweis, dass das erste Wirbelthierbecken aus einer Abgliederung des proximalen Ab-

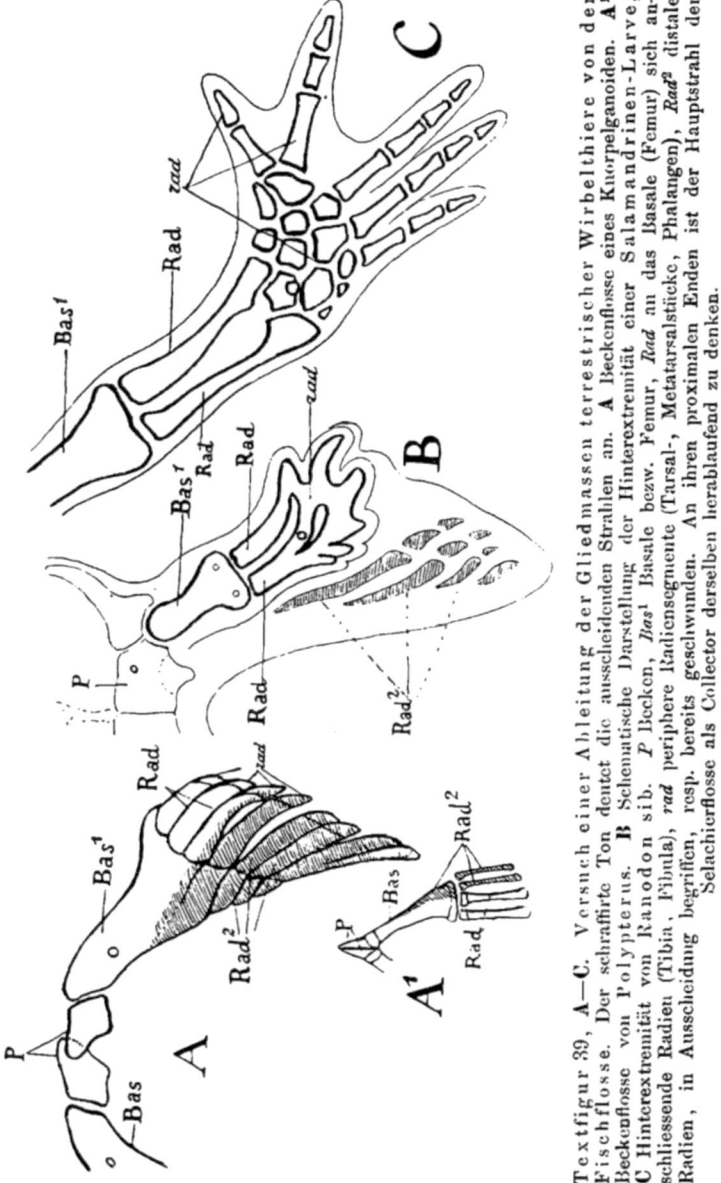

Textfigur 39, A—C. Versuch einer Ableitung der Gliedmassen terrestrischer Wirbelthiere von der Fischflosse. Der schraffirte Ton deutet die ausscheidenden Strahlen an. A Beckenflosse eines Knorpelganoiden. A¹ Beckenflosse von Polypterus. B Schematische Darstellung der Hinterextremität einer Salamandrinen-Larve. C Hinterextremität von Ranodon sib. P Becken, Bas¹ Basale bezw. Femur, Rad an das Basale (Femur) sich anschliessende Radien (Tibia, Fibula), rad periphere Radiensegmente (Tarsal-, Metatarsalstücke, Phalangen), Rad² distale Radien, in Ausscheidung begriffen, resp. bereits geschwunden. An ihren proximalen Enden ist der Hauptstrahl der Selachierflosse als Collector derselben herablaufend zu denken.

schnittes des Basale der freien Flosse hervorgeht. Untersuchen wir, wo uns diese zum erstenmal in der Reihe der Vertebraten
entgegentritt. Bei den uralten Formen Pleura- und Xenacanthus

ist hiervon noch nichts zu erblicken, und man kann ihrem ganzen
Organisationsplan nach mit Bestimmtheit annehmen, dass auch ihre
Vorfahren in früheren Erdperioden kein Becken besassen, ein Punkt,
hinsichtlich dessen sich die Teleostier einer sicheren Controle ent-
ziehen. Was man über die letzteren allein mit Bestimmtheit aussagen
kann, ist das, dass die polymere Entstehung des Basale ihrer Beckenflosse verwischt, und dass die gleich ab origine einheitliche Anlage
desselben, wie diejenige der vorderen Extremität, im Sinn einer abgekürzten Entwicklung aufzufassen ist.

Den ersten, wenn ich so sagen darf, schüchternen
Versuch zu einer wirklichen Beckenanlage machen die
Knorpelganoiden; doch herrscht eine, wie es scheint,
sogar noch individuell waltende Inconstanz. Es handelt
sich dabei um zwei kleine, eventuell verkalkende Knorpelplatten, die
sich gegen die Medianlinie des Bauches vorschieben und sich entweder
nur an einander oder auch über einander legen (Textfigur 40).

Bei Knochenganoiden und speciell bei dem aus dem Devon
stammenden Polypterus, dem letzten Ueberbleibsel des uralten
Crossopterygier-Geschlechtes, ist bereits ein Fortschritt des Beckens
den Sturionen gegenüber zu constatiren. Offenbar benöthigen die
Bauchflossen bei Polypterus eine solidere Befestigung in der Rumpfwand, und diese wird dadurch erreicht, dass die beiden Beckenhälften
medianwärts eng zusammentreten und schliesslich verschmelzen. Zugleich wächst das so entstandene einheitliche Beckenskelet in der
ventralen Mittellinie kopfwärts zu dem mehr oder weniger langen
schnabelartigen Processus epipubicus aus (Textfigur 40).

Eine Vergleichung mit den bei der Entwicklung des Amphibienbeckens sich abspielenden Bildungsvorgängen zeigt, dass sich schon
jene kleine paarige Beckenplatte der Sturionen mit der Pars ventralis
des Urodelen- und Anurenbeckens parallelisiren lässt. Wie bei
letzterem, so ist dieselbe auch bei Knorpelganoiden undurchbohrt, und
ich nehme keinen Anstand, dieselbe mit der Pars ischio-pubica des
Amphibienbeckens, wenn auch nicht quantitativ, d. h. nicht in ihrem
ganzen Umfang, so doch qualitativ, zu homologisiren. Dasselbe
gilt auch für das Becken von Polypterus, in welchem bereits dasjenige des Menobranchus und der Dipnoër vorgebildet erscheint
(Textfigur 40). Beide stammen offenbar von einer gleichartigen Grundform ab, und dabei ist nicht zu verkennen, dass sich das Dipnoërbecken
demjenigen von Menobranchus schon viel mehr genähert hat, als dasjenige von Polypterus; allein es ist noch undurchbohrt wie bei letzterem, und wenn es auch schon bedeutend breiter erscheint, so ist es
doch mit seiner Masse noch nicht in den Bereich eines Nervus obturatorius gerückt. Dies ist auch bei Menobranchus kaum erst angebahnt.
Kurz, aus allen diesen Verhältnissen erhellt auf's Deutlichste, in

welch' nahen phylogenetischen Beziehungen Crossopterygier, Dipnoër und Amphibien zu einander stehen; gleichwohl aber will ich nochmals ausdrücklich betonen, dass die Amphibien trotz der vielfachen Uebereinstimmung in der Beckenform und trotz der an terrestrische Vertebraten erinnernden Stellung der Bauchflosse der Dipnoër, meiner Ueberzeugung nach, nicht aus letzteren hervorgegangen sein können. Dagegen spricht die ganze Architektur der Flosse sowie alle entwicklungsgeschichtlichen Erfahrungen, die ich über die Gliedmassen

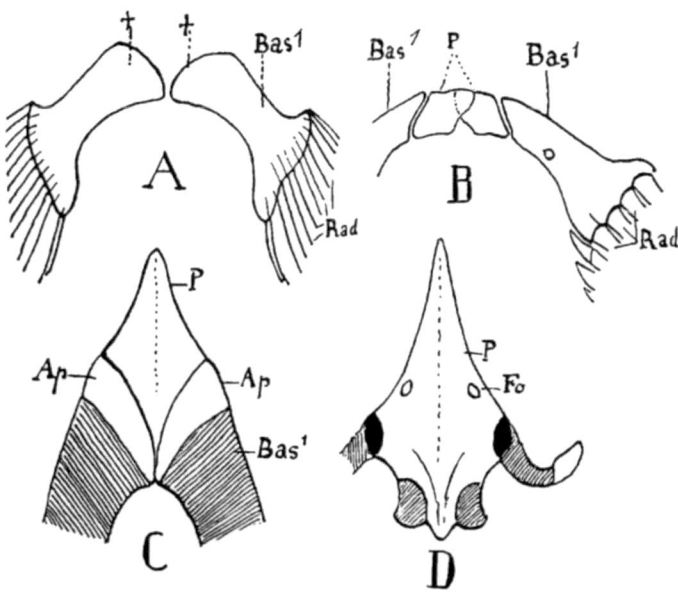

Textfigur 40. Phylogenese des Beckens. In Fig. A, welche das proximale Stück der Beckenflossen von Pleuracanthus darstellt, handelt es sich noch um das Latenzstadium des Beckens. Es ist noch in den mit †, † bezeichneten Abschnitten des Basale enthalten. B Scaphirhynchus cataphractus, C Polypterus bichir, D Menobranchus. *Bas¹* Basale, *Ap* Knorpelapophysen desselben, *P* Becken, *Rad* Radien, *Fo* Foramen obturatorium.

der Anamnia gemacht habe; dagegen sprechen aber auch schon die oben erwähnten geologischen Thatsachen.

Wollte man dennoch an die Dipnoërflosse anknüpfen, so müsste dies in einem phylogenetischen Stadium derselben geschehen, wo die biserialen Strahlen zu dem mittleren Stammstrahl noch nicht vollständig zusammengetreten waren (vergl. Textfigur 9, h und i). Eine solche Uebergangsform ist uns aber nicht erhalten, und wenn sie es auch wäre, so würde eine Verwerthung derselben in dem obgenannten Sinne etwas viel Gezwungeneres an sich haben, als dies von der zuerst von mir geäusserten Ansicht behauptet werden kann.

Wie verhält es sich nun aber mit dem Selachier-Becken? — Dass dasselbe, wie die ganze Fischgruppe der Selachier, ein sehr hohes Alter besitzt, ist selbstverständlich; allein ich glaube nicht, dass es in die Entwicklungsreihe jenes Beckentypus direct hineingehört, welcher zu den Amphibien hinführt. Es hat sich schon sehr früh davon abgezweigt, und differenzirt sich weiterhin gegen die Rochen und Chimären, erzeugt verhältnissmässig frühe schon eine Pars iliaca, wächst stark in die Quere, wird von Nerven durchbrochen, lauter Eigenschaften, die bei dem ungleich primitiveren Ganoiden- und Dipnoërbecken nicht, bezw. n o c h nicht existiren und die für eine besondere Entwicklungsrichtung sprechen, welche nicht auf das ursprünglich sehr schmale, in anteroposteriorer Richtung lang ausgezogene, und mit einem schlanken Epipubis versehene Amphibienbecken hinweist. Gleichwohl aber nehme ich keinen Anstand, das Selachierbecken mit dem ältesten Beckentheil der Amphibien, mit dem I s c h i o p u b i s , in gewissen Sinne wenigstens, für homolog zu erklären, und einem solchen entspricht selbstverständlich — allerdings wieder mit einer bestimmten Einschränkung — auch das Ganoiden- und Dipnoërbecken. Mit diesen Einschränkungen will ich ausdrücken, dass das Selachierbecken in seinen seitlichen Bezirken m e h r , das Ganoiden- und Dipnoër-Becken aber durch das Fehlen derselben noch w e n i g e r besitzt, als das Amphibienbecken. Aus diesem Grund kann es sich in den betreffenden Fällen auch noch nicht um eine reine Homologie des H ü f t g e l e n k s handeln.

Das Ilium, das sich auch ontogenetisch heute noch als j ü n g s t e r B e c k e n a b s c h n i t t documentirt, bildete sich bei den Urlurchen sicherlich erst ganz allmählich, und zwar in der Art, dass das nächstliegende Myocomma von dem dorsal auswachsenden Beckenknorpel benützt und von demselben sozusagen theilweise assimilirt wurde. Dabei schieden die Rumpfmuskeln von jenem allmählich aus, traten auf die Pars iliaca über, und gewannen so im Interesse der Extremität solidere Ursprungsverhältnisse.

Die Columna vertebralis erreichte das Ilium erst, als das betreffende Wirbelthier sein schwimmendes Dasein ganz oder theilweise aufgab und sich seiner Hinterextremitäten nicht nur als schlagruderartiger, auf das Wasserleben berechneter Organe, sondern auch, unter beharrlich fortschreitender Ausschleifung des Hüftgelenkes, als S t ü t z o r g a n e zu bedienen anfing[1]). Von diesem Moment an musste die Rumpflast

---

[1]) Da bei M e n o b r a n c h u s bereits eine ausgiebige Verbindung des Ilium mit der Wirbelsäule besteht und die betreffenden Verhältnisse bei dem nahe verwandten P r o t e u s sowie bei A m p h i u m a offenbar als r e g r e s s i v e zu bezeichnen sind, so halte ich dafür, dass auch jene beiden Ichthyoden, so gut wie Amphiuma, aus irgend welchen Gründen sich erst secundär an das Wasserleben angepasst haben. Dafür spricht ja auch schon der Bau der freien Extremitäten, wie namentlich derjenige des Carpus und des Tarsus. —

Bemerkenswerth und einen weiten Horizont für künftige Forschungen erin der Beckengegend vor dem Einsinken bewahrt werden, musste durch die immer mehr erstarkenden Strebepfeiler der Darmbeine, welche die Körperlast auf die freie hintere Gliedmasse übertrugen, eine Stütze erfahren. Dies wird sich unter gleichzeitiger Verbreiterung des dorsalen, auf immer zahlreichere Wirbel übergreifenden Ilium-Endes in jenen Fällen noch wesentlich gesteigert haben, wo, wie bei Anuren, und dann von den Crocodilen an aufwärts in der ganzen höheren Wirbelthierreihe, die Körperlast immer mehr auf die hinteren Extremitäten übertragen wurde, während die vorderen unter, in ganz bestimmter Richtung fortschreitender und auf die allmähliche Herausbildung eines Greiforgans gerichteter Differenzirung eine Entlastung erfuhren.

Selbstverständlich wird dies auch in den betreffenden Organisationsverhältnissen des Schultergürtels zum Ausdruck kommen müssen, worauf ich später noch zurückkomme.

Um noch einmal zu den ursprünglich in der Mittellinie getrennten Partes ischio-pubicae zurückzukehren, so vererbt sich hier die Tendenz zu einer Verschmelzung derselben in der Medianlinie zu einer unpaaren Platte („Beckenplatte") von den Fischen her auf die Dipnoër, Amphibien und Amnioten. Dabei handelt es sich aber aus Gründen der Anpassung an die verschiedenartigen Bewegungsverhältnisse um die allerverschiedensten Modificationen, und in allen Fällen repräsentirt die mediane Zone der Beckenplatte einen „locus minoris resistentiae", welcher auf die von aussen wirkenden Einflüsse eventuell wieder mit einer Lockerung, bezw. mit einer mehr oder weniger vollkommenen Abspaltung reagirt.

Die Einflüsse der Muskelwirkung können sich aber in noch höherem Masse insofern geltend machen, als sie zur Schaffung einer solideren Beckenplatte, d. h. zu einem ausgedehnteren, von der ab origine schärfer differenzirten Pars ischiadica auf die Pars pubica übergreifenden Ossificationsprozess führen. Damit erscheint der ventrale Beckenabschnitt jederseits doppelt centrirt und empfängt den ersten Anstoss zu jener weiteren Differenzirung, wie sie sich in der allmählich sich anbahnenden und bald auch ontogenetisch zu beobachtenden, vom Nervus obturatorius gänzlich unabhängigen Anlage des Reptilien-Beckens in Form eines getrennten Dreistrahles ausspricht.

öffnend, ist die Thatsache, dass da, wo es sich in der Thierreihe um Rückbildungen handelt, aus der Natur der letzteren häufig auf primitive Verhältnisse zurückgeschlossen werden kann, dass man also durchaus nicht immer auf Verwischungen derselben zu rechnen hat. Es handelt sich sozusagen um eine Insufficienz der genetischen Bildungskraft, welche sich an einem bestimmten Punkt in negativer Weise bethätigt.

Alle diese Wandlungen überdauert das, einen inte-
grirenden Bestandtheil des Beckens repräsentirende
und bezüglich seiner Ausbildung anfangs in Correlation mit derjenigen der Processus praepubici resp. des
Ilium stehende Epipubis.

Ursprünglich als Fixationsapparat und als Stütze
der Bauchdecken fungirend, behält es diese Rolle später
nicht nur bei, sondern tritt, seine paarige Anlage aufs
Neue bethätigend, in Form der Ossa marsupialia in
wichtige Beziehungen zum Fortpflanzungsgeschäft und
erscheint erst bei den Mammalia placentalia auf den
Aussterbe-Etat gesetzt.

Was den Schultergürtel anbelangt, so erkläre ich denselben,
wie schon erwähnt, seiner Onto- und Phylogenese nach für durchaus
homolog dem Beckengürtel. Während aber letzterer, am hinteren
Rumpfende und in gesicherterer Lage sich befindend, im Allgemeinen
primitivere Verhältnisse bewahrt, erscheinen diese beim Schultergürtel
aus zwei Gründen schon mehr oder weniger früh modifizirt. Der eine
liegt in den topographischen Verhältnissen desselben, der
zweite in dem Verhalten des Dottersackes.

Bezüglich der ersteren ist vor Allem die den mechanischen Ein-
wirkungen des Schwanzes entrücktere, zugleich aber die äusseren Einflüssen ungleich exponirtere und dadurch gewisse Umbildungen för-
dernde Lage in Betracht zu ziehen. Dazu kommt die Nähe des
Herzens mit seinen grossen Gefässen, d. h. günstigere Ernährungsbedingungen. Diese drei wichtigen Factoren mussten dem Schultergürtel
zusammt der Brustflosse gleich von vorne herein einen bemerkenswerthen Vorsprung vor der hinteren Gliedmasse verschaffen, was sich
ja bekanntlich bei allen Fischen schon in der bedeutenderen Volums-
entfaltung des ganzen Apparates ausspricht.

Ein nicht geringerer Einfluss wird sich, worauf ich schon früher
hingewiesen habe[1]) seitens des Dottersackes bis weit in der Reihe
der Wirbelthiere herauf bethätigen. Ich meine damit nicht nur die
eigenartige Stellung der primitiven Extremitätenknospen zum Rumpfe,
sondern auch die specifische Art der Skeletogenese, welcher mehr
oder weniger lange Zeit hindurch ein Fortschreiten in ventraler
Richtung verwehrt wird. Dies hat zur Folge, dass geradezu ein der
Beckenentwicklung entgegengesetzter Weg eingeschlagen wird, dass
also der dorsale, supraglenoidale Abschnitt des Gürtels
einen Vorsprung vor dem ventralen gewinnt.

---

[1]) Ich will hierbei auch noch einmal auf den Einfluss, den der Ductus vitello-
intestinalis bei Crocodilen auf die Entwicklung des Schambeines hat, aufmerksam machen.

Diese zeitliche Verschiebung ist sicherlich erst secundär, und zwar von da an in die Erscheinung getreten, wo mit den Dotterverhältnissen gerechnet werden musste. Letztere darf man als ein in der genannten Richtung bestimmendes Moment bei den zwischen Amphioxus und den Vorfahren der übrigen Fische einst vorhandenen Zwischenstufen mit Sicherheit noch ausschliessen.

Die dem Ilium entsprechende P a r s s c a p u l a r i s wird und muss sich also zuerst anlegen und solidificiren, um der hervorsprossenden Flosse frühe schon als Aufhängeapparat zu dienen, und dieses Bestreben macht sich weiterhin auch noch dadurch geltend, dass Verbindungen an der Wirbelsäule (gewisse Selachier) und am Kopfskelet (Dipnoër, Ganoiden und Teleostier) angestrebt werden. Das bei Anamnia und Amnioten in wichtigen Lagebeziehungen zur Vorniere entstehende Scapulare ist also ein uraltes Skeletstück, welches seine Prävalenz vor den ventralen Abschnitten des Schultergürtels, deren Mutterboden es darstellt, durch die ganze Wirbelthier-Reihe hindurch bewahrt. Dies spricht sich auch in seiner frühen Verknöcherung bei denjenigen Fischen aus, wo die knorpelige Grundlage bereits eine Involution eingegangen hat und wo sich der auf ihr in der Phylogenese entstandene, ursprünglich perichondrale Knochenbelag unter Beihilfe eines corialen Ossificationsprozesses allein noch fortvererbt. (Dipnoër, Ganoiden und Teleostier).

Erst wenn der Dottersack im Laufe der Entwicklung schwindet, beginnt die Knorpelsubstanz unter Aussparung von gewissen, für den Durchtritt von Nerven und Gefässen bestimmten Löchern und Canälen, und eventuell von dem ebenfalls mit fortrückenden Knochengewebe begleitet, in ventraler Richtung fortzuwuchern u n d e i n e t y p i s c h e L a g e z u m H e r z e n , b e z w. H e r z b e u t e l z u g e w i n n e n. Dieser wird ursprünglich gänzlich von der Seite sowie ventralwärts umwachsen, und so eine Knorpelspange hergestellt, welche bei S e l a c h i e r n und D i p n o ë r n der ventralen Beckenplatte homolog zu erachten ist.

Wie diese gleich bei ihrem ersten Auftreten p o t e n t i e l l einem Ischium und Pubis entspricht, so stecken auch in jener Brustspange zwei Elemente: ein C o r a c o i d und eine noch im Stadium der Indifferenz sich befindende C l a v i c u l a.

Während aber das Stadium der Indifferenz bei der Beckenplatte durch die ganze Reihe der F i s c h e , D i p n o ë r und fast bei allen A m p h i b i e n noch fortdauert, wird dasselbe im Schultergürtel schon bei den G a n o i d e n und T e l e o s t i e r n aufgegeben, indem vom vorderen Rand desselben die C l a v i c u l a als ein anfangs nur schwacher Fortsatz auswächst. Dadurch wird eine charakteristische, später immer mehr an Bedeutung gewinnende und nachträglich zu einem Fenster sich abschliessende Bucht (Incisura coraco-clavicularis) zwischen Clavicula und dem caudal davon liegenden Coracoid, sowie indirect ein breiter, die Rumpfwand umspannender, Skeletcomplex erzeugt. Aus

alledem erhellt, dass das Pubis für das Becken, die Clavicula
aber für den Schultergürtel den jüngsten Erwerb des ganzen Skelet-
complexes darstellt. Beides sind homologe Bildungen.

Wie am Becken die Symphysengegend stets einen Punkt des
geringsten Widerstandes darstellt, so gilt dies auch für die mediale
Verwachsungszone der ventralen Partie des Brustgürtels, denn dass
diese sich erst ganz allmählich im Laufe der Stammesgeschichte angebahnt hat, beweist das Verhalten sehr primitiver Selachierformen wie
Chlamydoselache und Hexanchus.

Schon bei Ganoiden und Teleostiern, bei welchen — und
dies zeigt sich auch schon bei den Dipnoërn angebahnt — die
knöchernen Elemente über die knorpeligen immer mehr die Oberhand
gewinnen, kommt es nicht mehr zur Concrescenz, gleichwohl aber
persistirt nicht nur die Neigung, sondern auch, wie dies eine
grosse Gruppe der ungeschwänzten Amphibien (Raniden) beweist, die Fähigkeit dazu. Selbstverständlich aber kann es sich in
dem angeführten Beispiel nicht um eine directe Fortvererbung des bei
Selachiern und Dipnoërn wahrnehmbaren Verhaltens, sondern nur um
eine secundäre, in Anpassung an die charakteristische Art der Fortbewegung jener Thiere gemachte Erwerbung handeln.

Die Rumpflast erscheint ja bei Rana nicht nur während des
Abstossens beim Sprung, sondern auch, wie man sich durch den Anblick
jedes ruhig dasitzenden Frosches überzeugen kann, zum allergrössten
Theil auf die Beckengegend, bezw. die hintere Extremität übertragen,
während die vordere, bis zu einem gewissen Grade wenigstens, eine
Entlastung erfährt. Ich will damit sagen, dass jene schon bei Fischen
sozusagen präformirte Lösung der Schulterspange in der ventralen
Mittellinie dort typisch werden wird, wo es sich unter Einfluss der
reicher sich differenzirenden Gliedmassenmuskulatur um die Herausbildung einer einer immer freieren Bewegung fähigen Extremität handelt,
welche schliesslich ihre höchste physiologische Stufe in einem Greif-
organ findet. Jene freiere Bewegung sehen wir aber nicht nur bei
geschwänzten, sondern auch bei vielen ungeschwänzten Amphibien
bereits angebahnt, und um noch einmal die hierbei massgebend
werdenden mechanischen Elemente zu betonen, so will ich neben
Rana auch an die Art der Fortbewegung z. B. einer Unke und
der gewöhnlichen Kröte erinnern.

Man könnte mir dabei Hyla als vortrefflichen Springer und doch zugleich als Besitzer eines unverwachsenen Schultergürtels entgegenhalten,
allein dieser Einwurf ist nicht nur leicht zu entkräften, sondern stützt
vielmehr im Hinblick auf die eigenartige (z. gr. Th. kletternde)
Lebensweise dieses Batrachiers meine oben gemachten Ausführungen.

Jene ventrale Verwachsung des Schultergürtels liegt also durchaus
nicht im Interesse einer progressiven Entwicklung der vorderen
Extremität, und wir sehen auch letztere, abgesehen von den Chelo-

niern, wo besondere Verhältnisse vorliegen, thatsächlich von den Amphibien an aufwärts in der Wirbelthierreihe eine immer freiere Lage gewinnen.

Erst von den Amphibien an wird die Clavicula und damit auch der, ähnlich wie dem Amniotenbecken, jeder Schultergürtelhälfte zu Grunde liegende Knorpeldreistrahl durchaus typisch, und wenn man die grosse und wichtige Rolle in Erwägung zieht, welche hier der Knorpel im Extremitätenskelet spielt, so begreift man, wie weit der Ursprung des Amphibien-Geschlechts in der Erdgeschichte zurückdatirt werden muss. Hier ist an eine directe Anknüpfung an Formen, wie sie durch die Dipnoër und den recenten Polypterus dargestellt werden, nicht zu denken, dagegen bietet, wie ich gezeigt habe, der durch seinen grossen Knorpelreichthum sich auszeichnende Schultergürtel von Stör-Embryonen manche Uebereinstimmung, so dass meine bezüglich der Ableitung der hinteren Gliedmasse terrestrischer Wirbelthiere gemachten Ausführungen auch hinsichtlich der vorderen die Probe bestehen.

Doch ist dies nicht so zu verstehen, als ob ich dabei gerade das Sturionengeschlecht zum Ausgangspunkt machen möchte, denn das geht schon deswegen nicht an, weil hier der Scapularknorpel von der dorsalen Seite her auch in der Ontogenese schon ein regressives Verhalten zur Schau trägt, während er bei Urodelen- und Reptilien-Embryonen fast noch ebenso florirt wie bei Selachiern.

Es muss sich also um eine Urform gehandelt haben, die sich auf jenem oben näher bezeichneten Etappenweg bereits sehr früh, d. h. jedenfalls schon, bevor die Sturionen auf den Schauplatz traten, abgezweigt hat. Aus diesem einen Beispiel erhellt wieder einmal so recht, welch grosse Vorsicht bei Aufstellung von Stammbäumen geboten erscheint, und wie gross die Masse von Thiergeschlechtern gewesen sein muss, von welchen keine Kunde zu uns gedrungen ist, und auch wohl nie dringen wird.

Die immer mehr sich anbahnende Freiheit der vorderen Extremität erscheint bereits bei den Reptilien dadurch gefördert, dass die Clavicula, obgleich sie nach wie vor als ein, z. Th. sogar noch knorpelig (Crocodile) sich anlegender Ast der Scapula anzusehen ist, an Masse den Coracoiden gegenüber zurücktritt.

Schon bei Urodelen und vielen Anuren stehen die Coracoide bezw. Epicoracoide in beweglicher Verbindung mit einer an der Bauchseite gelegenen Knorpelplatte, die sich paarig anlegt und genetisch auf ein verknorpelndes Myocomma, d. h. auf eine Bauchrippe, zurückzuführen ist. Derartige Costae abdominales cartilagineae müssen, wie durch Menobranchus bewiesen wird, bei den Vorfahren der heutigen Urodelen in grösserer Zahl vorhanden gewesen sein, und wie ich dargethan habe, ist auch das „Omosternum" der Raniden genetisch jenen Bildungen anzureihen. Insofern ist letzteres zusammt dem Sternum der Amphibien ebensowohl costaler Abstammung wie das Brustbein der Amnioten.

Von den Amphibien an tritt das Sternum gleichsam compensatorisch ein für den Verlust, den der ursprünglich ventralwärts geschlossene Schultergürtel erleidet.

Dabei handelt es sich aber im Gegensatz zu gewissen Selachiern, wo solches vorzukommen scheint, nie um ein Differenzirungsprodukt des Schultergürtels selbst, sondern stets, wie schon erwähnt, um eine Zuhilfenahme von Skelettheilen, die ursprünglich der Rumpfwand selbst zugehören, die also erst secundär mit dem Apparat der Gliedmassen in Verbindung treten.

Ein Skeletelement, dessen Urgeschichte noch keineswegs ganz klar liegt, ist das Episternum gewisser fossiler Amphibien, sowie zahlreicher recenter und ausgestorbener Reptilien. Ob in der That gewisse genetische Beziehungen desselben zu der Anlage der Clavicula existiren, steht dahin, und der Gegenstand muss einer erneuten Prüfung unterworfen werden.

Erst dann wird es sich zeigen, ob es sich nicht auch hierbei, wie es mir beim Crocodil geschienen hat, ursprünglich um eine Anlage in der Linea alba abdominis handelt. Sollte sich dieses aber als richtig herausstellen, so wäre dabei an die Amphibien zu denken und zu erwägen, ob sich jenes Episternum ursprünglich nicht gleichfalls auf Grundlage knorpeliger Bauchrippen entwickelt hat. Dies müsste kopfwärts von dem eigentlichen Sternum zu einer Zeit erfolgt sein, bevor sich die beiden Schultergürtel- und Sternalhälften in der Mittellinie übereinanderschoben, bezw. verwuchsen. Durch diese Wachsthumsvorgänge wurde dann — so könnte man sich vorstellen — das Episternum seinem Mutterboden, der ventralen Leibeswand, allmählich entfremdet und, wie sich dies in der Embryogenese von Lacerta und vom Crocodil, wenigstens für sein caudales Ende, thatsächlich heute noch feststellen lässt, auf die ventrale Fläche der über ihm sich wegschiebenden Coracoide und des Sternums gedrängt. — Dieses erschiene mir viel natürlicher, als von einem Nachhintenwachsen der Claviculae zu reden, womit ich mich, offengestanden, nie so recht befreunden konnte. Daraus würde aber noch der weitere Vortheil entspringen, dass das Episternum der Stegocephalen und Reptilien genetisch sich auch auf das Omosternum der Anuren zurückführen liesse.

So vermochte ich in der vorliegenden Arbeit, die eine Frucht angestrengter, auf eine Reihe von Jahren sich ausdehnender Untersuchungen ist, nicht alle Fragen zu lösen, und manche Lücke bleibt noch auszufüllen. Immerhin aber darf ich vielleicht Dieses und Jenes als einen Fortschritt unseres Wissens vom Bau des thierischen Körpers bezeichnen.

Villa Helios bei Lindau i. B. den 24. October 1891.

LITERATUR.

1) L. von Ammon, Ueber Homoeosaurus Maximiliani. Abhdlg. der K. Bayr. Akad. d. Wiss. II. Cl. XV. Bd. 1885.

2) Derselbe, Die permischen Amphibien der Rheinpfalz. München 1889. (Enth. die gesammte, die fossilen Amphibien umfassende Literatur.)

3) K. E. von Bär, Ueber Entwicklungsgeschichte der Thiere etc. Königsberg 1828—1837.

4) F. M. Balfour, A Monograph on the Development of Elasmobranch fisches. London 1878.

5) Derselbe, Handbuch der vergl. Embryologie. Uebers. von B. Vetter. 2 Bände. Jena 1881.

6) Derselbe, On the Development of the Skeleton of the Paired Fins of Elasmobranchii considered in Relation to its Bearings on the Nature of the Limbs of the Vertebrata. Proceed. Zoolog. Soc. London 1881.

7) J. F. van Bemmelen, Ueber den Ursprung der Gliedmassen und Zungenmuskulatur bei Eidechsen und Schlangen. Vorl. Mittheil. in: Verslagen en Mededeelingen der Kon. Akad. van Wetenschappen te Amsterdam. Afd. Natuurkunde. Zitting van 30. Juni 1888. Deutsch im Anat. Anz. IV. Jahrg. 1889.

8) A. Bunge, Ueber die Nachweisbarkeit eines biserialen Archipterygiums bei Selachiern und Dipnoërn. Jenaische Zeitschr. VIII. Bd. N. F. I. Bd. 1874.

9) Derselbe, Untersuchungen zur Entwicklungsgeschichte des Beckengürtels der Amphibien, Reptilien und Vögel. Inaug.-Dissert. Dorpat 1880.

10) G. Baur, Ueber das Archipterygium und die Entwicklung des Cheiropterygium aus dem Ichthyopterygium. Vorl. Mittheil. Zoolog. Anz. Nro. 209. 1885.

11) Derselbe, Ueber die Canäle im Humerus der Amnioten. Morphol. Jahrb. Bd. XII. 1887.

12) Derselbe, Beitr. z. Morphologie des Carpus und Tarsus der Vertebraten. I. Theil. Batrachia. Jena 1888.

13) Derselbe, Ueber das Archipterygium und die Entwicklung des Cheiropterygium aus dem Ichthyopterygium.

lution of the Pelvis in General. Journ. of Morphology. Bd. IV.
Boston 1891.

15) Boveri, Ueber die Niere des Amphioxus. Münchener Medicin.
Wochenschrift 1890. Nr. 26.

16) H. Credner, Die Stegocephalen aus dem Rothliegenden des Plauen-
schen Grundes. Zeitschr. d. Deutsch. Geolog. Gesellsch. 1881
bis 1890.

17) Derselbe, Die Urvierfüssler (Eotetrapoda) des Sächsischen Rothliegenden. „Naturw. Wochenschr." Allgem. verständl. naturw.
Abhandlungen. Heft 15. 1891.

18) G. Cuvier, Ossemens fossiles. 1836. Bd. X.

19) M. von Davidoff, Beitr. z. vergl. Anatomie der hinteren Gliedmasse der Fische. Morphol. Jahrb. Bd. V., VI., IX.

20) L. Döderlein, Das Skelet von Pleuracanthus. Zoolog. Anz. Bd. XII.
1889.

21) A. Dohrn, Studien zur Urgeschichte des Wirbelthierkörpers. VI.
Die paarigen und unpaaren Flossen der Selachier. Mittheil. a. d.
zoolog. Station zu Neapel. Bd. V. 1884.

22) L. Dollo, Première Note sur le Simoedosaurien d'Erquelinnes.
Bull. Mus. Roy. Hist. Nat. Belg. III. 1884.

23) Dugès, Recherches sur l'ostéologie et la myologie des Batraciens
à leurs différens âges, in: Mémoires présentés par divers savants à
l'académie royale des sciences de l'institut de France. Sciences
mathématiques et physiques. Tom. VI. Paris 1835.

24) C. Emery et L. Simoni, Recherches sur la ceinture scapulaire des
cyprinoides. Archives ital. de biologie. T. VII. Fasc. 3.

25) Derselbe, Ueber die Beziehungen des Cheiropterygium zum Ichthyopterygium. Zoolog. Anz. X. Jahrg. 1887.

26) E. Fraas, Die Labyrinthodonten der schwäbischen Trias. Polaeonto-
graphica Bd. 36. 1889. 1890.

27) A. Fritsch, Ueber die Brustflosse von Xenacanthus Decheni, Goldf.
Zoolog. Anzeiger. Bd. XI. 1888.

28) Derselbe, Fauna der Gaskohle und der Kalksteine der Performa-
tion Böhmens. Prag 1879—1890. Bd. III. Heft 1. Selachii (Pleuracanthus, Xenacanthus). Prag 1890.

29) M. Fürbringer, Die Knochen und Muskeln der Extremitäten bei
den schlangenähnlichen Sauriern. Leipzig 1870.

30) Derselbe, Untersuchungen zur Morphologie und Systematik der
Vögel, zugleich ein Beitrag zur Anatomie der Stütz- und Be-
wegungsorgane. II Theile. Amsterdam 1888.

31) Derselbe, Ueber die Nervencanäle im Humerus der Amnioten.
Morphol. Jahrb. Bd. XI. 1886.

32) S. Garmann, Chlamydoselachus anguineus Garm. — A living species
of cladodont Shark. Bull. Mus. Comparat. Zool. Harvard College.
Bd. XII. Nro. I. 1885.

33) C. Gegenbaur, Untersuch. z. vergleich. Anatomie der Wirbelthiere.
Leipzig 1864—65. I. Carpus und Tarsus. II. a) Schultergürtel
der Wirbelthiere, b) Brustflosse der Fische.

34) Derselbe, Ueber das Skelet der Gliedmassen der Wirbelthiere
im Allgemeinen und die Hintergliedmassen der Selachier insbesondere. Jenaische Zeitschr. Bd. V.

35) Derselbe, Ueber das Archipterygium. Jenaische Zeitschr. Bd. VII.

36) Derselbe, Grundzüge der vergleichenden Anatomie. Leipzig 1870.

37) Derselbe, Ueber das Gliedmassenskelet der Enaliosaurier. Jenaische Zeitschr. Bd. V. 1870.

38) Derselbe, Beitr. z. Kenntniss d. Beckens der Vögel. Jenaische Zeitschr. Bd. VI. 1871.

39) Derselbe, Zur Morphologie der Gliedmassen der Wirbelthiere. Morphol. Jahrb. Bd. II. 1876.

40) Derselbe, Ueber den Ausschluss des Schambeins von der Pfanne des Hüftgelenkes. Morphol. Jahrb. II. Bd. 1876.

41) Derselbe, Grundriss der vergleichenden Anatomie. Leipzig 1878.

42) E. A. Göldi, Kopfskelet und Schultergürtel von Loricaria cataphracta, Balistes capriscus und Acipenser ruthenus. Vergl. anatomisch-entwicklungsgeschichtl. Studien zur Deckknochenfrage. Jena 1884.

43) A. Götte, Die Entwicklungsgeschichte der Unke. Leipzig 1875.

44) Derselbe, Beitr. z. vergleich. Morphologie des Skeletsystems der Wirbelthiere. Arch. f. mikr. Anat. Bd. XIV.

45) Derselbe, Ueber Entwicklung und Regeneration des Gliedmassen-skelets der Molche. Leipzig 1879.

46) Derselbe, Entwicklung des Flussneunauges (Petromyzon fluv.). I. Theil. Leipzig 1890.

47) Gorski, Ueber das Becken der Saurier. Inaug.-Dissert. Dorpat 1852.

48) A. Günther, Contribution to the Anatomy of Hatteria (Rhynchocephalus Owen). Philosoph. Transact. London 1867.

49) Derselbe, Description of Ceratodus, a genus of Ganoid Fishes, recently discovered in Rivers of Queensland, Australia. Philosoph. Transact. of the Royal Society of London. Bd. 161. 1872.

50) B. Hatschek, Die paarigen Extremitäten der Wirbelthiere. Verhandl. d. anatom. Gesellsch. auf der III. Versammlung in Berlin, 10.—12. October 1889.

51) C. Hasse, Beitr. z. allgem. Stammesgeschichte der Wirbelthiere. Jena 1883.

52) W. A. Haswell, Studies on the Elasmobranch Skeleton, Proceed. Linn. Soc. New South Wales. Vol. IX. P. 1.

53) C. K. Hoffmann, Amphibien und Reptilien in H. G. Bronn's Klassen und Ordnungen des Thierreiches.

54) Derselbe, Beiträge zur Kenntniss des Beckens der Amphibien und Reptilien. Niederländ. Arch. f. Zool. III. 1879.

55) Derselbe, Zur Morphologie des Schultergürtels und des Brustbeines bei Reptilien, Vögeln, Säugethieren und dem Menschen. Ebendaselbst.

56) G. B. Howes, On the Skeleton and Affinities of the Paired Fins of Ceratodus, with Observations upon those of the Elasmobranchii. Proceed. Zool. Soc. London 1887.

57) Derselbe, Observations on the Pectoral Fin-Skeleton of the Living Batoid Fishes and of the Extinct Genus Squaloraja, with especial reference to the Affinities of the same. Proceed. Zool. Soc. London 1890.

58) Derselbe, The Morphology of the Sternum. Reprinted, with a Correction from „Nature". Bd. 43. Nro. 1108. p. 269.

59) T. H. Huxley, Contributions to Morphology. Ichthyopsida. — Nro. 1. On Ceratodus Forsteri, with Observations on the Classification of Fishes. Proceed. Zoolog. Soc. Part. I. London 1876.

60) Derselbe, On the Characters of the Pelvis in the Mammalia ect Proceed. Royal. Soc. Vol. XXVIII.

61) J. Hyrtl, Cryptobranchus japonicus, Schediasma anatomicum etc. Vindobonae 1865.

62) P. Jordan, Die Entwicklung der vorderen Extremität der Anuren Batrachier. Inaug.-Dissert. Leipzig 1888.

63) A. Kölliker, Entwicklungsgeschichte des Menschen und der höheren Thiere. II. Aufl. Leipzig 1879.

64) Derselbe, Grundriss der Entwicklungsgeschichte des Menschen und der höheren Thiere. Leipzig 1880.

65) J. Kollmann, Handskelet und Hyperdactylie. Verhandl. d. anatom. Gesellsch. auf der II. Versammlung in Würzburg, den 20.—23. Mai 1888.

66) W. Leche, Zur Anatomie der Beckenregion der Insectivora etc. K. Schwed. Akad. d. Wissensch. Bd. XX. Stockholm 1883.

67) Derselbe, Das Vorkommen und die morphologische Bedeutung des Pfannenknochens (Os acetabuli). Internat. Monatsschrift f. Anat. u. Embryol. Bd. I. 1884.

68) Derselbe, Zur Morphologie der Beutelknochen. Verhandl. des Biolog. Vereins in Stockholm. Band III. 1891. Nro. 7.

69) F. Leydig, Die in Deutschland lebenden Arten der Saurier. Tübingen 1872.

70) O. C. Marsh, The limbs of Sauranodon. Am. Journ. Sc. Arts. Vol. XIX. Febr. 1880.

71) P. Mayer, Die unpaaren Flossen der Selachier. Mittheil. a. d. Zool. Station zu Neapel. VI. Bd. 1885.

72) E. Mehnert, Untersuch. über die Entwicklung des Os pelvis der Vögel. Morphol. Jahrb. Bd. XIII. 1888.

73) Derselbe, Untersuch. über die Entwicklung des Beckengürtels bei einigen Säugethieren. Ebendaselbst. Bd. XV. 1889.

74) Derselbe, Untersuch. über die Entwicklung des Beckengürtels der Emys lutaria taurica. Ebendaselbst. Bd. XVI. 1890.

75) Derselbe, Untersuch. über die Entwicklung des Os hypoischium (Os cloacae), Os epipubis und Ligamentum medianum pelvis bei den Eidechsen. Ebendaselbst. Bd. XVII. 1891.

76) H. v. Meyer, Zur Fauna der Vorwelt. Die Saurier des Muschelkalks etc. Frankfurt a. M. 1847—1855.

77) Derselbe, Reptilien aus der Steinkohlenformation in Deutschland. Palaeontographica. VI. Bd. 1856—1858.

78) G. Mivart, Notes on the Fins of Elasmobranchs, with Considerations on the Nature and Homologues of Vertebrate Limbs. Transact. Zoolog. Soc. London. Vol. X. 1879.

79) W. K. Parker, A Monograph on the Structure and Development of the Shoulder-Girdle and Sternum. Ray Society. London 1868.

80) T. J. Parker, Notes from the Otago University Museum. On the existence of a sternum in the shark Notidanus indicus. „Nature" Dec. 11. 1890. pag. 141.

81) H. B. Pollard, On the Anatomy and Phylogenetic Position of Polypterus. Anat. Anz. VI. Jahrg. 1891.

82) H. Rathke, Abhandl. z. Bildungs- und Entwicklungsgeschichte des Menschen und der Thiere. Th. II. Leipzig 1833. Mit 7 Kupfern. I. Abhandlung: Bildungs- und Entwicklungsgeschichte des Blennius viviparus oder des Schleimfisches, pag. 26.

83) Derselbe, Ueber die Entwicklung der Schildkröten. Braunschweig 1848.

84) Derselbe, Ueber den Bau und die Entwicklung des Brustbeins der Saurier 1853.

85) Derselbe, Entwicklungsgeschichte der Wirbelthiere. Leipzig 1861.

86) Derselbe, Untersuchungen über die Entwicklung und den Körperbau der Krokodile. 1866.

87) E. von Rautenfeld, Morpholog. Untersuchungen über das Skelet der hinteren Gliedmassen von Ganoiden und Teleostiern. Inaug.-Dissert. Dorpat 1882.

88) G. Ruge, Beiträge zur Gefässlehre des Menschen. Morphol. Jahrb. Bd. IX. 1884.

89) M. A. Sabatier, Comparaison des ceintures thoracique et pelvienne dans la série des Vertébrés. Acad. Scienc. et Lettr. de Montpellier. Section des Sciences. Tome IX. 1880.

90) W. Salensky, Entwicklung des Sterlets (Acipenser ruthenus) Verhandl. d. naturforsch. Gesellschaft zu Kasan. 1878—1879.

91) A. Schneider, Ueber die Dipnoi und besonders die Flossen derselben. Zool. Beitr. Bd. II. Breslau 1887.

92) H. Strasser, Zur Entwicklung des Knorpelskeletes bei Tritonen. Zoolog. Anz. 1878.

93) Derselbe, Zur Entwicklung der Extremitätenknorpel bei Salamandern und Tritonen. Eine morphologische Studie. Morphol. Jahrb. Bd. V. 1879.

94) G. 'Swirski, Untersuch. über die Entwicklung des Schultergürtels und des Skelets der Brustflosse des Hechtes. Inaug.-Dissert. Dorpat 1880.

95) J. K. Thacher, Median and Paired Fins, a Contribution to the History of Vertebrate Limbs. Transact. of the Connecticut Academy. Vol. III. 1877.

96) Derselbe, Ventral Fins of Ganoids. Transact. of the Connecticut Academy. Vol. IV. 1877.

97) D'Arcy W. Thompson, On the Structure of the Pelvic Girdle, and its bearing on the Classification of Vertebrata. Written in 1885. Manuscript.

98) Derselbe, On the Hind Limb of Ichthyosaurus, and on the Morphology of Vertebrate Appendages. Rep. Brit. Assoc. Adv. Sc. 1885. pag. 1065—1066.

99) C. Vogt, Embryologie des Salmones. Hist. nat. des poissons d'eau douce de l'Europe centrale par Agassiz. Neuchatel 1842. pag. 134.

100) R. Wiedersheim, Salamandrina perspicillata und Geotriton fuscus. Versuch einer vergl. Anatomie der Salamandrinen. Annali del Museo civico di storia naturale, Genua 1875.

101) Derselbe, Das Kopfskelet der Urodelen. Morphol. Jahrb. Bd. III. 1877.

102) Derselbe, Labyrinthodon Rütimeyeri. Abhandl. der Schweiz. Palaeontol. Gesellsch. Bd. V. 1878.

103) Derselbe, Zur Gegenbaur'schen Hypothese über die Entstehung des Extremitätengürtels. Vortrag, gehalten im medicin. Referat-Club zu Freiburg i. B. am 11. Novbr. 1879.

104) Derselbe, Morphologische Studien. Heft I. Jena 1880.

105) Derselbe, Ueber das Becken der Fische. Morphol. Jahrb. VII. Bd. 1871.

106) Derselbe, Lehrbuch der vergl. Anatomie der Wirbelthiere. I. und
II. Auflage. 1882, 1886.
107) Derselbe, Grundriss der vergl. Anatomie. I. und II. Auflage.
1884, 1888.
108) Derselbe, Zur Urgeschichte des Beckens. Berichte der naturforsch. Gesellsch. zu Freiburg i. B. Bd. IV. 1888.
109) Derselbe, Ueber die Entwicklung des Schulter- und Beckengürtels. Anatom. Anz. IV. Jahrg. 1889. Nro. 14.
110) Derselbe, Weitere Mittheilungen über die Entwicklungsgeschichte
des Schulter- und Beckengürtels. Anatom. Anz. V. Jahrg. 1890.
Nro. 1.
111) Derselbe, Ueber die Entwicklung des Urogenitalapparates bei
Crocodilen und Schildkröten. Arch. f. mikr. Anatomie. Bd. XXXVI.
1890.
112) Derselbe, Beiträge zur Entwicklungsgeschichte von Proteus anguineus. Arch. f. mikr. Anat. Bd. XXXV. 1890.
113) Derselbe, Die Phylogenie der Beutelknochen. Eine entwicklungs-
geschichtlich-vergleichend-anatomische Studie. Zeitschr. f. wissensch.
Zoologie. LIII. Bd. Suppl. 1892.

Pierer'sche Hofbuchdruckerei. Stephan Geibel & Co. in Altenburg.

ERRATA.

Seite 70, 16. Zeile von oben lies: Textfigur 11 anstatt Figur 11.
„ 70, 13. „ „ unten „ Connascenz anstatt Concurrenz.
„ 82, 1. „ „ oben „ Knospenbildung anstatt Knorpelbildung.
„ 84, 23. „ „ „ „ fossilen anstatt fossienl.
„ 89, 13. „ „ „ „ ihrer anstatt ihre.
„ 89, 6. „ „ unten „ Fig. 35 *Gg* anstatt *Me*.
„ 95, 19. „ „ oben „ jene anstatt jede.
„ 99, 1., 2. und 4. Zeile von oben muss es Textfigur 15 anstatt Fig. 50 heissen.
„ 101, 19. Zeile von oben lies: Fig. 46 anstatt Fig. 45.
„ 104, 8. „ „ oben „ Textfigur 16 anstatt 10.
„ 109, 10. „ „ unten „ seinem anstatt ihrem Diaphysenabschnitt.
„ 124, 134, 135. Den hier erwähnten Figuren 67, 77 und 79 soll statt **a** und **b**
  A und **B** beigefügt werden.
„ 138, 11. Zeile von oben lies: 38 anstatt 138.
„ 143, 3. „ des laufenden Textes lies anstatt „schon vor 36 Jahren" schon
  vor nahezu 30 Jahren.
„ 154, 4. „ von oben lies: (49) anstatt (40).
„ 164, 2 „ „ „ „ Knospenbildung anstatt Knorpelbildung.
„ 167, 3. „ „ unten „ Fig. 92 anstatt 91.
„ 170, 14. „ „ „ „ Textfigur 24 **N** anstatt **P**.
„ 171, 9. „ „ „ „ Textfigur 23 anstatt 26.
„ 176, 3. „ „ von einem anstatt aus einem.
„ 178, 23. „ die Zahl 103 ist zu streichen, und ebenso auf
„ 188, 6. „ die Zahl 33.
„ 191, 13. „ lies: der Scapula anstatt Scapula.
„ 191, 8. „ „ „ „ wie auch anstatt wie so auch.
„ 209, 4. „ oben „ Fig. 148 anstatt 147.
„ 210, 4. „ „ unten „ (*KH*¹) anstatt (*KH*¹).
„ 216, 22. „ „ oben „ Fig. 141 anstatt 147.
„ 218, 19. und 24. Zeile von oben lies: 165 anstatt 164.
„ 225, 9. Zeile von oben lies: lang gestielten anstatt an ggestielten.
„ 233, 22. „ „ „ „ (*N*, *N*¹) anstatt (*n*, *n*¹).
„ 233, 19. „ „ unten „ *L* anstatt *Lg*.
„ 234, 8. „ „ oben (111) anstatt (109).
„ 234, 23. „ „ „ *WS* anstatt *W*.
„ 249, 13. „ unten „ Os centrale anstatt Oscentrale.
„ 250, 9. „ oben „ blind geschlossenen anstatt blindgeschossenen.

Die auf die Literaturangaben sich erstreckenden, im Text figurirenden
Zahlen sind, so weit sie sich auf Wiedersheim beziehen, auf S. 1—130 immer
um zwei Ziffern höher zu denken. Man lese also z. B. anstatt 107 109 etc. Von
131 bis zum Schluss des Textes stehen überall die richtigen Zahlen.

ERKLÄRUNG DER ABBILDUNGEN.

Tafeln.

Allgemeine gültige Bezeichnungen.

A	Auge.	*Eps*	Episternum.
AB	Antibrachium.	*F*	Femur.
Ac	Acetabulum.	*FK*	Femurkopf.
Ail	Arteria iliaca.	*FKn*	Faserknorpel.
Ao	Aorta.	*Fo¹*	Foramen obturatum.
Bas	Basale.	*FoAc*	Foramen acetabuli.
BB	Bauchrippen.	*FS*	Flossensaum.
BbII	Basibranchiale II.	*G*	Gehörorgan.
BFl	Bauchflosse.	*GC*	Gefässcanal.
Bg	Bindegewebe.	*Gf*	Gefässe.
Bl	Harnblase.	*Gg*	Gallertgewebe.
BP	Beckenplatte (ventraler Beckenabschnitt).	*Gh*	Gehirn.
		GH	Gelenkhöhle.
BS	Blutsinus.	*GK*	Gelenkkapsel.
C	Coracoid.	*GV*	Ganglion N. vagi.
Cep	Processus epipubicus (Epipubis).	*H*	Humerus.
		HE	Hintere Extremität.
Ch	Chorda dorsalis.	*HG*	Höhlengrau des Gehirns und des Rückenmarkes.
Cl	Clavicula.		
Clo	Cloake.	*HK*	Humeruskopf.
CM	Cartilago Meckelii.	*Hz*	Herz.
Co	Cölom.	*I. I¹*	Ilium.
CoE	Cölomepithel.	*IP, IP¹*	Ischio-Pubis.
Cr	Unterschenkel.	*Is*	Ischium.
Cr (Sy)	Crista der Beckensymphyse.	*KB*	Kiemenbüschel.
D	Darmrohr.	*Kch*	Verknöcherungszone an der Peripherie.
DCuv	Ductus Cuvieri.		
DE	Darmepithel.	*KD*	Kiemendeckel.
DI	Darminhalt.	*Kie*	Kiemen.
Do	Dottergang bezw. Dotter.	*KK*	Kiemenbüschel.
DS	Dottersack.	*Kn*	Vereinigtes Scapulare und Basale der Brustflosse.
Ep, Ep¹	Epidermis, bezw. erhöhte Epidermis.		
		KR, KH	Kiemenraum, Kiemenhöhle.
Epiph	Epiphysis cerebri.	*L*	Lunge.

LAc	Labium acetabuli.	*Prt*	Processus transversus.
Lb	Leber.	*Pt*	Processus transversi.
Lg	Ligament.	*Q*	Quadratum.
LW	Leibeswand.	*R*	Rippen.
Ma	Manus.	*Rad, Rad²*	Radien (Knorpelige Flos-
Mc	Mucosa der Rachen-		senstrahlen).
	(Kiemen-)Höhle.	*rad*	Knöcherne Flossenstrah-
MaG	Markgewebe.		len.
MG	Wucherungszone.	*RF*	Rückenflosse.
MG¹	Müller'sche Gänge, in der	*R(K)H*	Rachen-(Kiemen-)Höhle.
	Mitte zusammenfliessend	*RM*	Rückenmark.
	(bei *MG*).	*S*	Scapula bezw. Anlage der
MK	Muskelknospen.		Scapula.
M, M¹, M²	Myotome, Muskeln der	*SG*	Schultergürtel-Anlage.
	Körperdecken, Muskeln	*Sin. ven.*	Sinus venosus.
	der Extremitäten.	*So*	Somiten.
m², m²	In der Differenzirung	*SpG*	Spinalganglion.
	begriffene Muskeln der	*SRad, SRad¹*	Stammradius (Basale).
	Extremität.	*SR, SR¹*	Sacralrippe.
MR	Markraum.	*St*	Sternum.
My	Myocommata.	*StL*	Sternal-Leiste.
Na	Nase.	*SW*	Sacralwirbel.
NN¹	Nerv.	*Sy*	Symphysis pubis.
OB	Obere Bogen.	*Th*	Glandula thymus.
Obt	Nervus obturatorius.	*Tra*	Trachea.
Oes	Oesophagus.	*UG*	Urnierengang.
Op, Op¹	Operculum.	*UN*	Urniere.
OZ	Ossificationszone.	*VA*	Ventraler Abschnitt des
P	Pubis.		Visceralskeletes.
Pch ⁾	Perichondrium.	*VC*	Vena cardinalis.
Pchr	Plexus chorioideus.	*VE*	Vorderextremität.
PCR	Pericardialraum.	*Vg*	N. vagus.
Per	Perichondrium.	*VK*	Vorknorpel.
Pf	Humeruspfanne.	*VN*	Vorniere.
Pg	Pigment.	*VNG*	Vornierengang.
PP, PP¹	Processus praepubicus	*VSK*	Visceralskelet.
	(Praepubis).	*WB*	Wirbelbogen.
Pr	Propterygium.	*WC*	Wirbelhöhle.
Prol, Prol¹	Proliferationszone der	*WS*	Wirbelsäule.
	Somiten.		

Tafel I.

Fig. 1—12. Querschnitte durch das hintere Rumpfende bezw. durch die Schwanzwurzel von Haifischembryonen.

Fig. 1. Pristiurus melonost. (19 mm). A. V. c. Arteria und Vena caudalis.

Fig. 2—5. Scyllium canicula (15 mm). Die Schnitte gehen vom Schwanz aus kopfwärts. † in Fig. 2 bedeutet das ventrale Mesenterium des Darmes. Man beachte auf allen Schnitten das hohe Hautepithel; sehr hoch ist auch das Cölomepithel (*Co E*) in Fig. 5 (Geschlechtsepithel?). In Figur 3 und 4 ist das Cölomepithel nicht eingezeichnet.

Fig. 6—8 und 10—12. Scyllium canicula (30 mm). Die Schnitte gehen vom Schwanz aus kopfwärts. Epidermis z. Th. abgehoben. Auf Fig. 6 sieht man bei *Rad* noch die freien Radien. † muskel- und knorpelfreier Abschnitt der Bauchflosse, * fibröse Platte in Fig. 8, welche in der Rückwärtsverlängerung der medianen Partie der Beckenplatte liegt.

†† Stelle in Fig. 12, wo sich das Hüftgelenk durch einen Einschmelzungsprozess im Knorpelgewebe zu bilden beginnt.

Fig. 9. Pristiurus melanost. † Indifferentes Mesoblastgewebe, welches eine ähnliche Gürtelzone bildet, wie in Fig. 2.

Taf. 1.

Fig. 1.
Fig. 2.
Fig. 6.
Fig. 7.

Fig. 3.
Fig. 5.
Fig. 8.
Fig. 10.

Fig. 4.
Fig. 9.
Fig. 11.
Fig. 12.

Tafel II.

Fig. 13. Rechte Bauchflosse von Heptanchus, von der Ventralseite. † * Secundär abgegliederte Radiensegmente, † Zweites caudalwärts vom Foramen obturatum (Fo^1) gelegenes Nervenloch.

Fig. 14. Rechte Bauchflosse von Acanthias, von der Ventralseite (junges Exemplar von 13 cm Länge). † * Secundär abgegliederte Radiensegmente. Das Copulationsorgan (*Cop O*) ist nur angedeutet.

Fig. 15. Dorsale Ansicht des Beckens von Chlamydoselache nach Fig. 1 der XI. Tafel der Garman'schen Arbeit. $^9/_{10}$ der natürlichen Grösse ††† Löcher in der Beckenplatte.

Fig. 16. Topographie der Beckengegend von Protopterus.

Fig. 17—18. In caudaler Richtung fortschreitende Querschnitte durch einen jungen Protopterus von circa 12—15 cm Länge. Fe Subcutanes Fett. In Fig. 18 erscheinen seitlich bei *PP*, *PP*¹ die lateralen Enden des Praepubis. — Ovar Ovarium. Hü Knöcherne Hülse des Epipubis (*Cep*).

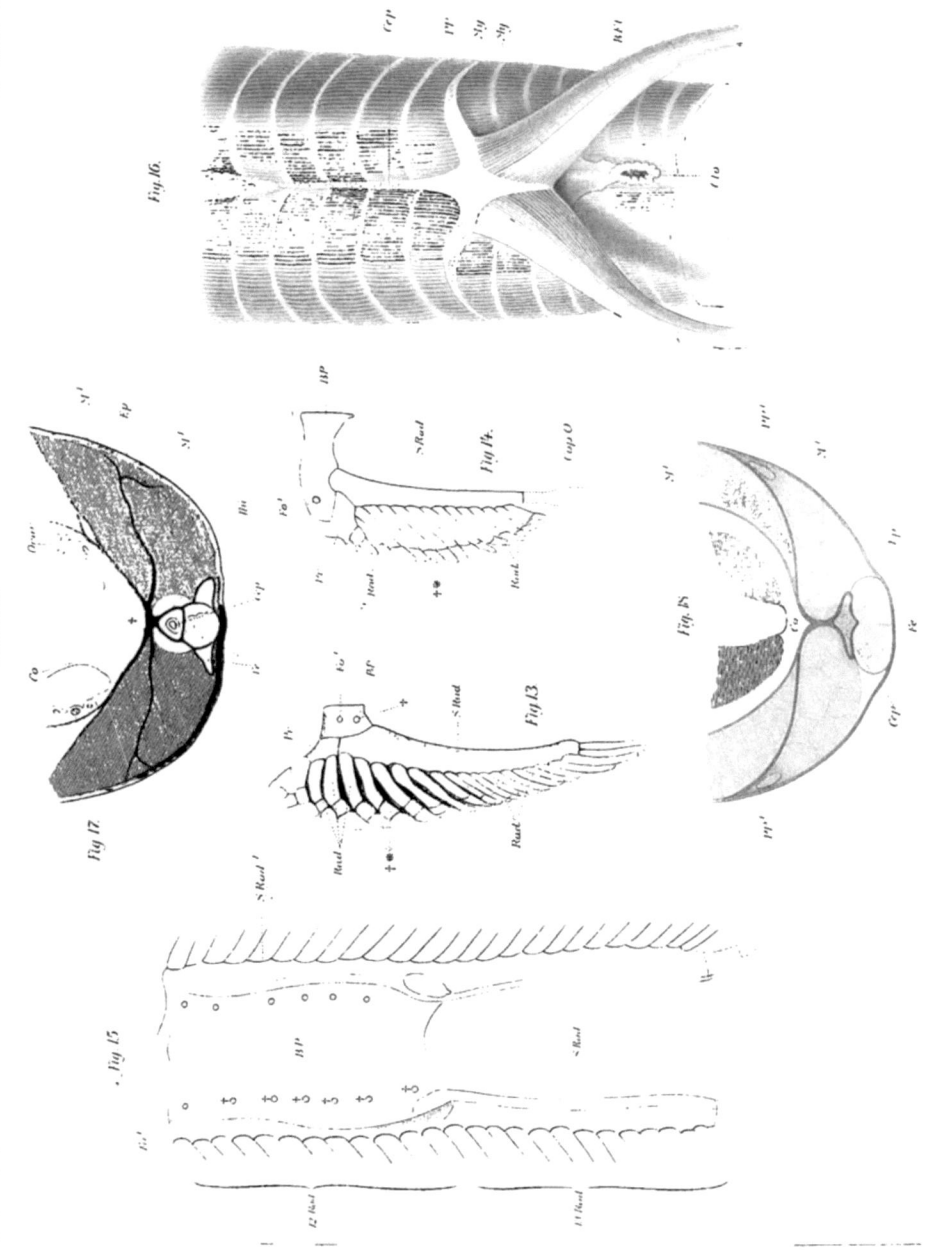

Fig 16.

Fig 17.

Fig 14.

Fig 13.

Fig 15.

Fig 18.

Tafel III.

Fig. 19—21. Fortsetzung von Fig. 17 und 18. In Fig. 21 sieht man bei *ML* eine starke Muskelleiste; bei † ist das Hüftgelenk angeschnitten. — Die Muskulatur ist z. Th. nur durch Schraffirung dargestellt.

Fig. 22—31. Querschnitte durch das hintere Rumpfende von Teleostier-Embryonen.

Fig. 22. Thymallus vulg. (20 mm). *h* Helle centrale Zone in der Bauchflosse.

Fig. 23. Salmo salar. Bemerkenswerth ist das ausserordentlich hohe Hautepithel (tiefes Stratum). m^2, m^2 in Differenzirung begriffene Extremitäten-Muskulatur. *h* Helle centrale Zone in der Bauchflosse.

Fig. 24. Esox lucius. Bezeichnung wie auf den letzten Figuren.

Fig. 26—31. Serienschnitte. Amerikanischer Saibling-Embryo. Die Schnitte schreiten schwanzwärts fort.

Fig. 32. Flächenschnitt durch die Basalia des amerikanischen Saiblings.

Fig. 33. Ein unmittelbar unter dem Cölomepithel hindurchgehender Schnitt desselben Präparates. Die Querlinie *Q* zeigt die Ebene, in welcher etwa der auf Fig. 26 abgebildete Schnitt hindurchgegangen ist. †† Abgliederungszone.

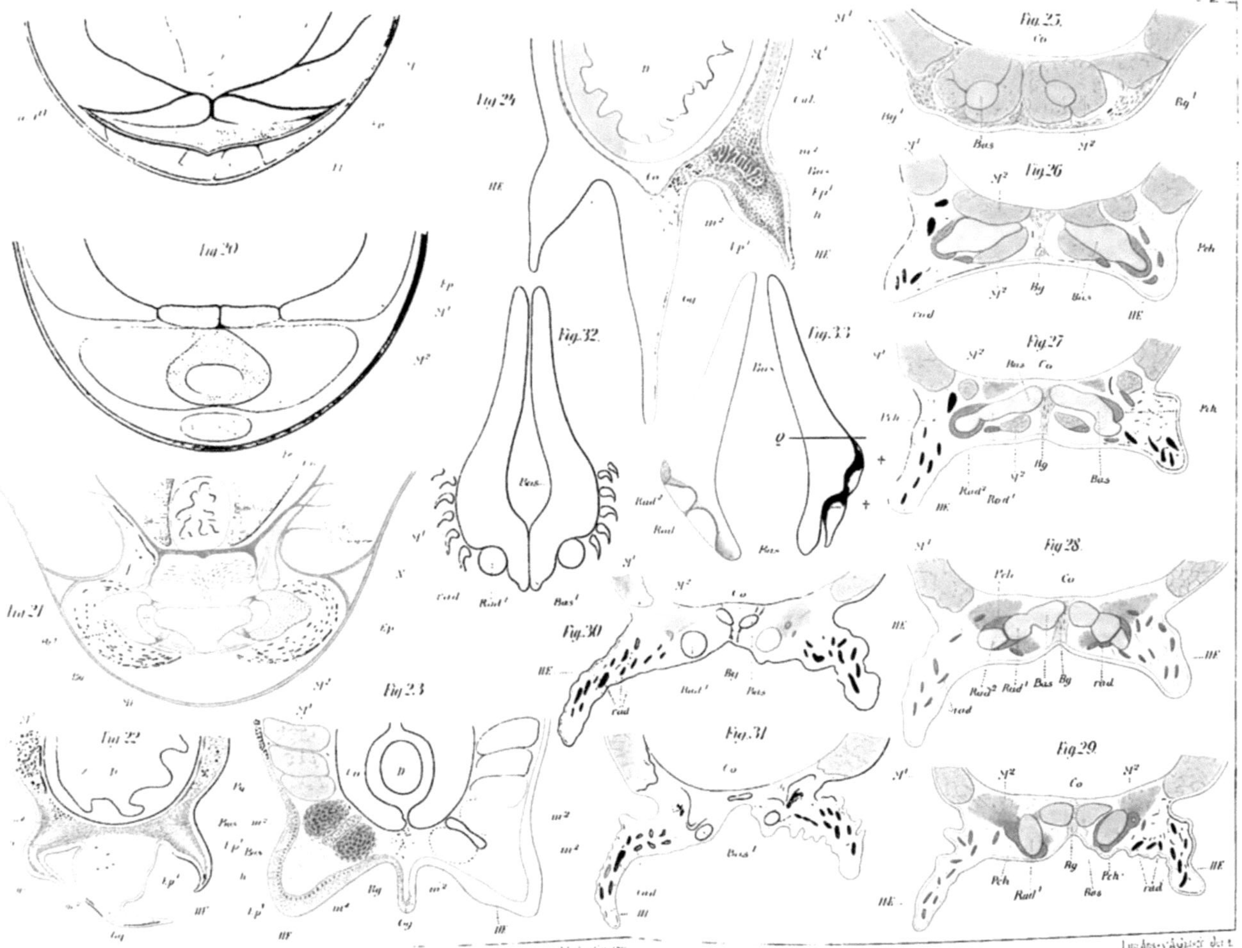
Fig. 20
Fig. 21
Fig. 22
Fig. 23
Fig. 24
Fig. 25
Fig. 26
Fig. 27
Fig. 28
Fig. 29
Fig. 30
Fig. 31
Fig. 32
Fig. 33

Tafel IV.

Fig. 34, 36, 37. Querschnitte durch das hintere Rumpfende von Triton alpestris. [Larve von 9 mm (Fig. 34) und 13 mm (Fig. 36, 37).]

Fig. 35. Flächenschnitt durch das hintere Rumpfende und die Schwanzwurzel einer 12 mm langen Larve von Triton eristatus.

Fig. 38. **A—G** Flächenschnitte durch dieselbe Körpergegend von Triton helveticus (Larve von 20 mm). Die Schnitte dringen successive ventralwärts vor.

Fig. 39. Flächenschnitt durch die vorderen zwei Drittel der medianen Beckenzone (*Sy* Symphyse) von Triton helveticus (20 mm). †, †† Nahtzellen. Bei *BG* entsteht später das Epipubis.

Fig. 40. Querschnitt durch das Becken einer 27 mm langen Larve von Salamandra maculata.

Fig. 41. Becken von Amphiuma. ††, †† (*Cep*) Paarige Anlage des Epipubis; ∗ Zusammenstossende vorderste Abschnitte des Ischio-Pubis (*IP*). *SH* (*Sy*) Sehnige Haut an Stelle der Symphyse. ∗∗ Verknöcherungszone im Ischium.

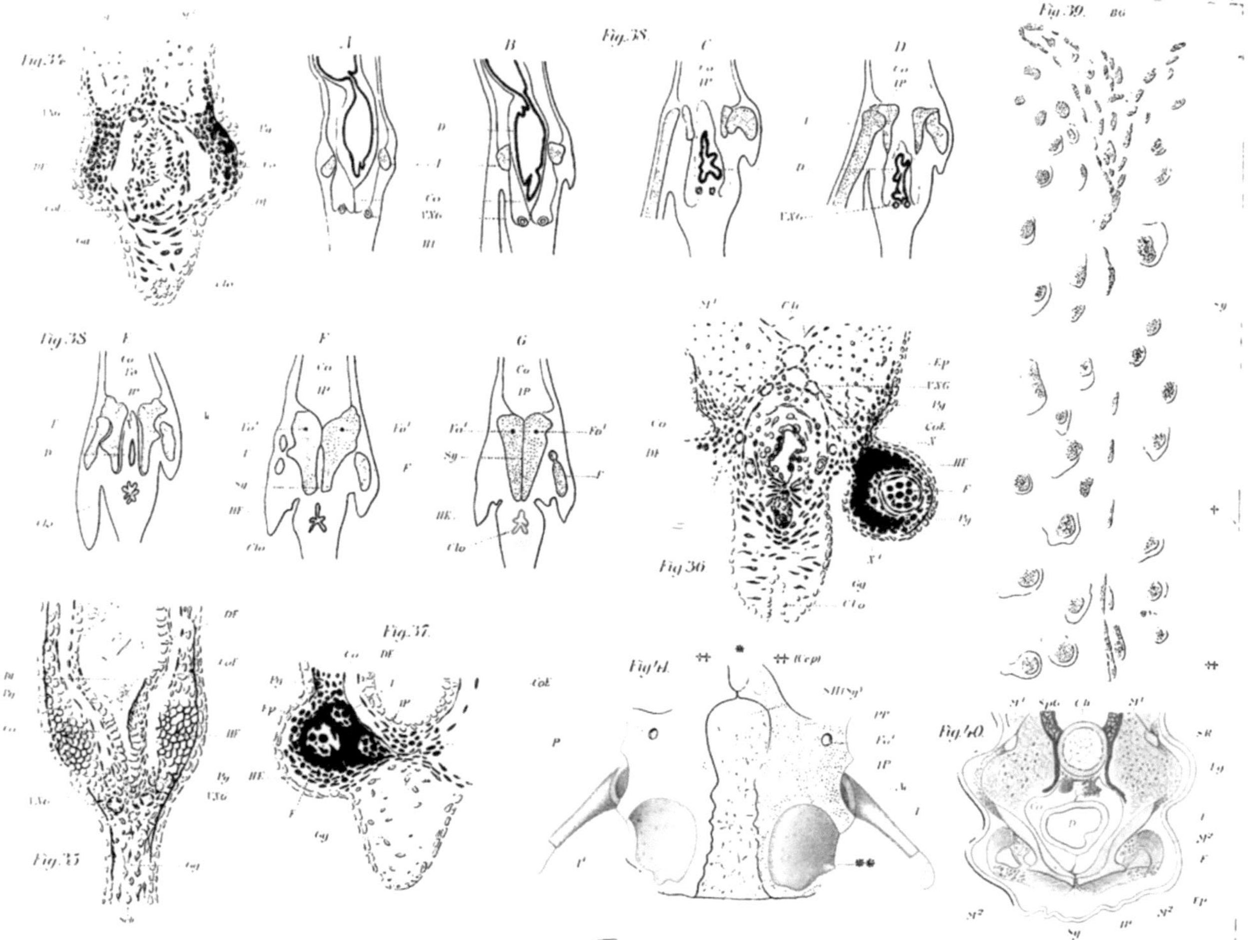

Embryonen des thalassochelys et d'hirbettfilac:

Fig. XX. Fig. XXI. Fig. 42. Fig. 36. Fig. 41. Fig. 37. Fig. 35. Fig. 34. Fig. 33. Fig. 38.

Tafel V.

Fig. 42. Querschnitt durch das Becken von Spelerpes fuscus.

Fig. 43 und 44. Querschnitt durch das Becken von Spelerpes fuscus im Bereich des Os ischii, bei schwacher und starker Vergrösserung. *Z* Grosse Knorpelzellen. *Kno* Zu Grunde gehende Knorpelzellen.

Fig. 45. Querschnitt durch die Symphysengegend von Salamandrina perspicillata, *Oz* Ossificationszone (Balkenwerk), *MR* Markräume.

Fig. 46. Becken von Menopoma von der Ventralseite, † Processus hypo-ischiadicus, ** gabelige Theilung der Cartilago epipubis (*Cep*). ** Os ischii.

Fig. 47. Becken von Cryptobranchus von der Ventralseite. Bezeichnungen wie in voriger Figur. *Z* secundärer Knorpelzinken der einen Gabelhälfte des Epipubis. *L alb.* Linea alba abdominis.

Fig. 48. Becken von Proteus von der Ventralseite. *Sy* Spur der ursprünglichen Trennung beider Beckenhälften. ††, †† Paarige Anlage des Epipubis, † Unpaarer Abschnitt des Epipubis, welcher *Cep* auf Fig. 50 homolog ist.

Fig. 49. Seitliche Ansicht des Proteus-Beckens. *Sn* Naht. Die übrigen Bezeichnungen wie auf voriger Figur.

Fig. 50. Becken von Menobranchus von der Ventralseite. † Processus hypo-ischiadicus. *Cr* Muskelleiste der Symphysengegend.

Fig. 51. Dasselbe Becken von der rechten Seite dargestellt.

Fig. 52. Topographie der Muskulatur in der Beckengegend von Menobranchus, von der Ventralseite. *Clo Dr* Cloakendrüse.

Fig. 53. Becken von Siredon pisciformis von der rechten Seite mit den umgebenden Muskeln. Der ⇥ zeigt nach dem Kopf, *VFS* und *DFS* ventraler und dorsaler Flossensaum, *M¹*, *M* ventrale und dorsale Myomeren.

Fig. 42.

Fig. 44.

Fig. 43.

Fig. 45.

Fig. 51.

Fig. 52.

Fig. 53.

Fig. 46.

Fig. 48.

Fig. 50.

Fig. 49.

Fig. 47.

Tafel VI.

Fig. 54—60. Querschnitte durch die Anlage der hinteren Extremität bei einer 16 mm langen Larve von Rana temporaria. Zwischen den einzelnen Schnitten liegen grosse Intervalle. *FS* auf Fig. 54 bedeutet den dorsalen Flossensaum.

Fig. 61. Schnitt durch die Anlage der hinteren Extremität einer 50 mm langen Larve von Alytes obst. † Spaltraum, d. h. angeschnittene Epidermisfalte (*Ep¹*) an der Einlenkungsstelle der freien Extremität in den Rumpf.

Fig. 62. Querschnitt durch das Becken einer 26 mm langen Larve von Rana spec? *FS* dorsaler Flossensaum.

Fig. 63. Ebenso von einer 25 mm langen Alyteslarve. *Bl* Stiel der Harnblase, † kernreiche, auf die ursprünglich getrennte Anlage der einzelnen Beckenabschnitte zurückweisende Zone im Beckenknorpel.

Fig. 64. Becken der rechten Seite einer 18 cm langen Larve von Rana paradoxa in situ. Der ⟵ weist gegen den Kopf zu. *VE* Vordere Extremität, *R* Bauchseite des Rumpfes, *Ep* Eingeschnittene Epidermis. *Sch* Richtung gegen den Schwanz, *M, M¹* Dorsale und ventrale Myomeren.

Fig. 65. Querschnitt durch das Becken einer 77 mm langen Larve von Alytes obst. Bei † liegt im Mittelstück des Ileums die erste perichondrale Ossifications-Zone, *Sy* weit offene Symphysen-Gegend.

Fig. 66. Flächenschnitte durch den ventralen Beckenabschnitt einer halb erwachsenen Rana temporaria. Dieselben beginnen bei *a* ventral und schreiten dorsalwärts fort. *Gf, Gf* Blutgefässe, *Sy* Symphyse, * Ossification der Pars ischiadica.

Fig.62.

Fig.66. a   b

Fig.64.

Fig.63.

Fig.65.

Fig.56.

Fig.57.

Fig.58.

Fig.55.

Fig.54.

Fig.53.

Fig.60.

Fig.61.

Fig.49.

Tafel VII.

Fig. 67. **a—e** Schwanzwärts vordringende Querschnitte durch die Anlage der hinteren Extremität eines circa 15 mm grossen Embryos von Chelone viridis. Skeletgebilde sind noch nicht differenzirt.

Fig. 68—71. Vom Rücken her vordringende (vergl. Fig. 68a, wo die Schnittlinien mit *a b c d e* eingezeichnet sind) Flächenschnitte eines Embryos von Chelone viridis, dessen grösste Rumpfbreite 5—6 mm betrug.

Bei † auf Fig. 70 und 71 sieht man die Anlage des Epipubis. Das eigentliche Foramen obturatum ist sehr circumscript inmitten der dichtzelligen Mesoderm-Masse.

Fig. 72. **a—c** Querschnitte durch das Becken eines 27 mm grossen Embryos von Lacerta agilis. Die Schnitte schreiten vom Kopf gegen den Schwanz fort. Alle Theile des Beckens sind noch getrennt, d. h. im Acetabulum noch nicht zusammengeflossen. *SSI* Synchondrosis sacro-iliaca.

Fig. 73. **a—g** Vom Kopf caudalwärts vordringende Querschnitte durch einen circa 28 mm grossen Embryo von Lacerta agilis. *Sp* Vorderste, gänzlich unpaare Spitze der Symphysis pubis, *Syp* Symphysis ischii, welche in Fig. g ebenfalls zum totalen Zusammenfluss beider Seitenhälften führt.

Fig. 74. Querschnitt durch das Becken eines 32 mm grossen Embryos von Lacerta agilis. Bei *OZ* erscheint eine ausgedehnte perichondrale Ossificationszone. *Pe* Wucherndes Perichondrium am dorsalen Ende des Iliums (die Synchondrosis sacro-iliaca erscheint hier in den nächsten Serienschnitten).

Fig. 75 und 76. Querschnitte durch die Anlage der hinteren Extremität eines Embryos von Crocodilus biporcatus. Fig. 76 liegt zehn Schnitte weiter caudalwärts als Fig. 75.

Fig. 77. **a—d** Vom Kopf caudalwärts fortschreitende Querschnitte durch einen 17 mm langen Embryo von Crocodilus biporcatus. Vorknorpelstadium des Femur und Crus. Bei *N* strahlen starke Nerven ein.

Fig. 67.

Fig. 68.

Fig. 69.

Fig. 68.l.

Fig. 70.

Fig. 71.

Fig. 72.

Fig. 72.l.

Fig. 73.

Fig. 74.

Fig. 75.

Fig. 76.

Fig. 77.

Tafel VIII.

Fig. 78 und 79. **a** und **b** Drei Flächenschnitte eines Embryos von Crocodilus biporcatus (2—2¹/₂ mm Querdurchmesser zwischen beiden Schenkelfalten gemessen). Dieselben dringen, bei Fig. 78 beginnend, in dorso-ventraler Richtung vor. Das Ilium befindet sich noch im Vorknorpelstadium. Der ⟶ zeigt gegen den Kopf.

Fig. 80. Querschnitt durch die Brustflossen-Anlage eines 9 mm langen Pristiurus-Embryos. Somitenhöhlen deutlich.

Fig. 81. **A—C** Kopfwärts fortschreitende Querschnitte durch die Brustflossenanlage von Pristiurus melanost. (Embryo von 16 mm Länge.)

Fig. 82—83. Zwei Querschnitte durch die bereits knorpelige Anlage der Brustflosse von Pristiurus melanost. (Embryo von 27 mm Länge). Die Schnitte beginnen mit Fig. 82 kopfwärts und schreiten dann (mit grossen Intervallen) gegen den Schwanz fort. *VE* Vorderextremität, *DM* Deckmembran des Kiemenraumes *KR*, welche caudalwärts bei † zunächst loslässt, bis schliesslich in Fig. 83 nur noch dorsalwärts bei ✳✳ ein Rest davon bestehen bleibt.

Fig. 78.

Fig. 79. A.

Fig. 79. B.

Fig. 80.

Fig. 81. A.

Fig. 81. B.

Fig. 81. C.

Fig. 82.

Fig. 83.

Tafel IX.

Fig. 84. Fortsetzung der in Fig. 82—83 dargestellten Querschnitte (Pristiurus etc.)

Fig. 85. Querschnitt durch die Brustflossen-Anlage eines 6—7 mm langen Embryos von Acipenser sturio.

† Mesoblastisches Verbindungsgewebe zwischen dem basalen Abschnitt des Myotoms (*M*) und der centralen Gewebszone der Flosse (∗), *Prol, Prol*[1] dorsale und ventrale Proliferationszone des Myotoms, *RF* dorsaler Flossenraum.

Fig. 86. Die rechte Brustflosse eines etwas älteren Stör-Embryos im Querschnitt bei starker Vergrösserung. ∗∗ Hohes Epithel der Epidermis, †, †† Gewebsplatte, aus der die ventrale Rumpfmuskulatur hervorgeht; *ZB, ZB* Zusammengeballte Mesoblastzellen, aus welchen die Extremitäten-Muskulatur hervorgeht.

Fig. 87. Vorknorpelstadium der vorderen Extremität eines 10 mm langen Stör-Embryos. ∗∗ Basis der Extremitätenplatte mit conzentrischer Zell-Anordnung, nach der Peripherie liegen die Zellen (∗) regellos.

Fig. 88. Flächenschnitt durch einen 11 mm langen Stör-Embryo, *S* dorsales Ende der Scapula.

Fig. 89—92. Weiter ventralwärts durchgehende Flächenschnitte desselben Präparates, *VK* Vorknorpel, † nach vorne von der Scapula (*S*) liegende Vorknorpelmasse, ∗ Nerven- und Gefässloch, *Kn* Knorpel der Extremitätenplatte, d. h. des Stammstrahles und des Schultergürtels.

Fig. 93. Flächenschnitt durch einen 14—15 mm langen Stör-Embryo, linke Seite. *Dors D* Dorsale Darmwand, der Schulterbogen (*S*) springt wie ein Vorwerk am Rumpf hervor, medianwärts liegt die Vorniere (*VN*).

Fig. 94, 95. Seitliche und dorsale Ansicht eines Stör-Embryos von 10 mm Länge.

Fig. 96. Querschnitt durch die Anlage der Brustflossen eines Hecht-Embryos kurz nach dem Ausschlüpfen. ∗ Centrale Zellplatte (Extremitätenplatten-Anlage) der Brustflosse.

Tab.IX.

Fig.87.

Fig.85.

Fig.88.

Fig.96.

Fig.94.

Fig.93.

Fig.95.

Fig.92.

Fig.84.

Fig.86.

Fig.89.

Fig.90.

Fig.91.

Tafel **X**.

Fig. 97—102. Fünf Querschnitte durch einen älteren Hecht-Embryo.
* Extremitätenplatte, † basaler (ventraler) Rand der letzteren, S
der am meisten dorsal gelegene Abschnitt des knorpeligen Schultergürtels, **, *** Pars ossea der Scapula, z. Th. (bei x, xx) erst in
der Anlage begriffen.

Fig. 103—108. Querschnitte durch einen etwas älteren Hechtembryo.
*† Pars coracoidea des Schultergürtels. Die übrigen Bezeich-
nungen wie in Fig. 97—102. In Fig. 106 und 107 beachte man
den scapularen Belegknochen **. Bei $m^{1,2}$ in Fig. 104 sieht man
sehr deutlich den Uebergang der Rumpfmuskeln in diejenigen der
Extremität.

Fig 102.

Fig 101

Fig 100

Fig 98.

Fig 97

Fig 99.

Fig 103

Fig 104

Fig 105

Fig 106.

Fig 108.

Fig 107

Tafel XI.

Fig. 109 und 110. Zwei Flächenschnitte durch die Brustflosse eines Embryos von Salmo salar. Rechte Körperseite von oben gesehen. Fig. 109 liegt weiter dorsal als Fig. 110. $**$, $**^1$ Pars ossea der Scapula, von Osteoblasten concentrisch umgeben. Lateralwärts davon ist die Epidermis höckerig aufgeworfen, Sp Gewebe aus Spindelzellen, ZZ^1 grosszelliges Gewebe der freien Flosse; die Zellen zeigen in Fig. 110 längs dem Knorpel wie an der Peripherie eine paradeartige Anordnung. In Fig. 109 fliesst das proximale Ende des Extremitätenknorpels mit dem Gewebe des scapularen Belegknochens zusammen.

Fig. 111 und 112. Zwei Querschnitte durch einen Embryo von Labrax, wovon der erstere viel weiter caudalwärts liegt als der letztere. Der Fisch ist in Fig. 111 nicht rein quer getroffen, in Folge dessen die Extremitätenplatte links continuirlich ($*$, $\dagger$), rechts aber ($*^1$, $\dagger^1$) in zwei Stücke getrennt erscheint. In Fig. 112 ist der Belegknochen des Schulterbogens sehr stark entwickelt ($**a$, $**b$), während der Knorpel ($*\dagger$) in den Hintergrund tritt. Der Schulterknochen stösst mit seiner ventralen Partie ($**b$) direct an das Cölomepithel, was für seine Bedeutung als C o r a c o i d spricht.

Fig. 113—116. Vier Flächenschnitte durch einen Embryo von Thymallus vulg. Dieselben dringen dorso-ventralwärts vor.

M^3 Viscerale Muskeln, $**$ Pars ossea des Schultergürtels, $*$ Extremitätenplatte, $*^1$, $*^1$ kopfwärts schauendes Ende des basalen Abschnittes der Extremitätenplatte (Procoracoid), $\dagger$ caudalwärts schauendes Ende desselben, ZZ Zellgewebe in der freien Extremität, ventral von der Knorpel-Einlage. Stark pigmentirte Pericardial- und Cölomwand.

Fig. 117—119. Quere Serienschnitte durch einen Embryo des amerikanischen Saiblings.

$\dagger$, $\dagger$ Caudales Ende des centralen (basalen) Abschnittes der Extremitätenplatte. $*$ und $**$, $***$ Belegknochen des Schultergürtels, ZZ, ZZ Zellreiche Zone im Knorpel, Kn, Kn^1 Schultergürtelknorpel, $*\dagger$ ventraler Abschnitt (Coracoid) des Schultergürtels, BgZ. BgZ^1, Bindegewebszug, an dessen Stelle weiter kopfwärts das „Spangenstück" tritt (Kno, Kno^1).

Tab. VI.

Fig. 114.

Fig. 116.

Fig. 115.

Fig. 113.

Fig. 111.

Fig. 112.

Fig. 117.

Fig. 118.

Fig. 110.

Fig. 119.

Tafel XII.

Fig. 120—128. Fortsetzung der in Fig. 117—119 dargestellten Serien-schnitte (Amerikanischer Saibling).

Fig. 129. Querschnitt durch die Anlage der Vorderextremität bei Triton helveticus (Larve von 7½ mm).

Fig. 130. Ein ebensolcher durch eine 12 mm lange Larve vom Axolotl.

Fig. 131. Querschnitt durch denselben Embryo wie auf Fig. 129, der-selbe ging aber weiter caudalwärts durch den Rumpf durch, so dass die freien Extremitäten noch in seinen Bereich kamen. † Humerus-Anlage.

Fig. 132. Flächenschnitt durch die rechte vordere Extremität einer 8 mm langen Larve von Triton alpestris, von oben (dorsal) ge-sehen. *SG* Schultergürtel-, *HK* Humeruskopf-Anlage, ∗ von Flüssigkeit erfüllter Hohlraum.

Fig. 127.

Fig. 131.

Fig. 128.

Fig. 125.

Fig. 126.

Fig. 132.

Fig. 122.

Fig. 123.

Fig. 124.

Fig. 129.

Fig. 120.

Fig. 121.

Fig. 130.

Tafel XIII.

Fig. 133. **A—C**, drei Flächenschnitte durch eine Larve von Triton helveticus, welche die secundäre Entstehung des Schultergelenkes zeigen. *S* Scapula, *HK* Humeruskopf.

Fig. 134. Flächenschnitt durch die linke Vorderextremität einer 9 mm langen Larve von Triton helveticus, ** Indifferentes Blastem.

Fig. 135. Flächenschnitt durch eine 13 mm lange Larve von Triton helveticus. Der Schnitt traf das Gehirn (*Gh*), die Augen (*A*), das Ganglion N. vagi (*GV*), die Gehörkapsel etc. Die Scapulae (*S, S*) sind schon stark verbreitert, *HG* Höhlengrau des Gehirns und Rückenmarks.

Fig. 136. Dasselbe Präparat bei viel tiefer durchgehendem Flächenschnitt. In Folge dessen liegt ein grosser Theil des Visceralskelets zu Tage, *M* Visceral- und Rumpfmuskeln in directem Zusammenhang, *Q* Quadratum, *CM* Cartilago Merkelii.

Fig. 137. Flächenschnitt aus derselben Präparatenserie. Derselbe ging etwa in der Mitte zwischen den auf Fig. 135 und 136 dargestellten Flächenschnitten hindurch. Man ersieht daraus sehr gut die nahen topographischen Beziehungen der Vorniere zum Schulterbogen (*VN* und *S*).

Fig. 138. Querschnitt durch den Schultergürtel eines 13 mm langen Embryos von Triton helveticus. Der Glomerulus zwischen den beiden Vornieren ist nicht bezeichnet.

Fig. 139 und 140. Querschnitt durch die Sternal-Anlage bei einem 51 mm langen Axolotl. *MG* Wucherungszone am medialen Rand des M. rectus abdominis, *M¹*, †, † paarige Anlage des Sternums. *Com* Fibröse Commissur zwischen beiden Recti, d. h. Linea alba, von welcher ein Band *Lg* zur Leber (*Lb*) zieht, *C, C* ventrale Enden der Coracoide. Ueber alles Weitere vergl. den Text.

Fig. 141. Querschnitt durch die Sternal-Anlage einer 25 mm grossen Larve von Triton alpestris (vergl. den Text).

Fig. 137.

Fig. 138.

Fig. 134.

Fig. 139.

Fig. 141.

Fig. 135.

Fig. 136.

Fig. 140.

Tafel XIV.

Fig. 142—143. Fortsetzung von Fig. 141.

Fig. 144. Querschnitt durch das Sternum eines 68 mm langen Axolotls. † Mittelstück der Sternalplatte, ✳✳ Seitentheile derselben.

Fig. 145. Querschnitt durch die ventralen Enden der Coracoide von Proteus (13 cm). *Sh* Sehnenhaut, welche in der ventralen Mittellinie die mediane, zwischen den beiden Seitenhälften des innersten Bauchmuskels gelegene fibröse Platte (†) zusammen mit dem corialen Bindegewebe (*Cor*) verstärkt, ✳, ✳ ventrale Enden des innersten Bauchmuskels (*m¹*). Die fibröse Platte † verschmilzt mit der Leberkapsel (*Lb*).

Fig. 146. Knorpelige Bauchripppen von Menobranchus (*B*, *B*), *My* Myocommata, *C* Coracoid, *Cl* Clavicula, *NL* Nervenloch an der Basis der Clavicula, *BbII* Basibranchiale II, *K*, *K* Kiemenquasten.

Fig. 147. Schultergürtel und Sternum eines erwachsenen Axolotls. Beide Hälften in natürlicher Lage. † Nervenloch caudalwärts von der Incisura coraco-clavicularis, ✳ ein gleiches in der Pars ossea des Coracoids resp. der Clavicula, *Pf* Humeruspfanne, *St* Sternum.

Fig. 148—150. Drei Querschnitte durch die Anlage der vorderen Extremität bei Alytes obstetr. (Larve von 47 mm). Die Schnitte rücken, mit Fig. 148 beginnend, kopfwärts vor. *VN¹* Querer Verbindungscanal der Vorniere mit dem Vornierengang. (Ueber alles weitere vergl. den Text und die allgemein gültigen Figurenbezeichnungen).

Fig. 151. Querschnitt durch die Anlage der vorderen Extremität von Rana esculenta (Larve von 8 mm). Links ist die Kiemenhöhle (*KH*) noch nicht vom Kiemendeckel (*KD*) überwachsen. Man beachte die weit kopfwärts bis in den Bereich des Gehirnes (*Gh*) gerückte Extremitäten-Anlage, sowie die topogr. Verhältnisse der Vorniere.

Fig. 149.

Fig. 151.

Fig. 150.

Fig. 147.

Fig. 146.

Fig. 144.

Fig. 145.

Fig. 142.

Fig. 143.

Fig. 148.

Tafel **XV**.

Fig. 152. Querschnitt durch die Anlage der Vorderextremität einer 39 mm langen Larve von Alytes obstetricans.

† Parietales und †† viscerales Blatt des die Kiemenhöhle (*KH*) auskleidenden Epithels. Das viscerale Blatt überzieht die Extremitätenknospe (*VE*).

Fig. 153. Ein Querschnitt aus demselben Präparat bei stärkerer Vergrösserung. * Parietales, ** viscerales Blatt des Epithels der Kiemenhöhle.

Fig. 154. **A—D** Querschnitte durch die linke Vorderextremität (*VE*) derselben Larve. Dieselben gehen mit **A** beginnend kopfwärts. ** Ellbogenbeuge.

Fig. 155. Querschnitt durch die linke vordere Extremität einer 50 mm langen Larve von Alytes obst. (starke Vergrösserung).

Fig. 156—157. Zwei, 17 Schnitte auseinanderliegende Flächenschnitte durch den Schultergürtel einer 18 mm grossen Larve von Rana temporaria. Fig. 156 liegt dorsal, Fig. 157 ventral. Bei * und † in Fig. 157 erscheint bereits eine perichondrale Ossificationszone am Coracoid und der Clavicula (*C* und *Cl*).

Fig. 159—161. Drei Querschnitte durch ein 40 mm langes Exemplar von Rana temporaria, um die Sternalanlage (†) zu zeigen. *C, C* Ventrale Enden der Epicoracoide, *MG* Wucherungszone am medialen Rande des M. rectus abdominis. M^2, m^2 M. pectoralis major.

Andersson. Chelonnus Testudo & Emydinae.

Fig. 152.

Fig. 153.

Fig. 158.

Fig. 154.

B.

C.

D.

Fig. 156.

Fig. 157.

Fig. 155.

Fig. 159.

Fig. 160.

Fig. 161.

Tafel XVI.

Fig. 162—165. Vier Querschnitte durch die mediale (ventrale) Partie des Schultergürtels von Rana temporaria (24 mm langes Exemplar). † Vorderende des Sternums. *C, Cl* ventrale Enden der Coracoide, bezw. der Claviculae, M^2, m^2 M. pectoralis major, * ventrale (median gelagerte) Muskelleiste, in welche von hinten her bei ** dicht verfilztes Bindegewebe eingelassen ist.

Fig. 166—169. Vier Flächenschnitte durch die ventrale Partie des Schultergürtels von Rana temporaria (Exemplar von 43 mm Kopf-Steiss-Länge).

×× Anlage des Omosternum, † Sternum, †† Intercoracoidales resp. interclaviculares Gewebe. ** Fortsetzung der Linea alba gegen den Kopf. * Fortsatz der Clavicula.

Fig. 170—172. Drei vom Kopfe her schwanzwärts fortschreitende Querschnitte durch einen 15 mm langen Embryo von Chelone viridis.

† Anlage der ventralen, * der dorsalen Partie des Schultergürtels bezw. der freien vorderen Extremität (*VE*). Die Erklärungszeichen der Fig. 170 dienen auch für die beiden andern Figuren.

Fig. 173—174. Zwei Flächenschnitte durch die rechte Vorderextremität eines 22 mm langen Embryos von Chelone viridis. † Fibröses, Clavicula und Coracoid verbindendes Zwischengewebe.

Fig. 175. Flächenschnitt durch die rechte Vorderextremität eines 7 mm langen Embryos von Lacerta agilis.

S Indifferentes Mesoblastgewebe an Stelle des späteren Schultergürtels, *So* Somitenhöhlen, † Gefäss, *H* und *AB* Humerus und Antibrachium in der ersten Verknorpelung begriffen.

Fig. 176. **A—F** Flächenschnitte durch diejenige Stelle der Scapula eines 30 mm langen Embryos von Lacerta agilis, wo sich die Clavicula (*Cl*) von der Scapula (*S*) abzweigt. *Per* Perichondrium, *m, m* Muskeln. Nur in Fig. **A** ist die Scapula in ihrem vollen Querdurchmesser dargestellt.

Fig. 177—178. Zwei Querschnitte durch den medialen (ventralen) Bezirk des Schultergürtels eines 22 mm langen Embryos von Lacerta agilis. Fig. 177 liegt drei Schnitte weiter kopfwärts als Fig. 178.

† Mesodermales Zwischengewebe (Zellpolster), in welches die ventralen Enden der Claviculae (*Cl*) eingelassen sind, *Eps* Episternum, *C, C* Epicoracoide, M^1 M. pectoralis major.

Fig. 179. Querschnitt durch den Schultergürtel eines Embryos von Lacerta agilis, woraus die einheitliche Knorpelmasse desselben sehr deutlich zu ersehen ist. *SG* Gegend des Schultergelenks.

Fig. 180. Querschnitt durch denselben Embryo von 22 mm, auf welchen sich auch die Fig. 177 und 178 beziehen. Der Schnitt ging 40 Schnitte caudalwärts von Fig. 178 hindurch. *St* Sternum, *Eps* Episternum.

———

niederv'sches m chordmaussenskelet d Wirbelthiere

Fig. 162.

Fig. 163.

Fig. 164.

Fig. 165.

Fig. 170.

Fig. 171.

Fig. 172.

Fig. 177.

Fig. 179.

Fig. 176.

Fig. 173.

Fig. 175.

Fig. 178.

Fig. 174.

Fig. 166.

Fig. 167.

Fig. 168.

Fig. 169.

Fig. 180.

Tafel XVII.

Fig. 181. Flächenschnitt durch denselben Embryo, welchem auch die Schnitte **A—F** auf Fig. 176 entstammen. Letztere liegen aber 47 Schnitte weiter dorsal als jener. Rechts ging der Schnitt tiefer ventral hindurch als links. Die Clavicula (Cl) ist schon gut verknöchert und mit Markräumen erfüllt, R^1 Vorderstes Ende der Sternalleiste, in welche sich das Coracoid einfalzt, VE^1 Antibrachium.

Fig. 182—183. Zwei Querschnitte durch einen 17 mm grossen Embryo von Crocodilus biporcatus. Fig. 183 liegt 18 Schnitte weiter caudalwärts als Fig. 182. Bei † in letzterer Figur sieht man die erste Anlage des Humerus und des Schultergürtels (Indifferenz-Stadium). In Fig. 183 beachte man die Nerveneinstrahlung (N, N^1, n, n^1, n^2).

Fig. 184. Querschnitt durch die rechte Vorderextremität eines Embryos von Crocodilus biporcatus, der zwischen beiden Humerusgelenken einen Querdurchmesser von 3 mm besitzt. Bei Cl sieht man eine Andeutung der Clavicula. Der Schultergürtel befindet sich noch im Stadium des Vorknorpels, während in der freien Extremität die Verknorpelung schon in vollem Gang ist.

Fig. 185. Etwas älteres Stadium von Crocodilus biporcatus, in welchem der Schultergürtel bereits zu verknorpeln beginnt. Rechts ging der Querschnitt etwas tiefer durch als links. Dorsalwärts erstreckt sich der Schultergürtel noch nicht weit empor.

Fig. 186. Querschnitt durch die ventrale Partie des Schultergürtels eines 75 mm langen Embryos von Crocodilus biporcatus. †, † Mesodermales, gürtelartig angeordnetes Gewebe zwischen den beiden Epicoracoiden (C) bezw. den Sternalleisten (StL) Eps Episternum.

Fig. 187. **A—D** Vier Flächenschnitte durch die Scapula (S) eines Embryos von Crocodilus biporcatus von 4 mm Schulterbreite. Bei † sieht man die sich abgliedernde Clavicula, WS Wirbelsäule, R, R Rippen. Ep Epidermis der seitlichen Rumpfwand.

Fig. 188—189. Zwei Querschnitte durch den Schultergürtel eines 75 mm langen Exemplares von Crocodilus biporcatus. In der Medianlinie erscheint in Fig. 188 bei * ein Querband von dichtem Mesoblastgewebe, in welchem wenige Schnitte weiter caudalwärts das bereits in Verknöcherung begriffene Episternum (Fig. 189 Eps) auftritt. Seitlich entspringen davon die Brustmuskeln M^1, M^2; bei C liegen die ventralen Enden der Coracoide.

Weiter hinten tritt auf der Ventralseite der Episternalplatte eine Muskelleiste auf, so dass die Form auf dem Querschnitt wie bei † in Fig. 189 erscheint.

Fig. 190—192. Drei in caudaler Richtung sich folgende Querschnitte durch die ventrale Partie des Schultergürtels von Crocodilus biporcatus (11½ cm langes Exemplar).

StL Sternalleiste, Eps Episternum, St Sternum, C Coracoid.

Vodoček Bearb. Vergleichungsvissenskält d Wirbelthiere.

Fig. 181.

Fig. 182.

Fig. 183.

Fig. 184.

Fig. 185.

Fig. 186.

Fig. 187.

Fig. 188.

Fig. 189.

Fig. 190.

Fig. 191.

Fig. 192.